Jochen Michels

BioKernSprit. Synopaliwo z odpadów, drewna i węgla

Jochen Michels

BioKernSprit. Synopaliwo z odpadów, drewna i węgla

Przyjazne dla klimatu wytwarzanie bezpiecznej energii jądrowej

Wydawnictwo Bezkresy Wiedzy

Imprint
Any brand names and product names mentioned in this book are subject to trademark, brand or patent protection and are trademarks or registered trademarks of their respective holders. The use of brand names, product names, common names, trade names, product descriptions etc. even without a particular marking in this work is in no way to be construed to mean that such names may be regarded as unrestricted in respect of trademark and brand protection legislation and could thus be used by anyone.

Cover image: Provided by the author

This book is a translation from the original published under ISBN 978-620-2-22627-1.

Publisher:
Wydawnictwo Bezkresy Wiedzy
is a trademark of
Dodo Books Indian Ocean Ltd., member of the OmniScriptum S.R.L Publishing group
str. A.Russo 15, of. 61, Chisinau-2068, Republic of Moldova Europe
Printed at: see last page
ISBN: 978-620-2-44694-5

Przedmowa do 4. edycji

To nie jest próba trywializowania energii jądrowej tylnymi drzwiami. W naszym kraju ten naturalny element tworzenia jest od dziesięcioleci dyskredytowany przez wielu. Wiele rzeczy jest nieznanych i promuje strach.

Tak, te siły natury mają energię, która przekracza wszystkie poprzednio używane źródła o wymiary. Podobnie jak inne siły natury, trucizna czy ogień, mogą one być użyte do wyrządzenia szkody, ale także z korzyścią dla ludzi.

Dla większości ludzi, zwłaszcza w Niemczech, mobilność jest cennym towarem. Nawet świeżo przebudzona młodzież martwi się o przyszłość, nie rezygnując z jazdy samochodem i podróżowania w ogóle.

Dlatego poszukuje się rozwiązań, które są mniej szkodliwe dla środowiska niż paliwa kopalne - ropa naftowa, gaz, węgiel - czy kontrowersyjne pojazdy zasilane akumulatorami. Wodór jako najsilniejszy nośnik energii powinien być oczywiście włączony. Związany z substancjami tłumiącymi, skroplony pod wpływem wysokich temperatur, może w szczególnie ekonomiczny sposób doprowadzić w niedalekiej przyszłości dzisiejszy ekosystem silników, stacji benzynowych i sieci. Nie sprecyzowano tutaj, czy będzie to nadal obowiązywać za 100 lat.

Poszczególne czynniki nie są nowe. Proces uwodornienia został wynaleziony około 1920 roku w Mülheim/Ruhr, energia jądrowa była badana przez pionierów nauki sto lat temu, a my od dziesięcioleci zajmujemy czołową pozycję w światowym budownictwie samochodowym. Po Otto, Dieslu i Daimlerze, w szczególności konstrukcja silników osiągnęła nowe wyżyny dzięki wielu innym.

Decydujące znaczenie ma praca prof. Rudolfa Schultena, który pod koniec lat 80. rozwinął w Jülich energetykę jądrową do tego stopnia, że najgorszy scenariusz - wypadek - stracił na znaczeniu.

Towarzyszu - drogi czytelniku - genialne wynalazki do odważnego połączenia dla nowych rozwiązań.

Ta książka:

zostaną opublikowane w kilku językach

Pierwszy rozdział tej książki to krótki opis, który jest również dostępny w formie broszury i ebooka w rozsądnej cenie.

W trzech głównych rozdziałach tej książki, ustalenia i dokumenty są ułożone i oceniane zgodnie z trzema obszarami tematycznymi:

- Bioodpady - biomasa, pochodzenie, dostępność, koszty
- Energia jądrowa - technologia pozwalająca na uniknięcie wypadków i repozytoriów
- Paliwo - uwodornienie paliwa dla mobilności

W kolejnych rozdziałach zajmiemy się takimi fundamentalnymi zagadnieniami, jak:

- Etyka i aspekty społeczne
- Zdecentralizowane życie i życie
- Gospodarka, rozważania końcowe

Dokumentacja jest stale aktualizowana w miarę poznawania nowych odkryć. Podpowiedzi i krytyka we wszystkich punktach są zawsze mile widziane.

Nie jest on przeznaczony do naruszania zagranicznych praw autorskich lub praw własności. Ze wszystkimi podmiotami praw autorskich skontaktowano się w 2009 r. i w grudniu 2010 r. w następujący sposób.

"Changing over instead of getting off" z kompletną kolekcją dokumentacji zostanie wydana...... wkrótce jako książka. W tej kolekcji znajdują się również teksty i zdjęcia, które zostały opublikowane w Internecie lub przekazane mi osobiście. Często operatorami stron internetowych są instytucje, stowarzyszenia lub firmy. Osobiste autorstwo często nie jest jednoznacznie identyfikowalne. W związku z tym proszę o niezwłoczne poinformowanie mnie, jeśli mają Państwo jakiekolwiek obawy dotyczące prawidłowo cytowanej publikacji. Chętnie wyślę ci odpowiednie stanowiska do zatwierdzenia. W przeciwnym razie, zakładam, że nie ma pan nic przeciwko publikacji w tej książce..."

Wszystkie otrzymane uwagi zostały wzięte pod uwagę.
Jochen Michels

Przedmowa do pierwszego wydania BioKernSprit

Rozwój gospodarczy jest nie do pomyślenia bez energii. Jednak zaopatrzenie w energię przyszłości musi rozwiązywać jednocześnie następujące problemy:

Wzrasta liczba ludności świata i jej rozwój gospodarczy, a wraz z nią zapotrzebowanie na energię. Jednocześnie jednak podaż energii powinna być niezawodna, przyjazna dla środowiska, zrównoważona i wydajna oraz oczywiście dostępna w wystarczającej ilości po niskich kosztach.

Zrozumienie tego odpowiada rewolucji gospodarczej i wpływa na wszystkie dziedziny życia. Wszyscy musimy ponownie przemyśleć, oszczędniej wykorzystywać energię i znacznie zintensyfikować prace badawczo-rozwojowe, aby osiągnąć szybki postęp. Wszystko to powiedzie się tylko wtedy, gdy problemy nie będą ideologicznie uparte, ale raczej potraktowane w sposób przyjazny dla technologii i obiektywny.

Ta książka jest wkładem w tym kierunku i życzę jej autorowi dużego zainteresowania.

Prof. dr Peter Kausch

Zum Geleit - przyszłość technologii łoża kulowego

Około 50 lat temu, to geniusz profesora dr Rudolfa Schultena i wnikliwość 15 zakładów komunalnych, które chciały ograniczyć GAU w sposób przyszłościowy. Zezwolił tylko na ceramiczny osprzęt do budowy pieców z łożem kulowym. W przeciwieństwie do kamieni milowych, są one stale obciążane od góry, a także stale zrzucane w dół. A w szczególności można je naładować torem. Do ostatecznej utylizacji zaplanowano również ziarno pancerza w kapsułkach ceramicznych o milionowym okresie trwałości. Od 1960 roku z wielkim powodzeniem planujemy i pracujemy nad reaktorami jądrowymi czwartej generacji w Aachen i Jülich.

W Niemczech wyrażono wówczas opinię, że reaktory lekkowodne opracowane w Ameryce są wystarczająco bezpieczne. Ale na przestrzeni dziesięcioleci okazało się to błędem. Ludzkość nie może sobie już bowiem pozwolić na rozmnażanie się reaktorów jądrowych do woli przy dużym ryzyku szczątkowym.

Osiągnięcia Jülicha były tłumione od samego początku. W tej chwili wciąż jesteśmy w spirali ciszy.

Chińskie sukcesy z piecem kulowym z łożem kulowym HT przyczyniły się do zwrotu w wiedzy również w Ameryce. W przyszłości będziemy potrzebowali dużego przemysłu wodorowego, aby zapewnić wysoce efektywne mobilne przechowywanie energii. Najbezpieczniej i najszybciej można to zrobić przy pomocy pieców kulistych, najlepiej opalanych torem. Bogactwo wodoru przynosi również korzyści odnawialnym paliwom i innym odnawialnym źródłom energii. Nośniki wodoru, takie jak etanol, metanol i butanol, mogą w perspektywie średnioterminowej zapewnić niezbędne magazynowanie energii i surowców dla przemysłu chemicznego.

Droga jest jasna dla rosnącej ludzkości.

Hermann Josef Werhahn 2015 (✝ 2017)

TREŚĆ

1 Biomasa i inne materiały wsadowe

W tym rozdziale przeanalizujemy

- Rodzaje i zapasy materiałów wsadowych
- Zawartość energii i przydatność do uwodornienia
- pozyskiwanie, uprawa, zbieranie
- Uwodornianie, do pewnego stopnia, o ile nie jest uwzględnione w części "paliwo".

Niniejszy dokument ma na celu pokazanie, że możliwe jest wniesienie znacznie większego wkładu w zaopatrzenie w energię ze środków krajowych, niż ma to miejsce obecnie. Celem nie jest całkowita samowystarczalność, jak nazywali to naziści. Przedstawiamy tu jednak sugestie i konkretne propozycje, aby przynajmniej znacząco zmniejszyć obecne zagrożenie nadmierną zależnością od obcych państw w przypadku wygórowanych podwyżek cen w wyniku - pochopnych - decyzji o wyjściu. Oświadczenie naukowe nie istnieje ani w formie, ani w oświadczeniach. Znane są prawie wszystkie ustalenia i procedury, większość z nich jest nawet wypróbowana i przetestowana. Ulepszenia są zawsze mile widziane.

Miarą nie są wizje i pojęcia. Idealne rozwiązania, które nadal wymagają ogromnych nakładów na badania i rozwój, mogą być realizowane przez innych. Tutaj znane i sprawdzone procesy są umieszczane w konstruktywnym kontekście. Przedstawiamy mapę drogową, która, jeśli będzie realizowana, najprawdopodobniej przyczyni się do wypełnienia poważnej luki energetycznej. Nie podążamy za złudzeniem, że jesteśmy w stanie pokryć cały wymóg mobilności. Jednak propozycja ta może przynieść nawet 30 procent, a może nawet więcej.

Oprócz ograniczonych zasobów naturalnych ropy naftowej, gazu, energii wodnej, światła słonecznego i wiatru, za najważniejsze zasoby uważamy umiejętności naszych ludzi w dziedzinie nauki, technologii, organizacji i biznesu.

Kierujemy się następującymi podstawowymi danymi: w Niemczech energia jest obecnie zużywana w ilości ok. 1800 terawatogodzin rocznie.[1]Około 600 TWh z tego to energia elektryczna, mniej więcej tyle samo dla mobilności i znowu tyle samo dla ogrzewania i przemysłu. Nasza propozycja ma przede wszystkim na celu umożliwienie mobilności z wykorzystaniem paliw płynnych, a energia elektryczna i cieplna są również produkowane jako produkty uboczne.

Ponieważ zasoby naturalne są dostępne:

- Nadmiar materii organicznej, odpadów drewna i innych.
- Lignit i węgiel kamienny oraz inne materiały zawierające C.
- Wiedza, umiejętności i chęci naszych ekspertów i przedsiębiorców

Przeciwstawiamy się zarzutowi, że biomasa jest zbyt dobra do produkcji paliwa, zapewniając, że będziemy wykorzystywać jedynie odpady, których nie można wykorzystać do innych celów.

Oprócz samej dostępności tych substancji, ważny jest również wysiłek i koszty ich dostarczenia i hodowli, ponieważ trwałość całego wniosku ma kluczowe znaczenie.

Należy zatem zbadać następujące kryteria:

- Zapasy, dostępność,
- Wydobycie, hodowla,
- Odbiór, transport
- Zawartość energii

[1] Inne źródła mówią nawet o 2,300 TWh. Już samo to pokazuje, jak kontrowersyjna jest ta cała kwestia.

- Należy przy tym zadbać o to, by do atmosfery emitowana była jak najmniejsza ilość CO2 . Jeśli nie da się tego całkowicie uniknąć, powinno to przynajmniej zbliżyć się do naturalnego cyklu.

Bardzo ważnym aspektem jest dobór surowców do produkcji paliwa na podstawie tego, że podczas uwodornienia i późniejszego spalania do atmosfery uwalniana jest jak najmniejsza ilość CO2.

1.1 Biomasa - rodzaje i zdarzenia

(zgodnie z Wikipedią i innymi źródłami)

W określonym ekosystemie **biomasa odnosi się** do całkowitej masy materiału organicznego, który został zsyntetyzowany biochemicznie. Zawiera on zatem masę wszystkich organizmów żywych, martwych (detrytus) i organicznych produktów przemiany materii. Około 60 procent biomasy na Ziemi stanowią mikroorganizmy.

1.1.1 Podstawowe dane i korelacje

Całkowita masa węgla w organizmach żywych jest szacowana na 280-109 ton. Zgodnie z ostatnimi szacunkami, całkowita roczna produkcja węgla organicznego z biomasy na ziemi szacowana jest na 173-109 ton. Obszar lądowy wynosi 118-109 ton, a obszar morski 55-109 ton.

Biomasa jest oznaczana jako masa świeża lub sucha na metr sześcienny lub kwadratowy (objętość lub powierzchnia).

Rośliny budują biomasę poprzez fotosyntezę. W tym procesie biomasa jest budowana z substancji (co2, H2O, minerałów), które w przeciwnym razie nie nadają się do produkcji energii, w ramach dostaw energii, zwłaszcza węglowodanów. Wcześniej nieznane katalizatory umożliwiają tę syntezę w niskiej temperaturze.

Tylko rośliny są więc w stanie budować biomasę. Rośliny te są wykorzystywane przez ludzi i zwierzęta jako pożywienie. Zwierzęta mogą budować swoją biomasę tylko z innej biomasy. Tak samo jest z ludźmi. Dlatego też, bez roślin, wszystkie zwierzęta głodowałyby.

To samo odnosi się analogicznie do ludzi. Dlatego w każdym przypadku jesteśmy zależni od roślin, albo bezpośrednio jako warzywa i owoce, albo, po przetworzeniu przez zwierzęta, jako mięso lub ryby.

Kopalne źródła energii, tj. węgiel, ropa naftowa, gaz ziemny i torf, również pochodzą z biomasy, zgodnie z dominującą opinią, ale nie są zaliczane do tej kategorii.

Poglądy, że surowce te powstają wyłącznie w wyniku procesów nieorganicznych o wysokim ciśnieniu w głębokich warstwach mineralnych ziemi, są stosunkowo nowe i kontrowersyjne. Ta wersja nie jest więc istotna dla naszych sugestii.

Oprócz fotosyntezy, chemosynteza tworzy również biomasę. Tutaj, w przeciwieństwie do fotosyntezy, niezbędna energia nie jest uzyskiwana ze światła, ale z substancji nieorganicznych, takich jak siarkowodór, które są uwalniane z wnętrza ziemi - na przykład w gorących źródłach. Jednak żyjące tam organizmy mają niewielką masę całkowitą. Ich udział w całkowitej produkcji biomasy jest znikomy i znikomy.

Biochemicznie składowana w biomasie energia słoneczna może być również rozumiana jako "własny" dostawca energii odnawialnej (odnawialne źródło energii). Mogą być one wykorzystywane do produkcji wodoru, energii elektrycznej lub jako paliwo. Chociaż energia jest tylko przetwarzana, mówi się w tym względzie (błędnie) także o "energii odnawialnej".

Konwersja biomasy na ciepło, energię elektryczną lub paliwo, na przykład jako paliwa etanolowego i etanolu celulozowego, umożliwia zrównoważony bilans CO_2. Podczas procesu spalania emitowana jest tylko taka ilość CO_2, która wcześniej była związana biochemicznie.

Poniższy schemat przedstawia ten cykl.

Jeśli węgiel zgromadzony w ciągu setek milionów lat paliw kopalnych zostanie uwolniony do atmosfery w ciągu kilkudziesięciu lat, wielu naukowców twierdzi, że będzie to miało pewien wpływ na pogodę i klimat. Inni wiodący badacze i instytuty stwierdzają, że klimat nie może być znacząco zmieniony przez ludzi i dlatego nie może być "uratowany". Nie można tu ocenić, czy jeden lub drugi pogląd jest prawidłowy. Jednakże nasze propozycje mają na celu uczynienie procesów możliwie najbardziej neutralnymi pod względem emisji CO_2.

Produkcja wodoru jako wtórnego nośnika energii poprzez reformę parową z separacją i końcowym składowaniem CO_2 jest nie tylko neutralna pod względem emisji CO_2, ale nawet przyczyniająca się do redukcji CO_2. W tym procesie dwutlenek węgla usuwany z atmosfery przez rośliny nie jest zwracany do atmosfery. Wydobyty dwutlenek węgla pozostaje zatem trwale usunięty z atmosfery poprzez ostateczne składowanie (np. w procesie CCS w dawnych złożach gazu ziemnego). Jednak w wyniku spalania biomasy powstają zanieczyszczenia podobne do tych wytwarzanych przez kopalne źródła energii. (np. tlenki azotu, związki siarki, substancje aromatyczne, cząstki sadzy).

W krajach rozwijających się biomasa w postaci drewna, odpadów roślinnych i obornika jest jednym z najważniejszych źródeł energii. Biomasa może być również wykorzystywana jako paliwo płynne, na przykład w Brazylii, gdzie trzcina cukrowa jest wykorzystywana do produkcji alkoholu (etanolu), który jest wykorzystywany jako paliwo. Konwersja biomasy na celulozowy etanol jako odnawialne paliwo samochodowe jest postrzegana jako szczególnie obiecująca. W chińskiej prowincji Syczuan, do produkcji biogazu wykorzystuje się obornik zwierzęcy. Różne projekty badawcze mają na celu dalszy postęp w produkcji energii z biomasy. W Niemczech w 1944 roku i później wiele samochodów jeździło z generatorem na gaz drzewny w czasie kryzysu - patrz zdjęcie:

Jednak ekonomiczna konkurencja ze strony stosunkowo taniej ropy naftowej jak dotąd wielokrotnie uniemożliwiała takim projektom osiągnięcie etapu przemysłowego na dużą skalę.

Jak dotąd głównym problemem związanym z wykorzystaniem biomasy jako paliwa jest to, że tylko stosunkowo niewielka część chemicznie związanej energii nadaje się do wykorzystania. W laboratorium można było jednak obecnie przeprowadzić symulację naturalnie występującego procesu zwęglania egzotermicznego (patrz 3.4.1.2.5 Zwęglanie hydrotermiczne - wkład Markusa Antonietti'ego) i tym samym dostarczyć cały węgiel w postaci węgla praktycznie bez wkładu energii. W przyszłości powinno być również możliwe sztuczne wytwarzanie ropy naftowej. Przełom w zastosowaniu tego procesu na dużą skalę nie jest jeszcze możliwy do przewidzenia.

Alternatywą dla konwersji chemicznej jest konwersja biologiczna:

- Etanol celulozowy.
- Paliwa oparte na biomasie
- Biodiesel - produkcja oleju napędowego z olejów roślinnych lub tłuszczów zwierzęcych
- Paliwo BtL - produkcja oleju napędowego z biomasy stałej
- Bio-etanol
- Etanol celulozowy
- Biohydrogen
- Biogaz (Kompogaz)
- Olej roślinny Pöl jako paliwo

Niektóre z tych procesów i produktów będą rozpatrywane indywidualnie dla każdego przypadku.

Sprzeciw, że biomasa jest zbyt cenna, by ją wykorzystać do produkcji materiałów eksploatacyjnych, takich jak paliwo, może być zasadniczo słuszny. Ale jeśli ograniczysz się do marnotrawienia lub wykorzystywania do tego celu specjalnych upraw energetycznych, jest to tak rygorystycznie niezgodne z zasadami zrównoważonego rozwoju. Ponieważ węgiel jest również sprasowaną biomasą, szczególnie nadaje się on na początku jako materiał wsadowy. Ich zawartość energetyczna jest wykorzystywana z dużo większą wydajnością niż w dzisiejszych elektrowniach do wytwarzania energii elektrycznej. Jest to wyjaśnione bardziej szczegółowo w rozdziale "Paliwo".

Jest oczywiste, że cały cykl: CO2 plus słońce - fotosynteza - rośliny - biomasa - uwodornienie - paliwo - mobilność z emisją CO2 wydaje się dość skomplikowany. Byłoby lepiej, gdyby energia słoneczna była wykorzystywana bezpośrednio do zasilania pojazdów. Ponieważ jednak światło słoneczne nie zawsze jest dostępne w każdym miejscu, nie ma możliwości magazynowania energii. Zamiast wspomnianego wyżej paliwa ciekłego idealny byłby akumulator elektryczny, ale obecnie wystarcza on tylko na znacznie krótsze zakresy.

Skupiamy się tutaj na rozwiązaniu, które może nam pomóc w perspektywie krótko- i średnioterminowej, dopóki technologia akumulatorów nie umożliwi znacznego postępu w zakresie mobilności elektrycznej.

Ponadto istnieją już sieci dystrybucji paliw płynnych, ale nie utworzono jeszcze sieci dystrybucji energii elektrycznej.

1.1.2 Materiały wejściowe i ich dostępność

Prawdą jest, że nasz tytuł to "BioKernSprit", aby podkreślić wykorzystanie odnawialnych - tj. żywych - roślin jako materiału wyjściowego. Nawet nieżywe obecnie nośniki węgla pierwotnie pochodziły z żywych roślin.

Nie chcemy jednak ograniczać materiałów wsadowych w tym zakresie, a raczej objąć nimi oprócz elektrowni węgiel, torf, bitum, pak ziemny, odpady rafineryjne, gaz wielkopiecowy i odpady plastikowe. Jeśli eksperci zalecają inne substancje, tym lepiej.

Oprócz dostępności, priorytety muszą być oparte na zawartości energii i intensywności młodych talentów. Tkanina, która najłatwiej i najszybciej rośnie na wolności, jest lepsza od tej, która jest trudniejsza lub trwa dłużej. Dlatego szybko rosnące rośliny są lepsze od tych, które trwają wiele lat - przy założeniu tej samej zawartości energii.

Rośliny są generalnie lepsze od torfu lub węgla brunatnego, ten drugi od węgla kamiennego. Odpady są lepsze niż nowe materiały. Jeśli zamiast utylizacji możliwe jest dalsze użytkowanie, uzyskuje się podwójną korzyść.

W opisach opieramy się głównie na powszechnie dostępnych informacjach, np. z Wikipedii i innych źródeł sieciowych, na przykład z F.O. Licht, - ZMP, - UFOP, FAZ vom 9. wrzesień 2010 Strona 18

1.1.2.1 Rośliny

Uwodornianie olejów roślinnych jest opisane w wielu miejscach (np. w raporcie "Fachagentur nachwachsende Rohstoffe" lub w Wikipedii) jako pożądane do mieszania z innymi paliwami. Ze względu na przestrzeń, nie wszystkie rośliny, które są odpowiednie w jakikolwiek sposób, mogą być tutaj wymienione. Skupiamy się na tych najważniejszych.

1.1.2.1.1 Drzewostan leśny - dostępność

Drzewa i podobne rośliny są najważniejszymi odnawialnymi surowcami, które mogą być przetwarzane na paliwo. Stosunkowo wysoki udział lasów w Niemczech, w porównaniu z innymi krajami, wynika z wysiłków związanych z zalesianiem - głównie w XIX wieku. Od 1960 r. do około 2004 r. powierzchnia lasów została zwiększona o 500 tys. ha (= 5 tys. km2), głównie poprzez ponowne zalesianie (zwłaszcza gruntów rolnych) i sukcesywne zalesianie zdegradowanych terenów wrzosowisk. Tym samym Niemcy znów są jednym z najgęściej zalesionych krajów Unii Europejskiej.

Jednak duża część lasów, zwłaszcza lasów iglastych, jest obecnie niszczona przez pogodę (gorące okresy suszy, kwaśne deszcze). Dzisiaj doświadczamy, że silne stojaki igielne są szczególnie podatne na szkodniki. Z tego powodu coraz więcej lasów liściastych jest zalesianych tam, gdzie kiedyś dominowała monokultura iglowa. Przejście na las bardziej liściasty prowadzi do wolniejszego wzrostu i zabiera pokolenia.

Według Wikipedii i innych źródeł, Republika Federalna ma powierzchnię około 357.111 kilometrów kwadratowych. Poniższa tabela zawiera szczegółowe informacje. Jest to 35,7 mln hektarów (ha 10 000 ^{m2} każdy). Powierzchnia lasów w Niemczech wynosiła w ciągu 10 lat ok. 10,53 mln ha, czyli 11,08 mln ha według drugiej Federalnej Inwentaryzacji Lasów, w 2019 r. według Wikipedii 11,419 mln ha, co stanowi ok. 32 % terytorium kraju i rośnie. Spośród nich około 44 % stanowią lasy prywatne, 32 % lasy państwowe (29 % lasy państwowe i 3 % lasy federalne), 19 % lasy zakładowe i 5 % lasy powiernicze.

Chociaż istnieją znaczne różnice, zakładamy, że lasy pokrywają około 30 procent naszej ziemi, zajmując co najmniej 10 700 000 hektarów. Podsumowując, przedstawiamy następujący przegląd:

Właściciel powierzchni leśnej o łącznej powierzchni 10,7 mln km2 = 10,7 mln ha	%	%	Hectare (ha)
Udział lasu w powierzchni BRD:	30	= 100	10.713.000
Jeśli ten las jest ustawiony na 100, to indywidualni właściciele odpowiadają za % i ha:			
Własność prywatna		44	4.708.000
Landeswald		29	3.103.000
Las Federalny		3	321.000
Las korporacyjny		19	2.033.000
Trust Forest		5	535.000

Wykres Statysty pokazuje podobne rzędy wielkości. Około 25 % powierzchni gruntów w Niemczech można przypisać osiedlaniu się. Z tego i innych uszczelnień, co roku niszczonych jest około 3,5 tys. hektarów lasów. Niemniej jednak powierzchnia lasów nadal rośnie, w ostatnich latach średnio o 3,5 tys. ha rocznie.

Wykorzystanie całkowitej powierzchni 357.111 km2 = 35,7 mln ha w Niemczech	**%**	**km2**	**Hektar (ha) 1. oznaczenie**	**Hektar (ha) Drugie wskazanie**
są wykorzystywane w rolnictwie:	53,5	190.995		
z lasem:	30	105.315	10.531.000	11.075.800
służyć jako obszary mieszkalne i transportowe	12,3	43.911	4.391.100	8.925.000
Powierzchnie wodne są	1,8	6.426		
Dla nieużytków i obszarów górnictwa odkrywkowego	2,4	8.568		

Wysoki odsetek lasów w porównaniu z innymi krajami wynika z wysiłków związanych z ponownym zalesianiem, głównie w XIX wieku. Od 1960 r. do około 2004 r. powierzchnia lasów została zwiększona o 500 tys. ha (= 5 tys. km2), głównie poprzez ponowne zalesianie (zwłaszcza gruntów rolnych) i sukcesywne zalesianie zdegradowanych terenów wrzosowisk. W ten sposób Niemcy znów są jednym z najgęściej zalesionych krajów Unii Europejskiej.

Duża część lasów, zwłaszcza lasów iglastych, jest zniszczona przez klimat (gorące okresy suszy, kwaśne deszcze). Dzisiaj doświadczamy, że silne stojaki igielne są szczególnie podatne na szkodniki. Z tego powodu coraz więcej lasów liściastych jest zalesianych tam, gdzie kiedyś dominowała monokultura igłowa. Przejście na las bardziej liściasty prowadzi do wolniejszego wzrostu i zabiera pokolenia.

Według danych FAZ z lipca 2019 r., według wkładu Wiebke Hüster, co roku będzie odrastać 8,5 metra sześciennego na hektar, czyli 11,4 mln ha. Powierzchnia lasu około 97 milionów stałych metrów sześciennych = metry sześcienne. Na hektar zbierane jest 7,2 metra sześciennego bryły. Pozostawia to 1,3 metra sześciennego na hektar w lesie. Z 11,4 mln hektarów powierzchni leśnej, jest to 14,82 mln metrów sześciennych bryły.

Ponieważ czasami twierdzi się, że nasze rezerwy biomasy nie są zdalnie wystarczające do wyprodukowania z nich paliwa, ilości te były przedmiotem dalszych badań.

1.1.2.1.1.1 Niemiecka Rada Leśnictwa (DFWR)

DFWR jest reprezentatywną reprezentacją wszystkich interesariuszy Republiki Federalnej Niemiec, którzy zajmują się leśnictwem i lasami. Reprezentuje on około 2 milionów właścicieli lasów w 2019 roku. Zatrudniając 1,1 mln pracowników, utrzymują oni i zarządzają obszarem 11,4 mln hektarów lasów (31,9 % terytorium federalnego) w interesie leśnictwa, jak również kultury regionalnej i ochrony środowiska.

Już w listopadzie 2009 r. DFWR powołał się na przedstawione wówczas we Frankfurcie studium inwentaryzacyjne z 2008 r., w którym można było znaleźć dokładniejsze dane dotyczące ilości drewna użytkowego: `www.dfwr.de`.

Na dobrych 11 milionach hektarów lasów znajduje się średnio 336 metrów sześciennych rezerwatu drewna na hektar. Według Federalnej Inwentaryzacji Lasów II całkowite zasoby drewna wynoszą około 3,4 mld metrów sześciennych, następnie Francja - 2,98, Szwecja - 2,93 mld metrów sześciennych, a Finlandia - 1,94 mld metrów sześciennych.

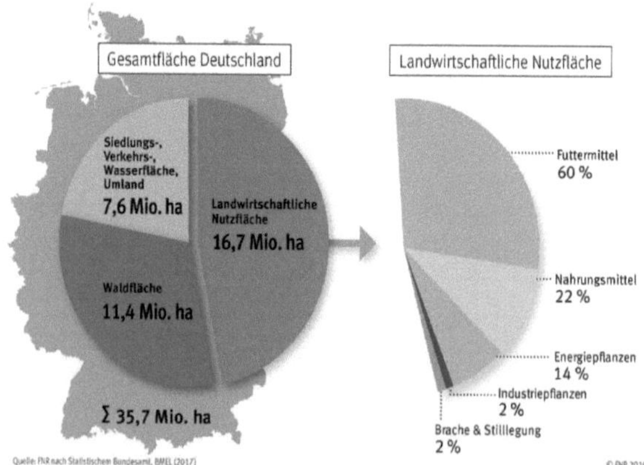

Według badań inwentaryzacyjnych z 2008 r. roczna strata (suma zużycia, naturalnie martwego, niezużytego drewna pozostającego w lesie, składników kory oraz strat w pozyskaniu i ilości poniżej granicy powtórnej obróbki) wynosi około 106,7 mln m3. Retencja biomasy w drzewostanie jest ważna dla niezliczonych organizmów żywych oraz dla utrzymania wydajności gleby. Według DFWR wzrost lasów w Niemczech wynosi 10,7 mln m3 rocznie i wynosi hektar. Wyrażona w procentach przyrostu, stanowi 3,18% istniejącej ilości drewna leśnego.

Tempo wzrostu wynosi więc 10,7 metra sześciennego razy 11 milionów hektarów = 117,7 milionów m3 rocznie. Kolejne obliczenia mówią o 111 milionach metrów sześciennych. Wygląda na to, że wzrost spadł o około jedną piątą. Jest to mało prawdopodobne, biorąc pod uwagę zwiększoną powierzchnię lasów. Z tego powodu zawsze obliczamy z mniej korzystną wartością w następujący sposób.

DFWR wspomina o roku 2009: "Według obliczeń, pozostałe zastosowania biomasy wynoszą 57 milionów ton brutto. Oznacza to już 102 miliony m3 biomasy.

Jeśli chodzi o użytkowanie, DFWR podaje, że rocznie zużywane jest 6,7 m3 na hektar. Na podstawie tych informacji oblicza się bezpośrednio dostępną biomasę w następujący sposób:

Pozostawia to około 36 milionów niewykorzystanych młynów do innego rodzaju recyklingu. Od tego należy odjąć o około połowę ilości, które nie mogą być wykorzystane i są poniżej granicy powtórnego przetwarzania. **Pozostawia to około 18 milionów m3 dla jednego nieużywanego do tej pory zastosowania, uwodornienia.**

Drewno wychodzące z lasu składa się z: - w milionach metrów	milion m3
sześciennych -	75
• Zużycie 6,7 ml razy 11 mln ha	
• Niewykorzystane 111 minus 75 milionów = 36 milionów m3,	7 19
o naturalnie martwy, pozostający w lesie	5
o Kora, składniki kory, straty w zbiorach	5
o nieużywany	111
o ilości poniżej limitu dla przetwórstwa	
= roczna utylizacja	

Dziś nadal w dużej mierze padają one ofiarą naturalnego rozkładu i celowego spalania. Są to bowiem pozostałości, które powstają podczas obróbki (trociny, pozostałości po rozłupywaniu, nierówne części, podszycie, odpady drewna budowlanego itp.) Ilości te zostały już wycięte z lasu i w związku z tym są łatwo dostępne do transportu

Przy sprytnej organizacji, przynajmniej połowa tej kwoty, tj. 9 milionów m3, może być wykorzystana do uwodornienia. Odpowiada to około 8 milionom ton drewna, które są natychmiast dostępne. Jeden metr sześcienny drewna okrągłego z korą waży 0,9 tony.

Dalsze dane można znaleźć w Agencji ds. Zasobów Odnawialnych pod tym linkiem:
https://mediathek.fnr.de/grafiken/daten-und-fakten/anbau/flachennutzung-in-deutschland.html

Oznaczałoby to, że już dziś dobre 8 milionów ton drewna można by uznać za biomasę do uwodornienia. Nie ma negatywnego wpływu na zaopatrzenie w żywność, obszary uprawne lub inne sposoby wykorzystania drewna.

Należy również oczekiwać, że gęstość hodowli, wykorzystania i uprawy drewna znacznie się zmieni, jeśli uda się zidentyfikować opłacalne wykorzystanie takich zasobów drewna do celów mobilności. Produkcja paliwa byłaby tak wartościowym zastosowaniem.

- Przykładowo, pionierka firmy Viessmann uprawia już topole energetyczne - patrz rozdział1.2.2.1.
- RWE sadzi również topole w Westerwaldzie, co zostało zgłoszone w FAZ i powtórzone w rozdziale 1.2.2.1.2

1.1.2.1.1.2 Agencja ds. zasobów odnawialnych

Fachagentur nachwachsende Rohstoffe e.V." (FNR) przy Federalnym Ministerstwie Środowiska (BMU) dochodzi do podobnych wniosków. Wyjaśnia on w krajowym planie działania w sprawie biomasy z 2009 r., że mamy rezerwy drewna wynoszące 3,4 mld metrów sześciennych i że **mniej się zużywa niż odrasta**. Tylko 20 do 25 milionów metrów sześciennych z tego zostało zużytych na energię. Już w 2007 r. drewno to rośnie na powierzchni 1,75 mln ha. Zakłada się wzrost. Do 2020 r. łącznie od 2,5 do 4 mln hektarów byłych gruntów ornych można by wykorzystać na cele energetyczne i inne rodzaje drewna komercyjnego.

Prawdą jest, że w sprawozdaniu na stronie 11 stwierdza się, że wykorzystanie drewna do produkcji biopaliw zapewnia niższą **wydajność energetyczną** niż ogrzewanie lub skojarzone wytwarzanie ciepła i energii elektrycznej. Na stronie 24, uwodornienie olejów roślinnych jest opisane jako pożądane do mieszania z innymi paliwami. Biopaliwo jest jedyną **energią dla mobilności w** odpowiednich ilościach.

Ta **niska wydajność** występuje jednak tylko wtedy, gdy większość materiału wsadowego drewna jest **marnowana w** celu wytworzenia niezbędnego ciepła w procesie uwodornienia. Tak było również w czasie wojny z węglem kamiennym i brunatnym. W Leunie i 13 innych zakładach upłynniania węgla produkowano w tym czasie 4 mld litrów paliwa rocznie. Nie zwrócono uwagi na efektywność i oszczędność.

Zupełnie inaczej wygląda sytuacja, gdy wymagana energia cieplna jest dostarczana z zewnątrz. Proponujemy wytwarzanie tej energii bez emisji CO2 za pomocą pieców z łożem kulowym. Jest to wyjaśnione w rozdziale**Fehler! Verweisquelle konnte nicht gefunden werden.**

Znaczenie i korzyści z drewna dla przemysłu energetycznego zostały uznane już w 2008 roku. Na sympozjum: "Drewno - surowiec przyszłości" badano to z różnych aspektów. Dr Hansen z FNR przekaże porządek obrad w dniach 20-21 października 2008 r., www.fnr.de.

Drewno - surowiec z przyszłością:

- Dr Jörg Wendisch, Federalne Ministerstwo Żywności, Rolnictwa i Ochrony Konsumentów
- Powitanie
- Georg Windisch, Bawarskie Ministerstwo Rolnictwa i Leśnictwa
- Wykorzystanie drewna i zrównoważony rozwój
- Prof. dr Jürgen Rimpau, Niemiecka Rada ds. Zrównoważonego Rozwoju rządu federalnego
- Wyniki badania klastra
- Dr Matthias Dieter, Johann Heinrich von Thuenen-Institut
- Klaster Bawaria w pobliżu rynku
- Prof. dr Gerd Wegener, Forest and Wood Cluster in Bavaria
  Znaczenie rynkowe i tworzenie wartości - Własność lasów
- Josef Spann, Przewodniczący Stowarzyszenia Właścicieli Lasów Bawarskich
  Znaczenie rynkowe i tworzenie wartości - Leśnictwo
- Dr Carsten Leßner, dyrektor zarządzający Niemieckiej Rady Leśnictwa
  Znaczenie rynkowe i tworzenie wartości - Przemysł spożywczy
- Ullrich Huth, przewodniczący niemieckiej Rady Przemysłu Drzewnego
  Znaczenie rynkowe i tworzenie wartości - Przemysł energetyczny
- Helmut Lamp, Przewodniczący Zarządu Niemieckiego Stowarzyszenia BioEnergii

Potencjały i perspektywy

- Wnioski z badania klastrowego dla leśnictwa i przemysłu drzewnego

- Prof. Konstantin Freiherr von Teuffel, przewodniczący Niemieckiej Grupy Wsparcia Platformy Technologicznej Sektora Leśnego
  Perspektywy hodowli dla produkcji drewna
- Dr. Bernd Degen, Instytut Johanna Heinricha von Thuenena
  Potencjał gospodarki leśnej
- Prof. dr Spellmann, Instytut Badawczy Leśnictwa Północno-Zachodnich Niemiec
  Efektywne wykorzystanie drewna pod względem surowcowym
- Prof. dr Arno Frühwald, Instytut Johanna Heinricha von Thünena
  Dyskusja panelowa "Drewno - surowiec z przyszłością
  Przewodniczący dyskusji: Dirk Alfter, Holzabsatzfonds
  - Ullrich Huth, przewodniczący niemieckiej Rady Przemysłu Drzewnego
  - MdB Georg Schirmbeck, przewodniczący Niemieckiej Rady Leśnictwa
  - Dr Jörg Wendisch, Federalne Ministerstwo Żywności, Rolnictwa i Ochrony Konsumentów
  - Prof. dr Arno Frühwald, Instytut Johanna Heinricha von Thünena
  - Dr Matthias Dieter, Johann Heinrich von Thuenen-Institut
  - Prof. Konstantin Freiherr von Teuffel, Instytut Badawczy Leśnictwa Badenii-Wirtembergii

  Podsumowanie/Prognoza: Klasyfikacja wydarzenia w kontekście ogólnym (energia/klimat/środowisko/surowce)
- Dr. Jörg Wendisch, BMELV

Od tego czasu agencja specjalistyczna stale informuje o swoich dalszych działaniach na konferencjach, w publikacjach i innych informacjach.

Ponadto zakładamy, że rocznie produkuje się co najmniej 8 mln ton paliwa, szczególnie w rozdziale 3 Paliwo.

1.1.2.1.2 Prof. Vollrath Hopp

Daje nam on następujące obliczenia, aby określić, ile oleju napędowego można uzyskać z topoli:

Drzewa:

Przykład: Topole mają wysoką roczną nową stopę wzrostu:

na hektar i rok:	9 ton suchej masy.
wartość opałowa na kg drewna opałowego:	14.600 kJ/kg
Przy 9 tonach suchej masy:	131 GJ
Całkowita powierzchnia lasu:	7,4 mln hektarów
Prywatny teren leśny:	1,4 mln hektarów

Obecny poziom pozyskania drewna w Niemczech (1999): 37 mln ton.

Biodiesel:

wartość opałowa na kg biodiesla:	42.400 kJ/kg
Ilość / hektar, którą można uzyskać:	1.300 kg/hektar
wartość opałowa biodiesla na hektar:	55,1 GJ/hektar
Stałe tereny zielone w Niemczech:	5 milionów hektarów
Biodiesel wyprodukowany w 2005 r.:	io 3,4 mln sztuk (2006).
	144,2 TeraJoule = 40 GWh

(w 2011 roku, według EBB - Europejska Rada Biodiesla - 8,8 mln ton biodiesel jest produkowany).

Udział energii potrzebnej do produkcji biodiesla: 43%.

Korzyści energetyczne netto z 3,4 mln ton biodiesla: 22,86 GWh

Stałe tereny zielone w Niemczech: 5 milionów hektarów
Maksymalna wydajność biodiesla dla wszystkich stałych terenów zielonych w Niemczech wynosiłaby **116 TWh.**

1.1.2.1.3 Kukurydza - według Wikipedii

Kukurydza energetyczna to kukurydza wykorzystywana do produkcji energii w biogazowniach. Kukurydza, jako roślina C4, ma niskie zapotrzebowanie na wodę i tylko umiarkowane zapotrzebowanie na glebę, co sprawia, że jest szeroko rozpowszechnioną rośliną w Niemczech o wysokich plonach suchej masy na jednostkę powierzchni. Ustawa o odnawialnych źródłach energii (EEG) promuje produkcję biogazu. Zwłaszcza po wprowadzeniu premii Nawaro wraz ze zmianą EEG w 2004 r. rozszerzono uprawę kukurydzy energetycznej.

Kukurydza energetyczna początkowo nie różniła się pod względem uprawy i odmiany od innych odmian kukurydzy kiszonkowej, która jest stosowana głównie jako pasza dla zwierząt. Termin ten został ukuty w celu rozróżnienia między zastosowaniem w produkcji pasz lub żywności z jednej strony a produkcją energii z drugiej strony. Coraz częściej jednak uprawa i stosowane odmiany różnią się również od konwencjonalnej kukurydzy pastewnej.

W Niemczech w 2012 r. zasiano około 2,7 mln ha kukurydzy. Kukurydza kiszonkowa była dominująca, z około 2,15 mln ha. Naziemne części roślin są siekane, kiszone i wykorzystywane jako pasza (kiszonka kukurydziana) w hodowli bydła lub jako substrat biogazu. Zróżnicowanie to opiera się głównie na samym zastosowaniu. Mogą jednak występować również różnice w uprawie i wyborze odmiany. Ponadto kukurydza zbożowa stanowi około jednej czwartej powierzchni kukurydzy w Niemczech (2009: 0,46 mln ha). W formie Corn-Cob-Mix (CCM) lub jako ziarno, jest on stosowany w instalacjach biogazu tylko w ograniczonym zakresie.

Użyj

Konwencjonalna kukurydza kiszonkowa została zoptymalizowana do stosowania jako pasza i spełnia takie wymagania, jak wysokie plony suchej masy na jednostkę powierzchni, składniki odżywcze łatwo dostępne w żwaczu bydlęcym oraz dobra kiszonka zapewniająca długotrwałe przechowywanie, a tym samym całoroczną dostępność. Wysokie plony z hektara oraz istniejąca i sprawdzona technika zbioru, jak również dobra konserwacja (zakiszanie) sprawiają, że kukurydza jest głównym substratem w biogazowniach. Jeśli decyzja o zastosowaniu uprawy jest podejmowana na etapie uprawy, produkcja kukurydzy energetycznej może być potencjalnie zoptymalizowana poprzez wybór odpowiedniej odmiany.

Wymagania dotyczące kukurydzy kiszonkowej dla hodowli bydła i produkcji biogazu różnią się w niewielkim stopniu. Parametry przyjęte przy uprawie kukurydzy pastewnej są w niektórych punktach uprawy kukurydzy energetycznej modyfikowane w celu zwiększenia wydajności metanu na jednostkę powierzchni. Skutki tych środków są częściowo kwestionowane:

Nieco większa wytrzymałość materiału siewnego ogranicza erozję, ale powinna również umożliwiać zwiększenie plonu z hektara. Zwiększone usuwanie składników odżywczych powinno być kompensowane przez zwiększone nawożenie.

Wcześniejszy zbiór przy niższym stopniu zdrewnienia (niższa zawartość włókna surowego) może zwiększyć strawność kiszonki z kukurydzy. Kukurydza na kiszonkę jest zbierana przy zawartości suchej masy (DM) około 32-33 %, jeśli to możliwe, aby zapewnić dobrą kiszoność i zapobiec utracie substancji. Jeśli znacznie wyższa zawartość suchej masy wiąże się z większą lignifikacją instalacji, zmniejsza to zdolność do degradacji w biogazowni. Niektórzy producenci nasion zalecają zatem zbiory o 2 do 3 % niższej zawartości suchej masy. Jednakże inne organy nie uważają tego za konieczne. Organicznie zanieczyszczone odcieki, które mogą pojawić się podczas zakiszania z powodu wyższej zawartości wody w uprawie, są problematyczne pod względem ekologicznym, ale mogą być fermentowane np. w biogazowni.

W warunkach klimatycznych panujących w Niemczech, odmiany kukurydzy o wyższym stopniu dojrzałości nie nadają się do uprawy na kiszonkę paszową ze względu na ich późne dojrzewanie. Ze względu na przypuszczalnie niższe wymagania dotyczące dojrzewania w przypadku stosowania w biogazowniach, badana jest przydatność odmian o nieco wyższej liczbie dojrzałości. Ze względu na dłuższy okres wegetacji mogą one zapewnić wyższe plony biomasy.

Podczas zbioru, zwłaszcza bardziej suchego, dojrzałego materiału, długość sieczki jest redukowana w celu zwiększenia obszaru ataku enzymatycznej degradacji w fermentatorze biogazowni, a tym samym przyspieszenia i usprawnienia procesu. Uwodornienie kukurydzy nie jest jeszcze problemem.

Alternatywy i suplementy do uprawy kukurydzy

W celu uniknięcia monokultur kukurydzy, podejmuje się różne wysiłki, aby inne uprawy, takie jak słonecznik i buraki cukrowe, mogły być wykorzystane do produkcji biogazu. Ponieważ kukurydza, jako roślina wymagająca ciepła, może być wysiewana późno, podejmowane są próby lepszego wykorzystania sezonu wegetacyjnego, na przykład z żytem zielonym jako międzyplonem do produkcji kiszonki z całych roślin (GPS), w celu uzyskania wyższych plonów z jednego obszaru i roku. Kolejną zaletą jest to, że zimowa pokrywa gruntu ogranicza straty składników odżywczych i erozję. Możliwe jest również niedosiewanie, np. w celu zapobiegania erozji, oraz większe zagęszczenie upraw. Od 2005 roku ekologiczne i ekonomiczne aspekty uprawy roślin energetycznych są badane w ramach kompleksowego wspólnego projektu. W sześciu typowych regionach uprawnych w Niemczech testowane są różne płodozmiany roślin energetycznych, obejmujące zarówno powszechnie stosowane obecnie uprawy, jak i możliwe rozwiązania alternatywne. Liczne inne projekty w dziedzinie alternatywnych i zrównoważonych metod uprawy roślin energetycznych są koordynowane przez FNR.

Prawne rozróżnienie między energią a kukurydzą paszową

Ponieważ do 2009 r. za kukurydzę energetyczną wypłacano premię za uprawę (premia za rośliny energetyczne), należało dokonać rozróżnienia między tą kukurydzą a kukurydzą na kiszonkę przeznaczoną na paszę dla zwierząt. Federalna Agencja ds. Rolnictwa i Żywności rejestrowała kukurydzę z obszarów uprawnych kwalifikujących się do premii, która była wykorzystywana w biogazowniach, i regulowała wypłatę premii.

1.1.2.1.4 Cukier

Cukier jest często wymieniany jako możliwy surowiec do produkcji bioetanolu i w tym samym oddechu jest on odrzucany jako wątpliwy ze względów etycznych. Jednocześnie na całym świecie od lat istnieją nadwyżki cukru, które są subsydiowane z pieniędzy pochodzących z podatków, a następnie ponownie wycofywane z rynku - czasami przez zniszczenie. W związku z tym pojawia się **pytanie, czy cukru - jak w Brazylii i USA - nie** można **również uwodornić w paliwo.**

Węglowodany lub **sacharydy,** do których należą przede wszystkim cukry i skrobie, tworzą ważną biologicznie i chemicznie klasę substancji. Węglowodany, jako produkt fotosyntezy, stanowią największą część biomasy. Wraz z tłuszczami i białkami, mono-, di- i polisacharydy (w tym skrobia) stanowią największą ilościowo, użyteczną i nieużyteczną (błonnik pokarmowy) część żywności. Oprócz ich centralnej roli jako fizjologicznych nośników energii, odgrywają one ważną rolę jako substancje wspomagające, szczególnie w królestwie roślin oraz w biologicznych procesach sygnałowych i rozpoznawczych (np. rozpoznawanie komórek komórkowych, grup krwi). Nauka zajmująca się biologią węglowodanów nazywana jest glikobiologią.

Chemicznie są to produkty utleniania alkoholi poliwodorotlenowych, tj. hydroksyaldehydy (aldozy) lub hydroksyketony (ketozy) oraz ich związki pochodne i oligo- i polikondensaty. Najbardziej rozpowszechnione są monosacharydy z pięcioma lub sześcioma atomami C, co pozwala na zamknięcie pierścienia. Monosacharydy mogą być połączone poprzez wiązania glikozydowe w reakcji kondensacji, tworząc di-sugary i polisacharydy.

Monosacharydy (cukry pojedyncze, np. dekstroza, fruktoza), disacharydy (disacharydy, np. cukier kryształowy, laktoza, cukier słodowy) i oligosacharydy (cukry wielocukry, np. rafinoza) są zwykle rozpuszczalne w wodzie, mają słodki smak i są określane jako cukier w węższym znaczeniu. Polisacharydy (polisacharydy, np. skrobia, celuloza, chityna) z drugiej strony, są często słabo rozpuszczalne lub w ogóle nie rozpuszczają się w wodzie i mają neutralny smak.

Domowy cukier ma wzór empiryczny C12H22O11, jego zawartość energii wynosi 16,8 kJ na gram (dla porównania: alkohol dostarcza 29,8 kJ na gram, tłuszcze około 39 kJ na gram), przy gęstości 1,6 g/cm^3 jest cięższy od wody (1 g/cm^3). W temperaturze 20 °C 203,9 g cukru rozpuszcza się w 100 ml wody, a w temperaturze 100 °C 487,2 g rozpuszcza się w 100 ml.

Brazylia (Źródło: Wikipedia)

Reprezentując inne kraje, oto kilka faktów na temat Brazylii jako jednego z największych krajów o silnych stronach cukrowych. Pomimo swojej wielkości, kraj ten zużywa mniej paliwa niż Niemcy.

W Brazylii, jako alternatywa dla walutowo intensywnego importu ropy naftowej, w latach 80-tych XX wieku w ramach programu "Proàlcool" utworzono odrębny krajowy przemysł produkujący paliwo etanolowe oparte na produkcji i rafinacji trzciny cukrowej. Wysokie ceny cukru na rynku światowym w latach 90. spowodowały niemalże zatrzymanie produkcji etanolu w przemyśle cukrowniczym w Brazylii, ale w ostatnich latach nastąpił silny wzrost.

Na początku używano czystego etanolu, do czego potrzebne były oddzielne silniki. W międzyczasie **stosuje się** głównie tzw. **elastyczne pojazdy paliwowe, które są zdolne do spalania dowolnej mieszanki benzyny i etanolu.** Ich udział w sprzedaży samochodów w 2007 roku wyniósł 86%.

Wszystkie stacje benzynowe oferują benzyny o zawartości etanolu od 20 do 25%. Dokładna wartość procentowa jest ustalana przez rząd w zależności od rynku cukru.

Do 2005 r. Brazylia była największym producentem i konsumentem na świecie, ale od tego czasu została przejęta przez Stany Zjednoczone. Produkcja w 2007 roku wyniosła prawie 19 miliardów litrów. Konsumpcja krajowa w 2007 roku wyniosła 16,7 mld litrów, co stanowi wzrost o 3,7 mld litrów w stosunku do roku poprzedniego. (Dla porównania: w Niemczech zużywa się rocznie około 40 mld litrów benzyny i oleju napędowego).

Na rok 2008 prognozowany jest dalszy wzrost o 2,9 mld litrów, głównie ze względu na silny wzrost rynku motoryzacyjnego. W sezonie zbiorów 2007/2008 oczekiwano silnego wzrostu produkcji etanolu do 21,3 mld litrów (+22% rok do roku). W 2006 r. wyeksportowano 3,9 mld litrów etanolu (2005 r.: 2,6 mld litrów), z czego 1,7 mld litrów trafiło do Stanów Zjednoczonych, 346 mln do Holandii, 225 mln do Japonii i 204 mln do Szwecji. Wbrew ogólnym oczekiwaniom, eksport spadł do 3,8 mld litrów w 2007 r. i nie można wykluczyć dalszego spadku w 2008 r. z powodu powściągliwej polityki biopaliwowej w wielu krajach i rosnącej produkcji krajowej w Stanach Zjednoczonych. Znaczna część wywozu do Stanów Zjednoczonych nie jest dokonywana bezpośrednio, lecz jest kierowana przez kraje karaibskie (w szczególności Jamajkę) ze względów podatkowych. Etanol jest tam odwodniony, a następnie wysyłany do Stanów Zjednoczonych na preferencyjnych warunkach (Caribbean Basin Initiative).

Ze względu na spalanie bezcukrowych pozostałości trzciny cukrowej (wytłoków z trzciny cukrowej) w celu wytworzenia energii elektrycznej i ciepła procesowego, fabryki etanolu w Brazylii mają wyraźnie dodatni bilans energetyczny.

W 2008 roku w Brazylii zakupiono jeszcze więcej etanolu (15,8 mld litrów) niż benzyny (15,5 mld litrów) (w październiku 2008 roku).

Sacharoza stanowi tylko nieco więcej niż 30% energii chemicznej magazynowanej w dojrzałej trzcinie cukrowej. 35 % znajduje się w liściach pozostawionych na polu podczas zbiorów, a 35 % w wytłoczonym soku . Część wytłoczyn bagazowych jest spalana w cukrowni w celu wytworzenia energii cieplnej do produkcji cukru i destylacji, a także energii elektrycznej dla maszyn. Dzięki temu cukrownie trzciny cukrowej są samowystarczalne energetycznie, a nawet mogą sprzedawać nadwyżki energii elektrycznej przedsiębiorstwom użyteczności publicznej. Przy wytwarzaniu około 600 MW na własne potrzeby, około 100 MW może być wytwarzane na potrzeby sieci publicznej.

Energia ta jest chętnie przyjmowana przez przedsiębiorstwa użyteczności publicznej, ponieważ jest wytwarzana głównie w porze suchej, kiedy poziom w brazylijskich zbiornikach jest niski, a produkcja z energii wodnej niska. Szacunki dotyczące możliwej produkcji energii elektrycznej wahają się od 1 000 do 9 000 MW, w zależności od zastosowanej technologii. Wyższe szacunki opierają się na zgazowaniu biomasy, zastąpieniu obecnie używanych niskociśnieniowych kotłów parowych i turbin przez wysokociśnieniowe kotły i turbiny oraz wykorzystaniu biomasy pozostawionej obecnie na polach w postaci liści. Dla porównania, brazylijska elektrownia atomowa Angra I produkuje 657 MW.

Obecnie opłacalne jest wytwarzanie około 288 MJ energii elektrycznej na tonę trzciny cukrowej z odpadów powstałych przy produkcji alkoholu. Sama fabryka zużywa około 180 MJ tego. W związku z tym średniej wielkości cukrownia mogłaby sprzedać około 5 MW energii elektrycznej. Przy obecnych cenach, obroty fabryki wynoszą około 18 mln USD ze sprzedaży cukru i alkoholu oraz dodatkowo 1 mln USD ze sprzedaży nadwyżki energii elektrycznej. Dzięki zaawansowanej technologii w kotłach i turbinach można by zwiększyć wydajność do około 648 MJ na tonę trzciny cukrowej, ale przy obecnych cenach, niezbędne inwestycje nie są opłacalne.

W porównaniu z innymi paliwami, takimi jak węgiel i ropa naftowa, spalanie bagazu jest przyjazne dla środowiska. Zawartość popiołu wynosi tylko 2,5 % (węgiel: 30-50 %) i nie zawiera siarki. Ponieważ spalanie odbywa się w stosunkowo niskich temperaturach, wytwarzana jest niewielka ilość tlenku azotu.

W Brazylii wytłoczyny z trzciny cukrowej są wykorzystywane w kilku sektorach przemysłu w celu zastąpienia ropy naftowej jako paliwa. W samym tylko stanie São Paulo zużywane są 2 miliony ton rocznie, co pozwala zaoszczędzić 35 milionów dolarów na imporcie ropy naftowej.

Ogólnie rzecz biorąc, wynika z tego, że cukier lub jego surowiec jest również bardzo ważny dla produkcji paliw.

1.1.2.1.5 Rzepak

Rzepak oleisty (*Brassica napus*) jest gatunkiem roślin z rodziny krzyżowców (Brassicaceae). Jest to uprawa ważna z ekonomicznego punktu widzenia. Nasiona te są wykorzystywane głównie do produkcji oleju rzepakowego i produktu ubocznego - makuchu rzepakowego. Rutabaga *Brassica napus* subsp. *rapifera* jest podgatunkiem rzepaku oleistego (*Brassica napus*).

Od 1974 r. pod nazwą "rzepak *zero"* opracowano genotypy rzepaku praktycznie pozbawione kwasu erukowego (mniej niż 2 % w oleju), nadające się do spożycia przez ludzi, których nasiona zawierają większą ilość bardziej tolerancyjnego kwasu oleinowego i linolenowego. Livio był pierwszym komercyjnie dystrybuowanym olejem jadalnym z rzepaku w (zachodnich) Niemczech.

Obecnie prawie cały obszar upraw w Niemczech jest uprawiany z 00 rzepakiem. Ponadto, do produkcji kwasu erukowego jako surowca przemysłowego wyhodowano odmiany bogate w kwas erukowy, ale o niskiej zawartości glukozynolanu, rzepak *PlusNull* (+0 rzepaku) lub HEAR (rzepak o *wysokiej zawartości kwasu erukowego*). Do tych odmian można podawać również resztki z prasy. Jednakże, 00 rzepaku nie może być już uprawiany do spożycia przez ludzi na ziemi, która była raz obsadzona +0 rzepaku, ponieważ może być zanieczyszczona nasionami +0 rzepaku (rzepak samosiewny).

Rzepak nie jest samotolerancyjny, co oznacza, że po uprawie pole nie powinno być obsadzone rzepakiem przez dwa do trzech lat w celu uniknięcia zwiększonej częstości występowania określonych chorób roślin i szkodników. Dlatego też rzepak może zajmować maksymalnie 25-33 procent w płodozmianie, aby uniknąć zmniejszenia plonów lub zwiększonego stosowania środków ochrony roślin. Przerwy w uprawie są również konieczne przed uprawą roślin spokrewnionych po rzepaku, na przykład w przypadku buraków beta z powodu nicieni buraczanych oraz w przypadku kapusty i buraków ścierniskowych z powodu przepukliny kapusty.

Rzepak jest ważny w płodozmianie ze zbożami, ponieważ wspiera strukturę i aktywność biologiczną gleby, a wraz z zatrzymaniem części roślin (korzeni, słomy) na polu, służy do tworzenia próchnicy. Szczególnie rzepak letni zapewnia dobre napowietrzenie gleby przy dobrej penetracji korzeni. WOSR może absorbować azot uwolniony z poprzednich upraw jesienią. Jeśli rzepak pozostaje w glebie, to jest on zdolny do kiełkowania jeszcze przez okres do 10 lat i może zakłócać wzrost kolejnych upraw.

Plony z hektara dla WOSR w Niemczech wynosiły średnio 2,6 tony z hektara w 1992 roku, ale do czasu zbiorów w 2009 roku osiągnięto dotychczasowy rekord 4,2 tony z hektara. Średnia zawartość oleju w nasionach rzepaku wynosi od 45 do 50 procent, zawartość białka waha się od 17 do 25 procent.

91% światowej produkcji rzepaku znajduje się w Unii Europejskiej, Chinach, Kanadzie i Indiach. Na czele listy krajów eksportujących stoi Kanada, a następnie Australia do roku 2006. Niewydolność upraw w Australii związana z suszą oraz rosnąca podaż rzepaku z krajów WNP, zwłaszcza z Ukrainy, zwiększają znaczenie Europy Wschodniej dla międzynarodowego rynku rzepaku.

W Unii Europejskiej produkcja rzepaku jest zdominowana przez Niemcy z 5,2 mln ton i Francję z 5,0 mln ton (zbiory 2008/09). Wielka Brytania i Polska to kolejne ważne kraje producenckie w UE. Obszary pod uprawę zostały w ostatnich latach znacznie powiększone, szczególnie przez niektóre kraje nowych państw UE (Rumunię, Polskę, Czechy).

Powierzchnia upraw w Niemczech gwałtownie wzrosła w ostatnich dziesięcioleciach: Od niespełna 20.000 hektarów na początku lat 80-tych, do miliona hektarów w 1992 r., do 1,5 miliona hektarów w roku zbiorów 2009.

Żywienie, pasza i zużycie materiałów

Rzepak, ekonomicznie wykorzystywana część rośliny, jest wykorzystywany przede wszystkim do produkcji oleju rzepakowego, który jest wykorzystywany jako olej jadalny i pasza dla zwierząt, ale także jako biopaliwo. Olej rzepakowy jest również stosowany w przemyśle chemicznym i farmaceutycznym i służy jako materiał bazowy dla takich materiałów jak farby, bio-plastiki, pianki na zimno, plastyfikatory, środki powierzchniowo czynne i smary biologiczne.

W zależności od zastosowanej metody przetwarzania, około dwóch trzecich masy rzepakowej jest produkowane jako produkty uboczne ekstrakcji oleju rzepakowego w olejarniach w postaci makuchów rzepakowych, wytłoków rzepakowych lub śruty z ekstrakcji rzepakowej. Produkty te są stosowane głównie jako pasza dla zwierząt bogatych w białko i mogą częściowo zastąpić import soi. Gliceryna, która jest produktem ubocznym przetwarzania oleju rzepakowego na biodiesel, jest również stosowana w przemyśle paszowym, ale coraz częściej również w przemyśle chemicznym i jako źródło bioenergii.

Słoma rzepakowa produkowana podczas zbiorów zazwyczaj pozostaje na polu jako dostawca humusu i składników odżywczych, ale może być również wykorzystana do produkcji energii.

Kultura gwałtu ma ogromne znaczenie dla pszczelarstwa. Kwiaty rzepaku są jednym z najważniejszych i najbardziej produktywnych źródeł nektaru dla pszczół miodnych m.in. w Niemczech. Kwiat rzepaku produkuje nektar o całkowitej zawartości cukru od 0,4 do 2,1 mg w ciągu 24 godzin. Jeden hektar rzepaku może dać zbiór miodu do 494 kg w jednym sezonie kwitnienia. Ze względu na ekstensywną uprawę, miód rzepakowy kandyzowany drobnoziarnisty i smalcowy może być łatwo zbierany jako czysty miód.

Źródła bioenergii

Od przełomu tysiącleci rzepak stał się ważnym źródłem bioenergii. Olej rzepakowy jest stosowany głównie jako paliwo do biopaliw na olej roślinny i biodiesel (ester metylowy rzepaku). Ponadto olej ten jest stosowany jako paliwo w elektrociepłowniach na olej roślinny (CHP) oraz jako paliwo - czyste lub z domieszką - w systemach grzewczych na olej, które są przystosowane do pracy na oleju roślinnym (palniki na olej roślinny). Obecnie makuchy rzepakowe wykorzystywane są prawie wyłącznie w paszach dla **zwierząt, ale mogą być również spalane lub wykorzystywane jako substrat w biogazowniach do produkcji ciepła i energii elektrycznej.**

Oprócz ogólnych zalet źródeł bioenergii, takich jak odnawialność, duża neutralność pod względem emisji CO_2 i zdolność do magazynowania energii słonecznej, fakt, że oleje roślinne są dostępne w dużych ilościach i mogą być wykorzystywane przy stosunkowo niewielkim wysiłku technicznym, przemawia za energetycznym wykorzystaniem olejów roślinnych. Ważnym czynnikiem z punktu widzenia dostępności zasobów jest wykorzystanie produktów ubocznych jako bogatej w białko paszy dla zwierząt w związku z rosnącym światowym popytem na białko. W

Niemczech olej rzepakowy jest obecnie jedynym rodzimym olejem roślinnym, który jest dostępny w dużych ilościach do wykorzystania energetycznego.

Wykorzystanie rzepaku jako rośliny energetycznej jest krytykowane za jego zapotrzebowanie na grunty w obliczu rosnącej konkurencji o grunty pod uprawę żywności i pasz dla zwierząt. Częściowo w tym kontekście omawiany jest wpływ produkcji biopaliw na ceny żywności na rynku światowym. Ponadto, należy wziąć pod uwagę zużycie zasobów rzepaku jako źródła bioenergii: Nawożenie roślin oraz, w mniejszym stopniu, przetwarzanie nasion rzepaku na olej roślinny i biodiesel zużywają energię i surowce, a zużycie wody przez rośliny rzepaku podczas jego wzrostu jest również znaczne.

Omówiono sposób, w jaki nawożenie azotem wpływa na bilans klimatyczny rzepaku. Część azotu może zostać przekształcona w podtlenek azotu (N2O, "gaz rozweselający"), gaz cieplarniany do 320 razy silniejszy niż dwutlenek węgla (CO_2). Ilość rzeczywiście uwolniona zależy między innymi od proporcji azotu w nawozie, który jest rzeczywiście przekształcany na podtlenek azotu i uwalniany do atmosfery. Czynniki takie jak ilość azotu wchłoniętego przez roślinę, ilość faktycznie zużytego nawozu oraz uwzględnienie produktów ubocznych (śruty rzepakowej) w bilansie są również ważne dla obliczeń. Różne badania mówią o pozytywnym bilansie klimatycznym. W 2008 r. badanie, w którym obliczono ujemny bilans klimatyczny dla paliwa z rzepaku, było szeroko komentowane w prasie, ale jego ocena wyżej wymienionych czynników była przez wielu krytykowana jako przestarzała i naukowo niemożliwa do utrzymania.

1.1.2.1.6 Chińska trzcina

Trzcina chińska (*Miscanthus sinensis*), znana również błędnie jako trawa słoniowa, jest gatunkiem bylin z rodziny traw słodkich (Poaceae). Pochodzi z Azji Wschodniej (Chiny, Japonia, Korea). charakteryzuje się formą wzrostu przypominającą trzcinę, tworzy gęste lub luźne kępy i osiąga wysokość od 80 do 200 (rzadko 30 do 400) centymetrów. Nierozgałęzione, jędrne łodygi mają średnicę od 3 do 10 milimetrów, węzły są szkliste lub lekko owłosione.

Chińska trzcina jest szeroko rozpowszechniona w dużych częściach Chin, jak również w Japonii i Korei, na stokach górskich, wzdłuż wybrzeży i miejsc zaburzonych na wysokości poniżej 2000 metrów.

Miskant posiada tzw. metabolizm C4, czyli formę fotosyntezy, która jest szczególnie wydajna w pewnych warunkach środowiskowych; dlatego też, w porównaniu z roślinami C3, roślina ta charakteryzuje się szczególnie wysoką wydajnością biomasy w pewnych warunkach klimatycznych.

Już w 1935 r. z Japonii przez Danię do Europy Środkowej wprowadzono specjalną szybko rosnącą odmianę, *gigantyczną trzcinę chińską* (*Miscanthus × giganteus*), krzyżówkę trzciny chińskiej z *Miscanthus sacchariflorus*. Odmiana ta może osiągać w Europie wysokość wzrostu do czterech metrów i dlatego od końca lat 70. coraz częściej jest uprawiana jako odnawialny surowiec energetyczny i materiałowy.

Wniosek jest taki, że drewno jest zdecydowanie najbardziej obiecującym odnawialnym zasobem do uwodornienia, ale inne biomateriały mogą już dziś wnieść dobry wkład.

1.1.2.2 Węgle

Węgiel występuje w różnych typach, które różnią się wielkością i czasem trwania ciśnienia, na jakie były narażone. Powszechnie przyjmuje się, że wszystkie odmiany są pierwotnie spowodowane przez rośliny.

1.1.2.2.1 Węgiel kamienny

Węgiel kamienny jest twardszym, bardziej bogatym w energię i drogim rodzajem węgla, który nie jest już wydobywany w Niemczech, a jego dostępność w Europie jest i pozostanie stosunkowo ograniczona ze względu na wysokie koszty produkcji. Polska jest najważniejszym krajem górniczym. W Republice Południowej Afryki jest on uwodorniony na dużą skalę. Bardzo dobrze nadaje się do uwodornienia.

Importowany węgiel nie powinien być tutaj brany pod uwagę.

1.1.2.2.2 Węgiel brunatny

Węgiel brunatny jest szczególnie obfity w Niemczech, największe złoża znajdują się w Zatoce Renifswalskiej i w pobliżu Lipska. Obecnie są one intensywnie przekształcane w energię elektryczną. Ze względu na łatwość wydobycia w kopalniach odkrywkowych i ich różnorodne właściwości, jest to równoznaczne z marnowaniem cennych zasobów krajowych. W międzyczasie podjęto decyzję o zakończeniu produkcji energii elektrycznej w 2038 r., ale nadal jest ona przedmiotem kontrowersyjnej debaty.

Ponieważ nadaje się prawie tak samo dobrze do upłynniania jak węgiel kamienny, jest doskonałym źródłem surowców do wysokowartościowego wykorzystania jako baza hydratacyjna lub inne produkty chemiczne. Przynajmniej na początku, dopóki nie zbierze się wystarczającej ilości zasobów odnawialnych, nadaje się do uwodornienia.

Mówi Wikipedia:

Węgiel brunatny (dawniej znany również jako darń) jest brązowo-czarną, zazwyczaj luźną skałą osadową powstałą w wyniku wykluczenia ciśnienia i powietrza (zwęglenie hydrotermiczne (patrz 3.4.1.2.5) = proces przemysłowy lub uwęglenie = proces naturalny) substancji organicznych.

Węgiel brunatny jest paliwem kopalnym, które jest wykorzystywane do wytwarzania energii. Surowy węgiel brunatny ma około jednej trzeciej wartości opałowej węgla kamiennego, co odpowiada około 8 MJ lub 2,2 kWh na kg. Węgiel brunatny przetworzony (wysuszony) ma około dwóch trzecich wartości węgla kamiennego.

Węgiel bez popiołu i bezwodny można nazwać węglem brunatnym, jeśli zawartość węgla wynosi między 58 a 73 %, zawartość tlenu między 21 a 36 %, a wodoru między 4,5 a 8,5 %. Oprócz niewielkich ilości różnych pierwiastków śladowych, zawartość siarki w węglu brunatnym może wynosić do 3 %.

W 2006 r. Federalny Instytut Nauk Geologicznych i Zasobów Naturalnych (BGR) oszacował rezerwy, które mogą być wydobywane po obecnych cenach na całym świecie na 283,2 mld ton. Rosja stanowiła 32,3 procent (91,6 mld ton), Niemcy 14,4 procent (40,8 mld ton), a Australia 13,3 procent (37,7 mld ton). Jeżeli produkcja pozostanie na tym samym poziomie (966,8 mln ton w 2006 r.), popyt może być zaspokojony przez około 293 lata.

W Niemczech rezerwy, które według BGR mogą być wydobywane po obecnych cenach i przy obecnej technologii, wystarczą na 231 lat przy stałej produkcji (176,3 mln ton w 2006 r.). W 2006 r. dodatkowe zasoby w Niemczech wynosiły 35,2 mld ton. Jest to potwierdzona ilość, która obecnie nie może być eksploatowana technicznie i/lub ekonomicznie, jak również niepotwierdzona, ale możliwa do wydobycia w przyszłości z geologicznego punktu widzenia, ilość złoża surowca.

W 2006 r. na całym świecie wydobyto około 966,8 mln ton węgla brunatnego. Niemcy (18,2 procent), Chińska Republika Ludowa (10,3 procent), Stany Zjednoczone (7,9 procent),

Rosja (7,7 procent) i Australia (7,2 procent) dostarczają około połowy tej kwoty. Inne duże obszary wydobycia węgla brunatnego w Europie znajdują się w Grecji, Polsce i Czechach.

W Niemczech istnieją trzy główne obszary wydobycia węgla brunatnego: reński obszar wydobycia węgla brunatnego w Zatoce Dolnego Renu, środkowoniemiecki obszar wydobycia węgla brunatnego (patrz również: Środkowoniemiecki Szlak Węgla Brunatnego) oraz obszar górniczy Łużyce. Na obszarze wydobycia węgla brunatnego w Helmstedt znajdują się również mniejsze zakłady produkcyjne. Inne mniejsze terytoria (Borken, Górny Palatynat, ...) zostały w międzyczasie zwęglone.

Największą niemiecką firmą z branży węgla brunatnego jest RWE Power z siedzibą w Essen i Kolonii.

1.1.2.2.3 Pochylenie ziemi = asfalt

Asfalt oznacza naturalną lub wytworzoną technicznie mieszankę bitumu wiążącego i kruszywa, która jest stosowana w budownictwie drogowym do budowy chodników, w budownictwie do wykonywania wykładzin podłogowych, w hydrotechniki oraz, rzadziej, w budownictwie składowiskowym do uszczelniania. Chociaż zawiera biomasę, nie nadaje się do uwodornienia z powodu domieszki. To samo dotyczy naturalnego **asfaltu (nazywanego** także **boiskiem ziemnym lub smołą górską)**. Powstaje z ropy naftowej lub piasków ropopochodnych poprzez absorpcję tlenu atmosferycznego (tzw. utlenianie) i odparowanie wysoko lotnych składników. W zależności od zawartości minerałów rozróżnia się *skałę asfaltową* (wysoki udział) i *asfaltit* (niski udział).

1.1.2.2.4 Torf

Torf jest osadem organicznym, który tworzy się na wrzosowiskach. Po wysuszeniu jest palny. Powstaje z nagromadzenia materii roślinnej, która nie ulega rozkładowi lub ulega tylko częściowemu rozkładowi i stanowi pierwszy etap karbonizacji.

Zawartość materii organicznej w ilości co najmniej 30 procent jest określana jako torf; zawartość poniżej 30 procent jest określana jako wilgotna próchnica lub (nieco przestarzała) gleba torfowa. Rozróżnia się torf nizinny, który tworzy się na torfowiskach, oraz torf torf wyżynny, który tworzy się wyłącznie na torfowiskach wyżynnych. Niektórzy naukowcy klasyfikują również torf przejściowy, który w swoich właściwościach pośredniczy między torfem nisko- i wysokom torfowym.

W przypadku torfu torfowiska wzniesionego rozróżnia się stopień zagęszczenia i odpowiednio wartość opałową. Odmiana ta obejmuje torf biały, brązowy i czarny. Jasno *biały torf* nadal wyraźnie pokazuje strukturę roślin, dalszy rozkład powoduje powstanie jednorodnego ciała, przynajmniej na pierwszy rzut oka, bez struktury, zwanego *torfem brązowym* lub *kolorowym*. Najstarszą warstwą torfu jest tzw. torf *czarny*. Dolne warstwy złoża torfu są bardziej zaawansowane w procesie rozkładu niż warstwy górne (ponieważ są starsze, narażone na większe ciśnienie, a także wentylowane podczas ich powstawania).

Inne terminy stosowane w zależności od stopnia rozkładu to Trawa, włókno i torf borowinowy. Torf trawnikowy jest najnowszą formacją i składa się z nieznacznie zmienionych, wciąż łatwo rozpoznawalnych pozostałości roślinnych. Jest puszczalska i luźna. Torf włóknisty składa się z brązowej, już pozbawionej struktury masy i jest przeplatany trudnymi do rozkładu włóknami materiału roślinnego. Torf jest ciemniejszy i bardziej zwarty niż torf włóknisty. Jest to najstarszy, najcięższy torf i pokazuje trudno rozpoznawalne szczątki roślinne.

Torf biały stosuje się jako torf nawozowy do rozluźnienia gleby roślinnej; nazwa ta jest myląca, ponieważ zawartość minerałów nawozowych nie zapewnia wystarczająco szerokiego składu dla zrównoważonego wzbogacenia gleb ubogich. Znaczenie gospodarcze zmieniło się znacznie na korzyść ekologicznej ponownej oceny obszarów podmokłych wrzosowisk.

Jeżeli warunki glebowe pozwalają na gromadzenie się płytkiej wody stojącej w płytkich jeziorach i zagłębieniach terenów zalewowych, z czasem ulega ona eutrofizacji i zamuleniu przez martwe szczątki roślin.

Na razie tworzy się bogate w składniki odżywcze torfowisko z torfem nizinnym. W odpowiednich warunkach powierzchnia torfowiska stopniowo oddziela się od zastoju wód gruntowych w zagłębieniu poprzez sedymentację. Woda wrzosowiskowa ma obecnie niską wartość pH (około 3,4-3,7), nie zawiera prawie żadnych składników odżywczych i rozpuszcza tylko niewielką ilość tlenu, co hamuje aerobowy i beztlenowy rozkład substancji roślinnych. Do tego stanu przystosowane są zbiorowiska roślinności torfowisk wysokich, których pokłady tworzą torfowisko wysokie.

Tworzenie się torfu jest bardzo powolne. Średnia wartość dla osadzania się torfu na torfowisku wynosi 1 mm rocznie (znane są również wartości do 10 mm = 1 cm rocznie). Powstanie północnoniemieckiego Teufelsmoore w pobliżu Worpswede trwało około 8000 lat.

Mech torfowy jest najważniejszą rośliną torfotwórczą w torfowiskach kwaśnych.

Rośliny, które prowadzą do tworzenia się torfowisk i torfowisk to te, które występują w dużych ilościach i rosną silnie, ale przede wszystkim korzenie zmatowiałe: wrzosowiska (wrzosowisko miotlaste, wrzosowisko dzwonkowe), kwaśne trawy (przede wszystkim *gatunki turzycy* i trawy bawełniane oraz parapety), sitowie, olchy czarne, ale przede wszystkim mchy torfowe (*Sphagnum*). W regionach wysokogórskich pewną rolę może odgrywać również sosna górska (*Pinus mugo*). W zależności od udziału poszczególnych roślin w tworzeniu wrzosowisk ekologicznych i hydrologicznych rozróżnia się wrzosowiska nizinne, pośrednie i torfowiska wysokie. W tych pierwszych dominują turzycowiska, trzcinowiska i lasy łamane, podczas gdy w mniej zasobnych w składniki odżywcze torfowiskach średnich i wysokich dominują torfowiska i mchy brunatne.

Torf jako paliwo ma wartość opałową 20-22 MJ/kg w stanie suchym, porównywalną z węglem brunatnym. Świeży torf ma jednak bardzo wysoką zawartość wody i dlatego przed spaleniem zwykle musi być pracowicie wysuszony. Ponadto torf ma bardzo wysoką zawartość popiołu, niską temperaturę topnienia i zawiera pewne składniki chemiczne, które podczas spalania są korozyjne i/lub szkodliwe dla środowiska. Wypalanie jest bardzo powolne, popioły zawierają dużo niespalonego materiału i dlatego świecą się jeszcze długo. Z tych powodów torf jest jednym z bardziej problematycznych i gorszych paliw. Otwarty ogień torfowy pachnie dość mocno z powodu kwaśnych składników, które zawiera.

Kraj	**Wytwarzanie energii elektrycznej z torfu [ktoe/a**	**Udział torfu w sprawie zużycia paliwa**
Finlandia	ok. 2.000	7%
Irlandia	około 800	5%
Szwecja	ok. 350	0,7%
Estonia	ok. 100	1,7%
Litwa	ok. 65	ok. 0,3 proc.

Łotwa	ok. 20	ok. 0,5% (silnie malejące)

ÖE = zespół olejowy. 1 ÖE = 41,868 MJ(Mega Joule)
1 ktoe = [106] ÖE = 11,6 GWh = ok. 3.500-4.000 ton torfu
11,6 MWh = 3,5 - 4,0 do torfu
11,6 kWh = 3,5 - 4,0 kg torfu
1 kg torfu = 3,3 kWh
Obecnie torf jest wykorzystywany w znacznych ilościach tylko jako paliwo do ogólnego użytku w tych regionach, gdzie występują rozległe torfowiska. W UE są to głównie Skandynawia (Finlandia, Szwecja), Wyspy Brytyjskie (Irlandia, Szkocja), kraje bałtyckie (Estonia, Łotwa, Litwa). W Finlandii, Irlandii i Szwecji większość jest spalana w większych elektrowniach i ciepłowniach, w krajach bałtyckich w małych ciepłowniach.
Źródło: PRZEMYSŁ PALIWOWY W UE Raport zlecony przez *Europejskie Stowarzyszenie Producentów Torfu i Mediów Uprawnych* (2006)

Węgiel torfowy

Zamiast używać torfu *bezpośrednio* jako paliwa, można go również przekształcić w węgiel torfowy poprzez powolne "zwęglanie" go w stosie węgla drzewnego pod niskim dopływem powietrza lub tlenu, podobnym do produkcji węgla drzewnego. W ten sposób uzyskuje się paliwo o znacznie wyższej wartości opałowej i korzystniejszych właściwościach spalania.

Proces ten był szeroko rozpowszechniony w XVIII i na początku XIX wieku, ponieważ zapotrzebowanie na paliwa o wysokiej wartości opałowej szybko rosło wraz z industrializacją hut rudy, cegielni i innych gałęzi przemysłu. Ponieważ "prawdziwy" węgiel nie był jeszcze dostępny w wystarczających ilościach, a węgiel drzewny stał się rzadkością ze względu na wylesianie na dużą skalę, naturalne było, że duże torfowiska były odzyskiwane ze względu na rosnącą presję osadniczą i dlatego torf był dostępny w większych ilościach jako tanie paliwo do produkcji węgla drzewnego. Torf stał się w ten sposób ważnym ponadregionalnym towarem. Ponieważ popiół torfowy świeci się przez długi czas, doprowadziło to do wielu pożarów. Od połowy XIX wieku, wraz z wynalezieniem kolei w XIX wieku i po zalesieniu szybko rosnącymi drzewami iglastymi, zmniejszył się niedobór węgla i drewna, a węgiel torfowy stał się mniej ważny.

Wiele innych zastosowań torfu nie zostało tu wymienionych.

1.1.2.3 Odpady plastikowe

Ponieważ paliwo samochodowe zostało już w przeszłości uwodornione z odpadów plastikowych w Niemczech, te materiały wsadowe są również wymienione tutaj. Na przykład jeden z uczestników opowiedział nam, że do końca lat 90. ramy okienne, elementy budowlane i inne odpady z tworzyw sztucznych były przetwarzane na etanol/metanol w zakładzie uwodorniania w Bottrop. Następnie zakład został sprzedany do Chin. Za granicę rentowności uznano wówczas cenę baryłki (159 litrów) ropy naftowej w wysokości 30 USD. Ponieważ cena ta została obecnie znacznie przekroczona, uwodornienie powinno być ponownie opłacalne.

1.1.2.3.1 Powstanie

Odpady plastikowe są różnicowane w zależności od ich pochodzenia i czystości. Na przykład rozróżnia się między odpadami produkcyjnymi i konsumpcyjnymi oraz czystymi, niemieszanymi i zmieszanymi, zanieczyszczonymi odpadami. Ogólnie rzecz biorąc, **tworzywa sztuczne** mogą być **poddawane recyklingowi pod względem materiałowym**, surowcowym i energetycznym.

W 2005 roku ilość bogatych w tworzywa sztucznych odpadów konsumenckich w 25 krajach UE oraz w Norwegii i Szwajcarii wynosiła około 22 milionów ton. Z czego ok. 19,7 mln ton w krajach UE-15 i ok. 2,3 mln ton w nowych państwach członkowskich UE (bez Bułgarii i Rumunii).

Opakowania mają największy udział w ilości odpadów - prawie 62% (ok. 13,6 mln ton), następnie przemysł budowlany, samochodowy i elektryczny/elektroniczny - odpowiednio 7%, 5% i 4% (co odpowiada ok. 1,5, 1,1 i 0,9 mln ton).

Około 46% (ok. 10 mln ton) tych odpadów zostało poddanych recyklingowi, 1,6% (353 tys. ton) zostało tymczasowo zmagazynowane (do odzysku energii), a około 53% (ok. 11,6 mln ton) zostało unieszkodliwione. Wskaźnik recyklingu składa się z następujących elementów:

ok. 27 % odzysku energii

(przy czym ok. 25% odpadów zostało poddanych recyklingowi w spalarniach odpadów (MVA) z wydobyciem energii i 2% w innych zakładach - takich jak elektrownie czy cementownie)

ok. 18 % recykling materiałów

(16,7% odpadów zostało poddanych recyklingowi materiałowemu, a 1,0% surowcowemu).

Według Federalnej Agencji Ochrony Środowiska (UBA) branża gospodarki odpadami poddaje recyklingowi prawie wszystkie zbierane przez nią odpady z tworzyw sztucznych. W 2017 r. zostanie poddany recyklingowi 99,4% wszystkich zebranych odpadów z tworzyw sztucznych. Z 6,15 mln ton (mln ton) ogółu odpadów z tworzyw sztucznych

- 2,87 mln ton, czyli 46,7 %, wykorzystanych materiałów i surowców.
- Odzyskano 3,24 mln ton, czyli 52,7%, z czego 2,14 mln ton wykorzystano w spalarniach odpadów,
- 1,1 mln ton zostało wykorzystanych jako paliwo zastępcze dla paliw kopalnych w cementowniach lub elektrowniach, na przykład
- 40.000 ton, około 0,6%, zostało zutylizowanych. Są to w szczególności tworzywa sztuczne, które w dalszym ciągu w niewielkim stopniu znajdowały się w odpadach budowlanych składowisk odpadów lub w odpadach z mechaniczno-biologicznych zakładów utylizacji odpadów (MBWT).

Wskaźniki recyklingu różnią się znacznie w poszczególnych krajach europejskich: od około 1% w Grecji do ponad 95% w Danii, Szwecji i Szwajcarii. W Niemczech około 77 % bogatych w tworzywa sztuczne odpadów konsumpcyjnych poddawanych jest recyklingowi.

Recykling surowców to rozszczepianie łańcuchów polimerowych poprzez działanie ciepła w celu utworzenia podstawowych materiałów petrochemicznych, takich jak oleje i gazy, które mogą być wykorzystane do produkcji nowych tworzyw sztucznych lub do innych celów. Tam, gdzie recykling mechaniczny jest niewykonalny, recykling surowcowy zużytych tworzyw sztucznych oferuje inną możliwość odzysku materiału. Ma to miejsce szczególnie w przypadku małych, zanieczyszczonych produktów o różnej strukturze i składzie.

1.1.2.3.2 ***Odbudowa***

Do recyklingu zużytych tworzyw sztucznych można stosować następujące procesy surowcowe:

Gazyfikacja, krakowanie i uwodornianie należą do procesów petrochemicznych, w których wykorzystuje się procesy petrochemiczne, np. przetwarzanie ropy naftowej przez destylację i krakowanie, w celu rozdrobnienia odpadowych polimerów tworzyw sztucznych. W wielkim piecu wykorzystuje się właściwości redukcyjne gazu syntezowego produkowanego ze zużytych tworzyw sztucznych.

Zgazowanie

Zgazowanie jest procesem częściowego utleniania węglowodorów w ramach substoichiometrycznego dostarczania tlenu (ilość tlenu nie jest wystarczająca do całkowitego utlenienia - spalania - do tlenku węgla (CO) i wodoru (H2). W zależności od stosowanego procesu, reakcja odbywa się w temperaturze do 1600 °C i ciśnieniu do 150 barów. Proces ten jest znany od XIX wieku. Materiałem wyjściowym do zgazowania był początkowo węgiel i koks, a po II wojnie światowej także ropa naftowa i gaz ziemny.

Recykling w wielkim piecu

W procesie wielkopiecowym żelazo metaliczne jest odciągane z rud żelaza (tlenki żelaza). Koks jest tam używany jako reduktor. Aby zmniejszyć zużycie koksu, stosuje się zastępcze środki redukujące, takie jak węgiel lub olej ciężki. W niektórych wielkich piecach stosuje się również aglomeraty odpadów z tworzyw sztucznych.

Cracking

Kraking jest procesem rozdzielania większych cząsteczek organicznych na mniejsze pod wpływem ciśnienia, temperatury i ewentualnie katalizatorów. Kraking jest stosowany w przetwórstwie ropy naftowej do produkcji benzyny, LPG lub oleju opałowego. Rozróżnia się krakowanie parowe i katrakowanie. Badane jest zastosowanie tworzyw sztucznych (możliwe wydaje się, że do 20 %).

Uwodornianie

Powszechnie przyjmuje się, że jest to reakcja związków chemicznych z wodorem (H2). Poprzez uwodornienie w wysokich temperaturach (do ok. 500 °C) i ciśnieniach (do ok. 300 bar) możliwe jest zasadniczo wytwarzanie produktów ze związków organicznych o prawie dowolnej długości łańcucha węglowego w molekule (łącznie z mieszanymi odpadami tworzyw sztucznych), które składają się z węglowodorów o mniejszej długości łańcucha (np. benzyna) odpowiednich dla procesów petrochemicznych.

Uwodornianie jest znane od 1927 r. jako proces uwodorniania upłynniania węgla. Proces ten został wykorzystany do produkcji paliwa w latach 30. i 40. ubiegłego wieku. Później przetwarzano z nim **pozostałości rafineryjne**, a od lat 70-tych XX wieku proces ten jest wykorzystywany do recyklingu pozostałości - zmieszanych i zanieczyszczonych odpadów tworzyw sztucznych (PCW $\leq$ 10 % mas.), odpadów gumowych itp.

Odzyskiwanie energii

Po wszystkich wysiłkach na rzecz zapobiegania i recyklingu materiałowego, nadal istnieją frakcje, których recykling materiałowy lub surowcowy nie jest możliwy lub nie ma sensu ze względów technicznych, ekonomicznych lub ekologicznych. Od czasu wejścia w życie rozporządzenia w sprawie składowania odpadów w dniu 1 czerwca 2005 r. nie jest już możliwe składowanie takich materiałów w Niemczech, ponieważ na składowiskach mogą być składowane tylko produkty obojętne o stratach zapłonu < 5 % mas. W zasadzie strumienie odpadów przetworzonych o wysokiej wartości opałowej (jako tzw. paliwo zastępcze lub wtórne) mogą być wykorzystywane w następujących zakładach:

- Elektrownie
- Piece obrotowe do cementu
- Spalarnie odpadów (MVA) / zakłady przetwarzania odpadów na energię

W praktyce jest to jednak ograniczone przez wysokie wymagania obiektów energetycznego spalania w odniesieniu do charakteru paliw. W mniejszym stopniu dotyczy to również spalarni odpadów.

Elektrownie

Zawartość energetyczna zawartych w odpadach tworzyw sztucznych może być wykorzystana w elektrowniach do współspalania ze standardowymi paliwami, takimi jak węgiel. Jeśli odpady są bezpośrednio współspalane w celu recyklingu, oczyszczanie spalin musi spełniać wymogi emisji niemieckiej normy 17 BImSchV. Ponadto, odpady te muszą spełniać wymagania jakościowe zakładów w zakresie jakości paliwa.

1.1.2.4 Odpady przemysłowe

Przetwarzanie odpadów z procesów przemysłowych na nośniki energii ma wiele zalet. Niektóre z nich są pokazane tutaj:

- Nie musisz się martwić o utylizację.
- Zamiast kosztować pieniądze, odpady przynoszą dochód
- Promowany jest cykl naturalny
- Środowisko jest odciążone
- Sztuka inżynierii domowej jest wykorzystywana z dobrym skutkiem
- Tworzone są miejsca pracy
- Lokalizacja odpadów w pobliżu zakładu uwodorniania minimalizuje koszty transportu
- Naturalne materiały wejściowe są zapisywane
- Zmniejszenie uzależnienia od zagranicy

1.1.2.4.1 Dwutlenek węgla (CO_2)

Przekształcenie dwutlenku węgla w paliwo spełniłoby kilka życzeń jednocześnie, ponieważ wiele osób postrzega ten gaz jako zagrożenie, ponieważ podobno ma on szkodliwy wpływ na klimat. Nawet jeśli tak samo wiele głosów naukowych uważa ten efekt za przesadny - w istocie pycha - nadal nie ma jednomyślności.

Obie dyscypliny naukowe wydają się być w równowadze. W naszym kraju, Warner i Angstrufer mają przewagę. Oni i ich instytucje badawcze współpracują z władzą polityczną. Zużywają one duże sumy pieniędzy z podatków na finansowanie odpowiednich projektów badawczych, z których większość ma niejasne wyniki.

Ponieważ jest mało prawdopodobne, by przekształcenie CO_2 w paliwo miało szkodliwy wpływ na środowisko, uważamy, że jest to możliwy surowiec do produkcji biopaliw. W chwili obecnej nie wiadomo jeszcze, którą technologię można w tym celu wykorzystać.

Należy tu wspomnieć o interesującym zgłoszeniu patentowym USA przez Herberta F. Mataré, niemieckiego naukowca, który od wielu lat pracuje na obu kontynentach. W zaawansowanym wieku prawie 100 lat, pod koniec 2010 r. złożył następującą specyfikację patentową:

Urządzenie przewiduje metodę przetwarzania energii słonecznej na syntetyczne paliwo węglowe. Energia słoneczna jest rozdzielana na różne części spektralne, a każda część spektralna jest kierowana do mnogości fotokomórek dostrojonych do tej konkretnej części spektralnej. Fotokomórki przekształcają energię słoneczną w energię elektryczną, która jest wykorzystywana do produkcji wodoru w procesie elektrolizy. Wodór gazowy jest następnie mieszany z węglem i różnymi katalizatorami w celu wywołania reakcji, w wyniku której powstaje metan lub inne użyteczne paliwa na bazie węgla. System chłodzenia wypełniony olejem chłodzącym utrzymuje fotokomórki w rozsądnej temperaturze, zapewniając jednocześnie niezbędne ciepło do przeprowadzenia reakcji chemicznych wytwarzających syntetyczne paliwo. Węgiel może być dostarczany do urządzenia poprzez skierowanie spalin CO2 lub mocy generatora wytwarzającego węgiel, takiego jak elektrownia węglowa, bezpośrednio do urządzenia.	Jedno urządzenie zapewnia proces przetwarzania energii słonecznej na syntetyczne paliwo węglowe. Energia słoneczna jest podzielona na różne zakresy spektralne, a każdy zakres spektralny jest skierowany do dużej liczby fotokomórek, które są dostrojone do tej konkretnej części widma. Fotokomórki przetwarzają energię słoneczną na energię elektryczną, przy pomocy której w procesie elektrolizy wytwarzany jest wodór. Następnie wodór jest mieszany z węglem i różnymi katalizatorami w celu wywołania reakcji, w wyniku której powstaje metan lub inne użyteczne paliwa na bazie węgla. System chłodzenia zasilany olejem utrzymuje fotokomórki w odpowiedniej temperaturze, zapewniając jednocześnie ciepło potrzebne do przeprowadzenia reakcji chemicznych, w wyniku których powstaje paliwo syntetyczne. Węgiel może być dodany do urządzenia poprzez skierowanie spalin CO2 lub mocy generatora wytwarzającego węgiel, takiego jak elektrownia węglowa, bezpośrednio do urządzenia.

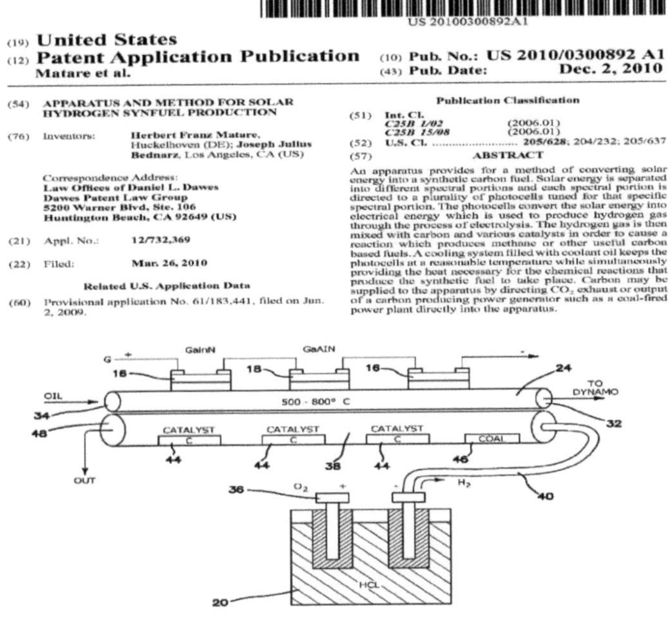

US 20100300892A1

(19) **United States**
(12) **Patent Application Publication** (10) **Pub. No.: US 2010/0300892 A1**
Matare et al. (43) **Pub. Date: Dec. 2, 2010**

(54) APPARATUS AND METHOD FOR SOLAR HYDROGEN SYNFUEL PRODUCTION

(76) Inventors: **Herbert Franz Matare**, Huckelhoven (DE); **Joseph Julius Bednarz**, Los Angeles, CA (US)

Correspondence Address:
Law Offices of Daniel L. Dawes
Dawes Patent Law Group
5200 Warner Blvd, Ste. 106
Huntington Beach, CA 92649 (US)

(21) Appl. No.: **12/732,369**

(22) Filed: **Mar. 26, 2010**

Related U.S. Application Data

(60) Provisional application No. 61/183,441, filed on Jun. 2, 2009.

Publication Classification

(51) **Int. Cl.**
C25B 1/02 (2006.01)
C25B 15/08 (2006.01)

(52) **U.S. Cl.** **205/628**; 204/232; 205/637

(57) **ABSTRACT**

An apparatus provides for a method of converting solar energy into a synthetic carbon fuel. Solar energy is separated into different spectral portions and each spectral portion is directed to a plurality of photocells tuned for that specific spectral portion. The photocells convert the solar energy into electrical energy which is used to produce hydrogen gas through the process of electrolysis. The hydrogen gas is then mixed with carbon and various catalysts in order to cause a reaction which produces methane or other useful carbon based fuels. A cooling system filled with coolant oil keeps the photocells at a reasonable temperature while simultaneously providing the heat necessary for the chemical reactions that produce the synthetic fuel to take place. Carbon may be supplied to the apparatus by directing CO_2 exhaust or output of a carbon producing power generator such as a coal-fired power plant directly into the apparatus.

Chociaż propozycja profesora Matarégo ma na celu wykorzystanie energii fotowoltaicznej do konwersji CO_2, propozycja ta - po potwierdzeniu przez autora - służy nam jako dowód na to, że ten gaz wejściowy może zostać przetworzony na paliwo z dodatkiem energii, jak to przedstawia "biopaliwo rdzeniowe".

1.1.2.4.2 Odpady rafineryjne

Austriacka Federalna Agencja Ochrony Środowiska: Rafinerie przetwarzają ropę naftową na różnego rodzaju produkty wysokiej jakości, od różnych paliw płynnych i gazowych po wysokiej jakości oleje smarowe i bitumy. Podstawowe procesy są czasami niezwykle złożone, a liczba różnych roślin jest odpowiednio duża.

Federalna Agencja Ochrony Środowiska w Niemczech: działa tu 14 rafinerii, które w 2005 r. przetworzyły ok. 115 mln ton ropy naftowej (z czego 3,5 mln ton zostało wyprodukowanych w Niemczech). Ponadto doszło do ponownego wykorzystania produktów rafineryjnych w ilości ok. 11 mln ton. W wyniku tego powstało 125 mln ton produktów, co stanowi 99,1 % wykorzystania mocy produkcyjnych.

Główne produkty rafinerii to surowa benzyna, benzyna i olej napędowy, oleje opałowe i komponenty oleju opałowego. Największy udział, prawie 28%, ma produkcja oleju napędowego i obecnie rośnie. Produktami ubocznymi są: gaz rafineryjny i skroplony, paliwo lotnicze, benzyna specjalna, bitumy itp.

Proces produkcyjny

Ropa naftowa jest naturalnie występującą mieszaniną węglowodorów o różnych składach (zwłaszcza parafin, naftenów, związków aromatycznych) o różnej wielkości cząsteczek, która w warunkach złożowych jest cieczą. Oprócz węgla i wodoru, siarka, azot i tlen są obecne w małych ilościach i w różnych stężeniach. Ponadto wiązania chemiczne zawierają śladowe i-lości metali wanadu i niklu.

Ropa naftowa z różnych złóż ma różne cechy jakościowe. Lekka ropa naftowa może być wykorzystywana do produkcji ponadprzeciętnych ilości benzyny, podczas gdy ciężka ropa naftowa na ogół powoduje większy udział ciężkiego oleju opałowego.

Podstawową zasadą rozdzielania ropy naftowej na składniki o różnych zakresach temperatur wrzenia jest destylacja frakcyjna.

Zasadniczymi elementami składowymi i zadaniami rafinerii są

- Wypalacze
- Metody rozdzielania
- Destylacja atmosferyczna
- Destylacja próżniowa
- Separacja gazów
- Procedura konwersji
- Termiczne rozszczepianie lepkości (Visbreaking)
- Produkcja koksu naftowego (koksowanie z opóźnieniem) i kalcynacja
- Kraking katalityczny (Fluid Catalytc Cracking - FCC)
- Kraking uwodorniony (hydrokrakowanie)
- Produkcja bitumu z rozdmuchem
- Reforma
- Izomeryzacja
- Produkcja metylo-trzeciorzędowego eteru butylowego (MTBE)
- Proces rafinacji
- Uwodornianie odsiarczania
- Konwersja Mercaptanu (Słodzenie)
- Szorowanie gazowe
- ekstrakcje
- Rafinacja oleju smarowego

Dla wszystkich powyższych procesów istnieją wyspecjalizowane procesy, których techniczna konstrukcja jest z jednej strony w dużym stopniu uzależniona od wykorzystywanego surowca, a z drugiej strony jest uwarunkowana lokalnymi warunkami.

Oprócz instalacji do bezpośredniego przerobu ropy naftowej, rafineria obejmuje również magazyny zbiornikowe (dostawa, magazynowanie/przeładunek i załadunek, zbiorniki magazynowe), flary, oczyszczanie ścieków, oczyszczanie gazów odlotowych i inne, w razie potrzeby. W odpowiedniej literaturze opisane są te stosowane metody, np. w Encyklopedii Chemii Przemysłowej Ullmanna, Beilstein.

Wpływ na środowisko naturalne

emisje do powietrza

Najważniejsze emisje do powietrza to pył, SO2, NOx i węglowodory. Czynniki emisji związane z przeróbką ropy naftowej (z wyłączeniem elektrowni i zakładów petrochemicznych) można znaleźć we wstępnym opracowaniu dotyczącym najlepszych dostępnych technik w przemyśle rafineryjnym.

Emisje dwutlenku siarki pochodzą z instalacji spalania, instalacji FCC i Claus. Tlenki azotu pochodzą głównie z instalacji spalania. Pył jest emitowany głównie z zakładów FCC i kalcynatorów. Główna emisja węglowodorów (LZO) występuje w polu technologicznym i w zbiorniku.

Zasadniczo operatorzy rafinerii mają następujące możliwości *redukcji emisji SO2* , które mogą być stosowane indywidualnie lub łącznie:

- Redukcja zawartości siarki w stosowanych paliwach, gazyfikacja paliw ciężkich
- Wykorzystanie ropy naftowej o niskiej zawartości siarki
- Zwiększanie skuteczności odzyskiwania siarki (zakłady Claus)
- Stosowanie środków wtórnych do oddzielania SO2 od gazów spalinowych (tj. odsiarczanie gazów spalinowych)

W celu *redukcji emisji węglowodorów stosowane są* następujące procesy:

- Metoda wahadłowa gazowa w połączeniu z wypełnieniem pod lustrem,
- Doprowadzanie gazów odlotowych do instalacji odzysku i/lub spalarni

Emisje do wody

Ilość i jakość ścieków z przeróbki ropy naftowej zależy od wielkości rafinerii, rodzaju przeróbki ropy naftowej i jej jakości oraz od wieku rafinerii. Kondensaty technologiczne z odpylaczy lub wyrzutników pary gromadzą się w procesie destylacji (atmosferycznej i próżniowej), krakingu i koksowania, uwodornienia odsiarczania i produkcji bitumu. Zawierają one węglowodory, siarkowodór, merkaptany, fenole, tiofenole, związki amonowe, cyjanki, kwasy naftenowe i tiosiarczany.

Woda chłodząca bezpośrednio (woda hartownicza lub gaśnicza) powstaje podczas chłodzenia produktów gazowych i płynnych po procesach krakingu termicznego. Zawierają one węglowodory, fenole, związki siarki i tiosiarczany. Woda płucząca i uszczelniająca jest produkowana podczas odsalania ropy naftowej, procesów fizycznej separacji, rafinacji chemicznej i systemów rafinacyjnych. Zawierają one węglowodory, siarkowodór, alkanoloaminy i inne środki ekstrakcyjne, merkaptany, związki amonowe, a także kwasy i zasady.

Wspólnymi dla wszystkich wyżej wymienionych ścieków są: podwyższona temperatura, wartość pH odbiegająca od zakresu neutralnego, zanieczyszczenie substancjami stałymi oraz znaczna toksyczność dla organizmów wodnych.

Metale ciężkie w ściekach z przetwarzania ropy naftowej pochodzą z substancji towarzyszących ropie naftowej (zwłaszcza niklu, wanadu i miedzi), jak również z kwasów, zasad lub stosowanych płynów myjących (ołów, miedź). Rtęć może występować jako produkt uboczny gazu ziemnego. Żelazo pochodzi głównie z korozji roślin.

Cyjanki powstają najlepiej w wysokotemperaturowych procesach rafineryjnych (zwłaszcza w procesie krakingu). Całkowity związany azot obejmuje zarówno składniki azotu w ropie naftowej, jak i związki azotu wprowadzane do ścieków za pośrednictwem materiałów roboczych i pomocniczych.

Związki organiczne w ściekach są rejestrowane zbiorczo za pomocą parametrów COD i BZT5. Chlorowcowane związki organiczne (mierzone jako AOX) mogą powstawać w wyniku reakcji soli z ropy naftowej ze związkami organicznymi podczas operacji przetwarzania, ale także przy użyciu takich substancji jak materiały robocze lub pomocnicze. Alifaty, jedno- i wielopierścieniowe związki aromatyczne oraz izoalkany występują w ściekach jako węglowodory. Fenole pochodzą głównie z procesów krakingu termicznego i/lub katalitycznego.

Wartości dopuszczalne dla jakości całkowitej ilości ścieków w punkcie zrzutu znajdują się w załączniku 45 do rozporządzenia o ściekach.

Gospodarka odpadami

Typowe odpady rafineryjne to osady ściekowe, zużyte katalizatory, glina filtracyjna i popiół ze spalania. Inne frakcje odpadów to produkty reakcji odsiarczania spalin, popioły lotne, popioły grube, zużyty węgiel aktywny, pył filtracyjny, sole nieorganiczne, takie jak siarczan amonu, a także wapno z obróbki wstępnej wody, gleba zanieczyszczona ropą naftową, asfalt, śmieci, zużyte kwasy i zasady, chemikalia i wiele innych.

Unieszkodliwianie tych odpadów odbywa się poprzez obróbkę termiczną, zewnętrzną obróbkę biologiczną, składowanie na terenie rafinerii i składowisk zewnętrznych, chemiczne unieruchomienie, neutralizację i inne metody.

Środki, które mogą ograniczyć wpływ działalności przemysłowej rafinerii, zostały szczegółowo opisane w dokumencie BREF dotyczącym najlepszych dostępnych technik dla rafinerii surowców mineralnych i gazowych (podsumowanie w rozdziale 5).

Nowe techniki

W kompleksie rafineryjnym odbywają się ogromne przepływy energii i materiałów. Jakość surowców i wymagania wobec produktów rafineryjnych zmieniają się. Podstawowymi priorytetami zarówno dla sukcesu gospodarczego, jak i osiągnięcia celów ekologicznych są

Ekonomiczne wykorzystanie zasobów;

Rozwój produktów przyjaznych dla środowiska;

Redukcja zanieczyszczeń w powietrzu, wodzie i glebie;

właściwe informacje o właściwościach i bezpiecznym stosowaniu produktów;

Rozwój techniczny koncentruje się obecnie na optymalizacji istniejących systemów w celu osiągnięcia wyższych wydajności (badania nad katalizatorami), jeszcze bardziej efektywnego wykorzystania energii (np. poprzez ulepszoną konstrukcję reaktora, wykorzystanie ciepła odpadowego) oraz skrócenia czasu przestojów na konserwację i naprawy.

Dokument BREF dotyczący najlepszych dostępnych technik określa niektóre procesy/obszary, w których oczekuje się przyszłego potencjału rozwojowego (zob. rozdział 6).

Innowacje

Portal internetowy "Cleaner Production Germany" (CPG) Federalnej Agencji Środowiska publikuje obszerne dane z projektów badawczych dotyczących innowacyjnych technik ochrony środowiska.

1.1.2.4.3 Gaz wielkopiecowy

Z BUISY-Bremen i Wikipedii zabieramy

Podstawowe gałęzie przemysłu, takie jak produkcja żelaza i stali, wymagają dużej ilości energii, a tym samym powodują wysokie emisje CO_2. Jednocześnie te procesy produkcyjne oferują duży potencjał w zakresie przyjaznego dla klimatu zaopatrzenia w energię. Dobrym tego przykładem jest energetyczne wykorzystanie **gazu wielkopiecowego.**

Gaz wielkopiecowy jest wytwarzany podczas ekstrakcji surówki w wielkim piecu. Jeśli jest on wykorzystywany do wytwarzania energii, paliwa kopalne mogą być oszczędzane gdzie indziej, na przykład węgiel w elektrowniach. Pozwala to na zachowanie cennych zasobów i uniknięcie szkodliwej dla klimatu emisji CO_2. Gaz wielkopiecowy od dawna wykorzystywany jest do wytwarzania energii elektrycznej w Bremie. Od lat 60-tych grupa swb wykorzystuje gaz wielkopiecowy z wielkich pieców huty w Bremie do wytwarzania energii elektrycznej dla potrzeb transportu Deutsche Bahn w swojej elektrowni Mittelsbüren.

Gaz wielkopiecowy jest łatwopalnym gazem kopułowym, który ma niską wartość opałową wynoszącą zaledwie 3,35-4 MJ/m³ ze względu na znaczną zawartość azotu wynoszącą około 45-60% i tlenku węgla około 20-30%. Oprócz azotu i tlenku węgla, gaz wielkopiecowy zawiera ok. 20-25 % dwutlenku węgla i ok. 2-4 % wodoru.

Odciągany jest on na górnym końcu szybu wielkiego pieca - podsuwce - i oczyszczany w płuczce gazowej wielkiego pieca, gdzie usuwane są głównie zawiesiny cząstek. Wielki piec wykorzystuje gaz wielkopiecowy do napędzania sprężarek powietrza wdmuchiwanego do wielkiego pieca, wiatru, oraz do podgrzewania tego wiatru w gorącym wielkim piecu. Gaz wielkopiecowy jest również wykorzystywany do wytwarzania energii elektrycznej, do ogrzewania pieców do wyżarzania i "dogrzewania" oraz do "niedopalania" instalacji, zwłaszcza pieców koksowniczych.

Gaz wielkopiecowy jest bardzo trujący ze względu na zawartość tlenku węgla.

1.2 Biomasa - zawartość energii

Oto kilka źródeł, z których pochodzą kluczowe dane.

1.2.1 Kluczowe dane

Broszura (6.2Kluczowe dane specjalistycznych agencji ds. bioenergii) agencji specjalistycznej, która jest przedstawiona w wyciągach jako załącznik, pokazuje, jak bardzo rozpowszechnione są pewne uprzedzenia. Zgodnie z tym, bio-materiały mogą dobrze przyczyniać się do naszego zaopatrzenia w energię, nie wpływając na bazę żywnościową, pogarszając bilans CO_2 lub zwiększając inne szkodliwe skutki uboczne.

To stawia w perspektywie ataki działaczy na rzecz ochrony środowiska, że biomasa w żadnym wypadku nie powinna być marnowana na cele samochodowe. Ponadto, ta federalna agencja dostarczyła ważnych danych ramowych, które dodatkowo potwierdzają projekt "Bio-KernSprit".

1.2.1.1 Źródło: DENA - Niemiecka Agencja Energii

Poniższa tabela przedstawia wartość opałową każdego rodzaju biomasy: 4 kWh/kg oznacza, że każdy kilogram tego paliwa zawiera 4 kilowatogodziny energii grzewczej. Odpowiada to w przybliżeniu wartości opałowej pół litra (= 0,4 kg) oleju napędowego. Olej napędowy ma ponad dwa razy więcej energii na kilogram niż drewno, słoma itp.

Tabele pokazują, że kopalne źródła energii mają wyższą wartość opałową, w niektórych przypadkach dwa do trzech razy wyższą niż biomasa. Oznacza to, że aby uwolnić taką samą ilość energii, ogrzewanie biomasą wymaga nawet trzykrotnie większej ilości materiału grzewczego. Znacznie większa część dwutlenku węgla (CO_2) jest jednak związana w paliwach kopalnych. Jest on uwalniany podczas spalania i rzekomo przyczynia się do rzekomego efektu cieplarnianego. Dlatego wykorzystanie biomasy do uwodornienia paliw jest znacznie tańsze - nawet jeśli nie jest się przekonanym o szkodliwości CO_2 dla klimatu.

Wartości grzewcze biomasy		
Słomka	4	kWh/kg

Gatunki trzciny	4	kWh/kg
Rośliny zbożowe	4,2	kWh/kg
Drewno	4,4	kWh/kg
Biogaz	6,1	kWh/m³

Wartości grzewcze w paliwach kopalnych

Węgiel brunatny	5,6	kWh/kg
Węgiel kamienny	8,9	kWh/kg
Olej opałowy, olej napędowy	11,7	kWh/kg
Gaz ziemny	8,3	kWh/m³

Jeśli porównać pojemność magazynowania energii oleju opałowego (= olej napędowy) z pojemnością akumulatorów elektrycznych, to jest ona nawet 50 razy większa, ponieważ jeden kilogram akumulatora może zmagazynować zaledwie 0,2 kWh. **Wciąż nie jest jasne, czy oczekiwany od ponad 30 lat wzrost pojemności akumulatorów można osiągnąć w sposób ekonomiczny.**

1.2.1.2 Źródło: Niemieckie Stowarzyszenie Handlu Drewnem

Am Weidendamm 1A -10117 Berlin Telefaks: 030 / 7262 588 8 info@gdholz.de

W tabeli podane są **gęstości surowe,** w praktyce nazywane również ciężarami specyficznymi. Zależą one od zawartości wody w drewnie. Spośród wymienionych tu lasów, świerk i jodła mają najniższą gęstość, a dąb najwyższą.

	Roundwood świeże z lasu (kg/fm)	tarcica suszone na powietrzu (kg/m3)
Świerk, okorowany	750- 850	480
Jędrny, okorowany	800- 980	460
Sosna, okorowana	750-880	520
Buk, z korą	1.080-1.160	780
Dąb, z korą	1.180-1.270	870

Konkretne. Masa przy różnej wilgotności drewna

Ta lista pomaga w przeliczeniu ilości drewna na metry sześcienne i metry sześcienne, a także masy.

1.2.2 Rozmieszczenie przestrzenne, dostawa

Aby wyprodukować miliard litrów etanolu (aby pozostać przy tym paliwie) potrzeba około 1,7 miliarda kilogramów drewna ze względu na zawartość energii w MWh. Wynika to z faktu, że 1 kg etanolu ma 8,3 kWh, a drewno 4,9 kWh - stosunek 1 do 1,694, co odpowiada 1,7 mln ton masy suchego drewna.

Przykład Viessmanna pokazuje, że z jednego hektara (ha) można wyprodukować 10 ton rocznie. Oznacza to, że na te miliardy litrów paliwa etanolowego rocznie potrzeba 170 000 hektarów. Jeden hektar to powierzchnia 100 na 100 metrów. 100 ha to jeden kilometr kwadratowy (qkm). Jeden kilometr kwadratowy produkuje więc sto razy więcej niż Viessmann, czyli 1.000 ton młodego drewna rocznie. 1.700 kilometrów kwadratowych wystarcza zatem do wyprodukowania miliarda litrów paliwa. Powierzchnię 1700 km2 uzyskuje się w kwadracie 41,3 na 41,4 km lub w kole o średnicy około 43 km.

Jeśli wyobrazić sobie zakład uwodornienia w centrum takiego obszaru leśnego, aby można było zaopatrywać go w suche drewno z okolicznych lasów, można też narysować wokół niego okrąg o promieniu około 22 km. Oznaczałoby to, że średnia odległość transportu drewna na miejsce wynosiłaby około 11 km.

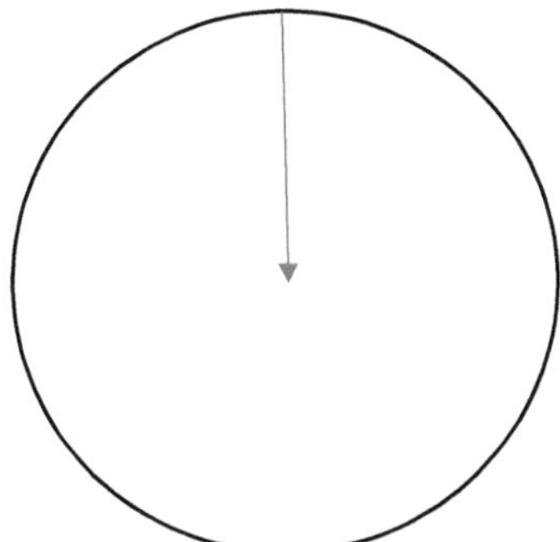

W praktyce warunki nie będą tak optymalne, jak wynika z tego teoretycznego obliczenia. Lasy istnieją tylko na niespełna jednej trzeciej naszej Republiki Federalnej. Przez kraj przebiegają arterie komunikacyjne i różnice wysokości, góry i rzeki. Miasta, wsie, regiony przemysłowe i rezerwaty przyrody nie pozwalają na tworzenie struktur czystych kół lub prostokątów.

Wreszcie, należy również wziąć pod uwagę trasy transportu produktów gotowych, takich jak etanol lub produkty mieszane (np. E85), które sprawiają, że bliskość rafinerii jest rozsądna.

Ale nie można się pomylić, jeśli założymy, że trasy transportu drewna mogą być zazwyczaj utrzymywane w odległości od 15 do 20 km, jeśli umiejętnie wybierzemy lokalizację.

Ogólnie rzecz biorąc, pokazuje to, że zdecentralizowane rozmieszczenie takich roślin nie jest nierealne, ponieważ nawet w przypadku większych tonażu nie potrzeba zbyt dużych obszarów zlewni.

Do transportu drewna lub innych roślin, wyobrażamy sobie rozwiązanie podobne do kampanii buraczanej lub spółdzielni winiarskich. Dzięki tym metodom zbioru, raz w roku odbywa się intensywny transport z obszarów upraw do cukrowni lub tłoczni. Przez wieki rolnicy opracowywali optymalne struktury do tego celu.

Jeśli porównać to z kosztowną budową i konserwacją rurociągów na całych kontynentach, od razu widać, że nie ma żadnych przeszkód ekonomicznych nie do pokonania.

Jednak dokładna i alternatywna kalkulacja musi być jeszcze przeprowadzona.

1.2.2.1 Pionierzy - Pionierzy

1.2.2.1.1 Pionier Viessmann

Średniej wielkości przedsiębiorstwo Viessmann w Allendorfie uprawia pola drzewne, które produkują rocznie około 5.000 litrów ekwiwalentu oleju opałowego i hektar. (FAZ z dnia 21 maja 2011 r. i wywiad z Hansem-Moritzem von Harlingiem, odpowiedzialnym menedżerem Viessmannem)

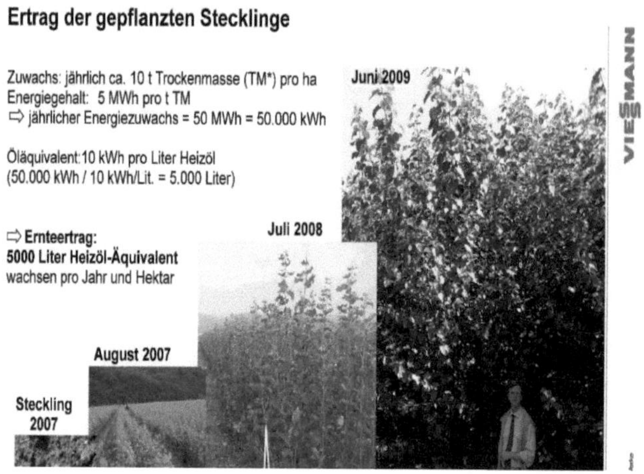

Za podstawę służą następujące obliczenia:

Lasy topolowe muszą rosnąć przez około 3 lata przed pierwszym zbiorem. Średni wzrost suchej masy wynosi 10 ton rocznie. Oznacza to, że po trzech latach można zebrać 30 ton drewna. To

30 ton ma zawartość energii około 5 MWh w każdej tonie (odpowiada to 5 kilowatogodzinom na kilogram suchej masy drewna).

W ten sposób 30 ton na hektar zebranego plonu daje wydajność energetyczną wynoszącą około 150 MWh. Ponieważ jest to wynik po trzech latach, jedna trzecia z nich to 50 MWh lub 50.000 kWh na rok.

Ponieważ z jednego litra paliwa samochodowego można wytworzyć około 10 kilowatogodzin, ilość ta odpowiada około 5 000 litrów oleju napędowego lub benzyny.

Teraz, oczywiście, energia jest nadal potrzebna do przetworzenia drewna na paliwo płynne. A zgodnie ze sprawdzonym procesem uwodornienia, w zależności od tego, czy stosowany jest węgiel kamienny, brunatny czy drewniany, zazwyczaj jest to od 30 do 50 procent wykorzystywanego surowca.

Gdyby polegać wyłącznie na drewnie zebranym w firmie Viessmann, to około 2.000 litrów z 5.000 litrów musiałoby zostać przeznaczone na tę energię. Wciąż oznaczałoby to emisję netto około 3 000 litrów.

Dlatego ważne jest, aby zminimalizować tę dostarczaną energię uwodornienia. Sugerujemy zastosowanie wysokiej temperatury, jak wyjaśniono w rozdziale "Paliwo". Źródła tak wysokich temperatur są przedstawione w części "Rdzeń".

1.2.2.1.2 Pionierskie topole energetyczne RWE.

Już w lutym 2009 roku FAZ informował o próbach z topolami energetycznymi RWE. Następnie można zebrać wartościowe ilości szybko rosnących drzew na nierentownych gruntach rolnych w celu uwodornienia paliwa. Uzyskany wynik to ok. 4.000 litrów oleju opałowego na hektar, wartość bardzo zbliżona do tej z firmy Viessmann.

Ilość zaledwie 2000 litrów oleju opałowego na hektar wymieniona w innych miejscach jest prawdopodobnie spowodowana utratą uwodornienia. Bez zewnętrznego wkładu energii, oznacza to, że jedna trzecia do połowy zużytego drewna jest używana do ogrzewania procesu. W związku z tym są one tracone na produkcję paliwa.

13 Millionen Bäumchen zur Energiegewinnung

FAZ 23. Feb. 2009 S. 13.

Die RWE kauft und pachtet unrentables Ackerland, um darauf Energiewälder zu pflanzen. Die vielen Stecklinge liefert eine spezialisierte Baumschule.

Von Lukas Weber

FRANKFURT, 22. Februar. Millimeter um Millimeter und in aller Stille wächst in Deutschland ein beachtlicher Beitrag zur künftigen Energieversorgung heran. Stromkonzerne, Heizungsbauer und experimentierfreudige Landwirte pflanzen dichtstehende und schnellwachsende Bäume auf Flächen, die für andere Verwendungen nicht recht geeignet sind. Das Holz dieser sogenannten Kurzumtriebsplantagen wird regelmäßig geerntet und als Hackschnitzel oder Pellets verheizt, die Energieausbeute ist beträchtlich.

Dafür wird eine große Menge Nachwuchsbäumchen gebraucht. „In diesem Jahr liefern wir fast 13 Millionen Stecklinge, das ist etwa die Hälfte des Gesamtmarktes", sagt Dirk Landgraf, der für die Energiebäume zuständige Geschäftsführer der P&P Dienstleistungs GmbH & Co. KG. Die traditionsreiche Neuhäuseler Forstbaumschule – sie wurde 1821 gegründet – beschäftigt sich seit drei Jahren verstärkt mit schnellwachsenden Baumarten, je nach Standort vor allem Pappel, Weide und Robinie. Die Weide wird in Schweden bevorzugt, sie komme auch mit kürzeren Tagen zurecht, erklärt Landgraf. In Deutschland ist die Pappel erste Wahl. Die Pappel-Stecklinge, das Stück zu rund 20 Cent, sind 20 Zentimeter lange und 8 Millimeter starke Stücke von Trieben aus dem einjährigen Aufwuchs in der Mutterkultur, die erst im Boden Wurzeln ziehen. P&P liefert aber auch bewurzelte Stecklinge und 7 Meter lange Stangen. Je Hektar werden bis zu 10 000 Stück gepflanzt, alle drei bis fünf Jahre wird geerntet, dann sind die Bäume etwa sechs Meter hoch. Nach den bisher vorliegenden Erfahrungen ist mit einer durchschnittlichen Ernte von 8 bis 12 Tonnen Trockenmasse Holz je Hektar und Jahr zu rechnen; 10 Tonnen entsprechen rund 4000 Liter Heizöl.

Was sich einfach anhört, erfordert freilich eine Menge Fachwissen. Das Unternehmen, das mit fünf Standorten und Außendienstmitarbeitern nach eigenen Angaben als einzige Forstbaumschule deutschlandweit tätig ist, bietet deshalb auch sämtliche Dienstleistungen von der Planung über die Bodenvorbereitung und die Anpflanzung (mit der Maschine können in einer Stunde 10 000 Stecklinge in den Boden geschossen werden) bis hin zur Ernte mit eigenem Gerät an.

Bisher größtes Projekt von P&P waren 120 Hektar (das entspricht etwa 150 Fußballfeldern) für den Heizungshersteller Viessmann rund um dessen Firmensitz Allendorf. Das ist im Vergleich mit dem jüngsten Projekt nicht mehr als ein Versuchsbetrieb, denn in diesem Jahr startet P&P die Bepflanzung von Kurzumtriebsplantagen in großem Stil für die RWE Innogy Cogen GmbH, eine Tochtergesellschaft des RWE-Konzerns. 1000 Hektar sind in Planung, dafür wird die Hälfte der Jahresproduktion von P&P verwendet. Bis Ende 2011 sollen es 10 000 Hektar werden, auf denen 75 Millionen Bäumchen stehen. „Wir gehen davon aus, dass wir die 1000 Hektar für die erste Pflanzperiode 2009 erreichen werden", sagt Stephan Lohr, Geschäftsführer der RWE Innogy. Die Flächen lägen vor allem in Hessen, Nordrhein-Westfalen und den östlichen Bundesländern. Bei der Beschaffung hilft P&P. „Wir suchen für die RWE deutschlandweit Flächen", sagt Landgraf.

Sie werden entweder gekauft oder für 20 Jahre gepachtet. Der Landwirt kann auch in eigener Regie das Energieholz anbauen. Die Hackschnitzel sollen auf möglichst kurzen Wegen in die Öfen. „Ein Biomasse-Heizkraftwerk ist derzeit im Kreis Siegen-Wittgenstein im Bau", sagt Lohr. RWE will bis zum Jahr 2020 in Deutschland zehn solcher Anlagen stehen haben, die aber nicht nur mit Holz aus Plantagen befeuert werden, sondern auch forstwirtschaftliche Resthölzer nutzen.

Die Diskussion um Tank oder Teller mache er gar nicht erst mit, erklärt Landgraf. „Wir wollen auf Standorte, die sich nicht für die Produktion von Nahrungsmitteln eignen." Davon gibt es nach seiner Ansicht reichlich, denn wenn die Plantagen einmal angelegt sind, wachsen die Bäume einige Jahre vor sich hin, ohne Pflege zu brauchen. Das ist ideal für abseits gelegene Flächen, die der Bauer sonst kaum nutzen kann. In Frage kommen auch Böden, die für die Landwirtschaft inzwischen oft zu trocken geworden sind, etwa in Brandenburg, wenn man sie mit Robinie bepflanzt. Ertragsschwaches Grünland umzuwidmen wäre vielleicht auch klug, nach europäischem Recht ist das allerdings nur eingeschränkt möglich. Immerhin dürfen bis zu 50 Bäume je Hektar angepflanzt werden, so dass

W przypadku "bio-paliwa rdzeniowego" straty te nie występują, ponieważ energia jądrowa dostarcza ciepło.

Im Westerwald lässt der Stromkonzern RWE Millionen von Pappeln züchten. Foto ddp

es vielerorts eine gemischte Bewirtschaftung geben könnte.

Überhaupt ist die Rechtslage schwierig und je nach Bundesland unterschiedlich. Meist dürfen landwirtschaftliche Flächen mit Energieholz bestückt werden, wenn innerhalb von 20 Jahren geerntet wird. In der Forstwirtschaft ist der mit dem Kurzumtrieb verbundene Kahlschlag in Deutschland (im Gegensatz etwa zu den skandinavischen Ländern) nicht zulässig. Auf Windwurfflächen, Rückegassen oder als Vorwald sollte über Energiebäume nachgedacht werden, fordern Befürworter, schließlich hätten die Menschen in früheren Jahrhunderten ihr Brennholz auch aus dem Niederwald geholt. Global gibt es vor allem in Osteuropa noch riesige ungenutzte Flächen.

Den Bauern wird der Energiewald mit einer Reihe weiterer Argumente schmackhaft gemacht: Die Plantagen sind nicht nur relativ unempfindlich gegen Wassermangel, sondern auch gegen Schädlingsbefall. Wenn die Holzpreise gerade niedrig sind, könne man die Ernte hinausschieben, erklärt Landgraf, außerdem gebe es erheblich mehr Tierarten als auf landwirtschaftlichen Kulturflächen. Den Rhythmus von Wachstumsphase und Ernte könne man viele Jahre beibehalten, das wiederholte Abschneiden schadet offenbar den Bäumen nicht. „Die älteste Plantage in Deutschland liefert seit 35 Jahren noch immer gleichbleibende Erträge", sagt Landgraf. Sie steht in Hann. Münden, dort gibt es seit dieser Zeit ein Institut für schnellwachsende Bäume.

Die Idee ist freilich wegen sinkender Preise für fossile Energien zwischenzeitlich untergegangen. Immerhin wurde Erfahrung mit Pappelkulturen aus den siebziger Jahren herübergerettet. Die Absorption von Kohlendioxid liege jährlich zwischen 10 und 28 Tonnen je Hektar, rechnet P&P vor. Die ökologischen Vorteile werden von Umweltschützern bestätigt. In einer Ende vergangenen Jahres veröffentlichten Studie zur Energieholzproduktion kommt der Naturschutzbund Deutschland (Nabu) zu dem Schluss, die Holzplantagen seien aus Klima- und Umweltsicht „gegenüber herkömmlichen Bioenergieverfahren wie Rapsdiesel und Biogas aus Silomais im Vorteil". Auch aus der Sicht des Naturschutzes seien sie hochwertiger einzuschätzen als intensiv genutzte Ackerkulturen.

2 Energia jądrowa, wysoka temperatura, reaktory

Ta część traktuje wysoką temperaturę za pomocą ciepła rdzenia, a mianowicie:

- Podstawy fizyczne
- Podstawowe cechy charakterystyczne:
  - dla konwencjonalnych reaktorów jądrowych
  - dla reaktorów wysokotemperaturowych (ciepło procesowe)
  - dla reaktorów z łożem kulowym HT
- możliwości techniczne
- aspekty biznesowe
- wdrożenie inżynieryjne
- Doświadczenia z poprzednich zakładów

W przypadku reaktorów od razu myślimy o wytwarzaniu energii. Każdy zna elektryczność, każdy jej potrzebuje i jest to "najszlachetniejsza" forma energii. W naszym wysoko uprzemysłowionym kraju, ciepło procesowe jest również egzystencjalnie niezbędną formą energii dla wielu gałęzi produkcji. Duże przemysły chemiczne, metalowe, podstawowe i inne nie mogą istnieć bez nich. Zamiast wytwarzania ciepła z dużymi stratami przy użyciu energii elektrycznej lub spalania, omawiamy tu proces, który łączy w sobie wiele zalet.

Bezpośrednio z tym związane jest również promieniowanie. Jest to rzeczywista przyczyna powstawania ciepła podczas procesu rozłupywania. Ze względu na duże szkody spowodowane promieniowaniem, które ludzie ponieśli w wyniku bomb jądrowych, testów i wypadków, ochrona przed nadmiernym narażeniem na promieniowanie jest niezbędna. Z drugiej strony - wbrew niemieckim przepisom dotyczącym ochrony przed promieniowaniem - udowodniono również, że promieniowanie radioaktywne w pewnych masach jest lecznicze i korzystne dla zdrowia. Decyduje o tym właściwa dawka - mierzona w milisiwertach - na czas. Mimo że jako podstawę stosuje się bardzo różne scenariusze i ekspozycje, można założyć, że 100 mSV nie powoduje żadnych szkód w ciągu roku.

2.1 Sprawozdanie Centrum Badawczego Jülich 2006

Cytujemy z raportu Centrum Badawczego Jülich: 4228, "Generacja węglowodorów płynnych z wykorzystaniem energii jądrowej" E. Kugeler, N. Pöppe, I.M. Tragsdorf, K. Kugeler w czerwcu 2006 r:

"Światowe zapotrzebowanie na płynne węglowodory, zwłaszcza w sektorze transportu, będzie w przyszłości nadal rosło. Zaopatrzenie rynku światowego w niezbędne ilości sprawi, że w ciągu kilkudziesięciu lat konieczne będzie stosowanie paliw produkowanych alternatywnie. Oprócz konwencjonalnych metod wytwarzania, w których niezbędne ciepło procesowe pochodzi ze spalania części wytworzonych produktów, możliwe jest wykorzystanie ciepła jądrowego do pokrycia zapotrzebowania na energię procesową. Ciepło to jest potrzebne w postaci pary, energii elektrycznej i ciepła o wysokiej temperaturze. Przy zastosowaniu takich procesów **interesujące** może stać się zalewanie parą wodną złóż ropy naftowej, wydobycie ropy z piasków i łupków naftowych, produkcja metanolu z gazu ziemnego, **uwodornienie węgla oraz produkcja metanolu z biomasy. Z** reguły ilość odzyskiwalnych lekkich węglowodorów płynnych można **podwoić, można uniknąć emisji CO2** w procesie produkcji i **obniżyć koszty produkcji w porównaniu z dzisiejszymi cenami ropy.**

Niezbędne technologie procesowe są znane, a niektóre z nich są od dawna sprawdzone w zastosowaniach przemysłowych. "

Oświadczenia te są nadal aktualne na dzień dzisiejszy - 2019 r. - bez zmian.

Modułowy reaktor wysokotemperaturowy (HTR) jest określany jako jądrowe źródło ciepła. Używa toru i uranu jako paliwa jądrowego w postaci piłek tenisowych wielkości piłki. Decydujące znaczenie mają również projekt i konstrukcja.

2.2 Farrington Daniels i Rudolf Schulten

Podczas II wojny światowej Farrington Daniels (8 marca 1889 r. - 23 czerwca 1972 r.) był fizykiem z Minneapolis w Minnesocie, który kierował oddziałem metalurgicznym Projektu Manhattan. W 1944 r. opracował podstawowe cechy jądrowego reaktora ze złożem kamiennym, któremu nadał jeszcze wspólną nazwę *reaktor ze złożem kamiennym,* a który został później rozwinięty w Niemczech przez Schultena i jego zespoły.

Według świadectwa wszystkich spotkanych przez nas uczniów, genialny mistrz prof. Schulten połączył ludzką wielkość z wizjonerską mocą, która działa do dziś. Jest ona przełomowa dla przyszłości nie tylko w Niemczech, ale teraz także w Chinach.

Był on intelektualną siłą napędową rozwoju reaktora ze złożem kulistym, najpierw w laboratorium, a później jako reaktor demonstracyjny w Hamm. W dalszym ciągu jest bardzo szanowany i ceniony jako wzór do naśladowania przez swoich uczniów i nie tylko.

Doprowadził około 250 doktorantów do doktoratu. W oparciu o wynalazek F. Daniels opracował elementy paliwowe w formie kulistej, zasadę działania pieca, technologię złoża kulistego oraz wiele aspektów działania na przestrzeni dziesięcioleci, aż do systematycznego wycofywania energii jądrowej w Niemczech pod koniec lat 80-tych.

Ważnym towarzyszem i zwolennikiem Schulten był kupiec H. J. Werhahn (✝ 2017), Neuss, zięć Konrada Adenauera.

Szczególnie interesowało go zdecentralizowane wykorzystanie, dostarczanie ciepła do procesów przemysłowych oraz dostarczanie przyjaznego dla środowiska ogrzewania obszarów mieszkalnych.

Schulten urodził się w Oeding	18.08.1923
Studia matematyki i fizyki na Uniwersytecie w Bonn	1946-1950
Doktorat u prof. Wernera Heisenberga na Uniwersytecie w Getyndze	1953
Asystentka prof. Heisenberga/Karla Wirtza w Instytucie Maxa Plancka w Getyndze	1953-1955
Odpowiedzialny w BBC/Krupp za planowanie i budowę reaktora do prób jądrowych w AVR GmbH w Jülich.	1956-1964
Dyrektor Instytutu Rozwoju Reaktorów w Jülich i jednocześnie profesor technologii reaktorów na Uniwersytecie RWTH w Aachen	1964-1989
kilkukrotny przewodniczący Rady Naukowo-Technicznej Centrum Badań Jądrowych (obecnie Centrum Badawcze) Jülich	1969-1985
Ottona Hahna przyznawaną przez miasto Frankfurt	1972
Członek Rady Nadzorczej Thyssen Industrie AG	1980-1988
Nagroda Werner-von-Siemens-Ring	1987
Odznaczony przez Wielki Federalny Krzyż Zasługi	1987
Zmarł w Aachen	30.04.1996

2.2.1 Stare i nowe sposoby technologii jądrowej

Poniższy artykuł z FUSION No. 31. 2010 - No. 1 sekcja "Energia", strona 20 ff jest przedrukiem artykułu opublikowanego dokładnie 20 lat wcześniej w Fusion 1/1990. .....

Chcemy ponownie udostępnić go naszym czytelnikom, ponieważ uważamy, że koncepcja reaktora wysokotemperaturowego opracowana w nim przez prof. Schultena nie może paść ofiarą "alternatywnego" zeitgeist'a. Już za życia prof. Schulten, który wiedział o zbliżającym się niebezpieczeństwie wycofania się z energii jądrowej w Niemczech, zapewnił możliwość dalszego rozwoju HTR w Chinach (a obecnie także w RPA).

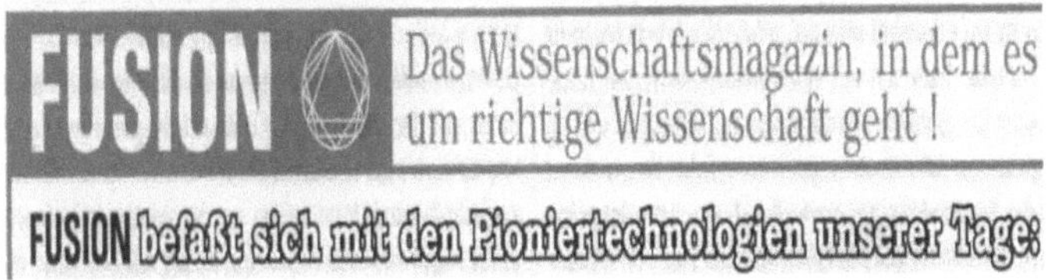

Przez prof. Rudolfa Schultena

"Problemy ochrony atmosfery ziemskiej stawiają przed zastosowaniem technologii jądrowej nowe wyzwania. Istniejące zakłady są planowane głównie dla krajów uprzemysłowionych. Charakteryzują się one dużą wydajnością (1 gigawat i więcej) w ramach dużych, połączonych ze sobą sieci, z wysokimi i skomplikowanymi nakładami na elementy bezpieczeństwa. Globalny problem klimatyczny wyraźnie wymaga szerszego wykorzystania zakładów, zwłaszcza w krajach wschodzących i rozwijających się o mniejszych mocach produkcyjnych. przejrzystych koncepcji bezpieczeństwa i niskich kosztów. Czy te postulaty można spełnić za pomocą nowej technologii jądrowej? Czy norma bezpieczeństwa może zostać osiągnięta bez możliwości rozprzestrzeniania się radioaktywności w incydentach? Czy w tych krajach można produkować i eksploatować odpowiednie komponenty bezpieczeństwa w sposób wystarczająco ekonomiczny? Czy można zagwarantować dostawę paliwa i jego ostateczne usunięcie? Czy elektrownie jądrowe mogą być wykorzystywane poza wytwarzaniem energii elektrycznej w szerszej dziedzinie wytwarzania ciepła na rynku energii? Jakie typy reaktorów są odpowiednie do tego celu? To są pytania, którymi zajmie się ten dokument.

Typ reaktora w dużej mierze zależy od wyboru jego głównych komponentów: paliwa, moderatora i czynnika przekazującego ciepło. Te trzy składniki oraz ich konstrukcja i charakter mają decydujący wpływ na kwestie bezpieczeństwa. spektrum neutronów, tj. ich zdolność do rozmnażania się, jak również na zakres energii jądrowej.

Paliwo jądrowe obecnie i prawdopodobnie w bardziej odległej przyszłości to nieznacznie wzbogacony uran, który wymaga nierozprzestrzeniania materiałów jądrowych i możliwości ostatecznego unieszkodliwiania odpadów promieniotwórczych nawet bez ich przetwarzania. Ciekawe staną się później cykle paliwowe na bazie toru i uranu-238, przezroczyste na bazie uranu.

Decydujący wpływ na typ reaktora ma wybór moderatora, który służy do konwersji szybkich neutronów w powolne neutrony poprzez spowolnienie procesów uderzeń w lekkie jądra atomowe. Po prawie 40 latach procesu selekcji, tylko normalna woda i grafit nadają się do tej funkcji.

Woda jako moderator w reaktorach z wodą lekką, która jest również wykorzystywana jako czynnik przekazujący ciepło, pozwala na uzyskanie wysokiej gęstości mocy tych reaktorów, co do tej pory nie było możliwe do zrealizowania w energetyce. Ostatecznie, fizyczną przyczyną są krótkie drogi hamowania neutronów, które nieuchronnie pozwalają na zagęszczanie obiektów. Z drugiej strony, w przypadku zastosowania grafitu żaroodpornego jako moderatora, na przykład w reaktorze wysokotemperaturowym, dłuższe drogi hamowania neutronów nieuchronnie prowadzą do większych objętości reaktora przy mniejszej gęstości mocy. W tym przypadku wymiana ciepła przez gaz pod ciśnieniem jest najlepiej realizowana za pomocą helu obojętnego.

Moderator oraz jego właściwości techniczne i fizyczne są kluczem do bezpiecznego zachowania typów reaktorów.

Względy bezpieczeństwa

Przede wszystkim warto pamiętać o szczególnie ważnym zabezpieczeniu reaktorów, w których szybkie neutrony są spowalniane przez moderatorów. Wszystkie reaktory tego typu, prawidłowo zaprojektowane, automatycznie przerywają reakcję łańcuchową w przypadku wystąpienia zdarzenia, tj. bez ingerencji ludzi lub maszyn. Działają tu tylko procesy fizyczne, które są spowodowane specyfiką absorpcji neutronów przez jądra atomowe. Podwyższone temperatury podczas zaburzeń zubażają reakcję łańcuchową poprzez utratę absorpcji neutronów. Następnie nieuchronnie zostaje przerwany. Ten wspaniały dar natury powinien być wykorzystywany we wszystkich reaktorach jako podstawowa zasada bezpieczeństwa. Niestety, zasada ta nie została zastosowana w przypadku niektórych reaktorów. Należy to uznać za zdecydowanie błędną decyzję, która powinna zostać jak najszybciej skorygowana poprzez ponowne użycie narzędzi. Te ostatnie uwagi nie dotyczą reaktorów komercyjnych w świecie zachodnim.

Podobnie jak w przypadku kwestii samostabilizacji reakcji łańcuchowej, również typ moderatora ma decydujące znaczenie dla drugiego głównego problemu bezpieczeństwa reaktorów, czyli ciepła rozpadu. Po wyłączeniu reakcji celtyckiej, rozpad substancji radioaktywnych nieuchronnie obecnych w reaktorze nadal generuje ciepło o początkowej proporcji około 1% mocy poprzedniego reaktora, które po kilku dniach mieści się w zakresie kilku promili. Na ten proces nie może mieć wpływu pomoc zewnętrzna. W reaktorach lekkowodnych z wodą jako medium moderatorem i nośnikiem ciepła, układy chłodzenia, które są często obecne, zapobiegają niedopuszczalnemu wzrostowi temperatury z powodu ciepła resztkowego w wyłączonym reaktorze. Zapobiega to topieniu się rdzenia, a tym samym uwalnianiu się substancji radioaktywnych. Niezwykle wysoka jakość tych urządzeń sprawia, że awaria o poważnych skutkach wypadków jest bardzo mało prawdopodobna.

W przypadku reaktorów wyposażonych w moderator grafitu żaroodpornego możliwe jest uniknięcie uszkodzenia reaktora i jego elementów paliwowych w inny sposób, np. w reaktorze wysokotemperaturowym. Gęstość mocy jest mała, co nieuchronnie wynika z wyżej wymienionych praw fizyki neutronowej. W związku z tym pojemność cieplna podawana przez moderatora jest bardzo duża. W przypadku awarii chłodzenia, ciepło rozkładu może być w ten sposób przechowywane w graficie przez dłuższy okres czasu przy powolnym i ograniczonym wzroście temperatury. Po upływie ok. 24 godzin wzrost temperatury zatrzymuje się ze względu na rozpraszanie ciepła, które jest wtedy większe niż pozostała część produkcji ciepła z rozpadu mocy.

Stosunek mocy, a tym samym ciepła rozkładu, efektywnej wydajności cieplnej i przewodzenia ciepła może być regulowany w taki sposób, że temperatura uszkodzenia odpornego na ciepło BE wykonanego z materiałów ceramicznych nie zostanie osiągnięta w przypadku awarii, a tym samym nie dojdzie do uwolnienia substancji radioaktywnych. Proces ten, który był wielokrotnie testowany doświadczalnie w naszym reaktorze wysokotemperaturowym w Jülich, ma naturalny efekt, podobnie jak opisane powyżej automatyczne przerwanie reakcji łańcuchowej w wypadkach.

Istnieje nawet perspektywa planowania reaktorów w przyszłości w taki sposób, aby zagwarantować dalszą eksploatację tych instalacji po wszystkich incydentach. Dzięki temu elektrownie jądrowe stałyby się, że tak powiem, "normalną technologią".

Dwa problemy związane z korozją, spowodowane możliwym przenikaniem pary wodnej i powietrza do obiegu pierwotnego reaktora wysokotemperaturowego w przypadku awarii, mogą być również kontrolowane przez procesy automatyczne.

Niedopuszczalna ilość pary w obiegu reaktora rejestrowana jest przez czujnik wilgotności w obiegu helowym. Pompa wody zasilającej i dmuchawa są wyłączone. Ilość wciąż pompowanej wody i pary wodnej może być tolerowana w reaktorze.

Powietrze może dostać się do systemu dopiero po odciążeniu ciśnieniowym i po tym, jak hel całkowicie wypłynie z obiegu pierwotnego po wielu godzinach dzięki procesom dyfuzji i naturalnej konwekcji. Wystarczającym ograniczeniem jest maksymalny możliwy przekrój poprzeczny pęknięcia przy zbiorniku, który może prowadzić jedynie do tolerowanej korozji BE bez uwolnienia radioaktywności. Koncepcja ta jest gwarantowana albo przez stalowe zbiorniki zabezpieczone w podstawie, albo przez zbiorniki z betonu sprężonego.

Jedynymi ważnymi elementami bezpieczeństwa są BE i kontenery. Zastosowanie krzemu (lub innej ceramiki) jako środka ochronnego dla BE w celu zapobieżenia ewentualnej korozji, obecnie uważane za wykonalne, umożliwia oparcie gwarancji bezpieczeństwa jedynie na właściwościach elementu paliwowego. Wszystkie inne części składowe zakładu, w tym beczki, nie mają już wtedy znaczenia dla zapobiegania zrzucaniu niebezpiecznych ilości produktów rozszczepienia radioaktywnego. Badane jest, czy te niższe wymagania wobec reaktora, jego komponentów i wyposażenia pomocniczego nie mogłyby doprowadzić do zauważalnego obniżenia kosztów instalacji.

Ogólnie rzecz biorąc, można powiedzieć, że w ten sposób można wykorzystać proste reaktory o początkowo niższej mocy, w których można wykluczyć zewnętrzny efekt szkodliwy. Większą moc dla elektrowni jądrowych można osiągnąć poprzez równoległe połączenie kilku małych reaktorów.

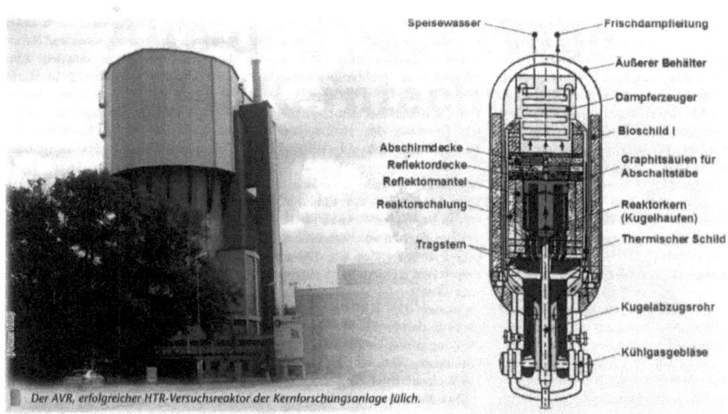

Der AVR, erfolgreicher HTR-Versuchsreaktor der Kernforschungsanlage Jülich.

Obecny stan wiedzy na temat reaktorów wysokotemperaturowych pozwala również oczekiwać, że podobne właściwości bezpieczeństwa można osiągnąć w przypadku reaktorów średniej wielkości. Oczekuje się również, że w przyszłości do produkcji zespołów paliwowych będą mogły być stosowane materiały ceramiczne o jeszcze lepszej odporności termicznej niż węglik krzemu, na przykład węglik cyrkonu o temperaturze topnienia ok. 3600 ^{0C}, dzięki czemu możliwe będzie zwiększenie dopuszczalnej jeszcze temperatury szczytowej w razie awarii z obecnych 1600 do 18000C do prawdopodobnie 25000C bez niebezpiecznej ilości substancji radioaktywnych wydostających się z zespołów paliwowych. Można zatem oczekiwać, że te same pozytywne właściwości związane z bezpieczeństwem mogą być realizowane również w przypadku większych bloków energetycznych.

Bezpieczeństwo instalacji jądrowych osiąga się zatem dzięki automatycznym mechanizmom, które zapobiegają rozprzestrzenianiu się radioaktywności w przypadku poważnych awarii poprzez przerwanie reakcji łańcuchowej w razie awarii i niedopuszczenie do niedopuszczalnego nagrzewania się reaktora.

Wykorzystanie i powtórne przetwarzanie paliwa

Kolejną kwestią w dyskusji na temat energii jądrowej była i jest kwestia tego, kiedy ze względu na koszty należy wdrożyć środki oszczędnościowe dotyczące uranu poprzez wprowadzenie reaktorów szybkorozprężnych i wprowadzenie ponownego przetwarzania. Obecnie rzeczywisty koszt rudy uranu stanowi jedynie znikomą część całkowitego kosztu produkcji energii (1 procent). Nawet jeśli cena uranu wzrośnie dziesięciokrotnie, nadal nie ma powodu, by obawiać się zaporowego wzrostu kosztów energii jądrowej. Z drugiej strony, z szacunków geologów i nauk górniczych wiadomo, że nawet stosunkowo niewielki wzrost cen rud uranu, które można zainwestować, może doprowadzić do zauważalnego wzrostu rezerw uranu, które można eksploatować. W związku z tym na tym etapie dwie strony stoją przed sobą w ocenie.

Jednolita ocena, czy, pesymistycznie rzecz biorąc, rezerwy uranu mogą być wykorzystywane tylko przez około 50 lat bez hodowcy i bez ponownego przetwarzania lub przez dłuższy okres, nie może być jeszcze dziś znaleziona. Prawdopodobnie nasze pokolenie nie będzie jeszcze w stanie udzielić ostatecznej odpowiedzi na to pytanie.

Obecnie dyskutuje się również o alternatywnym, ponownym przetwarzaniu lub bezpośrednim końcowym składowaniu zużytych elementów paliwowych. W reaktorach lekkowodnych, które są obecnie stosowane głównie w technologii jądrowej, stosuje się wzbogacanie uranu na poziomie około 3 procent. Zawartość resztkowa materiału rozszczepialnego po spaleniu elementów paliwowych, głównie w postaci plutonu, może być wykorzystana przez ponowne przetworzenie. Natomiast w reaktorze wysokotemperaturowym stosuje się wzbogacanie w wysokości 7-8 %, w którym odpowiednio wysokie wykorzystanie uzyskuje się poprzez wysokie spalanie materiału rozszczepialnego w elementach paliwowych, tak że ponowne przetwarzanie nie jest konieczne i nie jest racjonalne, a bezpośrednie przechowywanie zespołów wypalonego paliwa jądrowego jest planowane po odpowiednim okresie przechowywania tymczasowego.

Oprócz kwestii bezpieczeństwa reaktorów jądrowych, drugim ważnym zadaniem technologii jądrowej jest składowanie odpadów promieniotwórczych. Ze względu na małe ilości tych substancji, technika głębokiego składowania może być tu zastosowana w sposób ekonomiczny. Zgodnie z doświadczeniami geologicznymi, pomimo ewentualnych ruchów w skorupie ziemskiej, zagwarantowany jest co najmniej milionowy czas włączenia do środowiska naturalnego. Jak powszechnie wiadomo, osłona przed promieniowaniem radioaktywnym jest możliwa nawet przez kilka metrów gleby, dzięki czemu wszystkie substancje radioaktywne są całkowicie osłonięte na głębokości. Po około milionie lat okresu ochronnego odpady radioaktywne, po tym jak zostały w znacznym stopniu wyeliminowane w wyniku rozpadu radioaktywnego, stanowią zagrożenie mniejsze niż zagrożenia stwarzane przez pierwotnie stosowane substancje, a mianowicie głównie uran i jego pochodne. W przybliżeniu po 10 000 do 100 000 lat odpady radioaktywne mają niższy potencjał zagrożenia niż pierwotna ilość rudy uranu, która była pierwotnie obecna i wykorzystywana. Dlatego też technologia jądrowa nie zwiększa promieniotwórczości ziemi przez długi czas, jeśli weźmie się pod uwagę tę okoliczność. Warunkiem wstępnym jest umieszczenie odpadów promieniotwórczych w barierach, które uniemożliwiają ich transport drogą wodną w ziemi. Składowanie odpadów radioaktywnych nie stanowi poważnego zagrożenia dla potomności, jeżeli jest prawidłowo przeprowadzane.

Decyzje w sprawie ostatecznej formy deponowania nie muszą być podejmowane w najbliższej przyszłości. Przez okres około 30 do 100 lat możliwe jest bezpieczne składowanie na powierzchni ziemi w osłoniętych kontenerach o grubych stalowych ścianach.

Większość energii jest wykorzystywana jako ciepło dla przemysłu i gospodarstw domowych oraz jako paliwo. Energia jądrowa może być również wykorzystywana na tej większej części rynku energetycznego. Nasze badania pokazują, że energia jądrowa jest uniwersalnym środkiem dla wszystkich form energii potrzebnych gospodarce. W szczególności możliwe jest również przekształcenie kopalnych surowców energetycznych, takich jak węgiel, w energię jądrową. Emisja dwutlenku węgla może być znacznie ograniczona w porównaniu z konwencjonalnymi procesami. Łatwo więc sobie wyobrazić, że kopalne źródła energii, w tym węgiel, mogą być wykorzystywane jako zasoby energetyczne przez długi czas, nawet w bardziej surowych warunkach środowiskowych, dzięki tym technologiom ograniczającym emisję CO2 . Z dzisiejszego punktu widzenia, przyszła technologia wodorowa oparta na energii jądrowej i przetworzonych kopalnych surowcach energetycznych jest stosunkowo najbardziej ekonomiczna i opłacalna.

Staram się teraz przedstawić znane mi fakty w następujących wnioskach:

W przyszłych instalacjach jądrowych można wykluczyć skutki szkód zewnętrznych. Energia jądrowa może przez długi czas pokrywać dużą część zapotrzebowania na energię, nie tylko na produkcję energii elektrycznej, ale także na inne formy energii, takie jak paliwo do transportu i ciepło do użytku domowego i przemysłowego. Energia jądrowa jest przyjazna dla środowiska i przyczynia się do znacznego ograniczenia problemu emisji dwutlenku węgla. Technikę deponowania radioaktywnych produktów ubocznych można opanować poprzez głębokie składowanie.

Można zatem oczekiwać, że wykorzystanie technologii energii jądrowej będzie nadal przez długi czas stanowić cenny wkład w gospodarkę energetyczną ludzkości. "

Profesor dr Rudolf Schulten jest jednym z naukowców, którzy mieli decydujący wpływ na rozwój technologii nuklearnej w Republice Federalnej. Od niego pochodzi koncepcja reaktora wysokotemperaturowego z łożem kamiennym. Profesor Schulten prowadził katedrę technologii reaktorów na Uniwersytecie Technicznym w Aachen i do października 1989 r. kierował Instytutem Fizyki Reaktorów w Instytucie Badań Jądrowych w Jülich. Zmarł w Aachen 30 kwietnia 1996 roku. - pisze Fusion 2010.

2.3 Rozwój historyczny (zgodnie z Wikipedią oraz i.)

Wiele istotnych idei reaktora ze złożem kulistym zostało opracowanych przez Rudolfa Schultena w latach 50-tych XX wieku. Przełomem była koncepcja, że te grafitowe kule zawierają do 20.000 ziaren wielkości głowicy nożowej ("powlekanych cząstek"), w których rdzeń paliwa jest chroniony warstwami węglika krzemu i węgla pirolitycznego. Kulki te są odporne zarówno na wysokie temperatury (do 2.000 °C), jak i wymagania mechaniczne.

W Niemczech działały dwa reaktory wysokotemperaturowe:

- AVR w Centrum Badawczym Jülich (1967-1988) . 15 MWel
- THTR-300 w Hamm-Uentrop (1971-1988) z 300 MWel

Jeszcze w połowie lat 80. planowano budowę HTR-500 do 1993 roku.

Reaktor doświadczalny o mocy 15 megawatów został zbudowany i oddany do użytku przez Arbeitsgemeinschaft Versuchsreaktor (AVR) w obiekcie jądrowym Jülich w celu zdobycia doświadczenia w zakresie tego typu reaktorów. Kontrolowana reakcja łańcuchowa miała miejsce po raz pierwszy w dniu 26 sierpnia 1966 roku. Reaktor działał przez 21 lat, aż do zamknięcia w dniu 31 grudnia 1988 roku. Od 2012 roku reaktor został częściowo zdemontowany i obecnie znajduje się na bocznej działce ośrodka badawczego w lesie. Pociski nadal są na posesji.

Demokracyjny *reaktor wysokotemperaturowy na tor*, THTR-300 w Hamm-Uentrop, był początkowo eksploatowany jako prototyp w celu rozwiązania problemów proceduralnych z kulami. Zaledwie pięć lat po pierwszej reakcji jądrowej została ona zamknięta w celu dokonania przeglądu we wrześniu 1988 roku, a rok później ostatecznie zlikwidowana. Rdzeń reaktora może zostać zdemontowany prawdopodobnie już w 2029 r., ponieważ do tego czasu promieniowanie zmniejszy się w wystarczającym stopniu.

Zupełnie inaczej wygląda sytuacja w przypadku zwykłych reaktorów z wrzącą, ciśnieniową i lekką wodą w około 420 elektrowniach działających na całym świecie.

Sucha wieża chłodnicza, o takiej samej konstrukcji jak Stadion Olimpijski w Monachium, została wysadzona 10 września 1991 r., chociaż mieszkańcy uznali ją za zabytek godny zachowania.

Na tę niezwykle szybką obróbkę wpłynęła katastrofa w Czarnobylu (kwiecień 1986 r.) i zdarzenie w samym Hammie 4 maja 1986 r., kiedy to doszło do wycieku radioaktywności. Operatorzy spóźnili się z powiadomieniem o tym. Wydarzenia te przyczyniły się do podjęcia przez SPD decyzji o wycofaniu energii jądrowej w sierpniu 1986 r. w ciągu 10 lat. Ówczesny rząd państwowy SPD pod rządami Johna Raua po raz pierwszy zademonstrował w ten sposób swoją nowo zdobytą wolę opuszczenia partii.

2.4 generacji reaktorów atomowych.

Generacje od I do III obejmują większość działających dziś elektrowni jądrowych. Gen. III+ odwołuje się już do ulepszonych koncepcji, a obecnie GIF (Międzynarodowe Forum IV Generacji) dąży do jeszcze większego bezpieczeństwa w odniesieniu do podsumowanych w nim typów, a mianowicie

- Szybki reaktor chłodzony gazem
- Reaktor o maksymalnej temperaturze
- Superkrytyczny reaktor wodny na wodę lekką
- Szybki reaktor chłodzony sodem
- Szybki reaktor chłodzony ołowiem
- Reaktor ciekłej soli

Reaktor wysokotemperaturowy HTR (High Temperature Reactor) nie jest uwzględniony, ponieważ ze względu na jego nieodłączne bezpieczeństwo jest to zupełnie inna klasa. Nawet wśród ekspertów, podobnie jak w debacie publicznej i naukowej, pojęcia pokolenia nie są jasno określone. HTR jest czasem uważany za trzeci, czwarty pokolenie lub nawet "poza konkurencją". Czasami wszystkie grafitowe reaktory gazowe są zaliczane do czwartej generacji, czasami dzielą się na trzecią i czwartą.

Dlatego też klasyfikacja pokoleniowa wydaje się być jedynie pierwszą pomocą w ramach rodzin koncepcyjnych, tzn. generacji x-WR (PWR, LWR, BWR) gazu grafitowego itp.

Oto fragment z Wikipedii do wyjaśnienia:

Gen.	Opis	Przykłady
I	Pierwsze komercyjne prototypy	Port wysyłkowy, 1957, PWR 60 MWeDrezno , 1960, BWR 180 MWe, Fermi 1, 1963, reaktor nośny 61 MWe
II	Komercyjne reaktory energetyczne	CANDU, konwój, elektrownie EdF
III	Reaktory zaawansowane (ewolucyjny dalszy rozwój w stosunku do generacji II)	EPR, ABWR, reaktor wysokotemperaturowy, THTR, zaawansowany reaktor CANDU, MKER, rosyjska pływająca elektrownia jądrowa
IV	Przyszłe typy reaktorów (obecnie forsowane przez Międzynarodowe Forum IV Generacji)	Niektórzy mówią, że obejmuje to koncepcję łóżka kulistego NHTT, inni, że wykracza ona poza gen IV.

2.4.1 Reaktor z łożem kulowym czy piec?

Ten typ reaktora, który znany jest również jako reaktor wysokotemperaturowy, reaktor gazowo-grafitowy, reaktor ze złożem kamiennym, Reaktor ze złożem kamiennym, PBMR-Reaktor Modułowy ze złożem kamiennym i podobne, znany jest również jako piec ze złożem kamiennym, ponieważ jego ciepło jest najważniejsze.

Jest to piec, ponieważ stale pobiera paliwo i wydziela "prochy". Wszystkie eksploatowane dziś reaktory to stosy, które muszą być co jakiś czas wyłączane i uzupełniane.

Różnica ta prowadzi do tego, że nawet ilość radioaktywności zawarta w każdym z tych dwóch pojęć jest bardzo różna. Podczas gdy konwencjonalne reaktory początkowo zawierają duże ilości przez okres do dwóch lat, w przypadku pieca z łożem kulistym jest to tylko kilka miesięcy. Ponadto, w nagłych przypadkach można go całkowicie opróżnić w ciągu kilku minut.

W wielu przypadkach termin "piec" nie wywołuje reakcji obronnych tak łatwo jak termin "reaktor". Nawet w przypadku węgla lub drewna nie mówi się o "utleniaczu", ale o piecu lub kominku.

2.4.2 Do reaktora na falę podróżną (TWR - Travelling Wave R.)

W połowie marca 2010 roku ogłoszono, że Bill Gates łączy siły z Toshibą (właścicielem Westinghouse) w firmie TerraPower w celu przekształcenia koncepcji TEC w produkty rynkowe.

Dzięki tej koncepcji, która do tej pory była tylko teoretyczna, można przywołać starożytną metodę ogrzewania, w której gruby pień drzewa leży z jednym końcem w ogniu i nadal płonie powoli, podczas gdy niespalony koniec jest powoli przesuwany do przodu. TWR generuje z jednej strony ciepło, a z drugiej strony stale nowy materiał rozszczepialny zgodnie z formułą

$$^{238}_{92}U + ^{1}_{0}n \rightarrow ^{239}_{92}U \rightarrow ^{239}_{93}Np + \beta \rightarrow ^{239}_{94}Pu + \beta$$

Więcej informacji można znaleźć w Internecie.

2.5 Reaktor wysokotemperaturowy

Wikipedia opisuje reaktor wysokotemperaturowy (HTR) lub reaktor bardzo wysokotemperaturowy (VHTR) jako typ reaktora jądrowego czwartej generacji. Paliwo stosowane jest w postaci ok. 6 cm dużych kamyczków (= kamyczki ~ reaktor z łożem kulowym) lub brykietów (reaktor z blokiem pryzmatycznym?). W Hammie było około 650.000 pocisków, z czego 270.000 z paliwem. Te z kolei zawierają jeszcze co 15-20.000 "powlekanych cząstek" zgodnie ze starą konstrukcją jako BISO. Cząsteczki TRISO pojawiły się na rynku później. Połączenie kulek i ziaren czyni tę technikę tak wyjątkową.

Reaktor żwirowy lub złoże żwirowe charakteryzuje się niskim zużyciem uranu, niskim ciepłem odpadowym i wysokim stopniem wykorzystania paliwa (wypalania). Gęstość energii jest około 20 razy mniejsza niż w konwencjonalnych reaktorach. Nazwa opiera się na stosunkowo wysokiej temperaturze użytkowania do 950 °C, która jest generowana przez HTR. Ten typ reaktora wykorzystuje gazowy hel jako chłodziwo i grafit jako moderator. Również ze względu na swoją konstrukcję, reaktor ze złożem żwirowym jest bezpieczniejszy i bardziej wydajny niż konwencjonalne typy reaktorów. Bezpieczeństwo zostało udowodnione w kilku testach w Niemczech i Chinach. AVR w Centrum Badań Jądrowych w Jülich służył jako reaktor badawczy dla tej instalacji. Prototyp produkcyjny był eksploatowany w Hamm-Uentrop lub Schmehausen jako wysokotemperaturowy reaktor tor THTR również w celach demonstracyjnych.

2.5.1 Zasada działania THTR

Zespoły paliwowe (BE) składają się z kulek z zewnętrzną beztlenową powłoką grafitową o grubości 5 mm. Wewnątrz, rzeczywiste paliwo jest osadzone w postaci powlekanych cząstek w grafitowej matrycy z żywicy syntetycznej. Bezcząsteczkowa powłoka wraz z grafitową matrycą jest tu odpowiedzialna za wytrzymałość mechaniczną elementu paliwowego. Ponadto grafit sublimuje (topi się, odparowuje) tylko z ok. 2.500 °C, nie topiąc się wcześniej, tzn. do tej temperatury struktura rdzenia i kulisty kształt pozostają nienaruszone i tym samym chłonne. Dlatego też jedną z zalet reaktora wysokotemperaturowego na tor jest to, że jest on w stanie z łatwością wytrzymać temperatury znacznie przekraczające temperaturę roboczą. Gęstość gazu w cząsteczkach jest podawana do około 1600 stopni Celsjusza.

Dla powlekanych ziaren wewnątrz elementu paliwowego istnieją różne rodzaje, opracowane przez różne instytuty i firmy na całym świecie, w tym SIC, SIAMANT, TRISO. Tylko niewielkie promieniowanie wydostaje się przez warstwy ochronne. Podczas rozszczepienia jądrowego w stateczniku osiągane są średnie temperatury ok. 700 °C. Krzywa temperatury pomiędzy obszarem wewnętrznym a krawędzią "rdzenia" (złoża żwirowego) ma ogromne znaczenie i powinna być jak najbardziej jednorodna.

W przeciwieństwie do pryzmatycznych, prętowych lub inaczej ukształtowanych elementów paliwowych, kuliste zespoły paliwowe pozwalają na ciągłe usuwanie wypalonego paliwa i zastępowanie go świeżymi elementami paliwowymi - jest to główna zaleta zasady działania pieca.

Angielska Wikipedia opisuje szczegółowo Pebble Bed Reactor, fragment znajduje się tutaj:

Podstawą unikalnej konstrukcji PBR są kuliste elementy paliwowe zwane "kamykami". Te kamyczki wielkości piłki tenisowej wykonane są z grafitu pirolitycznego (który pełni rolę moderatora) i zawierają tysiące mikrocząsteczek paliwa zwanych cząsteczkami TRISO. Te cząsteczki paliwa TRISO składają się z materiału rozszczepialnego (takiego jak U235) otoczonego powlekaną warstwą ceramiczną z SiC dla zapewnienia integralności strukturalnej. W PBR, 360.000 kamyczków jest umieszczanych razem w celu utworzenia reaktora i jest chłodzony przez obojętny lub pół obojętny gaz, taki jak hel, azot lub dwutlenek węgla...

Koncepcja bardzo prostego, bardzo bezpiecznego reaktora z wykorzystaniem paliwa jądrowego została wynaleziona przez profesora dr Rudolfa Schultena w latach pięćdziesiątych XX wieku. **Kluczowym przełomem był pomysł połączenia paliwa, struktury, bariery i moderatora neutronów w małej, silnej sferze.** Koncepcja ta była możliwa dzięki uświadomieniu sobie, że opracowane formy węglika krzemu i węgla pirolitycznego są dość silne, nawet w temperaturze 2000 °C (3600 °F). Naturalna geometria zamkniętych sfer zapewnia następnie kanały (przestrzenie między sferami) i odstępy dla rdzenia reaktora. Aby uprościć bezpieczeństwo, rdzeń ma niską gęstość mocy, około 1/30 gęstości mocy reaktora lekkowodnego...

Uznano, że kule spalania stanowią najważniejszy postęp. Dane dotyczące liczby kulek, ziarna i gęstości energii zmieniają się, ponieważ istniały i istnieją różne koncepcje.

2.5.2 Ustawienie reaktora

Konstrukcja HTR z łożem kulistym jest znacznie prostsza niż dzisiejsze reaktory, ponieważ z jednej strony wiele urządzeń zabezpieczających jest zbędnych. Z drugiej strony, zasada działania pieca pozwala również na ciągłą pracę przez lata, a nie miesiące, co jest ważnym plusem zwłaszcza w przypadku ciepła procesowego.

Wnętrze zawiera wypełnienie kulkowe (rdzeń). Kule "przepływają" powoli z góry na dół, oddając swoje ciepło do gazu obojętnego, zwykle helu. Gaz jest wykorzystywany do przekazywania energii cieplnej w obiegu wymiany hel/woda bezpośrednio do wody (= para wodna) w procesie odbiorczym. W celu osiągnięcia większego bezpieczeństwa przed ewentualnym zanieczyszczeniem pary wodnej, czasami przed nią podłącza się dodatkowy wymiennik hel/hel. Niewielka redukcja wydajności jest wtedy akceptowana.

Na zewnątrz, pojemnik na rdzeń, pierwszy i ewentualnie także drugi wymiennik ciepła jest zamknięty tzw. obudową zamkniętą. To ma kilka zadań, powinno:

- Zapobiegać uwolnieniu radioaktywności z zespołu reaktora i wymiennika ciepła do powietrza zewnętrznego, nawet w razie wypadku.
- Zapobiegać wypadkom według skali INES lub obniżyć ich poziom, jeśli na przykład w środku nagromadziło się ciśnienie.
- Stworzyć jednorodne środowisko temperatury, wilgotności, ciśnienia, wibracji i innych wpływów, tak aby reaktor, wymiennik ciepła, urządzenia do przenoszenia kulek i inne podłączone urządzenia zawsze podlegały tym samym warunkom.
- zapewniają ochronę przed gwałtownymi, zewnętrznymi uderzeniami samolotów, bomb, ciał niebieskich, terrorystów i innymi atakami, jak również przed klęskami żywiołowymi, trzęsieniami ziemi, tsunami i podobnymi.

Izolacja może być wykonana ze stali w przypadku mniejszych konstrukcji - np. do 50 MWel. Beton sprężony okazał się najlepszym wyborem do tego celu.

W mniejszych reaktorach, geometria naczynia rdzeniowego może składać się z cylindrycznej wnęki wyłożonej od wewnątrz blokami grafitowymi. Większe konstrukcje są lepiej zbudowane w kształcie pierścienia, aby dopasować je do odległości do ścian, średnicy rdzenia i prowadzenia prętów wyłączających i kontrolnych.

Jeśli zbudowany jest mały reaktor stalowy, można zainstalować drugi stalowy płaszcz w celu przeprowadzania ciągłych pomiarów radioaktywności w wypełnionej gazem przestrzeni międzywęzłowej.

Urządzenia do celów bezpieczeństwa i innych celów są znacznie zredukowane w porównaniu z konwencjonalnymi reaktorami, ponieważ są zbędne. Oznacza to również, że istnieje mniej źródeł zakłóceń.

Jeśli chłodzenie gazem transportowym rzeczywiście raz się nie uda, to najpierw wzrasta temperatura reaktora. Zwiększa to prędkość cieplną atomów paliwa, co dzięki rozszerzeniu dopplerowskiemu zwiększa wychwytywanie neutronów o ^{238}Uranu i tym samym zmniejsza szybkość reakcji. Prowadzi to do "nieodłącznego bezpieczeństwa", które przy większym oknie czasowym i mniejszej gęstości energii ze względu na konstrukcję prowadzi do automatycznego rozpadu na nieszkodliwe wartości promieniowania w krótkim czasie (godziny, dni).

Oprócz prętów regulacyjnych reaktor może być sterowany również za pomocą mniejszych koralików, a w razie potrzeby może być wspomagany wyłączaniem. Pellet ten przedostaje się do przestrzeni między prowadnicami wędziska a łożem kulkowym. Są one przeznaczone głównie do sytuacji awaryjnych i są skuteczne z punktu widzenia grawitacji. Inną możliwością regulacji jest temperatura robocza, która jest regulowana przez przepływ gazu chłodzącego (helu).

2.5.3 Reaktory jądrowe do dostarczania ciepła

Kolejną zaletą reaktora ze złożem kamiennym jest wysoka temperatura pracy, która umożliwia uzyskanie wyższej wydajności procesu.

Na podstawie sprawozdania z badań Kugeler et alii Jü-4228 z 2006 r., rozdział 9:

Dostarczanie ciepła jądrowego na wysokim poziomie temperatury odbywa się za pomocą modułowego HTR (rys. 9.1) [15, 16, 17]. Rozsądnie dostosowane są modułowe moce wytwórcze o mocy 200 MWth, które są wykorzystywane do przekazywania ciepła do obiegów pośrednich lub bezpośrednio do przekazywania ciepła, np. do procesu reformowania pary. Jądrowe źródło ciepła dla procesów zalewania parą lub dostarczania pary do rafinerii również ma tę samą konstrukcję, tylko maksymalna temperatura helu może być obniżona do 700°C. Większa wydajność może być zapewniona poprzez równoległe połączenie kilku modułów. Zasadniczo HTR o wyższej wydajności może być również wdrożony z takim samym poziomem bezpieczeństwa, tzn. ograniczeniem temperatury padania do wartości poniżej 1600°C, jeśli koncepcja jest przestrzegana. W tym przypadku można zrealizować rdzeń reaktora w kształcie pierścienia o mocy 400 MWth. Optymalizacji podlega to, czy 2 x 200 MWth czy 1 x 400 MWth są w sumie tańsze pod względem kosztów wytwarzania.

Rdzeń składający się ze sferycznych elementów paliwowych z powlekanym paliwem cząsteczkowym (TRISO) przepływa od góry do dołu, a gaz chłodzący hel podgrzewany jest w zależności od zastosowania od 250...300°C do 700...950°C. Załadunek świeżymi elementami paliwowymi odbywa się w sposób ciągły podczas pracy, co pozwala również na uniknięcie nadmiaru reaktywności na kompensację spalania w rdzeniu. Jest to bardzo ważny aspekt, jeśli chodzi o unikanie ekstremalnych, przejściowych zjawisk jądrowych podczas

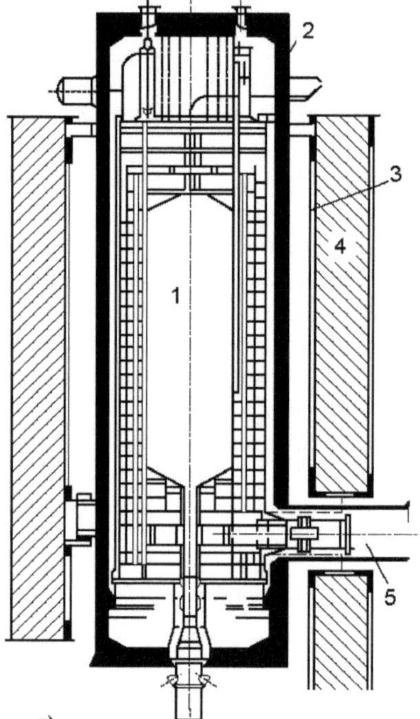

wypadków inicjowanych przez reaktory.

Dławik jest wyłączany i sterowany przez elementy odcinające, które znajdują się tylko w reflektorze. Zarówno rdzeń, jak i jego wnętrza znajdują się w ciśnieniowym zbiorniku reaktora, który jest wykonany z kutej stali lub konstrukcji staliwnych, które są wstępnie naprężane od zewnątrz. Rys. 9.1 przedstawia sprężoną, odporną na rozerwanie konstrukcję. Jedna lub dwie linie współosiowe transportują gorący hel do podłączonych wymienników ciepła - patrz rozdział 2.5.9. Reaktor znajduje się w wewnętrznej komórce betonowej. Posiada on prostą wewnętrzną chłodnicę powierzchniową, która absorbuje ciepło resztkowe. Jeśli ta chłodnica również zawiedzie, beton służy jako radiator.

Dla tego typu modułowych instalacji HTR istotne jest, aby nawet po całkowitej utracie aktywnego odprowadzania ciepła resztkowego i całkowitej utracie chłodziwa, ciepło resztkowe było odprowadzane z reaktora wyłącznie poprzez przewodzenie ciepła, promieniowanie cieplne i swobodną konwekcję powietrza.

Rys. 9.1: Koncepcja modułowego wysokotemperaturowego procesowego reaktora ciepła

a) Sekcję przez reaktor:

Pierwszy rdzeń,

Drugi zbiornik ciśnieniowy reaktora,

3. zewnętrzna chłodnica powierzchniowa,
Czwarta betonowa komórka,
5. linia współosiowa

b) ważne dane dotyczące reaktora

1. Moc cieplna: 200 MW
2. Gęstość mocy: 3 MW/m3
3. Ciśnienie helu: 40 barów
4. Paliwo: Cząstki powlekane
5. Wzbogacenie: 8%.
6. Spalanie: 80 000 MWd/t
7. Max. Temperatura usterki: 1600°C

Dzięki specjalnym właściwościom cząsteczek TRISO - Coated, materiały radioaktywne są prawie całkowicie zatrzymywane w elementach paliwowych tak długo, jak długo najgorętsze elementy paliwowe pozostają poniżej temperatury awaryjnej 1600°C. Jest to podstawowa **zasada projektowania bezpiecznych z natury modułowych HTR.**

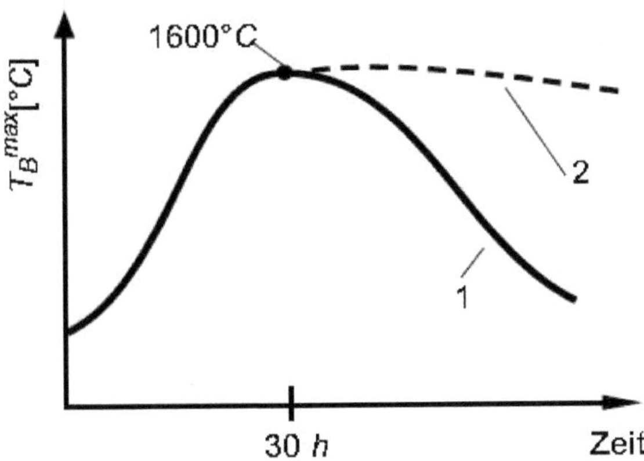

Rys. 9.2: przedstawia kształtowanie się maksymalnej temperatury paliwa.

Można wykazać, że ta właściwość automatycznego odprowadzania ciepła resztkowego i ograniczania maksymalnych temperatur paliwa do wartości poniżej 1600°C jest nadal utrzymywana, nawet jeśli np. cały budynek reaktora zostałby całkowicie zniszczony przez atak terrorystyczny, a reaktor całkowicie pokryty gruzem budowlanym (rys. 9.2). Podsumowując, wynika z tego, że jeśli zakład jest odpowiednio zaprojektowany, można wykluczyć zniszczenie elementów paliwowych, a tym samym uwolnienie radioaktywności do środowiska.

Dzieje się tak w przypadku modułowego HTR po utracie chłodziwa i awarii dowolnego aktywnego chłodzenia (rdzeń cylindra, moc cieplna: 200 MW),

1) z nienaruszoną wewnętrzną komórką betonową,

2) zniszczone konstrukcje budowlane (budynek reaktora, wewnętrzna komora betonowa)

Zachowanie radioaktywności jest osiągane dzięki tej koncepcji reaktora ze względu na **strukturę cząsteczkową** paliwa i **konstrukcję reaktora**.

Na rys. 9.3 przedstawiono krzywe pomiarowe uwalniania radioaktywności z elementów paliwowych. Łącznie, w przypadku poważnych wypadków wykraczających poza założenia projektowe - przy założeniu całkowitej awarii systemu chłodzenia rdzenia - przedstawiono na rys. 9.4 wyniki dla zwolnienia aktywności. Wybranym izotopem jest tu cez 137, który ze względu na możliwe długotrwałe skażenie gleb ma szczególne znaczenie przy ocenie skutków poważnych zdarzeń zakłócających.

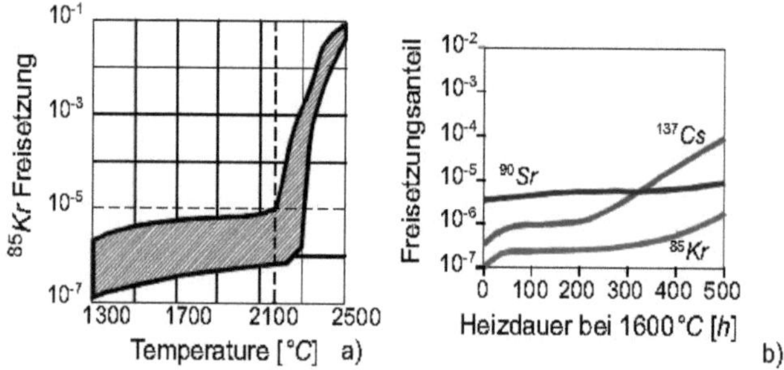

Rys. 9.3: Release of fission production from fuel elements with Triso - Coated - particles in modular HTR

a) ^{85Kr} - zwolnienie w zależności od temperatury

b) frakcja uwalniania ^{137Cs}, ^{90Sr}, ^{85Kr} w zależności od temperatury 1600°C w tym czasie

Zgodnie z tym, począwszy od inwentaryzacji około 5 - ^{105} Ci ^{137Cs} w elementach paliwowych, można zapewnić, że przy odpowiednim zaprojektowaniu i wykonaniu modułowego HTR, w przypadku poważnych wypadków, tylko ilość < 1 Ci jest wypuszczana na zewnątrz. "

W celu dalszego pogłębienia różnorodnych możliwości wykorzystania wysokiego ciepła jądrowego, jego technicznego zastosowania i konstrukcji, niniejsze sprawozdanie z badań zawiera wiele cennych sugestii i propozycji rozwiązań. Jest on zalecany, ponieważ można go uzyskać od FZ Jülich i jego strony internetowej.

Poniższy rysunek przedstawia pochodzenie, uwalnianie i przebieg radioaktywności cezu-137, mierzonej w Curie Ci (1 Curie = dzisiaj 3,7 * ^{1010} Becquerel = 37 GigaBq)

2.5.4 Krytyka konstrukcji reaktora

W Wikipedii można znaleźć to krytyczne podsumowanie z wyważoną oceną, która jest przekazywana tutaj w oryginale.

Najczęstszą krytyką reaktorów ze złożem kamiennym jest to, że obudowa paliwa w potencjalnie łatwopalnym graficie stanowi zagrożenie. Gdyby grafit miał się palić, materiał opałowy mógłby być potencjalnie przeniesiony w dymie z ognia. Ponieważ spalanie grafitu wymaga tlenu, kamyczki paliwowe pokryte są nieprzepuszczalną warstwą węglika krzemu, a zbiornik reakcyjny jest oczyszczany z tlenu. Podczas gdy węglik krzemu jest mocny w zastosowaniach ściernych i ściskających, nie ma takiej samej wytrzymałości na rozciąganie i ścinanie. Niektóre produkty rozszczepienia, takie jak ksenon-133, mają ograniczoną chłonność węgla, a niektóre kamyczki paliwowe mogą gromadzić wystarczającą ilość gazu do rozerwania warstwy węglika krzemu. Nawet popękany kamyczek nie spali się bez tlenu, ale kamyczek paliwowy może nie być obracany i sprawdzany przez miesiące, pozostawiając okienko wrażliwości.

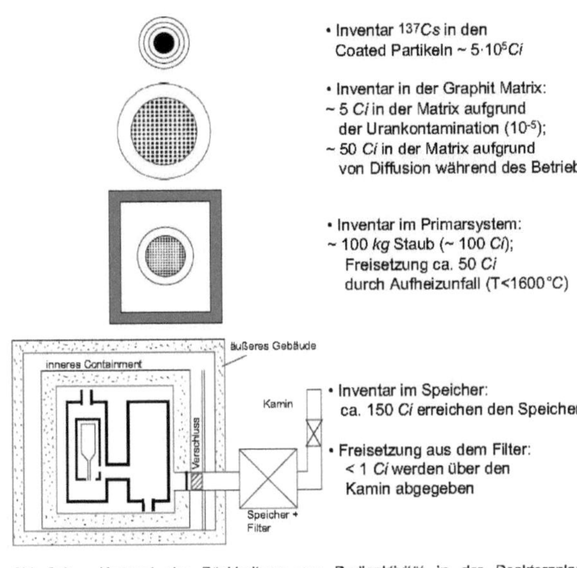

Abb. 9.4: Konzept der Rückhaltung von Radioaktivität in der Reaktoranlage (Beispiel ^{137}Cs; $T_{1/2} = 30$ a)

Niektóre konstrukcje reaktorów ze złożem kamiennym nie posiadają budynku izolacyjnego, co może uczynić takie reaktory bardziej podatnymi na atak z zewnątrz i umożliwić rozprzestrzenianie się materiałów radioaktywnych w przypadku wybuchu. Jednak obecny nacisk na bezpieczeństwo reaktora oznacza, że każda nowa konstrukcja prawdopodobnie będzie miała mocną żelbetową konstrukcję nośną. Ponadto, każda eksplozja byłaby najprawdopodobniej spowodowana przez czynnik zewnętrzny, ponieważ konstrukcja nie cierpi na podatność niektórych reaktorów chłodzonych wodą na wybuch pary.

Ponieważ paliwo zawarte jest w kamyczkach grafitowych, objętość odpadów radioaktywnych jest znacznie większa, ale zawiera mniej więcej taką samą radioaktywność mierzoną w bekerelach na kilowatogodzinę. Odpady są zazwyczaj mniej niebezpieczne i łatwiejsze w obsłudze. Obecne prawodawstwo amerykańskie wymaga, aby wszystkie odpady były bezpiecznie składowane, dlatego też reaktory ze złożem kamiennym zwiększyłyby istniejące problemy ze składowaniem. Wady w produkcji kamyka mogą również powodować problemy. Odpady promieniotwórcze muszą być albo bezpiecznie składowane przez wiele pokoleń ludzi, zazwyczaj w składowiskach w głębokich warstwach geologicznych, przetworzone, przeniesione do innego rodzaju reaktora, albo składowane z wykorzystaniem innej alternatywnej metody, która ma dopiero zostać opracowana. Kamyczki grafitowe są trudniejsze do ponownego przetworzenia ze względu na ich budowę, co nie dotyczy paliwa z innych typów reaktorów. Zwolennicy zwracają uwagę, że jest to plus, ponieważ trudno jest ponownie wykorzystać odpady z reaktorów ze złożem żwirowym do produkcji broni jądrowej.

Krytycy często zwracają również uwagę na wypadek w Niemczech w 1986 r., kiedy to operatorzy reaktora próbowali wyrzucić go z rury podajnika, co wiązało się z zaciętym kamykiem uszkodzonym przez niego. Wypadek ten uwolnił promieniowanie do otoczenia i doprowadził do zamknięcia programu badawczego przez rząd zachodnioniemiecki.

Ostatnio zwrócono uwagę na raport dotyczący aspektów bezpieczeństwa reaktora AVR w Niemczech oraz niektórych ogólnych cech reaktora ze złożem kamiennym. Główne punkty dyskusji to:

- Zanieczyszczenie obwodu chłodzenia produktami rozszczepienia metali (Sr-90, Cs-137)
- niewłaściwe temperatury w rdzeniu (200 °C powyżej wartości obliczeniowych)
- konieczność zabezpieczenia

Doświadczenie w produkcji reaktorów z łożem żwirowym na skalę produkcyjną jest znacznie mniejsze niż reaktorów z lekką wodą. W **związku z tym twierdzenia zarówno zwolenników, jak i krytyków są bardziej oparte na teorii niż na doświadczeniu praktycznym.**

To pokazuje, jak ważna jest dalsza praca z prototypami.

2.5.5 Reaktor wysokotemperaturowy z kulistymi elementami paliwowymi

Heinricha Bonnenberga wyjaśnia główne założenia HTR przy okazji Dialogu Shell Energy z Niemiecką Radą ds. Stosunków Zewnętrznych w Berlinie w dniu 1 lutego 2007 r., uzupełnionego wkładem w dyskusję do maja 2007 r. (skróconym).

Dla przemysłu energetycznego przyszłości należy odpowiedzieć na pięć równie ważnych pytań, z których wszystkie wymagają rozwoju nowych technologii. Zrób to:

- *aby oddzielić CO2 od gazów spalinowych po rozsądnych kosztach i przechowywać go bezpiecznie przez długi czas?*
- *aby uczynić procesy związane z energią odnawialną ekonomicznymi, tzn. wolnymi od dotacji?*
- *aby rozwiązać problem przechowywania energii elektrycznej?*
- *zrealizować stale i ekonomicznie eksploatowane elektrownie jądrowe w celu wykorzystania energii jądrowej w procesie syntezy jądrowej?*
- *aby udostępnić wolne od katastrof elektrownie jądrowe do wykorzystania energii jądrowej poprzez rozszczepienie jądra atomowego?*

*Pierwsze cztery pytania są nadal otwarte. Z drugiej strony, na pytanie piąte udzielono już wyraźnej odpowiedzi TAK: **reaktor wysokotemperaturowy z elementami paliwowymi żwirowymi, w skrócie reaktor ze złożem żwirowym HTR**.*

Za granicą technologia ta jest dalej rozwijana w kilku miejscach i częściowo wdrażana w planach i projektach budowlanych, z wyjątkiem Niemiec, które już doprowadziły do zaległości informacyjnych w naszym kraju.

Najważniejszym wyposażeniem elektrowni jądrowej są elementy paliwowe. Im solidniejszy jest element paliwowy, tym bezpieczniejsza jest elektrownia jądrowa! Dzisiejsze pręty paliwowe są wykonane z metalu i dlatego są bardzo wrażliwe.

Reaktor wysokotemperaturowy może dostarczać ciepło w wysokich temperaturach do procesów technicznych, np. gazyfikacji węgla brunatnego i kamiennego, produkcji wodoru poprzez termiczne rozdzielanie wody.

Do końca lat 80. technologia ta była promowana przez wszystkie partie i rządy Republiki Federalnej i NRW. Kanclerz federalny Schmidt, premier Steinhoff, Johannes Rau (na początku), sekretarz stanu Leo Brandt byli wśród zwolenników.

Elektrownia została zlikwidowana pod koniec lat 80., głównie z powodu decyzji Kongresu Partii Federalnej SPD w Norymberdze w sierpniu 1986 roku: "Wycofanie się z energii jądrowej w ciągu dziesięciu lat". Ta decyzja - cztery miesiące po katastrofie w Czarnobylu - musi być postrzegana jako wstęp do federalnej kampanii wyborczej Kohl - Rau w dniu 25 stycznia 1987 roku.

W Nadrenii Północnej-Westfalii decyzja ta została wykonana przez rząd krajowy Johannesa Rau, SPD, ale za zgodą rządu federalnego, reprezentowanego przez Federalne Ministerstwo Badań i Technologii pod kierownictwem ministra dr Heinza Riesenhubera, CDU.

Ponieważ przemysł w tym kraju związkowym był nadal pod silnym wpływem energii węglowej, nie było w tej decyzji prawie żadnych rozważań politycznych. Jedyny reaktor jądrowy (Würgassen) był odległy, a przemysł dostawczy był zbyt słaby, aby się mu oprzeć. Jego lokalizacja była oddalona od potężnych centrów węglowych, a potężne lobby lekkich reaktorów wodnych obawiało się konkurencji z HTR. Po katastrofie w Czarnobylu 26 kwietnia 1986 r. ludność przestraszyła się częściowo sfałszowanych informacji, tak że i stamtąd nie pojawił się żaden opór.

Reaktor ze złożem kulistym z jego ogromnymi zaletami w zakresie bezpieczeństwa został potraktowany w taki sam sposób, jak mniej bezpieczne reaktory wodne. Od tego czasu w Niemczech nie zbudowano żadnego reaktora jądrowego. Wiedza stale się zmniejszała.

W Niemczech wymagany jest powrót do reaktora ze złożem kulistym HTR. Zwłaszcza ci nieliczni, którzy jeszcze żyją, posiadają odpowiednią wiedzę techniczną i naukową - trzeba ją uaktywnić i wdrożyć!

2.5.6 HTR z technologią łoża kulowego

Dr Urban Cleve był odpowiedzialnym inżynierem przy budowie dwóch reaktorów kulistych w Jülich i Uentrop i swoją wiedzę udostępnił obecnej generacji w wielu publikacjach.

Osoba zaangażowana w ten proces proponuje nową metodę budowy reaktora ze złożem kulistym, która została opracowana wspólnie z prof. dr Kurtem Kugelerem. Kula BE jest wlewana do rdzenia w kształcie pierścienia zamiast zwykłego okrągłego pojemnika. W ten sposób nie ma kontaktu z prętami kontrolnymi i opuszcza się ważny punkt krytyki. Ta metoda budowy jest szczególnie ważna w przypadku, gdy planowana jest budowa większych niż około 100 MWel. Wynika to z faktu, że średnica w świetle i wysokość wypełnienia byłaby wówczas zbyt duża w konstrukcji monokokrążnej. Tak duże gabaryty tłumią wtedy działanie prętów regulacyjnych, które przesuwają się w wewnętrznej wykładzinie grafitowej, ponieważ odległość do wnętrza łoża kulowego byłaby zbyt duża.

Dzięki pierścieniowemu rdzeniowi - a więc twierdzeniu - można było zbudować reaktory o nieznanych dotąd wymiarach - znacznie powyżej 700 MWel. Należy jednak stwierdzić, że takie rozmiary zwykle nie są już pożądane z innych powodów. Dziś zasada modułowości jest bardziej popularna. HTR-PM w Chinach jest również budowany z dwoma modułami po 115 MWel każdy.

Z prezentacji autora jesteśmy wdzięczni za przytoczenie niektórych fragmentów. Wiele więcej szczegółów na temat budowy reaktorów ze złożem kulistym można znaleźć również w "Biokernsprit", wydanie 1. Cały wykład dr Cleve'a jest reprodukowany w "Biokernsprit" 2. wydanie, część II "Kern".

"Reaktor na paliwo kulowe HP"

91. Wykład Franza Böhma Wykład dr inż. inż. Urban Cleve 30. 9. 2011

Przedstawił on wyniki swoich rozważań i doświadczenia z budowy i eksploatacji dwóch EJ, AVR w Jülich i THTR-300 w Schmehausen,

Elektrownie jądrowe zostały zbudowane i rozwinięte przede wszystkim dlatego, że są szczególnie odpowiednie dla następujących potrzeb:

1.) Niskie koszty energii elektrycznej dla przemysłu i gospodarstw domowych. Wysokie ceny energii elektrycznej mają charakter antyspołeczny i utrudniają wzrost gospodarczy
2.) Bezpieczeństwo dostaw
3.) Optymalne wykorzystanie istniejących paliw (węgiel kamienny i brunatny, ropa naftowa i gaz ziemny) w dostawach energii elektrycznej, ponieważ w przewidywalnej przyszłości ich dostępność dobiegnie końca.

Założono, że surowce te staną się znacznie droższe dla gospodarek narodowych, zwłaszcza dla Niemiec jako jednego z najbiedniejszych krajów pod względem cen ropy naftowej i gazu ziemnego. "Niedziele bez samochodu" w 1973 roku spaliło się w pamięci. Głównym zadaniem w tym czasie było zasilanie wszystkich pantografów w energię elektryczną po możliwie najniższych kosztach. Należy osiągnąć najwyższą możliwą wydajność, ponieważ tylko one umożliwiają wytwarzanie taniej energii elektrycznej.

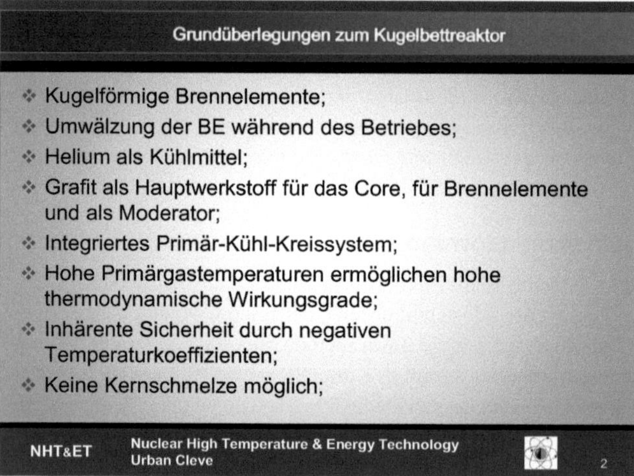

AVR w Jülich

AVR zdecydował się na budowę tych wysokotemperaturowych reaktorów zgodnie z projektem BBC/Krupp. W USA reaktor Peach Bottom i w Wielkiej Brytanii Dragon HT zostały opracowane z wykorzystaniem elementów paliwowych w kształcie pręta. Schulten udoskonalił grafitową kulę. Założył on, że oprócz U 235, który występuje w przyrodzie w stosunkowo niewielkich ilościach, nowe paliwo (U 233) może być wylęgane za pomocą toru 232. Powinno to również poprawić zaopatrzenie w materiały rozszczepialne. Dla realizacji technicznej jego rozważania opierały się na kulistych BE, ponieważ mają one lepsze właściwości w zakresie przepływu i wymiany ciepła. Umożliwiają one również znacznie prostszą i bardziej niezawodną konstrukcję w porównaniu z prętowym BE.

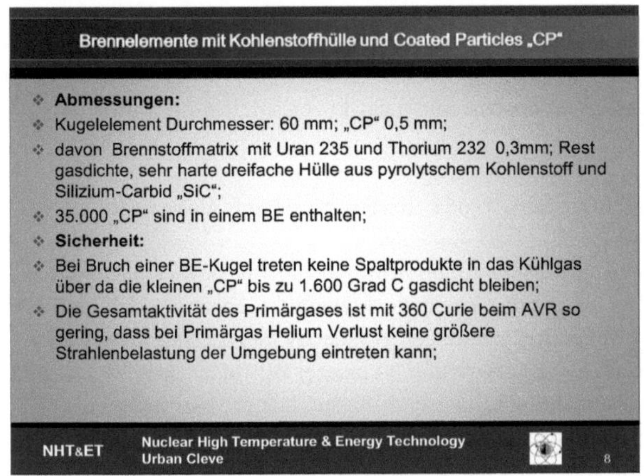

Jako główny materiał dla BE i rdzenia wybrano grafit, ponieważ służy on również jako moderator promieniowania neutronowego i pozwala na uzyskanie szczególnie wysokich temperatur pracy. Ze względu na szczególnie dobre właściwości wymiany ciepła wybrano hel jako obojętny środek chłodzący w zamkniętym, zintegrowanym systemie gazu pierwotnego w celu zapewnienia maksymalnego bezpieczeństwa.

Oprócz zastosowania w procesach przemysłowych, wysokie temperatury robocze umożliwiają również wytwarzanie energii elektrycznej o wysokiej sprawności termodynamicznej dla ogólnego optymalnego wykorzystania paliwa jądrowego. Stosowane procesy chemiczne i technologiczne obejmowały zgazowanie węgla kamiennego, węgla brunatnego, torfu i innych biomas w paliwo ciekłe.

Szczególnie ważną cechą jest nieodłączne bezpieczeństwo, które pozwala uniknąć "awarii" nawet w przypadku całkowitej awarii pierwotnego chłodzenia gazowego.

Te wizjonerskie rozważania są nadal w pełni aktualne i są obecnie uznawane na całym świecie. W tym czasie Niemcy miały wirtualny monopol na tę technologię.

Ponieważ hel jest bardzo cienkim i suchym gazem, dla którego nie było dostępne żadne doświadczenie, należało zaprojektować wszystkie elementy reaktora.

Decydującą rolę w tym sukcesie odegrał rozwój kulistej BE. Tak zwane "cząsteczki powlekane" zawarte w powłoce grafitowej zostały opracowane w ramach współpracy na całym świecie. Są one najważniejszym i decydującym elementem bezpieczeństwa jądrowego. W Fukushimie BE były najsłabszym ogniwem i doprowadziły do zanieczyszczenia dużych obszarów. W Jülich nowe elementy TRISO (potrójna powłoka) oznaczały, że początkowo obliczona radioaktywność 10.000.000 Curie wynosiła w rzeczywistości tylko 360 Curie, co stanowiło decydującą zaletę tego elementu paliwowego.

AVR osiągnął swoją pierwszą krytyczność 28.8.1966 r. 18.12.1966 r. grupa turbin parowych została po raz pierwszy podłączona do sieci o mocy 6 MW. Następnie zakład działał do 31.12.1988. W ciągu 22 lat eksploatacji reaktor działał bez zarzutu. Przeprowadzono wiele eksperymentów w celu dalszego rozwoju i testowania elementów paliwowych z wielu krajów.

W 1967 r. po raz pierwszy z powodzeniem zademonstrowano dowód nieodłącznego bezpieczeństwa, a w 1976 r. powtórzono go ponownie w większym programie testowym (a w 2008 r. również w Chinach). Reaktor został rozbudowany do maksymalnej mocy roboczej 15 MWel i określonej temperatury roboczej 9500 C, następnie zablokowano wszystkie urządzenia zabezpieczające i wyłączono wentylatory gazów chłodzących. Więc to w zasadzie te same warunki operacyjne doprowadziły do katastrofy w Fukushimie. W AVR reaktor samoczynnie się schładzał, zgodnie z wcześniejszymi obliczeniami. Ciepło resztkowe było odprowadzane na zewnątrz.

Wykorzystanie czasu, czyli czas, w którym reaktor pracował w ciągu 22 lat, wyniósł 66,4%, wliczając w to czasy przestoju dla prób. Najwyższą dostępność operacyjną osiągnięto w 1976 r. - 92%. W ciągu 22 lat eksploatacji nie doszło do ani jednej "awarii radiacyjnej", a w żadnym przypadku nie przekroczono dopuszczalnej dawki zewnętrznej lub wewnętrznej.

THTR 300 w Hamm

Planowanie THTR-300 rozpoczęło się już w 1966 r., czyli w czasie, gdy nie było doświadczeń z AVR.

Zamiast stalowych zbiorników ciśnieniowych opracowano zupełnie nową konstrukcję zbiornika z betonu sprężonego. Ze względu na niską radioaktywność pierwotnego helu nie było konieczne stosowanie ciśnieniowej bariery ochronnej. Wystarczy zwykła stalowa powłoka.

Gaz chłodzący He był prowadzony z góry na dół, bo inaczej BE "tańczyłaby" w kulistym łóżku. Urządzenie do usuwania elementów paliwowych zostało przeprojektowane.

Po zakończeniu budowy stwierdzono, że średnica rdzenia jest zbyt duża. Pręty wyłączające i sterujące w zewnętrznym grafitowym reflektorze byłyby zbyt słabe.

W tej krytycznej sytuacji postanowiono wciągnąć pręty odcinające do łoża kulowego, co grozi zniszczeniem elementów paliwowych i samych prętów. Ponieważ w tamtym czasie nie było jeszcze dostępnych niezwykle pozytywnych doświadczeń dotyczących stabilności grafitowych elementów wewnętrznych, nie wybrano rozwiązania z rdzeniem pierścieniowym. Ogólne ryzyko wydawało się być mniejsze, ponieważ pręty były wciągane. Świadomie przyjęto wyższy wskaźnik awaryjności BE.

W zakładzie demonstracyjnym i testowym zamiarem było zaakceptowanie niepowodzeń (złamanie kuli). Te również miały miejsce i mogły być później zredukowane przez odpowiednie środki smarne.

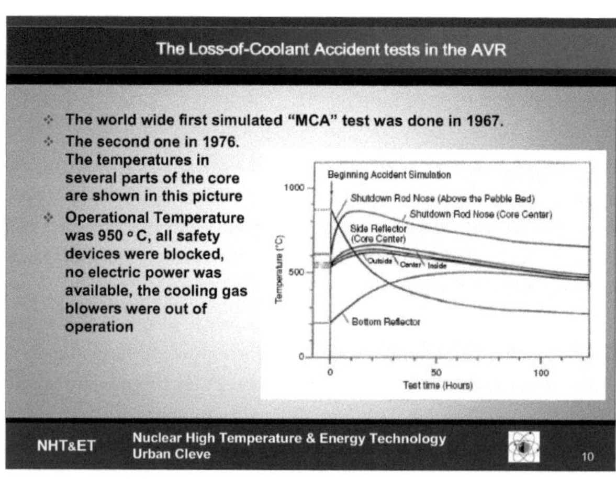

THTR działał przez 3 lata, w sumie 16.000 godzin. W tym relatywnie krótkim okresie eksploatacji zdobyto praktycznie całą wiedzę i doświadczenie w zakresie budowy kolejnych reaktorów. Udowodniono więc, że wytwarzanie pary o najwyższej sprawności termodynamicznej, w tym dogrzewanie, działa bez żadnych problemów. Wyniki eksploatacyjne podczas rozruchu i wyłączania elektrowni oraz podczas normalnej eksploatacji były w pełni porównywalne z wynikami elektrowni konwencjonalnych. Nie wystąpiła ani jedna usterka związana z bezpieczeństwem.

Najważniejsze wyniki i doświadczenia z budowy i eksploatacji THTR-300 to

- Elektrownie HTR mogą być stosowane w sieci elektrycznej zgodnie ze specyfikacją rozkładu obciążenia, zachowanie sterowania i regulacja częstotliwości są bezbłędne;
- Podczas postoju, nawet podczas napraw na otwartej części głównej, nie było niedopuszczalnego narażenia osób na promieniowanie;
- Mimo pękniętych kulek, pierwotne promieniowanie gazowe nie zwiększyło się, a powlekane cząsteczki pozostały gazoszczelne;
- Nowo zaprojektowane części i podzespoły instalacji działały doskonale;
- Udowodniono ponad wszelką wątpliwość, że technika bezpieczeństwa nie dopuszcza żadnego zagrożenia dla personelu obsługującego i społeczeństwa.

ÖKO-Institut Freiburg zachował się niewiarygodnie. Drobny problem w tym samym czasie co awaria w Czarnobylu został zinterpretowany jako "wypadek" THTR i spowodował zamknięcie reaktora.

W rzeczywistości ta radioaktywność może być wyraźnie przypisana do ukraińskiej EJ. Opady z Czarnobyla wynosiły 50.000 bekereli. Jednak opady z THTR mogły wynosić co najwyżej 0,1 Becquerela.

Składowanie odpadów

Ponieważ od 1988 r. zbiornik z betonu sprężonego nie dopuszcza do przenikania promieniowania na zewnątrz i oferuje bezpieczną ochronę przed wodą i wilgocią również dla elementów wewnętrznych, wbrew panującej opinii zaleca się również ostateczne przechowywanie - co najmniej przez setki lat.

Na podstawie doświadczeń z AVR Jülich i THTR Hamm należy przestrzegać następujących kryteriów dla przyszłych projektów:

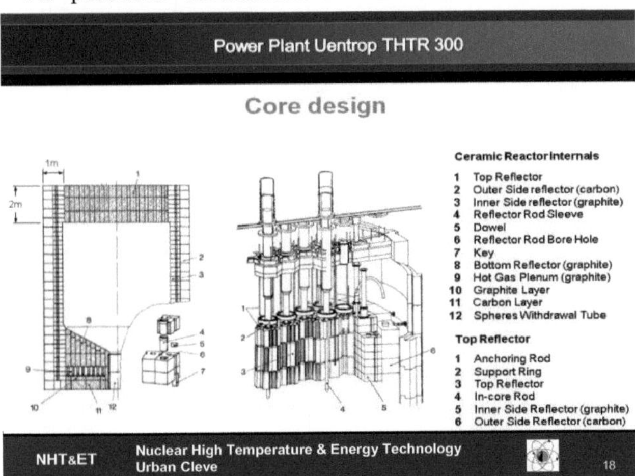

- Zbiornik z betonu sprężonego można również obliczyć i zbudować dla większych pojemności reaktora.
- Pręty odcinające nie mogą być wciągane do łoża kulowego.
- Dla większych mocy powyżej ok. 100 MWel należy wybrać rdzeń pierścieniowy. Poprawia to przepływ piłki i rozkłada go bardziej równomiernie. Kilka wyzwalaczy kulowych musi być ułożonych w pierścieniu. Skutkuje to również mniejszą produkcją ciepła resztkowego. Poniższy rysunek przedstawia przekrój pionowy poprzez konstrukcję rdzenia pierścieniowego HTR.

W płaszczu z betonu sprężonego znajduje się wymiennik ciepła hel/hel. Gorący hel prowadzony na zewnątrz jest wtedy dostępny dla wszystkich pożądanych celów:

- Wytwarzanie pary wodnej dla elektrowni

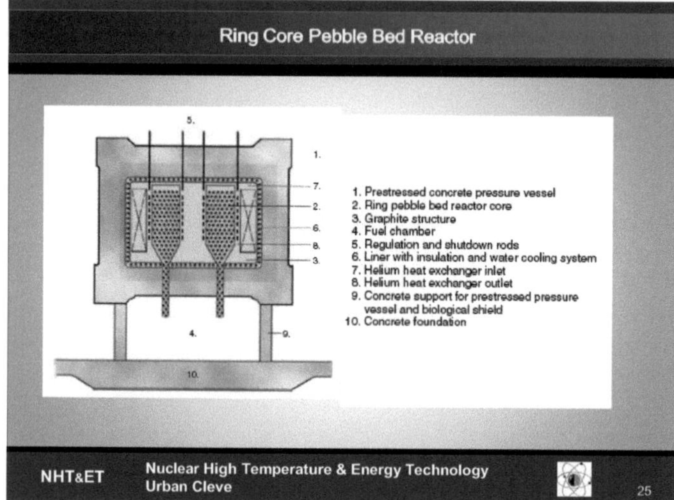

- Ciepło procesowe dla chemii i inżynierii procesowej
- Generowanie wodoru
- Uwodornianie bio-materiału, węgiel do paliw samochodowych
- Leczenie wodą morską
- Ogrzewanie obszarów osadniczych

Bezpieczeństwo jest również **najważniejszym priorytetem** przy budowie całych elektrowni**, przed kosztami i efektywnością ekonomiczną:**

- Bezpieczeństwo w przypadku trzęsienia ziemi co najmniej na poziomie 6
- Jeden duży, mocny fundament
- Na górze duża sala
- Silne, osłaniające przed promieniowaniem ściany
- konstrukcja gazoszczelna i wodoszczelna
- następnie konstrukcja nośna pierścienia bazowego dla zbiornika sprężonego betonu
- w przestrzeni pierścieniowej poniżej obróbki i transportu elementów paliwowych.
- Obejmuje ona również odbiór i pierwsze przechowywanie zużytych i uszkodzonych elementów paliwowych. Zbiorniki rozpadu po nagrzaniu, jak w elektrowniach jądrowych LWR, nie są wymagane.
- Zużyte elementy paliwowe są następnie przechowywane bezpośrednio w "pojemnikach na kółkach". Ich promieniowanie wynosi poniżej 0,1 mikroSV (tak jest od lat w Ahaus i Jülich i wynosi około 1/4000 naturalnego promieniowania).
- Przewozy kółek drogą lądową nie są konieczne.
- W skrajnych przypadkach rdzeń można w krótkim czasie opróżnić w dół, a usunięty BE można bezpiecznie przechowywać.
- Znajduje się tam również pomieszczenie dekontaminacji z warsztatem do naprawy promieniujących, zdemontowanych elementów.

Przetestowane zostały również następujące środki bezpieczeństwa:

- Zbiornik z betonu sprężonego (SBB) jest odporny na rozerwanie, w testach stwierdzono pęknięcia dopiero przy najwyższych ciśnieniach wynoszących prawie 200 bar, czyli prawie 5-krotność ciśnienia projektowego, po odciążeniu ciśnieniowym zbiornik ponownie był gazoszczelny.
- Oznacza to, że powietrze nie może przenikać z zewnątrz. SBB jest tym samym składnikiem wyjątkowego bezpieczeństwa. Po cząsteczkach powlekanych BE jako 1 progu bezpieczeństwa, stanowi on drugą barierę bezpieczeństwa.
- Ściany żelbetowe o grubości od 5 do 8 m, utrzymywane w miejscu za pomocą lin napinających, są odporne na zderzenia lotnicze, nawet rakiety przenośne nie mogą spowodować żadnych uszkodzeń.
- Trzecią barierą jest bezciśnieniowa izolacja wokół całej konstrukcji, której objętość jest tak duża, że przestrzeń ta mogłaby pomieścić całą objętość gazu pierwotnego bez żadnego wycieku.

Jak dotąd te kompleksowe środki związane z bezpieczeństwem nie zostały podjęte nigdzie indziej niż w przypadku THTR, a w większości przypadków nie można ich wdrożyć w ramach innych koncepcji reaktorów. Oprócz nieodłącznego bezpieczeństwa, decydują one o ogólnym bezpieczeństwie elektrowni jądrowej. Decydujące znaczenie dla bezpieczeństwa całej elektrowni ma nie tylko bezpieczeństwo fizyczno-jądrowe, ale także każdy poszczególny element. Tylko ogólna konstrukcja określa poziom bezpieczeństwa elektrowni jądrowej. Wymagania te opublikowałem już wcześniej, zwłaszcza w części, podczas mojej prezentacji na KTG 2010, rok przed Fukushimą. Gdyby Fukushima została wzniesiona w dolnej części budynku, tak jak w powyższej koncepcji, nic by się nie stało.

Oprócz tych zalet w zakresie bezpieczeństwa w porównaniu z innymi konstrukcjami, HTR ma również ogromne zalety ekonomiczne:

- Sferyczne zespoły paliwowe z osadzonymi cząstkami powlekanymi z potrójną gazoszczelną warstwą ochronną są najbezpieczniejszymi elementami paliwa jądrowego.
- Są one również łatwe w obsłudze i umożliwiają wymianę elementów paliwowych podczas pracy.
- Wysokie temperatury gazów pierwotnych umożliwiają uzyskanie najwyższej sprawności termodynamicznej, a tym samym maksymalne wykorzystanie paliw o wysokim stopniu wypalenia.
- Ciepło wysokotemperaturowe może być wykorzystywane ekonomicznie nie tylko do wytwarzania energii elektrycznej, ale także w różnych procesach technologicznych, takich jak produkcja paliw płynnych i gazowych, uzdatnianie wody i ogrzewanie.
- Zastosowanie toru 232, który jest obecny w dużych ilościach w skorupie ziemskiej, umożliwia "wylęganie" rozszczepialnego U -233 jako nowego paliwa. Dlatego też rezerwy uranu w związku z Th232 są wystarczające dla nieobliczalnie długich okresów czasu.

Razem w jednym elemencie paliwowym można "spalić" U-235; Th-232; U-233; a także pluton PU-239-241. Odpowiednie badania zostały przeprowadzone w Oak Ridge USA, RPA i AVR.

Do tych myśli z wykładu dr Cleve'a można dodać, że dzięki tej technologii można również znacznie obniżyć koszty następcze (transport zestawów kołowych, eksploracja i obsługa repozytorium). Na pierwszy rzut oka widać, że HTR jest o wiele bardziej opłacalny niż konwencjonalna technologia elektrowni jądrowych. W końcu koszty budowy samego reaktora mogą być niższe niż w przypadku konwencjonalnych instalacji ciśnieniowo-wrzących, ponieważ większość urządzeń zabezpieczających nie jest już potrzebna.

Duże znaczenie mają tu również słowa byłego kanclerza Helmuta Schmidta: "Salus publica supreme lex". w jego książce "Out of Service".

2.5.7 Elementy paliwowe i ziarna (cząstki powlekane)

Wszyscy eksperci są zgodni co do tego, że charakterystyka BE ma kluczowe znaczenie:

- Bezpieczeństwo podczas eksploatacji, wypadków i ostatecznej utylizacji
- maksymalne wykorzystanie paliwa (spalanie)
- usuwanie i przyszłe wykorzystanie (odzyskiwanie, transmutacja itp.)

Wgląd ten jest również potwierdzany bezpośrednio po obejrzeniu szczegółów.

2.5.7.1 Sferyczne elementy paliwowe

Od razu widać, że kształt kulisty przewyższa inne kształty (pręty, piramidy, czworościany, itp.) ze względu na swoje dobre właściwości przepływowe. To, czy jeszcze korzystniejszy kształt może zostać poprawiony przez nieco rozluźnioną, luźniejszą masę "powlekanych cząstek" w rdzeniu, jest kwestią do rozważenia w przyszłości. Należałoby wziąć pod uwagę ewentualne wady (np. dyspersję, kontrolę recyklingu).

Blokowanie ziaren TRISO w środowisku matrycy, grubość i materiał powłoki kulistej oraz jej zewnętrznych warstw zostały określone w wielu eksperymentach w Jülich jako optymalne dla ich przydatności.

Na kongresie HTR w Pradze w październiku 2010 r. prof. Jürgen Knorr i inni ponownie zaprezentowali puste kule SiC, które powinny służyć jako solidna zewnętrzna powłoka kulistego BE. Pierwsze próbki demo zostały już pokazane na HTR 2006 w Johannesburgu. Paliwo i materiał moderatora są napełniane do pustej kuli przez niewielki otwór i ściskane. Następnie do otworu wkłada się wtyk wykonany z SiC, który jest połączony gazoszczelnie z kulką SiC za pomocą wiązki laserowej w procesie CERALINK. We współpracy pomiędzy GWT-TUD GmbH Drezno i SiCeram GmbH Jena opracowano podstawy procedury.

2.5.7.2 Cząsteczki paliwa TRISO

Wielojęzyczne archiwum pod adresem: http://www.multilingualarchive.com/ma/enwiki/de/Nuclear_fuel#TRISO_fuel opisuje paliwo tristrukturalno-izotropowe (TRISO) jako rodzaj cząsteczki mikro paliwa. Składa się on z rdzenia paliwowego składającego się z UOX (czasami UC lub UCO) w środku, pokrytego czterema warstwami trzech materiałów izotropowych. Są to porowata warstwa buforowa z węgla, po której następuje gęsta warstwa wewnętrzna z węgla pirolitycznego (PyC), po której następuje ceramiczna warstwa SiC. Pozwala to na zatrzymanie produktów rozszczepienia w wysokich temperaturach i zachowanie struktury cząsteczek TRISO. Wreszcie gęsta zewnętrzna warstwa PyC. Proces produkcji odbywa się poprzez wrzucanie paliwa do płynów powlekających, które następnie je powlekają.

Cząsteczki paliwa TRISO powinny wytrzymać ciśnienie procesów (np. różnicową rozszerzalność termiczną lub ciśnienie gazu rozszczepialnego) i nie powinny uwalniać ich w temperaturach powyżej 1600°C. Dlatego nawet w przypadku awarii nie mogą one opuścić reaktora. Dwie takie konstrukcje reaktorów to:

- Reaktor ze złożem kulistym (PBR), w którym tysiące cząstek paliwa TRISO znajduje się w kulach grafitowych, oraz
- reaktor chłodzony gazem (GT-MHR), w którym bloki pryzmatyczne zawierają paliwo

Obie konstrukcje reaktorów to reaktory wysokotemperaturowe (VHTR), jedna z sześciu kategorii reaktorów inicjatywy IV generacji.

Cząstki paliwa TRISO zostały pierwotnie opracowane w Niemczech dla reaktorów wysokotemperaturowych chłodzonych gazem (AVR i THTR-300). Obecnie ziarna TRISO są wykorzystywane w reaktorach eksperymentalnych (HTR-10), jak również w reaktorach demonstracyjnych (HTR-PM w Chinach i HTTR w Japonii).

Do 2012 roku rozwój procesu Siamant w obszarze materiałów ceramicznych GmbH & Co KG, Heinsberg, który od tego czasu przestał istnieć, zajmował się również cząstkami powlekanymi, które ze względu na swoją twardość i odporność nazywane są również "ziarnami pancerza".

2.5.8 Dane dotyczące eksperymentalnego reaktora Jülich (AVR)

Eksperymentalna grupa robocza reaktora została przekształcona w JEN Jülicher Entsorgungsgesellschaft für Nuklearanlagen mbH i jest w trakcie przekształcania terenu tego pionierskiego projektu z powrotem w "teren typu greenfield". Jego specyfikacje techniczne były następujące:

Moc cieplna46	,0 MW
Produkcja elektryczna brutto 15	,0 MW
Moc elektryczna netto 13	,2 MW
Wydajność brutto32	,6 %
Praca elektryczna ogółem1	,63 GWh
Temperatura pary wodnej na żywo 505°C	
Ciśnienie pary na żywo 74	bar
temperatura gazu chłodzącego850°C	/950°C
Ciśnienie gazu chłodzącego 10	,8 bar
Dostępność67	,2
Dostępność maks. (1976)	91,9
Numer BE w Coreca	. 100.000
Średnica elementu paliwowego 6	cm

2.5.9 HT - Helowy wymiennik ciepła

Wysokie ciepło wytworzone w "piecu" ze złożem kulistym musi zostać przetransportowane do instalacji uwodornienia. Nie może być najmniejszego ryzyka wypromieniowania cząstek do środowiska lub uwodornienia po drodze. Kugeler et alii przedstawili już jasne propozycje w tym zakresie w sprawozdaniu badawczym Jülich Jül-4228 w 2006 roku. Zobacz również książkę Kugelera, Schultena, Springer w wyszukiwarce książek Google:

https://books.google.de/books?id=poHLBgAAQBAJrintsec=frontcoverq=in-author:%22Rudolf+Schools%22&hl=en&sa=X&ved=0ahU-KEwjJ2YDX1M_jAhUxMuwKHWvmDQcQ6wEIMTAA#v=onepage&q&f=fałszywy

Jest to standardowa praca "High Temperature Reactor Technology", ISBN 3-540-51535-6, 1989 Springer, Berlin.

"Rys. 6.4 pokazuje zasadniczy schemat obwodu, który może ilustrować sprzężenie pomiędzy poszczególnymi etapami procesu a jądrowym źródłem ciepła. "

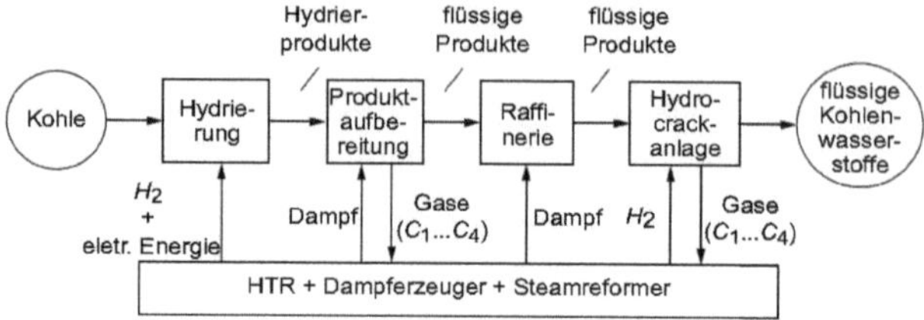

Abb. 6.4: Prinzipschema der Umwandlung von Kohle in Benzin mit Hilfe von nuklearer Wärme

Porównanie procesów uwodornienia węgla konwencjonalnego i jądrowego pokazuje następujący obraz:

Konwencjonalne uwodornienie daje 3 tony. Węgiel tylko 1 tona benzyny i trzy tony CO2. To słabe wykorzystanie i efektywność ekonomiczna nie odegrały żadnej roli w II wojnie światowej. Dlatego też w roku 1944 / 45 był on szeroko stosowany.

Jeśli jednak do procesu zostanie wprowadzona wysoka temperatura z reaktora ze złożem kulistym, z tej samej ilości trzech ton węgla uzyskamy 2 tony benzyny i tylko 2 tony CO2. W tym celu z HTR musi być dostarczane 12 MWhth.

W związku z tym wykorzystanie ciepła jądrowego **znacznie zmniejsza zużycie węgla i emisję CO2.** W procesie jądrowym CO2 jest wytwarzany tylko jako produkt odpadowy z gazu rozszczepialnego podczas produkcji wodoru. Aby nawet tego uniknąć jako odpady, metanol mógłby być produkowany z CO2 i H2 w późniejszym procesie. "

Aby ciepło z "pieca" z łoża kulowego HT mogło jak najpełniej dotrzeć do procesu uwodornienia, jest ono przekazywane za pomocą gazu. Najlepiej jest używać helu (He), ponieważ jest on obojętny. Nie absorbuje prawie żadnych produktów rozszczepienia, ponieważ przepływa przez kulki BE w rdzeniu pieca. Jest on jedynie podgrzewany i nie powoduje żadnych innych uszkodzeń rurociągów, armatury i komponentów, np. wykładziny grafitowej, które są na nią niekiedy narażone przez wiele lat.

Aby zapewnić bezpieczeństwo, wymiennik ciepła jest zbudowany w postaci dwóch obiegów helowych - podobnie jak np. w przypadku produkcji ciepłej wody użytkowej w budynkach mieszkalnych. Gaz w obu obiegach jest całkowicie oddzielony od siebie i przenosi ciepło tylko z wysokiego poziomu dostawcy (piec z łożem kulistym) na niski poziom odbiorcy (na przykład instalację uwodornienia). Tu jest

Rozdział 10 Wysokotemperaturowe wymienniki ciepła

przez Kugeler et alii. Jako przykład podaje się tu ekstrakcję wodoru z metanu, która jest traktowana oddzielnie w części dotyczącej paliwa. Analogicznie, opis ten jest używany dla każdego procesu z zapotrzebowaniem na ciepło, tj. endotermicznego, jak np. proces Fischera-Tropscha.

Linde AG pisze o reformie parowej na swojej stronie: *Półprodukty w postaci gazu ziemnego, gazu płynnego lub benzyny ciężkiej są endotermicznie przekształcane za pomocą pary w reaktorach z rurkami katalitycznymi w gaz do syntezy o wysokiej zawartości wodoru. Ciepło procesowe i ciepło spalin są wykorzystywane do wytwarzania pary.*

Termodynamika ta przebiega w przybliżeniu w następujący sposób: aby dostarczyć ciepło do opisanych powyżej procesów wysokotemperaturowych, ciepło jądrowe z cyklu helowego reaktora musi być przekazane do procesu technologicznego na poziomie temperatury maksymalnie 950°C. Wymaga to zastosowania wymiennika ciepła w obiegu pośrednim i reformera parowego. Rysunek a pokazuje, jak hel przechodzi przez wymiennik pod kątem 850 stopni i 40 barów od góry z lewej strony do dołu, chłodząc go w ten sposób do 300 stopni.

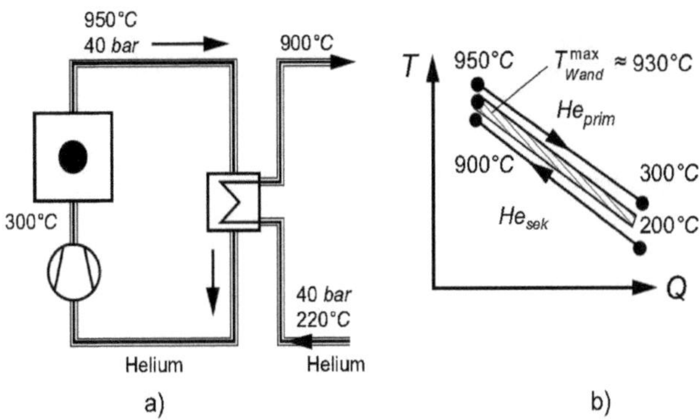

Następnie podnosi się ponownie i nagrzewa w "piecu" (kwadrat z kropką). Pierwszy cykl.

Hel podnosi się od dołu do wymiennika przy 220 stopniach i 40 barach. Tam otrzymuje ciepło z pierwotnego helu do 900 stopni. Ten wtórny hel przekazuje następnie swoje ciepło do następnego procesu, na przykład do reformowania parowego, uwodornienia i tym podobnych. To jest drugi lub pośredni obwód. Pobiera on ciepło z helu wtórnego, który jest schładzany do 220 stopni, a następnie ponownie podgrzewany w wymienniku.

Na wykresie T-Q dwa gazy są pokazane na swoich krzywych cieplnych. W miarę jak hel spływa w dół, coraz częściej oddaje on swoje ciepło do płynącego w górę helu. Pomiędzy nimi znajduje się warstwa oddzielająca - zazwyczaj ściana rury, która przenosi gorętszy gaz. Oczywiście, musi to być wykonane ze szczególnie odpowiedniego materiału, ponieważ hel, jako bardzo "cienki" gaz, nie może być "trzymany w ryzach" przez prostych metali w tak wysokiej temperaturze, duże różnice (700 stopni). Na wykresie T-Q, T przedstawia temperaturę, a Q ilość ciepła w dżulach lub kilowatogodzinach lub ich wielokrotności.

Aparat ma spiralne powierzchnie grzewcze, a pierwotny przepływ przechodzi przez niego od dołu do góry. Gorący hel wtórny jest zbierany w centralnym kolektorze i odprowadzany z elementu. Zimny hel wtórny podawany jest do górnej komory zbiorczej i stąd rozprowadzany do poszczególnych helowych rur grzewczych. Rury grzewcze są trzymane przez podpierające je gwiazdy. Maksymalne temperatury ścianek rur wynoszą około 930°C, maksymalne różnice ciśnienia wynoszą około 2 barów w normalnej pracy, ponieważ zaleca się stosowanie mniej więcej takiego samego ciśnienia po obu stronach. Dzięki temu możliwe jest zaprojektowanie konstrukcji o żywotności ^{105} h. Należy zauważyć, że ciśnienie zewnętrzne musi być nieco wyższe, aby w przypadku nieszczelności nie wydostał się na zewnątrz żaden hel pierwotny.

Próby wytrzymałościowe dla takiego elementu o mocy 10 MW wykazały, że możliwa będzie niezawodna konstrukcja elementu o mocy 100 MW. Kolektor gorący został nawet pomyślnie przetestowany dla mocy 125 MW.

a) Wymienniki ciepła z rurkami w kształcie helipsa (część pionowa)

b) promieniowa konstrukcja elementu
c) ważne dane dotyczące elementu
Rys. 10.2: Wymiennik ciepła obiegu pośredniego
Ten wymiennik ciepła składa się z następujących głównych elementów:

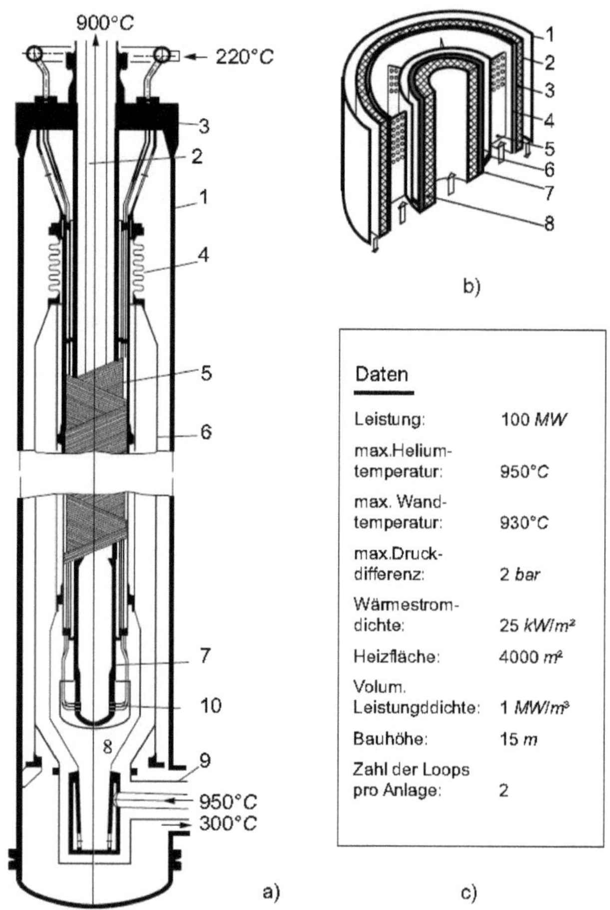

W procesie reformingu parowego [21, 22, 23] metanu do produkcji wodoru część ta jest albo bezpośrednio połączona z obwodem pierwotnym, albo z obwodem wtórnym. Rys. 10.3 przedstawia zasadę, rys. 10.4 element.

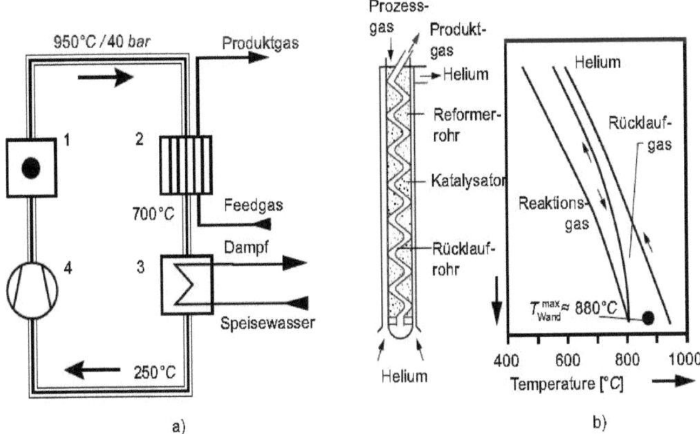

Rys. 10.3: Zasada działania reaktorów parowych ogrzewanych helem (przykład: bezpośrednie podłączenie do obiegu pierwotnego)

a) Schemat połączeń:

Pierwszy reaktor,

2. reformator parowy,

3. wytwornica pary,

4. dmuchawa

b) T - długość - wykres

Aparat składa się z około 300 rurek rozdzielczych wypełnionych katalizatorem i posiadających wewnętrzną rurkę recyrkulacyjną. Rury te są wkładane do górnej płyty nośnej, każda z nich posiada rurę prowadzącą hel grzewczy. Przedział temperatur helu pomiędzy 950°C a 600°C jest stosowany w procesie rozłupywania, poniżej tego przedziału temperatur pomiędzy 600 a 250°C jest potrzebny do wytworzenia pary. Puszki są eksploatowane przy maksymalnej temperaturze ścianek 880°C, różnica ciśnień podczas eksploatacji wynosi 2 bary między stroną pierwotną i wtórną. Komponent ten został pomyślnie przetestowany w pracy ciągłej o mocy 10 MW.

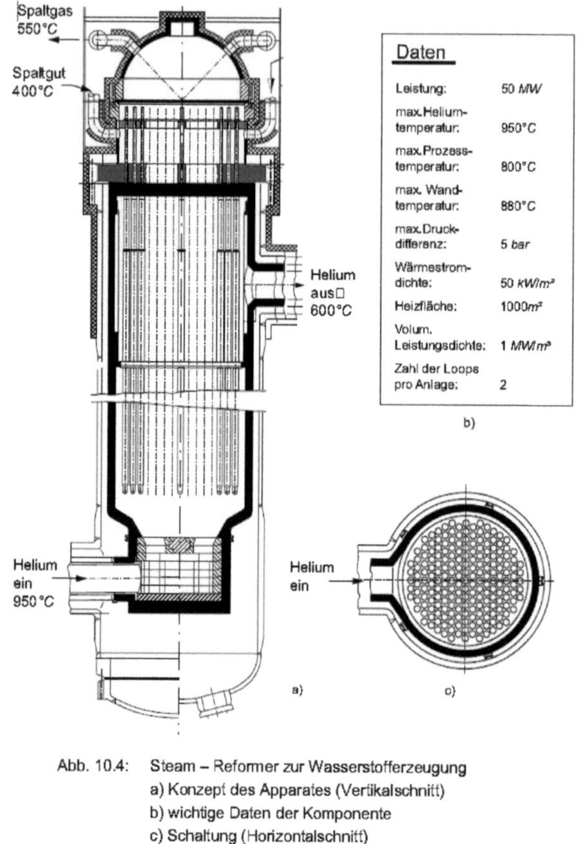

Abb. 10.4: Steam – Reformer zur Wasserstofferzeugung
a) Konzept des Apparates (Vertikalschnitt)
b) wichtige Daten der Komponente
c) Schaltung (Horizontalschnitt)

Materiały niezbędne do wykonania zarówno wymiennika ciepła obiegu pośredniego, jak i parowego reformera zostały zbadane w kompleksowym programie i zakwalifikowane do warunków pracy. Elementy obwodu pośredniego, takie jak przewody gorących gazów, zawory odcinające i dmuchawy, zostały również przetestowane w kilku dużych instalacjach testowych o odpowiedniej wielkości i są dostępne jako sprawdzone elementy.

2.5.10 Różnice w stosunku do poprzednich reaktorów jądrowych

Co jest naprawdę innego w wysokotemperaturowym reaktorze ze złożem kulistym? To pytanie jest ciągle zadawane. Poniższe porównanie przeprowadzone przez Massachusetts Institute for Technology w USA porównuje wszystkie istotne fakty. Zalety przeważają we wszystkich krytycznych obszarach. Dodano do tego większą efektywność ekonomiczną, jak pokazuje tabela w załączniku.

Jest to tym bardziej prawdziwe, że w przypadku reaktorów konwencjonalnych bierze się pod uwagę koszty mało prawdopodobnych, aczkolwiek sporadycznych poważnych awarii, takich jak Czarnobyl i Fukushima. Te tak zwane "ryzyka szczątkowe" są tak duże, że nie są one objęte żadnym ubezpieczeniem. Są one pozostawione państwom i ludności.

2.5.11 Za i przeciw według MIT w USA

Już w 1999 roku grupa projektowa w Massachusetts Institute for Technology przedstawiła wyniki, które są potwierdzeniem pionierskich osiągnięć Niemiec.

Na początku tego projektu zidentyfikowano problemy z istniejącymi elektrowniami jądrowymi. Wyzwaniom tym miała sprostać nowa elektrownia jądrowa. Poniższe krótkie podsumowanie przedstawia, w jaki sposób mała modułowa instalacja gazowego reaktora z łożem żwirowym spełnia te wyzwania z powodów **technicznych, politycznych i ekonomicznych**.

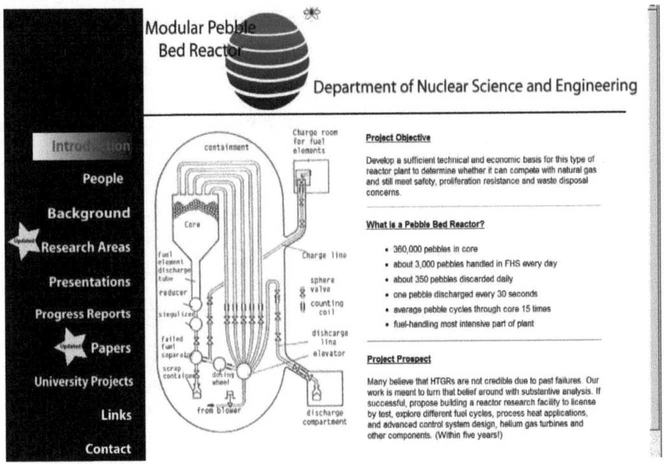

Unikalne cechy konstrukcji, które sprawiają, że łóżko żwirowe HTGR jest pożądane - Entnommen Seite 47 i nast.	
Istniejące wyzwania dla obecnych zakładów jądrowych	***Rozwiązanie oferowane przez nasz proponowany modułowy projekt chłodzony gazem***
Bezpieczeństwo techniczne - Obecne konstrukcje w dużym stopniu zależą od technicznych, aktywnych systemów bezpieczeństwa. Wymagane są redundantne źródła zasilania, chłodzenia rdzenia i systemy sterowania.	Nie ma potrzeby stosowania takich systemów obronnych. Projekt jest z natury "naturalnie bezpieczny". Operatorzy lub zautomatyzowane systemy bezpieczeństwa nie są zobowiązani do wykonywania żadnych funkcji bezpieczeństwa reaktora.
Zgodność z przepisami - Przepisy nakazowe spowodowały wiele kosztownych modyfikacji instalacji i wymuszonych wyłączeń.	Prostota i nieodłączne bezpieczeństwo naszej konstrukcji pozwoli na regulacje uwzględniające ryzyko. Wymogi regulacyjne będą znacznie mniej złożone, a zgodność z przepisami będzie znacznie mniej kosztowna. Proponuje się, aby zezwolenie na eksploatację zakładu zostało wydane na podstawie badania tak zbudowanego obiektu.
Proliferacja - Siły bezpieczeństwa i urządzenia zabezpieczające mające na celu zapobieganie sabotażowi lub kradzieży materiałów jądrowych stanowią znaczną część kapitału zakładowego i kosztów operacyjnych zakładu.	Nieodłączne bezpieczeństwo naszej konstrukcji znacznie zmniejsza potencjalne konsekwencje wszelkich prób sabotażu. A paliwo typu kamyczkowego, które stosujemy w naszej konstrukcji, jest stabilne, trudne do ponownego przetworzenia i osiąga tak wysoki stopień wypalenia, że nie jest praktycznym źródłem materiału jądrowego.
Czas budowy - Duża ilość czasu potrzebnego na budowę zakładu (od 5 do 15 lat) powoduje ogromne koszty z tytułu odsetek od kapitału budowlanego.	Nasza konstrukcja jest całkowicie modułowa. Wszystkie komponenty mogą być budowane równolegle, więc tylko końcowy montaż jest wykonywany na miejscu. W rezultacie całkowity czas od podjęcia decyzji o budowie do wytworzenia energii elektrycznej wynosi 36 miesięcy dla pierwszego bloku, a kolejne bloki są oddawane do użytku co trzy miesiące.
Wydajność instalacji - Obecny wybór projektów wymaga od potencjalnych nabywców dokonania wyboru pomiędzy bardzo dużymi (>1200 MWe) lub małymi (600 MWe) instalacjami. Zmusza to kupującego do próby przewidzenia zapotrzebowania na energię na co najmniej czterdzieści lat w przyszłości. Czy będą w stanie sprzedać 1200 MWe, jeśli przy dużym zakładzie? A jeśli zdecydujesz się na małą jednostkę, a w przyszłości popyt na nią wzrośnie, czy będzie ona obciążona zbyt małą jednostką?	Nasza konstrukcja pozwala nabywcom budować tylko takie możliwości, jakich potrzebują. Jeśli są pewni, że mogą sprzedać 600 MWe przez następne dziesięć lat, ale nie są pewni, że po tym czasie zbudują sześcioosobowy obiekt. Charakterystyczny dla naszej konstrukcji szybki montaż pozwala na łatwe zwiększenie wydajności instalacji w przyszłości. Dlatego też klient nie musi inwestować kapitału w budowę zakładu o dużej wydajności, dopóki nie będzie miał pewności co do popytu na rynku. Konstrukcja ta doskonale nadaje się również do eksportu. Największe zapotrzebowanie na nowe moce wytwórcze pochodzi z krajów rozwijających się. W przeciwieństwie do Stanów Zjednoczonych, nie mają one elektrycznej infrastruktury dystrybucyjnej, która umożliwiałaby efektywną transmisję 1200 MWe. Zamiast

	tego potrzebują zakładu, który będzie w stanie zaspokoić potrzeby najbliższej okolicy bez marnowania nadwyżki mocy produkcyjnych. Nasz projekt może być dostosowany do każdej indywidualnej potrzeby i na tyle mały, że można go wysłać barką lub nawet pociągiem.
Wymiana głównych komponentów - Wysokotemperaturowa woda i para wodna stosowana w LWR-ach tworzy stałe wrogie środowisko dla urządzeń. Komercyjne PWR-y mają do czynienia z kontrolą i wymianą generatorów pary, a BWR-y mają równie drogie wymiany skraplaczy. Obaj doświadczają erozji łopatek turbiny parowej	Nasza konstrukcja całkowicie eliminuje korozyjne środowisko wodne ze wszystkich oprócz kilku komponentów. Dzięki zastosowaniu gazu obojętnego jako czynnika chłodzącego, główne składniki będą trwały znacznie dłużej, a kontrola chemiczna nie będzie stanowiła stałego problemu.
Przerwy w dostawach paliwa - Obecne instalacje muszą być wyłączone na około 40 dni co 18-24 miesiące w celu załadowania większej ilości paliwa. W rezultacie, nawet jeśli instalacja działa bez zarzutu, może ona osiągnąć współczynnik wydajności nie lepszy niż 90 procent.	Nasza konstrukcja pozwala na ciągłe tankowanie, gdy instalacja pozostaje na pełnej mocy, co eliminuje konieczność wyłączania się przed dodaniem większej ilości paliwa. Pozwoli to nie tylko na znaczną poprawę współczynnika mocy przerobowych, ale także na uniknięcie cyklicznych naprężeń, które powstają przy uruchamianiu i wyłączaniu instalacji.
Konserwacja online - Wymóg posiadania systemów bezpieczeństwa dostępnych podczas pracy elektroenergetycznej wymaga, aby instalacja była wyłączona z eksploatacji przy dużej liczbie czynności konserwacyjnych.	Ponieważ nie ma aktywnych systemów bezpieczeństwa, nie ma podobnych wymagań dotyczących wyłączania w celu konserwacji. Dodatkowo, ponieważ typowa stacja będzie miała od czterech do 12 jednostek, każdy z nich może zostać zdemontowany w celu przeprowadzenia konserwacji bez znaczącego wpływu na całkowitą produkcję energii elektrycznej.
Utylizacja paliwa - Zużyte paliwo wymaga przechowywania w basenach chłodniczych przez kilka lat, zanim będzie mogło być trwale przechowywane. Stałe składowanie może wymagać szeroko zakrojonej analizy w celu zapewnienia braku długoterminowej degradacji w składowisku i opakowaniach. Może to wymagać kosztownego zeszklenia, aby uczynić go wystarczająco stabilnym do długotrwałej utylizacji.	Paliwo typu kamyczkowego jest skutecznie gotowe do utylizacji w momencie, gdy wydostanie się z rdzenia. Nie ma żadnych wymagań dotyczących chłodzenia basenu. Wyjątkowe paliwo w postaci cząstek stałych z powłoką z węglików spiekanych jest całkowicie stabilne do 16000C, więc nie wymaga dodatkowej obróbki przed utylizacją geologiczną.
Wielkość pracowników - Wynagrodzenia stanowią największy składnik O&M. Większość LWR-ów w USA zatrudnia około jednej osoby na każdy wygenerowany MWe	Nasza konstrukcja oferuje dwie odrębne cechy, które znacznie zmniejszają zapotrzebowanie na personel. Po pierwsze, prostota projektu czyni go podatnym na automatyzację. Brak złożonych systemów bezpieczeństwa i wsparcia zmniejsza liczbę operatorów i pracowników obsługi technicznej. Po drugie, ze względu na modułowy charakter sprzętu, wszelkie istotne prace

	konserwacyjne mogą być wykonywane poprzez demontaż sprzętu i przesłanie go do fabryki w celu renowacji. Całkowity szacowany personel dla 10-jednostkowej stacji wynosi od 150 do 200 osób, co daje zapotrzebowanie tylko jednej osoby na każde wygenerowane 5 MWe.
Wydajność eksploatacyjna - cykl parowy Rankine'a jest ograniczony do maksymalnej wydajności około 33%.	Cykl Brayton stosowany w naszym systemie konwersji mocy turbiny gazowej przekracza 45%.
Ciepło odpadowe - Stosowany cykl parowy Rankine'a wymaga odprowadzania dużych ilości ciepła odpadowego, co prowadzi do utraty potencjalnej energii i znacznego oddziaływania na środowisko. Potrzeba dużego radiatora wymaga budowy drogich chłodni kominowych lub geograficznego usytuowania w pobliżu dużego zbiornika wodnego.	Nasza konstrukcja wykorzystuje cykl Brayton, a mniej energii cieplnej jest odrzucana. W rzeczywistości nie są wymagane żadne drogie wodne systemy chłodzenia, więc istnieje mniej znaczący wpływ na środowisko lub ograniczenia lokalizacyjne. Dodatkowo, ponieważ ciepło odpadowe jest usuwane przez suche powietrze, gorące powietrze doskonale nadaje się jako źródło ciepła do innych zastosowań komercyjnych. To "darmowe" źródło energii dla innych komercyjnych zastosowań ma potencjał, aby uczynić projekt jeszcze bardziej korzystnym ekonomicznie.
Likwidacja - Duże rozmiary wielu komponentów utrudniają ostateczną likwidację. Wysoki poziom skażenia sprzętu, a także duże rozmiary RCA sprawiają, że likwidacja jest bardzo kosztowna. Likwidacja istniejących elektrowni wymagała rozcięcia wielu dużych elementów, aby umożliwić ich transport w celu usunięcia, co wymaga kosztownej kontroli skażenia i wytworzenia dodatkowych odpadów radioaktywnych, które również muszą zostać ostatecznie usunięte.	Trwałość konstrukcji powlekanych cząstek paliwa sprawia, że jest ona bardziej odporna na uszkodzenia paliwa, dzięki czemu można oczekiwać niższych poziomów zanieczyszczeń, co przekłada się na niższe koszty dekontaminacji. Nasza konstrukcja jest znacznie mniejsza, a modułowe elementy podstawowe można łatwo zdemontować i wysłać do utylizacji. Na przykład nasz zbiornik reaktora jest na tyle mały, że może być transportowany w stanie nienaruszonym i został zaprojektowany tak, aby ostatecznie służył jako jego własny transport (z płytami osłonowymi) i kontener do usuwania odpadów. Niewielkie rozmiary innych elementów pozwolą na zmieszczenie ich w standardowych kontenerach do transportu i utylizacji. Ponieważ nie ma aktywnych systemów bezpieczeństwa (a zatem potencjalnie zanieczyszczonych) i znacznie mniej innych systemów w ogóle, całkowita ilość materiału, który będzie wymagał usunięcia, jest znacznie mniejsza niż w przypadku istniejących projektów.

Poniższe tłumaczenie na język niemiecki zawierało uwagi, które wynikały głównie z obserwacji i rozważań inżynieryjnych opartych na doświadczeniach eksploatacyjnych dwóch niemieckich zakładów produkujących złoża kulowe HT.

Problemy obecnych elektrowni jądrowych	*Rozwiązanie z modułowym reaktorem chłodzonym gazem (nasza propozycja)*	
Bezpieczeństwo techniczne - Bezpieczeństwo w dzisiejszych konstrukcjach zależy w dużej mierze od aktywnych systemów technicznych. Niezbędne są tam redundantne źródła energii, systemy chłodzenia rdzenia i systemy sterowania.	Tak wysokie systemy bezpieczeństwa nie są wymagane. Konstrukcja sama w sobie jest "naturalnie bezpieczna". Do utrzymania bezpieczeństwa reaktora nie są wymagane systemy bezpieczeństwa obsługiwane przez człowieka lub zautomatyzowane.	
Zgodność z przepisami - regulacja w drodze rozporządzenia spowodowała wiele kosztownych zmian operacyjnych i przymusowych wyłączeń.	Prostota i nieodłączne bezpieczeństwo naszej konstrukcji pozwala na regulację kontrolowaną pod względem ryzyka. Wymogi regulacyjne są zatem znacznie mniej złożone, a koszty przestrzegania przepisów są znacznie niższe. Proponujemy zatwierdzić zakład przez testy w stanie, w jakim został zbudowany.	*Czy byłoby to dopuszczalne w Niemczech jest wątpliwe, ponieważ do testów potrzebny jest (częściowo) gotowy zakład?*
Niekontrolowane rozprzestrzenianie się - Siły bezpieczeństwa i obiekty chroniące przed sabotażem i kradzieżą materiałów jądrowych wiążą znaczną część kapitału obrotowego i kosztów.	Nieodłączne bezpieczeństwo naszej konstrukcji znacznie ogranicza możliwe konsekwencje wszelkich możliwych prób sabotażu. Sferyczne BE w naszej koncepcji są stabilne, trudne do ponownego przetworzenia i osiągają tak wysoki stopień wypalenia, że są praktycznie wyeliminowane jako źródło materiałów jądrowych.	
Faza budowy, zaangażowanie kapitałowe - długi okres od 5 do 15 lat na budowę zakładu prowadzi do ogromnych kosztów, ponieważ kapitał budowlany musi być oprocentowany.	Nasza propozycja jest całkowicie modułowa. Wszystkie komponenty mogą być budowane równolegle. Na miejscu przeprowadzany jest tylko montaż końcowy. W rezultacie łączny czas od podjęcia decyzji do wytworzenia energii elektrycznej wynosi 36 miesięcy dla pierwszej jednostki. Następujące jednostki mogą być uzupełniane co trzy miesiące.	
Zdolność - Obecne projekty wymagają od potencjalnego nabywcy dokonania wyboru pomiędzy bardzo dużymi (>1.200 MWe) lub małymi (600 MWe) elektrowniami. Zmusza to kupującego do sporządzania prognoz zapotrzebowania na energię na co najmniej czterdzieści lat: czy będzie w stanie sprzedać 1200 MWe, jeśli wybuduje dużą elektrownię? Jeśli natomiast wybierze małą jednostkę, a zapotrzebowanie wzrośnie w przyszłości, jest przywiązany do zdecydowanie zbyt małej jednostki.		Nasz projekt pozwala inwestorom budować tylko takie możliwości, jakich potrzebują. Jeśli są pewni, że mogą sprzedać 600 MWe w ciągu najbliższych 10 lat, ale nie są pewni, czy uda im się zbudować sześć bloków na tym terenie. Szybki montaż,

	który jest cechą charakterystyczną naszej konstrukcji, pozwala bardzo łatwo zwiększyć w przyszłości moc elektrowni. Dlatego też klient nie musi inwestować kapitału, zanim nie będzie w stanie wiarygodnie oszacować popytu na rynku. Konstrukcja ta nadaje się również idealnie do eksportu. Największe zapotrzebowanie na nowe moce wytwórcze pochodzi z krajów rozwijających się. W przeciwieństwie do USA, nie dysponują one infrastrukturą (sieciami) dystrybucji energii elektrycznej umożliwiającą efektywną transmisję 1200 MWe. Zamiast tego potrzebują obiektów, które mogą zaspokoić popyt w okolicy, nie marnując przy tym nadwyżki mocy produkcyjnych. Nasz projekt może być zwymiarowany dla każdej potrzeby, na tyle mały, że może być dostarczony statkiem lub barką, być może nawet koleją.
Wymiana dużych elementów - Gorąca woda i para wodna tworzą stałe agresywne środowisko dla urządzeń w LWR. Komercyjne PWR-y wymagają kontroli i wymiany wytwornic pary. SWR wymagają również kosztownej wymiany kondensatorów. W obu przypadkach para wodna powoduje zużycie łopatek turbiny.	Nasza koncepcja działa całkowicie bez korozyjnego środowiska wodnego dla prawie wszystkich komponentów. Ponieważ jako chłodziwo stosowany jest gaz szlachetny, ważne elementy trwają znacznie dłużej i nie należy się obawiać zakłóceń chemicznych na dłuższą metę.
Przerwy w ładowaniu paliwa Dzisiejsze zakłady muszą być wyłączane co 18-24 miesiące na około 40 dni, aby załadować nowe Paliwa. W rezultacie, żaden system nie może osiągnąć lepszego współczynnika wydajności niż 90 procent, nawet jeśli działa bez zarzutu.	Nasza koncepcja umożliwia ciągły pobór paliwa przy pełnym obciążeniu i dlatego nie wymaga wyłączania zasilania paliwem. Powoduje to nie tylko znaczącą poprawę wydajności elektrowni, ale także pozwala uniknąć cyklicznych obciążeń elektrowni spowodowanych przestojami i ponownym uruchomieniem.

Konserwacja bez przerywania pracy - ponieważ systemy bezpieczeństwa są potrzebne podczas produkcji energii elektrycznej, instalacja często wymaga wyłączeń w celu przeprowadzenia konserwacji.	Ponieważ nie ma aktywnych systemów bezpieczeństwa, nie ma porównywalnej potrzeby przeprowadzania przerw konserwacyjnych. Ponieważ typowa instalacja ma od czterech do 12 jednostek, każda z nich może być wyłączona z eksploatacji bez poważnego wpływu na całą generację.
Utylizacja paliwa - Zużyte paliwo wymaga przechowywania w zbiornikach chłodniczych przez kilka lat, zanim będzie mogło być przechowywane na stałe. Ostateczne usunięcie wymaga przeprowadzenia szeroko zakrojonych badań w celu uniknięcia ryzyka długotrwałego uszkodzenia pojemników i magazynu. Może to wymagać kosztownego przeszklenia, aby było ono wystarczająco stabilne do długotrwałej utylizacji.	Paliwo sferyczne jest gotowe do ostatecznej utylizacji w tym samym czasie, gdy opuszcza rdzeń reaktora. Zbiorniki chłodnicze nie są konieczne. Jedyne w swoim rodzaju ziarna paliwa powlekane węglikiem spiekanym są całkowicie stabilne do 16000C, więc nie ma potrzeby ich geologicznej utylizacji.

Wydajność eksploatacyjna - cykl parowy Rankine'a ma maksymalną wydajność na poziomie około 33%.	Cykl Brayton w naszym systemie konwersji energii turbiny gazowej przekracza 45%.	*Comm. the ed.: dzisiaj 34 do 35 % jest standardem dla LWR.*
Personel - Wynagrodzenia są największym elementem składowym eksploatacji i konserwacji. Większość LWR-ów w USA zatrudnia około jednej osoby na każdy wyprodukowany MWe. .)	Nasz wniosek ma dwie wyraźne cechy, które znacznie zmniejszają wymaganą liczbę pracowników. Po pierwsze, prostota konstrukcji sprawia, że nadają się one do automatyzacji. Brak złożonych systemów bezpieczeństwa i systemów pomocniczych zmniejsza liczbę personelu obsługującego i konserwującego. Po drugie, ze względu na koncepcję modułową, każda poważna konserwacja może być przeprowadzana poprzez demontaż komponentów i wysłanie ich do producenta w celu przeprowadzenia remontu. Szacujemy zapotrzebowanie na siłę roboczą dla zakładu z 10 jednostkami na 150 do 200 osób, czyli jedną osobę na 5 5 MWe.	*Chodź, Ed. Ta liczba wydaje się zbyt wysoka. W zależności od wielkości wyjściowej, stosuje się 0,4 - 0,25 cap/MWe. Ponadto zdolność produkcyjna zakładu jest prawdopodobnie ważniejsza jako wartość referencyjna niż wielkość produkcji, która podlega wahaniom, które nie są spowodowane przez zakład (sieć, pogoda, konkurencja, wymiana energii elektrycznej itp.).*

Ciepło odpadowe - zwykły cykl parowy Rankine'a wymaga usuwania dużych ilości ciepła odpadowego. W wyniku tego traci się wiele potencjalnej energii, a środowisko jest mocno zanieczyszczone. Potrzebny jest duży radiator, tzn. budowa drogich chłodni kominowych lub lokalizacja w pobliżu dużego zbiornika wodnego.	Ponieważ używamy cyklu Brayton, mniej energii cieplnej jest odrzucane. W rzeczywistości, nie są potrzebne żadne drogie systemy wody chłodzącej. Istnieje znacznie mniej zanieczyszczeń środowiska lub ograniczeń geograficznych. Ponadto, ciepło odpadowe jest usuwane przez suche powietrze i to gorące powietrze jest idealnym źródłem ciepła do innych zastosowań komercyjnych. To "darmowe" źródło energii dla innych komercyjnych zastosowań może uczynić tę koncepcję jeszcze bardziej ekonomiczną.	*Comm. d. Eds.: Suche, gorące powietrze ma stosunkowo niską temperaturę, gdy cykl Braytona jest zamknięty. Ponadto, w przypadku instalacji o mocy 10 x 100 MWe, ilość ciepła ok. 1000 MWth jest trudna do sprzedania, ponieważ nawet duże systemy ciepłownicze lub odbiorcy przemysłowi mają znacznie mniejsze zapotrzebowanie na energię.*

Likwidacja - Sama wielkość wielu elementów utrudnia ich ostateczne przechowywanie. Wysoki poziom zanieczyszczenia urządzeń i duże RCA (radioaktywne skażenie aktywów?) sprawiają, że ich demontaż jest bardzo kosztowny. Likwidacja wcześniejszych elektrowni wymagała demontażu wielu dużych elementów, zanim mogły one zostać usunięte. Wymaga to kosztownych kontroli zanieczyszczeń i prowadzi do wytwarzania dodatkowych odpadów promieniotwórczych, które również muszą być składowane.	Trwałość "powlekanej cząstki" chroni je przed uszkodzeniem paliwa. W związku z tym można oczekiwać niższego poziomu zanieczyszczenia. Prowadzi to do obniżenia kosztów dekontaminacji. Nasza konstrukcja jest znacznie mniejsza, a główne elementy modułowe mogą być łatwo zdemontowane i wysłane do utylizacji. Na przykład nasz zbiornik ciśnieniowy reaktora jest na tyle mały, że może być transportowany jako całość. Został on zaprojektowany jako własny kontener transportowy (z płytami ochronnymi) i docelowo ma służyć jako końcowy kontener magazynowy. Niewielkie rozmiary pozostałych elementów sprawiają, że mieszczą się one w standardowych kontenerach. Ponieważ nie istnieją żadne aktywne systemy bezpieczeństwa (które mogłyby być zanieczyszczone) i na ogół istnieje znacznie mniej innych systemów, całkowita ilość materiału do utylizacji jest znacznie mniejsza niż w przypadku obecnych konstrukcji.	*Daj spokój, Ed: Przy mocy 100 MWe / 250 MWth i gęstości mocy ok. 4 MWth/m³ daje to smukły rdzeń reaktora o średnicy 4 m i wysokości 14 m (mniej więcej możliwy do transportu nawet w USA). Twierdzenie to nie jest poparte doświadczeniami z AVR i THTR. Standardowy LWR produkuje około 5.000 m3 odpadów radioaktywnych z likwidacji. 10 HTR-ów o mocy 100 MWe każdy wyprodukowałoby ok. 20 000 m3 odpadów radioaktywnych z likwidacji. Wynika to między innymi z niższej gęstości mocy HTR-ów. 5 MWth/m³ dla HTR w porównaniu do 100 MWth/m³ dla LWR.* *W związku z tym na nieruchomości musiałyby powstać baseny o wymiarach 200 x 10 x 10 m.*

Do tych ustaleń MIT nie ma prawie nic do dodania, uznali oni już wtedy wszystkie istotne zalety. W tej chwili ma być kilka instytutów, a także firm, które zajmują się tym ponownie.

2.6 *Paliwa jądrowe*

Wiele elementów promieniujących i izotopów nadaje się jako "paliwo" dla energetyki jądrowej. Różnią się one nie tylko intensywnością i wydajnością, ale także występowaniem na ziemi i w oceanie, a także właściwościami eksploatacyjnymi i odpadowymi. Istnieje również wiele innych kryteriów. Ważnym czynnikiem jest tutaj produkcja kopułowa plutonu, ponieważ pluton jest szczególnie odpowiedni do produkcji broni. Tylko z tego powodu wiele państw nie chce się bez tego obejść, ale Niemcy tak (patrz2.8.1).

Uran i tor w ich różnych izotopach i różnych proporcjach mieszania są najważniejsze dla produkcji energii. Chociaż uran jest obecnie preferowany na całym świecie - między innymi ze względu na produkowany przez niego pluton - zdaniem większości ekspertów tor jest bardziej odpowiedni dla reaktora ze złożem kulistym. Ponadto rezerwy, a tym samym ich cena są tańsze od uranu.

2.6.1 Rozpad ciepła i radioaktywności

Z doktorem inż. G. Dietrichem można by omówić następujące kwestie

To, czy rozpad ciepła jest procesem wartym wspomnienia, zależy od pewnych okoliczności. W Fukushimie, na przykład, wybuchy i skażenie były również spowodowane brakiem odprowadzania ciepła. W reaktorze ze złożem kulistym, normalna temperatura rdzenia i wymiennika ciepła jest dwukrotnie wyższa niż w przypadku typów chłodzonych wodą. Ale ponieważ mniejsze zapasy paliwa, ich gęstość energetyczna i ujemny współczynnik temperatury współgrają ze sobą, nie może się tak przegrzewać. Szybko schładza się do temperatury otoczenia i to samo dotyczy elementów wypalonego paliwa w Jülich i w magazynie Ahaus.

Na przykład, CASTOR THTR/AVR z 2.100 BE w Ahaus ma obecnie moc cieplną 10 Watt. Nawet 152 kontenery transportowe tego samego typu w Jülich - gdyby AVR FAs o wyższej średniej mocy spalania na kontener transportowy i magazynowy (TLB) miały 50 W - emitowałyby tylko 7,6 kW ciepła. Odpowiadałoby to kuchence elektrycznej z 4 płytami grzewczymi jednocześnie, ale byłoby to mniej niż kocioł domu jednorodzinnego.

Kolejną kwestią było to, czy promieniowanie jest redukowane wraz ze stopniem zużycia (wypalenie, stopień zużycia) materiału. Można założyć, że BE, której energia została spalona do 80 %, co ma zostać osiągnięte w kilku przebiegach, nie promieniuje tak długo, jak nowa BE. Na kilka przejazdów miną maksymalnie 2 do 3 lat. Dlatego też, po ich końcowej redukcji (ponieważ zostały wystarczająco spalone), tylko krótki czas byłby wystarczający dla pozostałego rozkładu.

Ten widok nie jest poprawny, ponieważ:

Zamiast energii, lepiej powiedzieć "materiał rozszczepialny". Jest to początkowa zawartość metali ciężkich (SM = izotopy uranu i toru) w kulach. Zużywa się tylko 11 % tego SM, ale podczas przechodzenia kulek spala się około 20 %, a nie 80 %. Jest to możliwe, ponieważ część wypalonego metalu jest inkubowana z metalu ciężkiego, który na początku nie może być rozszczepiony. Ten nowo odzyskany materiał rozszczepialny to zasadniczo U233 i bardzo mała ilość plutonu.

Spalenie lub stopień wykorzystania pierwotnie rozszczepialnych atomów nie jest równoznaczny z utratą radioaktywności. Świeże elementy paliwowe w ogóle nie promieniują, można je odebrać. Rozszczepienie i konwersja (przekształcenie, inkubacja) jest inicjowane tylko przez bombardowanie neutronowe. Powstają produkty rozszczepienia i nowe materiały rozszczepialne (uran233 z toru, pluton z uranu238). Przynoszą one ze sobą wysoką radioaktywność. W zależności od ich okresu półtrwania, ich promieniowanie rozpada się przez różne okresy czasu (niewielkie ilości słabych emiterów do 1 miliona lat).

Te o krótkim okresie połowicznego rozpadu są "wysoce radioaktywne", ale w swojej ilości są emitowane nieznacznie i szybciej. To, co silnie promieniuje, jest również szybko zużyte i na odwrót.

Proces reakcji termogeneracyjnej w HTR zależy od liczby kulek i ich rozmieszczenia geometrycznego. Oznacza to, że musi być wystarczająco blisko siebie, aby reakcja łańcuchowa mogła się utrzymać. W przypadku THTR, pierwsza samowystarczalna krytyczność pojawiła się przy około 270.000 kulek. W łóżku z piłką są zawsze w bliskim kontakcie ze swoimi 6 do 10 dotykającymi się sąsiadami. Ponadto istnieją również sąsiedzi pośredni, ponieważ w grę wchodzą również sfery otaczające. Sąsiednie strefy oddalone od siebie o więcej niż jeden metr praktycznie nie mają coraz większego znaczenia.

Chociaż w pojemnikach zestawu kołowego kołowego pociski są pakowane, ich ilość (2100 pocisków na pojemnik) nie jest wystarczająca, aby spowodować krytyczność, nawet przy arbitralnym dodaniu dodatkowego materiału moderującego. Nie dzieje się tak również w przypadku świeżych elementów paliwowych, ponieważ byłyby one wyzwalane tylko wtedy, gdyby były bombardowane przez produkty rozszczepienia i ich spowolnienie neutronowe (moderacja). Nie ma to miejsca ani w obozach Ahaus, ani w obozie Jülich the FAll.

2.6.2 Zapasy i cena uranu

W swoim raporcie z dnia 07.01.2006 r. dr Ludwig Lindner (✞2019) doszedł do następującego podsumowania: Światowa dostępność uranu wynosi ponad 100 lat, nawet przy uwzględnieniu światowej ekspansji energii jądrowej i obecnych cen uranu. Przy wyższych kosztach i jeśli dodamy rozbrojenie broni jądrowej, uran będzie trwał ponad 1000 lat. W 2003 r. krajami dostawcami rudy uranu były: Kanada: 30,5 %, Australia: 22,5 % - a także Kazachstan, Niger, Rosja, Namibia i Uzbekistan. Uran jest tak samo powszechny jak cyna i wolfram.

Cena wynosiła 26 USD/kg w 2003 roku, około 80 USD/kg uranu w połowie 2005 roku i 25 USD za 250 funtów U308 w sierpniu 2019 roku. Odpowiada to 250 razy 453 = 113,250 gramów lub 25 USD za 113 kg. Następnie 1 tona kosztuje 8,8 razy 25 = 220 USD za tonę. Koszty poszukiwania uranu są przy 1,5 USD/kg uranu około 300 razy niższe niż w przypadku ropy naftowej przy 6 USD/baryłkę.

2.6.3 Zapasy toru

Oprócz L. Lindnera, Mathias Meier skomentował również zalety toru w Wiley interscience lub "Final-Frontier.ch". Szczegóły i dodatkowe informacje dr Günther Dietrich z pierwszego wydania "Biokernsprit" podsumowujemy tutaj:

Oprócz uranu tor nadaje się również jako paliwo jądrowe, które w reaktorze wysokotemperaturowym (THTR) jest wykorzystywane jako materiał żyzny. Z toru-232 (zawartego w 100 % w naturalnym torze) powstaje U-233.

Tor znajduje się na wysokości około 11 ppm w grubej na 16 km skorupie ziemskiej... Najważniejszym surowcem do wydobycia toru jest piasek monazytowy, który zawiera 3 -11% toru. Największe złoża znajdują się w południowych Indiach, prawdopodobnie dlatego tor jest również wykorzystywany w elektrowniach jądrowych w Indiach. Na początku lat dziewięćdziesiątych XX wieku bezpieczne rezerwy toru wynosiły 1,3 mln ton, z dodatkową zakładaną ilością 2,7 mln ton. (Römpp Basis-Chemie-Lexikon 1999, s. 2667).

Jako alternatywę proponuje się reaktor ciekłego fluorku toru. W reaktorach toru nie wykorzystuje się uranu jako paliwa, lecz tor. Okres półtrwania jedynego naturalnie występującego izotopu toru232 wynosi ponad 14 miliardów lat. Oznacza to również stosunkowo słabe natężenie promieniowania. Aby izotop ten był rozszczepialny, musi być bombardowany neutronami w kilku procesach, w wyniku czego powstaje uran233 i nowy tor, który utrzymuje cykl. Produkty rozszczepienia uranu233 są znacznie bardziej krótkotrwałe: odpady radioaktywne nie emitowałyby już niebezpiecznego promieniowania po około 300 latach. Ponadto całkowita ilość odpadów radioaktywnych w przeliczeniu na energię użytkową jest około 1000 razy mniejsza, ponieważ około 98% paliwa jest faktycznie spalane.

Meier proponuje roztwór fluorku litu-7 / fluorku berylu jako środek transportu paliwa, który wraz z innymi środkami rozwiązuje wiele problemów łatwiej niż reaktory wodne i wymienia je jako decydujące zalety:

- Jest to znacznie bezpieczniejsze niż konwencjonalne konstrukcje, w szczególności konwencjonalne "GAU" są niemożliwe.
- Wytwarza się około 1000 razy mniej odpadów radioaktywnych, co jest również bezpieczne po 300 latach.
- Możliwe jest spalanie istniejących odpadów radioaktywnych
- Przekierowanie uranu do budowy bomb jądrowych jest niemożliwe i bezsensowne.
- Tor, materiał wyjściowy dla cyklu paliwowego, jest znacznie tańszy i obfitszy na całym świecie niż uran.

Zgodnie z doświadczeniami Hamma, drastyczna redukcja odpadów nie jest potwierdzona w tym samym stopniu, ponieważ ilość brutto jest większa z uwagi na mniejszą gęstość energii.

Nie uważamy tej wady za poważną, ponieważ zgodnie z naszymi obliczeniami ilości odpadów na 100 do 300 lat eksploatacji w zbiorniku o wymiarach 100 na 100 na 20 m na terenie reaktora mogą ulec rozkładowi, a następnie znaleźć się w obszarze niegroźnym. Poniższy przykład Ahaus pokazuje, w oparciu o dotychczasowe doświadczenia, że te podejścia są realistyczne.

2.6.4 Składowanie odpadów promieniotwórczych - przykład Ahaus

(Źródło: Strona internetowa GNS, BZA)

BGZ Gesellschaft für Zwischenlager GmbH w Frohnhauser Straße 67, 45127 Essen, Niemcy, tel.: +49 201 109-0, jest odpowiedzialny za Brennelement Zwischenlager Ahaus GmbH (BZA), gdzie składowana jest część niemieckich odpadów radioaktywnych. Nowa nazwa to: Magazyn kontenerów transportowych Ahaus (TBL-A). Magazyn ma około 200 m długości, 38 m szerokości i 20 m wysokości. Składa się z dwóch oddzielnych półek magazynowych, recepcji z łącznie 4 bramami dla pojazdów drogowych i szynowych, pomieszczenia konserwacyjnego dla

kontenerów, pomieszczeń socjalnych i technicznych oraz 2 suwnic bramowych o nośności 32 i 140 ton.

6 z 370 miejsc magazynowych zajmują pojemniki transportowe i magazynowe CASTOR®V na elementy LWR. Kolejnych 50 zakładów LWR zajmuje 305 CASTOR®THTR/AVR z kulistymi elementami paliwowymi wysokotemperaturowego reaktora toru (THTR 300, Hamm) oraz 18 CASTOR® MTR2 z napromieniowanymi elementami paliwowymi wycofanego z eksploatacji reaktora badawczego Rossendorf, które ze względu na swoją mniejszą konstrukcję mogą być układane w stosy.

Zgodnie z zezwoleniem z 1997 r. maksymalnie 3 960 megagramów (ok. 3 960 ton) paliwa jądrowego (napromieniowanych zespołów paliwowych) z LWR-ów może być składowanych w 370 zakładach LWR. Sześć zbiorników CASTOR®V zawiera łącznie 70 megagramów metalu ciężkiego (napromieniowanego paliwa jądrowego). Nie przewiduje się dalszego wdrażania umów o podziale wpływów z wydobycia, ponieważ pozostaną one w tymczasowych magazynach w elektrowniach jądrowych do czasu znalezienia składowiska. Większa część terenu Ahaus jest więc zbędna, ale nie może być wykorzystana do innych celów. Składowane pojemniki zajmują tylko dobre dziesięć procent pojemności magazynowej. Odpady nisko- i średnioaktywne pochodzące z eksploatacji i likwidacji niemieckich elektrowni jądrowych są tymczasowo składowane na niewykorzystanych terenach w zachodniej części hali.

Tymczasowe składowanie jest stosowane przez okres dziesięciu lat. Od momentu uzyskania gotowości do odbioru odpady o niskim i średnim poziomie radioaktywności mają być przekazywane do licencjonowanego składowiska federalnego "Schacht Konrad".

Ponadto do Federalnego Urzędu ds. Ochrony przed Promieniowaniem (BfS) złożono wniosek o zezwolenie na składowanie średnioaktywnych odpadów promieniotwórczych pochodzących z ponownego przetwarzania niemieckich odpadów promieniotwórczych we Francji. Republika Federalna Niemiec jest zobowiązana na mocy prawa międzynarodowego do odbioru odpadów z odzysku z niemieckich elementów paliwowych.

Są to zasadniczo rękawy i elementy konstrukcyjne BE, które są pakowane w La Hague jako wysokociśnieniowe bloki metalowe w stalowe kontenery znane jako CSD-C. Następnie mają one być składowane w pojemnikach transportowych i magazynowych typu TGC-36 w tymczasowym magazynie Ahaus do czasu ich przyjęcia do odpowiedniego ostatecznego składowiska rządu federalnego.

W celu ochrony środowiska i populacji, promieniowanie na ogrodzeniu zakładu jest stale monitorowane. Od początku eksploatacji magazynu tymczasowego mierzone wartości zawsze mieściły się w zakresie wahań naturalnego promieniowania (mniej niż jedna dziesiąta mikrosiwerta na godzinę), a więc **wyraźnie poniżej limitów określonych w rozporządzeniu o**

ochronie przed promieniowaniem. Oprócz pomiarów prowadzonych przez operatora organ nadzorczy (Ministerstwo Gospodarki i Energetyki kraju związkowego Nadrenia Północna-Westfalia) prowadzi stałe pomiary i codziennie publikuje wyniki pomiarów pod następującym linkiem http://www.rfue.nrw.de/kta_start.html

2.6.5 Wykorzystanie zamiast ostatecznej utylizacji

(na podstawie krótkich informacji Bürger für Technik 293 listopada 2009 r.)

Końcowe składowanie jest obecnie uważane za konieczne w istniejących elektrowniach jądrowych, ponieważ pręty paliwowe są wykorzystywane tylko w dobrych 60 procentach, a następnie nadal emitują niebezpieczne promieniowanie. Są one zatem oczyszczane (we Francji) z niepożądanych elementów rozszczepialnych (elementy transuranowe), a następnie wzbogacane (w Rosji) z powrotem do jakości reaktora. Procedura ta wymaga - poza transportem do repozytorium - regularnych przewozów na duże odległości w Europie.

Czerwono-zieloni zakazali w Niemczech ochrony zasobów poprzez ich ponowne przetwarzanie na mocy prawa. Rząd Helmuta Schmidta wprowadził obowiązek prawny w 1976 roku. (Źródło: Dr. Hornke 14.10.09 na stronie www.buerger-fuer-technik.de)

Gdybyśmy w Niemczech mieli sami go przetwarzać, moglibyśmy użyć plutonu jako pokojowego paliwa, zamiast pozostawiać go państwom posiadającym broń jądrową.

THTR w Hamm, który jest "bezpiecznie zamknięty" od około 1990 roku, pokazuje, że w przypadku reaktora ze złożem kulistym nie jest on utopijny dla materiału rozszczepialnego wykorzystywanego do pozostawania na miejscu.

2.7 *Bezpieczeństwo*

Bezpieczeństwo dostaw energii musi być brane pod uwagę ze wszystkich aspektów, a nie tylko z punktu widzenia reakcji łańcuchowej. Obejmują one dostawy pierwotnych źródeł energii, terror i sabotaż, obciążenie sieci, błędy ludzkie, zgodność ze środowiskiem, skutki uboczne i inne. Najważniejsze z nich zostały wyjaśnione poniżej.

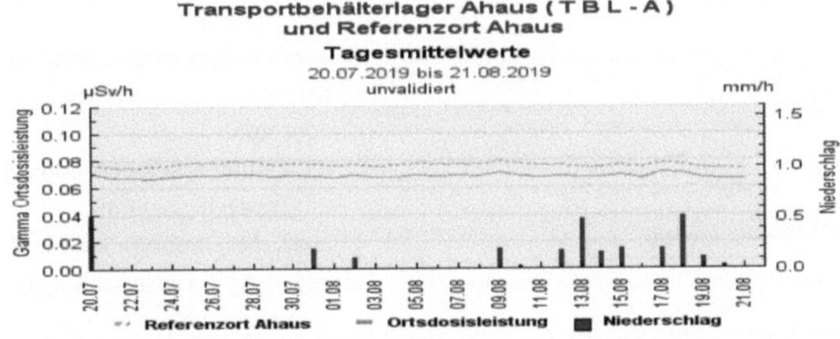

2.7.1 Bezpieczeństwo wewnętrzne

Termin ten mieni się wśród ekspertów. Niektóre odnoszą się do faktu zwiększonego wychwytywania neutronów przy wzrastającej temperaturze, która jest obecna we wszystkich reakcjach. Inni kojarzą go z większym oknem czasowym ze względu na konstrukcję i gęstość energii, co prowadzi do samogasnącego w niektórych konstrukcjach reaktora z łożem kulowym. Z jednej strony twierdzi się, że jest to zagwarantowane tylko dzięki modułowej koncepcji Siemensa, na której opiera się HTR-PM w Szantung w Chinach. Inne prototypy (np. Hamm) oraz koncepcje lub plany (MIT, NHTT, DFR) stanowią to samo twierdzenie.

Niektórzy odnoszą się do tego bezpieczeństwa tylko do "wypadku projektowego" zgodnie z INES, inni kontynuują koło lub nie określają się dokładnie.

Jednakże dokładne określenie niezbędnych kryteriów wydaje się niezbędne w celu określenia tego, co musi pozostać niepożądane.

Uważamy, że nieodłączne bezpieczeństwo jest zapewnione tylko wtedy, gdy uwzględnione są wszystkie podkryteria, które pomimo niepowodzenia wszystkich środków bezpieczeństwa, nieuchronnie i zgodnie z prawami natury prowadzą do bezpiecznego rozpadu promieniowania. Podobny do pożaru, który gasi z braku paliwa.

2.7.2 Incydenty i bezpieczeństwo w LWR i HTR

Dziś najważniejsze jest radykalne zwiększenie bezpieczeństwa technologii jądrowej. Należy odciążyć odium z **GAU (stopienie rdzenia)** i dokonać jego **ostatecznego usunięcia**. Nie robimy żadnej różnicy między FAU i Super-GAU.

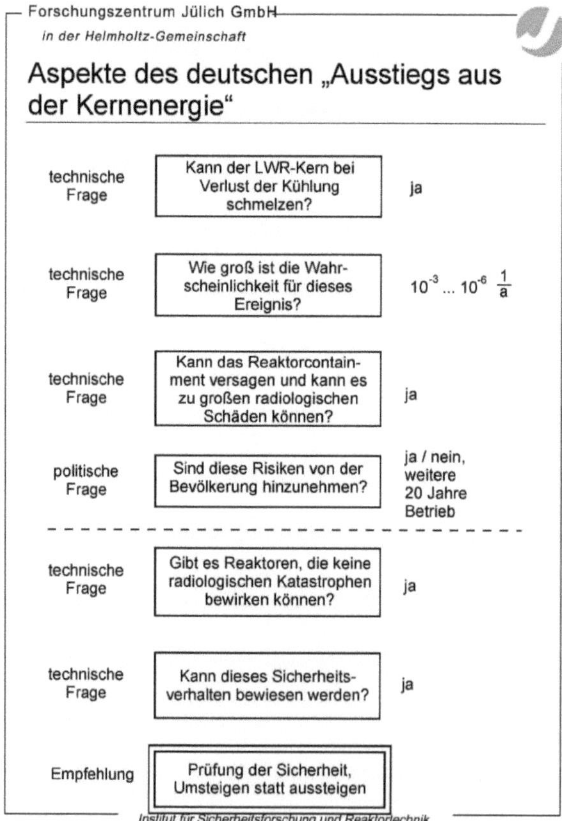

W swoim wykładzie w Dreźnie we wrześniu 2005 roku K. Kugeler przedstawi wyniki swojej pracy wraz ze współautorami: H. Barnert, H. F. Nießen, M. Kugeler i W. Scherer porównują istotne różnice między tymi dwoma typologiami. Przeszkodą jest fakt, że nadal nie istnieje ogólnie przyjęta klasyfikacja reaktorów jądrowych. Podział na generacje (zob. pkt 2.4) dodatkowo przesłania ten dylemat, ponieważ w większym stopniu dotyczy on różnic w efektywności i ochronie.

Z kolei różnice w prawach i zasadach naturalnych są znacznie mniej istotne i często są po prostu akceptowane lub nawet celowo ignorowane bez bliższej analizy.

Jednak to właśnie one są tak decydujące, że trzeba mówić o dwóch zasadniczo **różnych plemionach rozwoju.** Wtedy też rozgałęziały się one na różne sposoby. Oba szczepy opierają się na rozszczepieniu jądrowym, ale potem drogi się rozchodzą: podczas gdy jedna linia dziedziczenia opiera się na **energii o dużej gęstości**, która stara się odpędzić wszelkie zakłócenia, jakie mogą wystąpić przy wszystkich dostępnych systemach mechanicznych, elektronicznych i organizacyjnych, druga gałąź wsłuchuje się w prawa fizyki i **konstrukcji zgodnie z prawami natury, aby takie zakłócenia nie mogły w ogóle wystąpić**. Prowadzi to do ustalenia kryteriów MIT w konkretnym projekcie, jakpodano w sekcji 2.5.11

Przedstawienie Kugeler et alii dodatkowo dostarcza niezapomnianą graficzną ilustrację tego, która następuje tutaj w fragmentach.

Pierwszy schemat pokazuje, że istnieją zasadnicze różnice i prowadzi poniżej do naszej maksymy **"zmiana zamiast wychodzić"**.

W drugim schemacie, główną konsekwencją DKR jest utrata niezamieszkałej powierzchni gruntów w funkcji rozkładu produktu rozszczepienia promieniotwórczego $^{135\ \mathrm{cezu}}$. Podczas gdy reaktor kulisto-łóżkowy nie powoduje praktycznie żadnych strat na lądzie, reaktory konwencjonalne powodują do 100 000 km2 skażonego terenu - duże straty, oprócz rannych.

Główne efekty zakłócające są podsumowane na trzecim wykresie, a na poniższych wykresach przedstawiono

Różnice w reakcji tych dwóch szczepów technologicznych. Oczywiste jest, że nie tylko prawa fizyki (samo-chłodzenie się po krótkim czasie wzrostu), ale także właściwy projekt i konstrukcja są niezbędne do tego, aby te nieodłączne czynniki korzystnie oddziaływały całkiem niezależnie. Porównanie z mięśniem sercowym jest kolejnym przykładem "łagodnej techniki", która jest podawana z ochroną zapewnioną przez sprężony beton.

Z czysto przemysłowego i technicznego punktu widzenia można uznać takie porównania z żywymi organami czy nawet żywymi istotami za absurdalne. Jednak w wielu dziedzinach badacze, naukowcy, wynalazcy i technicy wciąż powracają do modeli przyrodniczych (ptaków i samolotów). Matematycy dostrzegają powiązania między swoją dyscypliną a innymi dziedzinami, takimi jak muzyka (J.S. Bach), architektura (L. da Vinci), by wymienić tylko kilka z nich.

Nie jest więc bynajmniej niedopuszczalne, ale wysoce ludzkie i dalekowzroczne, jeśli takie analogie lub prawa natury są również bezpośrednio wykorzystywane w kwestii energii, aby dojść do dobrych rozwiązań dla codziennego życia.

Wykorzystanie niskiej gęstości energii w celu uzyskania większego okna czasowego dla wskaźnika wychwytywania neutronów jest, podobnie jak metoda budowy, tego przykładem i zachętą do humanitarnego zaopatrzenia w energię na wiele następnych dziesięcioleci.

Dalsze schematy K. Kugelera pokazują to na różnych poziomach.

Dwa ostatnie schematy porównują elementy bezpieczeństwa obu linii i pokazują ogromne różnice.

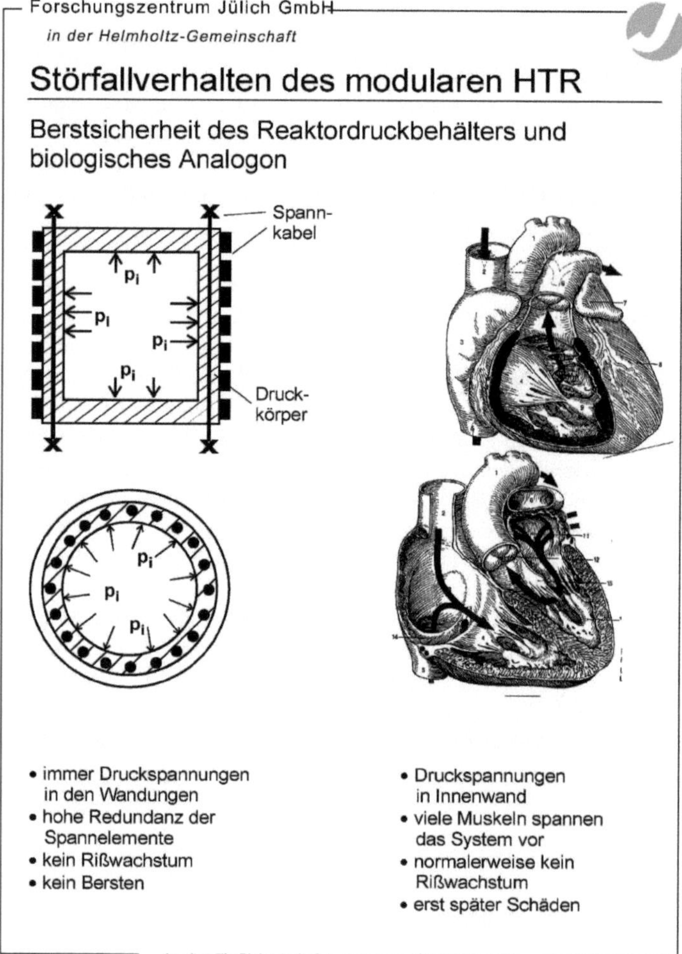

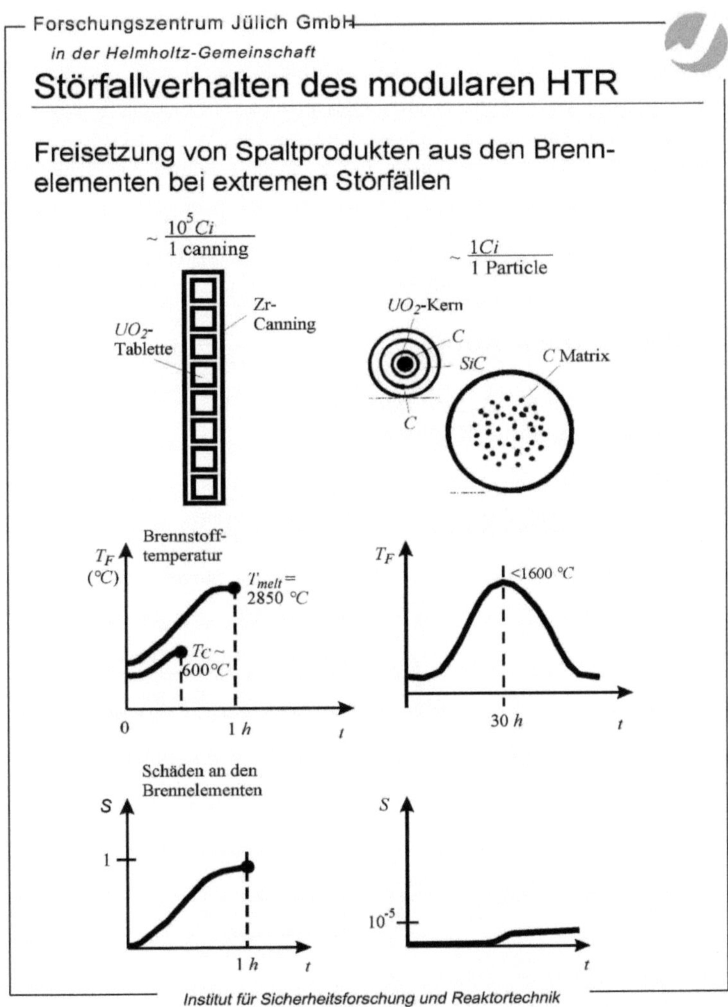

Po trzech poważnych wypadkach (w Harrisburgu, Czarnobylu i Fukushimie), analizy i ustalenia, które uzyskano w międzyczasie, pokazują, że oprócz błędów ludzkich, nieodpowiedzialnej lekkomyślności i niebezpiecznej niekompetencji, decydującymi przyczynami zawsze był człowiek. Mają one zatem zostać zmienione, a nie być prawem natury. Nie tylko w momencie katastrofy, ale niekiedy na długo przed nią, ta porażka przejawiła się i zakorzeniła organizacyjnie.

Jest zatem oczywiste, że w przyszłości reaktory muszą być budowane i eksploatowane w taki sposób, aby wypadek nie mógł spowodować katastrofy nawet bez działań człowieka. Tak jak klapy dymowe są kontrolowane przez grawitację w pożarze domu, aby uniknąć konieczności korzystania z energii elektrycznej, tak HTR chłodzi się powietrzem zewnętrznym i nie wymaga awaryjnych systemów chłodzenia.

Poniższy rysunek pokazuje, w jaki sposób HTR chroni swoje elementy belki za pomocą 4 różnych barier, podczas gdy LWR ma tylko jedną powłokę. Muszą one być w stanie wytrzymać różne bardzo silne uderzenia. W przypadku LWR lub SWR wykazano, że nie zawsze to działa. W przypadku HTR, z drugiej strony, przypadki sprowokowane nie wykazały takich konsekwencji.

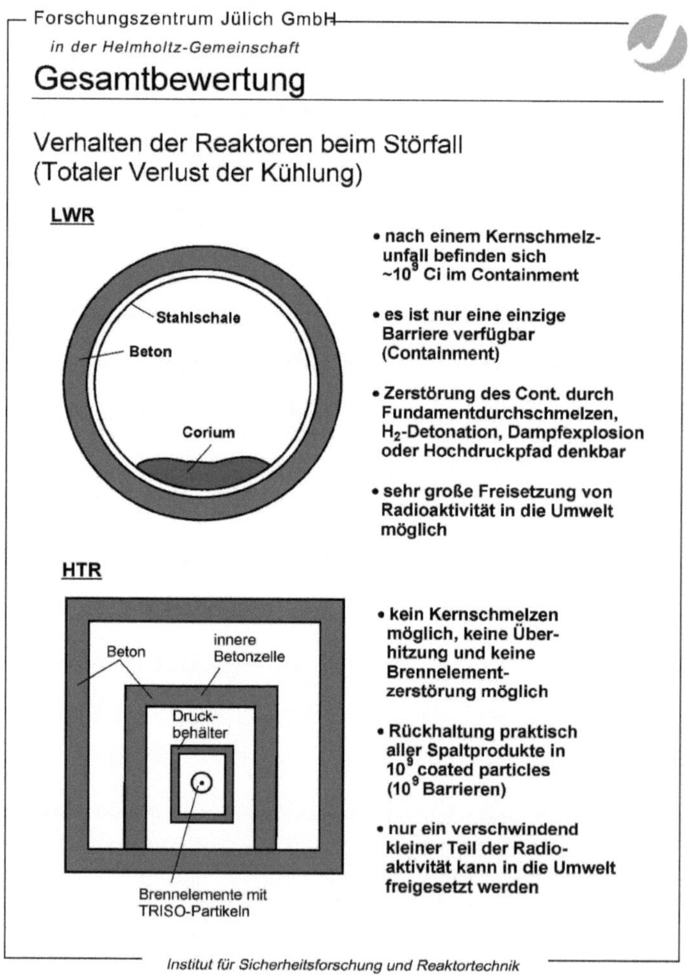

Ostatni wykres podsumowuje jeszcze raz, że wszystkie możliwe incydenty zostały zbadane, kilka razy również GAU został sztucznie wygenerowany, co jednak zawsze prowadziło samo w sobie do spadku temperatury w ciągu kilku godzin, przy czym promieniowanie również odpowiednio spadło.

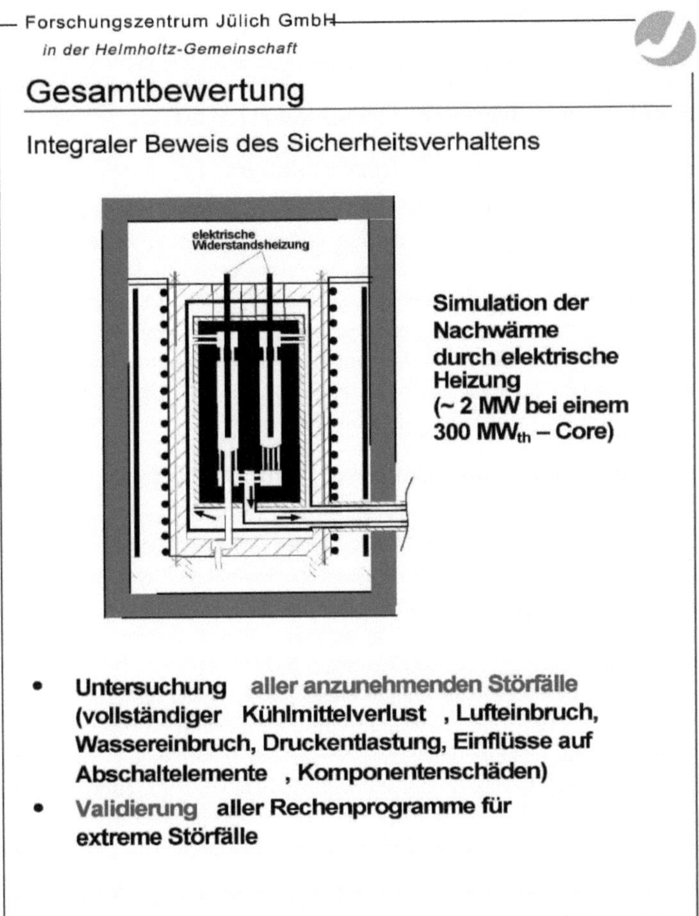

2.7.3 Proliferacja - niepożądane rozprzestrzenianie

W "Technologii reaktorów wysokotemperaturowych", patrz 2.5.9 na str. 408 i nast., Kugeler i Schulten składają wyraźne oświadczenia o unikaniu broni jądrowej:

W sekcji 9.6, w przypadku proliferacji w reaktorze wysokotemperaturowym, uran lub pluton o średnim lub wysokim stopniu wzbogacenia opisuje się jako materiał wybuchowy i rodzaj broni po różnych cyklach rozszczepienia i rozmnażania z uranem naturalnym ^{235U}, ^{233U}, ^{239PU},

241PU i 232TH, jak również po przetworzeniu i wzbogaceniu. Tabela przedstawia dokładne proporcje mieszania, masy krytyczne i inne właściwości.

Cykl Th/U 20 % (MEU = "Medium Enriched Uranium") został określony jako szczególnie nieodpowiedni do rozprzestrzeniania. Nie daje to koncentracji U na poziomie broni i tylko 13 miligramów PU na BE. Dlatego też do wydobycia wymaganej ilości 8 kg PU potrzebnych byłoby 620 000 kulek. Nikt nie pomyśli, żeby zrobić z tego broń.

PODSUMOWANIE:

Odporność na rozprzestrzenianie oznacza, że konieczne będzie podjęcie znacznego wysiłku w celu uzyskania materiału rozszczepialnego. Byłoby to znacznie łatwiejsze w użyciu, na przykład, RBMK lub inne reaktory. Terroryści to rozważą.

2.7.4 Energia jądrowa - ale w kolorze zielonym

Pod tym tytułem Ulli Kulke donosi w WELT 19 lutego 2010 roku o propozycjach **USA, Chin i Euratomu,** które sprowadzają się do postrzegania reaktora ze złożem kulistym jako "alternatywnej energii jądrowej", która ma być wykorzystywana do produkcji energii tak samo jak inne alternatywne źródła energii. Szybki reaktor rozpłodowy w Kalkarze został jednak wymieniony jako dopuszczalny ze względu na jego przydatność do produkcji plutonu tylko wtedy, gdy uda mu się przekształcić z niego inne pierwiastki przez transmutację. Jak dotąd jednak sytuacja prawna nie pozwala nam na to. Autor szacuje więc, że GIF ("Generation IV International Forum") w Petten, w Holandii, pobije nas do ponczu.

2.7.5 Bezpieczne elektrownie atomowe - Prof. A. Hurtado,

"Które elektrownie atomowe są najbezpieczniejsze" z WELT online.

Po Fukushimie WELT przeprowadził 18 marca 2011 r. wywiad z prof. Antonio Hurtado, w którym główny nacisk położono na aspekty bezpieczeństwa. Oto fragment.

World Online: Ale czy grafit nie stanowi poważnego zagrożenia dla bezpieczeństwa? Przecież w Czarnobylu to grafit przez wiele dni palił się w reaktorze i w ten sposób w decydujący sposób przyczynił się do rozmiaru katastrofy?

Hurtado: Reaktora ze złożem kamiennym nie da się w ogóle porównać z reaktorem w Czarnobylu. Miał on tak zwany **dodatni współczynnik temperatury**. Oznacza to, że wraz ze wzrostem temperatury moc reaktora stale rośnie, a jego temperatura staje się jeszcze gorętsza. To jest fatalny mechanizm. Jednak reaktor z łożem kamiennym ma **ujemny współczynnik temperatury**. Gdy temperatura wzrasta, więcej neutronów jest pochłanianych, co zmniejsza reaktywność, a tym samym moc reaktora, a tym samym temperaturę w rdzeniu reaktora.

World Online: Czy w przypadku prawidłowo zwymiarowanego reaktora ze złożem kamiennym topnienie rdzenia byłoby naprawdę niemożliwe?

Hurtado: Absolutnie. Jednak bezpieczeństwo kupuje się za cenę niższej gęstości mocy. Podczas gdy reaktor z wodą pod ciśnieniem produkuje 100 megawatów na metr sześcienny, a reaktor z wodą wrzącą 50 megawatów na metr sześcienny, wydajność reaktora ze złożem kamiennym musi być ograniczona do sześciu megawatów na metr sześcienny, jeśli chce się mieć przewagę nad właściwym bezpieczeństwem.

World Online: Czy ta technologia, pierwotnie wynaleziona w Niemczech, ma szansę być kiedykolwiek wykorzystana tutaj, w Niemczech?

Hurtado: Wolałbym w tej chwili nie mówić o Niemczech. Ale wiele krajów jest zainteresowanych - w tym Kanada, Chiny, Indie, USA i, przynajmniej do tej pory, Japonia. Główną zaletą tej technologii jest nie tylko nieodłączne bezpieczeństwo. Bardzo dobrze nadaje się do dostarczania ciepła procesowego dla przemysłu. I właśnie w tej dziedzinie należy w najbliższych latach poszukiwać alternatyw dla paliw kopalnych, aby ograniczyć emisję dwutlenku węgla. .... "

2.7.6 Uwagi dr Werner von Lensa, Jülich

Dr. v. Lensa wyraża wyniki swojej pracy naukowej w wykładach i przy innych okazjach:

2.7.6.1 Wydarzenie - 02.11.2005 w Aachen

Dr Werner von Lensa wyjaśnił obecny rozwój HTR i przedstawił przegląd programów rozwoju HTR w Chinach, Francji, Japonii, RPA, Korei Południowej i USA. Dr von Lensa jest wiceprzewodniczącym europejskiej "sieci technologii HTR" i jest zaangażowany dla EURATOM w "Międzynarodowe Forum IV Generacji (GIF)". Niektóre z jego kluczowych zdań następują tutaj:

"Powlekane cząsteczki mają bardzo wysoką zdolność zatrzymywania produktów rozszczepienia

Modułowe HTR o niskiej mocy nie mogą doświadczyć zniszczenia rdzenia po utracie chłodzenia i chłodziwa, ponieważ ciepło resztkowe jest automatycznie odprowadzane nawet bez aktywnych systemów bezpieczeństwa. W Republice Południowej Afryki i Chinach, USA, Rosji i Francji oraz Japonii opracowywane są obecnie trzy różne projekty elementów paliwowych. Jednak to, co je wszystkie łączy, to koncepcja cząstek powlekanych.

Zaletą modułowej koncepcji HTR jest to, że system jest dostosowany do zapotrzebowania odbiorców na ciepło.

Wykorzystanie wysokiego wypalenia daje również obiecujące możliwości rozwiązania problemu ostatecznego składowania odpadów promieniotwórczych.

Modułowe HTR-y są uzupełnieniem LWR-ów.

Mając na uwadze długoterminowy cel produkcji wodoru, w USA, Japonii i Korei Południowej istnieją ważne krajowe programy rozwoju, mające na celu zmniejszenie zależności od importu ropy naftowej. Niezbędne prace badawczo-rozwojowe będą prowadzone przez "Międzynarodowe Forum IV Generacji (GIF)". Członkami europejskiej sieci technologii HTR jest obecnie 21 organizacji z branży przemysłowej i badawczej.

We wrześniu 2009 r. wypowie się on w długiej dyskusji i za pośrednictwem poczty elektronicznej na temat obecnej sytuacji i przedstawi szczegółowe informacje na temat różnych projektów i budynków HTR we wszystkich częściach świata, na temat poziomów wzbogacania uranu (niski, średnio-wysoki) i ich konkretnych zastosowań, na temat poziomów temperatury od 200 do ponad 1000 stopni Celsjusza i ich odpowiednich specjalnych konsekwencji dla materiałów, mediów i zastosowań, na temat odpowiednich gazów i cieczy, na temat optymalnej wielkości reaktora i odpowiednich materiałów osłonowych, a także na temat wykorzystania ciepła w określonych temperaturach mających wpływ na wydajność.

2.7.6.2 Właściwości bezpieczeństwa P. W. Phlippena

W swoim wykładzie *The High-Temperature Reactor - Safety Properties and Projects* na 67. konferencji fizyków Niemieckiego Towarzystwa Fizycznego w Hanowerze w dniach 24 - 28 marca 2003 r., Peter-W. Phlippen obszerny materiał.

Forschungszentrum Jülich GmbH
Institute for Safety Research and Reactor Technology

HTR-Projekte weltweit (2)

		Modul	HTR-10	PBMR	HTTR	MHTGC
country		Germany	China	South Africa	Japan	USA/Russia
thermal power	MW	200	10	400	30	600
electrical power	MW	80	3	110	-	286
purpose of plant	-	cogeneration, electricity production	experimental, electricity production	demonstration, electricity production	experimental, electricity production	demonstration electricity production
type of fuel element	-	spherical	sphercial	spherical	block	block
max. helium temperature	°C	700	700...900	900	850...900	850
max. temp. in case of accident	°C	< 1500	< 1100	< 1600	< 1600	< 1600
status	-	detailed engineering finished	operating	detailed engineering proceeding	operating	detailed engineering proceeding

DPG AKE 24. März 2003, Phlippen, FZJ-ISR

Jako pracownik Instytutu Badań nad Bezpieczeństwem i Techniką Reaktorową w Forschungszentrum Jülich GmbH, przedstawia on dogłębnie udokumentowany przegląd aspektów bezpieczeństwa.

Zgodnie z tym reaktory HT są pod każdym względem znacznie bezpieczniejsze niż obecnie działające elektrownie jądrowe generacji I-III.

2.7.7 Nieubezpieczalność dla reaktorów jądrowych

Założenie, że ze względu na techniki bezpieczeństwa w elektrowniach jądrowych generacji 1-3 nigdy nie dojdzie do wypadku, zostało obalone w poprzednich przypadkach. Od 1998 roku ustawa o energii atomowej przewiduje maksymalną odpowiedzialność w wysokości około 2,5 mld euro. W Niemczech zostało ono przejęte przez Deutsche Kernreaktor-Versicherungsgemeinschaft Aachener Str. 75 w 50931 r. w Kolonii, Tel. 0221 936400-0. **Rząd federalny ponosi odpowiedzialność** za szkody w wysokości przekraczającej tę kwotę zgodnie z **§ 34 ustawy o energii atomowej**.

Faktem jest, że koszty tych katastrof **nie podlegają ubezpieczeniu**, ale musiały zostać pokryte przez państwa i ludność za pomocą bardzo dużych sum pieniędzy i innych szkód. Według japońskiego premiera Kana, Fukushima to co najmniej 40 do 50 mld euro na reaktor. W przeliczeniu oznacza to cenę za kWh energii elektrycznej wynoszącą co najmniej 20 centów od mocy generatora. Nasze obecne ceny energii elektrycznej wzrosłyby wtedy do 30 do 40 centów. Obliczenia w załączniku do tabeli**Fehler! Verweisquelle konnte nicht gefunden werden.** pokazuje szczegóły.

Zasada działania reaktora ze złożem kulistym jest inna. Ze względu na ujemny współczynnik temperaturowy, obawiająca się gwałtownego wzrostu reakcji łańcuchowej nie występuje, lecz wręcz przeciwnie. Cząsteczki rozszczepialne znajdują coraz mniej punktów uderzenia i w ten sposób reakcja zmniejsza się do nieszkodliwych wartości.

Ze względu na to bezpieczeństwo na wypadek klęski żywiołowej, ubezpieczenie od ryzyka przypadkowej utraty zysków nie jest konieczne. Nikt nie ubezpiecza się od nieobecnego ryzyka. Pozostałe ryzyka przemysłowe podlegają ubezpieczeniu handlowemu. Ubezpieczyciele przemysłowi oferują rozwiązania szyte na miarę. Allianz ogłosił, że premia zostanie obliczona zaraz po przedłożeniu projektu.

2.7.8 Komentarze Greenpeace

W dniu 9 września 2010 r. inż. Heinz Smital, ekspert ds. promieniowania Greenpeace, stwierdził w rozmowie telefonicznej na temat promieniowania, że promieniowanie ZERO jest celem i musi być wymagane na mocy niemieckiego rozporządzenia o ochronie przed promieniowaniem.

Odwołania do promującego zdrowie promieniowania w górach, na nartach, w powietrzu i w jego ojczyźnie (np. w Bad Gastein) zostały odrzucone z argumentem, że skutki te nie miały nic wspólnego z promieniowaniem. Wskazanie, że dawka była ważna, również zostało odrzucone, kończąc tym samym rozmowę. Dalsza dyskusja wydaje się zatem bezcelowa.

2.7.9 Zabezpieczanie surowców poprzez energię, często wysoką temperaturę

W obszernym artykule autorzy Steinbach i Wellmer przedstawiają powiązania między dostępnością surowców - zwłaszcza metali - a energią potrzebną do ich wydobycia. W przyszłości wystarczająca podaż wielu surowców zostanie osiągnięta jedynie poprzez zwiększenie nakładu energii - często poprzez recykling, a nawet lepiej poprzez transmutację.

Szczególnie na stronie 1416 ich wkładu (patrz "Paliwo Biokernela", wydanie 1) podają one rozstrzygające wyjaśnienie tych zależności i w ten sposób dostarczają dalszego wiarygodnego uzasadnienia dla użycia energii wysokotemperaturowej dla wielu procesów.

2.8 *Społeczeństwo - akceptacja - perspektywy*

Fakt, że w naszych Niemczech nie może być mowy o konkretnym wdrożeniu produkcji energii z energii jądrowej w najbliższych latach, odpowiada obecnej świadomości polityków, mediów i części społeczeństwa. Nie należy jednak zapominać, że nie tylko wynalezienie kulistego łóżka wysokotemperaturowej energii, ale także jego pozytywne polityczne towarzyszenie i pewne ekonomiczne wdrożenie miało miejsce w naszym kraju pół wieku temu.

Liczymy na to, że podobnie jak w przypadku innych podobnych scentralizowanych technologii, ta zostanie prawdopodobnie najpierw wdrożona za granicą, zanim wartość ta zostanie ponownie szeroko uznana. Chiny planują pierwsze przyłączenie do sieci w 2020 roku.

2.8.1 Adenauer i Układ o nierozprzestrzenianiu broni jądrowej

z Poppinga: "Adenauer's last days",
Hohenheim 2009 Strony 48 do 51

.... Myśli potem poszły w przyszłość. Jaki może być rozwój w ciągu następnych pięćdziesięciu lat? Siły energii atomowej, zmiany wagi, podyktowane wyłącznie liczbą ludności, jak mogą na nie wpływać?

A teraz ten **układ o nierozprzestrzenianiu broni.** Zdaniem pani kanclerz, znaczenie tego traktatu dla nas nie polegało przede wszystkim na jego konsekwencjach militarnych, ale na **jego implikacjach gospodarczych i politycznych**. Jego zdaniem traktat ten wyznaczyłby bowiem zdecydowanie kierunek przyszłego rozwoju przemysłowego, a tym samym gospodarczego, a przede wszystkim politycznego. Trzeba było spojrzeć w przyszłość i wyobrazić sobie ogromne zmiany i wstrząsy, jakie pokojowe wykorzystanie energii jądrowej przyniesie gospodarce w nadchodzących dziesięcioleciach. **Świat musiałby zostać wyposażony w sprzęt do wykorzystania energii jądrowej do celów pokojowych. Gdyby jednak traktat ten został podpisany, duch przedsiębiorczości zostałby sparaliżowany w tej dziedzinie na przykład w Niemczech, a wszelkie inicjatywy zostałyby zdławione od samego początku. W tym celu nie poczyniono by żadnych inwestycji, a rozwój i produkcja tych urządzeń zostałyby ograniczone lub nawet nie rozpoczęto by ich produkcji.** Monopol leżałby wtedy wyłącznie w Waszyngtonie. Ale także z Moskwą! Sowiecki premier Kossygin oświadczył w 1966 roku duńskiemu premierowi Kragowi, że traktat jest bezwartościowy bez podpisu niemieckiego. Po co ten interes? Kanclerz pytał. Ale nie z powodu strachu przed tą małą Republiką Federalną? To byłoby wręcz niedorzeczne. Związek Radziecki góruje nad nami. "Niemcy to tylko częściowe pytanie w znacznie większym kompleksie pytań", wyjaśnił mi podczas mojej pracy nad przemówieniem. "Musisz spojrzeć na to wszystko z dużo większej perspektywy. Za całą procedurą kryje się bardzo wyraźnie przemyślana koncepcja: **neutralizacja niemieckiego potencjału gospodarczego, ponieważ jest to konsekwencją tego układu o nierozprzestrzenianiu broni jądrowej**, ponieważ oznacza to praktycznie kontrolę nad wszystkimi badaniami w dziedzinie energii jądrowej, tj. również nad badaniami nad pokojowym wykorzystaniem energii jądrowej. Bo tam Rosjanie zawsze będą mówić natychmiast: Przestań! Robisz wojskowe historie. Nawet jeśli jest to kwestia czysto ekonomicznego, pokojowego wykorzystania. Usunięcie i wyeliminowanie Niemiec z europejskiego potencjału obronnego i z gospodarczego zjednoczenia, to jest to, co się za tym kryje. A to oznacza silne osłabienie Zachodu. Nie ma żadnej myśli, że mają na myśli nasze dobro! Oni myślą poważnie!" Ale ten rozwój nie dotyczyłby tylko Niemiec. Widział on niebezpieczeństwo, że inne państwa europejskie również mogą zostać pozbawione środków do życia, tak jak to miało miejsce w przypadku nas, chyba że ktoś zwróci się do Moskwy. "Ostatecznie rezultatem będzie neutralizacja potęgi gospodarczej i potencjału obronnego całej Europy Zachodniej, a prędzej czy później Rosjanie osiągną to, czego chcą. A Amerykanie jeszcze bardziej zachęcają do tego, mówiąc o zmniejszeniu liczebności oddziałów w Europie. Ta Europa Zachodnia musi wtedy nieuchronnie zostać wciągnięta w moskiewski bajzel. I o to w tym wszystkim chodzi." Chruszczow powiedział mu podczas wizyty w Moskwie w 1955 roku, że czas ten pracował dla niego, dla Moskwy, wiatr nie wiał mu w twarz. Jeżeli wszystkie te względy zostaną wzięte pod uwagę i jeżeli układ o nierozprzestrzenianiu broni jądrowej zostanie podpisany, to, jak powiedział, musi on zostać udowodniony, że ma rację.

Że Amerykanie tego nie widzą!" Musisz dotknąć swojej głowy, powiedział. Że Amerykanie w ogóle nie docenili znaczenia Europy dla USA. "Mutatis mutandis, to zawsze ta sama historia", powiedział mi kanclerz. "Rosjanie chcą, by USA wyszły z Europy, patrzą daleko w przyszłość, kalkulują chłodno. I mieć bardzo stanowczą, zdecydowaną wolę. A potem ta Europa - rozdrobniona i podzielona! By obudzić Europę Zachodnią, to jest jej cel." **Czyżby amerykańskie kręgi biznesowe wywierały**

presję na rząd Waszyngtonu? Tych, którzy chcieli zapewnić sobie monopol na produkcję niezbędnych reaktorów i tym podobne na pokojowe wykorzystanie energii jądrowej, na którą będzie duże zapotrzebowanie na całym świecie? A kto się obawiał europejskiej konkurencji? Że Waszyngton, pod presją interesów gospodarczych, krótkowzrocznie ignoruje polityczne konsekwencje? Ponadto przesadnie podkreśla się rolę Azji dla Ameryki, zaniedbując jednocześnie Europę. Jakże gorzkie to wszystko kiedyś się zemści, powiedział, jeśli ster nie zostanie zawrócony w Waszyngtonie na czas.

Poprosił o filiżankę herbaty. I dalej odgłos pióra biegnącego po papierze. Skończyła się farba drukarska, wziął ołówek. Potem głębokie westchnienie. Odepchnął przed sobą w pełni opisane strony: "Dzięki Bogu, zrobione!" .

2.8.2 Polityka jądrowa i Niemcy

Jeśli chodzi o politykę Konrada Adenauera, historyk dr Holger Löttel z Fundacji Dr Konrada-Adenauera-Hausa w Rhöndorfie napisał do nas w sierpniu 2010 roku, że Adenauer nie dążył do produkcji broni jądrowej na wyłączną odpowiedzialność Niemiec. Było to celowe rozróżnienie między technologią reaktorów konwencjonalnych a możliwymi innymi zastosowaniami rozszczepienia jądrowego.

Przy okazji, zrobił to po konsultacji z wieloma ekspertami z dziedziny nauki, kościołów, polityki i stowarzyszeń. Bundestag się zgodził. Pełny tekst znajduje się w pierwszym wydaniu "Biokernspritu".

Fakt, że polityka i przemysł energetyczny realizowały później tylko konwencjonalną technologię jądrową, wynika z krótkoterminowego myślenia użytkowego i zrzucenia wielkich katastrof na odpowiedzialność rządu federalnego. Decydenci polityczni na to pozwolili, prawdopodobnie dlatego, że wielu z nich było i jest obce długoterminowej odpowiedzialności.

Po stopniowym powrocie do bardziej trzeźwej oceny w 2010 roku, co doprowadziło do złagodzenia scenariusza wyjścia, na początku 2011 roku ogólny strach odzyskał przewagę po Fukushimie. Doprowadziło to do tego, że Niemcy poszły w pojedynkę w swoim szybkim i "końcowym" odejściu od energii jądrowej. Do tej pory nie zostało to odwołane, chociaż wszystkie badania pokazują obecnie, że główne zagrożenia wynikają z błędów ludzkich i nie mogą wystąpić w istniejących niemieckich elektrowniach jądrowych. To było szczególnie w Fukushimie.

Fakt, że łóżko kulowe HTR jest jeszcze bezpieczniejsze wymiarowo został zauważony tylko przez indywidualnych ekspertów i media. Minister środowiska Röttgen i jego ministerstwo nie dokonały rozróżnienia między dwiema podstawowymi liniami energii jądrowej. Były one również niedostępne dla wielokrotnych odniesień i potwierdziły, że "nie potrzebują informacji". Fakt, że minister Röttgen zrównał tę technologię z fuzją, również pokazuje, jak bardzo jest ona nierealistyczna.

Bazując na tym doświadczeniu, należy się spodziewać, że zanim nasz kraj dostrzeże możliwości, może nastąpić jeszcze kilka huśtawek w obu kierunkach.

2.8.3 Manifest BDI na rzecz wzrostu i zatrudnienia

W niniejszym Manifeście dla Niemiec 2020 pierwsze wydanie latem 2008 r. znajduje się na stronie 169 f.:

.... **Celem musi być opracowanie reaktora wysokotemperaturowego (HTR) jako dostawcy ciepła procesowego do produkcji wodoru.** Zainteresowanie rozwojem VHTR (Very High Temperature Reactor) jest szczególnie duże w USA. **W przeszłości Niemcy były światowym liderem w rozwoju HTR, a Forschungszentrum Jülich jest do dziś centrum doskonałości. Wiedza w tym obszarze technologicznym musi być ponownie zwiększona w nauce i przemyśle i wykorzystywana w sposób ofensywny do tworzenia wartości w Niemczech i do rozwiązywania globalnych problemów energetycznych.**

2.9 *Projekty HTR i łoża kulowego w innych krajach*

Chiny, Japonia i Republika Południowej Afryki mają ogromne potrzeby energetyczne i podkreślają rolę energii jądrowej. Są one prawdopodobnie najbardziej aktywnymi krajami także w rozwoju i budowie technologii łoża kulowego. Stany Zjednoczone od dawna zaniedbywały tę koncepcję z powodów ekonomicznych i wydają się ponownie przemyśleć swoje podejście po Fukushimie.

2.9.1 **Sytuacja około 2005 r.** (za prof. dr H. Bonnenbergiem)

Pełne wersje są reprodukowane w "Biokernsprit" wydanie 1.

A. ***Działają*** *następujące reaktory wysokotemperaturowe:*

Chiny: *HTR 10* *10 MW (z kulkami)*

Japonia: *HTTR* *30 MW (z blokami)*

B. Obecnie planowane lub budowane są następujące reaktory wysokotemperaturowe typu "reaktor żwirowy":

Republika Południowej Afryki: *PBMR* *400 MW (z turbiną gazową)*

Chiny: *HTR - Moduł 250 MW (z turbiną parową)*

Południowa Afryka zaprzestała teraz wysiłków na rzecz zwolnienia wszystkich ludzi, ale powinna teraz rozważyć ich kontynuację.

C. Przygotowywane są następujące programy dotyczące przyszłego wykorzystania reaktora wysokotemperaturowego:

Współpraca międzynarodowa: *GENERACJA IV*

Chiny: *30 sztuk HTR 250 do 2020 r. - remont kapitalny*

Republika Południowej Afryki: *20 - 30 HTR 400 do 2050 r.*

Francja (program UE): *ANTARES (z turbiną gazową)*

USA, Rosja *MHTGR do niszczenia plutonu*

USA, Korea Południowa, Japonia: HTR do produkcji wodoru

Holandia: *HTR jako napęd statku*

2.9.2 Zagraniczne projekty HTR

Wiemy o rozwoju HTR w niektórych krajach:

2.9.2.1 Republika Południowej Afryki

The European Science and Environment Forum (ESEF) 4 Church Lane, Barton Cambridge, Anglia, CB3 7BE Telefon: (+44)(0)1223 264 643 Faks: (+44)(0)1223 264 645 Web:http:/Avww.esef.org E-mail: lorraine@esef.org jest niezależnym, nienastawionym na zysk stowarzyszeniem naukowców, którego celem jest zapewnienie, że dyskusje naukowe są dokładnie odzwierciedlane, a decyzje i działania w dziedzinie polityki ochrony środowiska opierają się na naukowo uzasadnionych podstawach.

Leon Louw, Dyrektor Wykonawczy, Free Market Foundation of Southern Africa, CEO, Law Review Project i DR. KELVIN KEMM STRATEK, P 0 Box 74416, Lynnwood Ridge, 0040, Pretoria, South Africa Tel: (+27) 12-807 0067 Fax: (+27) 12-807 0069 Email: Stratek@pixie.co.za Założyciele grupy ekologicznej Green *and Gold Forum* są szczególnie zaangażowani w projekt PBMR w Republice Południowej Afryki, Pełne dane od Dave'a Nichollsa, Wynn Roscoe i Thabanga Makubire'a z zespołu PBMR są reprodukowane w Biokernsprit 1st edition.

Dr Kelvin Kemm jest konsultantem ds. strategii technologicznej i prowadzi własną firmę *Stratek* w Pretorii w Republice Południowej Afryki. Jest aktywny w różnych obszarach działalności firmy, w interesie rozwoju strategii technologicznej.

W dniu 26 marca 2009 r. w Pekinie podpisano protokół ustaleń w sprawie współpracy pomiędzy chińskimi i południowoafrykańskimi konstruktorami reaktorów wysokotemperaturowych (HTR). Południowoafrykańskie przedsiębiorstwo Pebble Bed Modular Reactor (Pty) Ltd (PBMR) i Instytut Technologii Jądrowych i Nowej Energii (INET) Uniwersytetu Tsinghua oraz chińskie przedsiębiorstwo Chinergy są partnerami.

Spółka państwowa PBMR i agencja rządowa są sponsorowane:

Adres fizyczny Adres pocztowy
Republika Południowej Afryki Republika Południowej Afryki
1279 Mike Crawford Ave P O Box 9396
Centurion Centurion
Sekretarz wykonawczy p.o. dyrektora generalnego ist/war Mary-Ann Damon
Telefon: +27 (0) 12 641 1097 Faks: +27 (0) 12 641 1070
Mobilny: +27 (0) 84 305 9849 Rozdzielnica: +27 (0)12 641 1000

W lutym 2012 r. wykażą one status projektu na stronie www.pbmr.com z datą 2009 r., w której wzrost i wyniki są prezentowane pozytywnie. Pytania pozostały bez odpowiedzi. WEbsie mówi w sierpniu 2019 r.

Z małej firmy inżynieryjnej, zatrudniającej zaledwie 100 pracowników, która powstała w 1999 r., modułowy reaktor z łożem kamiennym (SOC) (PBMR) do 2004 r. stał się jednym z największych przedsiębiorstw projektowych i inżynieryjnych reaktorów jądrowych na świecie. Oprócz głównego zespołu składającego się z około 800 osób, który znajdował się w centrali PBMR w Centurion koło Pretorii, w projekt zaangażowanych było ponad 1000 osób z uniwersytetów, firm prywatnych i instytutów badawczych.

Pebble Bed Modular Reactor (SOC) to partnerstwo publiczno-prywatne obejmujące rząd Republiki Południowej Afryki, podmioty przemysłu jądrowego i przedsiębiorstwa użyteczności publicznej. PBMR został sklasyfikowany jako strategiczny projekt krajowy ze względu na jego znaczenie dla RPA i potencjał na rynkach międzynarodowych, jako potencjalnego dostawcy bezpiecznej, czystej energii.

Niemieccy eksperci twierdzą, że niektóre doświadczenia Jülicha i Hamma zostały zignorowane i teraz muszą stawić czoła konsekwencjom. W związku z tym, w chwili obecnej stanął w miejscu.

2.9.2.2 PROJEKTY HTGR W CHINACH

W Chinach reaktor badawczy HTR-10 jest eksploatowany na Uniwersytecie Tsinghua, a bliźniaczy prototyp - HTR-PM (dwa modułowe reaktory po 250 MWth każdy - jest obecnie w budowie w Weihai, Shidaowan, Shandong, East China). Ponadto, zasada działania turbiny gazowej HTR-10GT zostanie połączona z reaktorem badawczym. W 2010 r. odnotowano, że wszystkie etapy projektu (lokalizacja, zakład energetyczny, pozyskanie ofert, testy przeglądowe itp.

Do sierpnia 2019 r. budowa i produkcja tych komponentów będzie bardzo zaawansowana. Wymienniki ciepła znajdują się na miejscu i są w trakcie montażu. Po kilku przesunięciach w czasie, przyłączenie do sieci planowane jest na rok 2020. Monitorujemy postępy w pracach nad stroną internetową www.gaufrei.de

2.9.2.3 Wywiad z prof. Zhang Zuoyi, Uniwersytet Tsinghua.

Na stronie www.gaufrei.de, Kachel China można znaleźć film o HTR-10 z celowo sprowokowanym GAU, który następnie kasuje się z powodu nieodłącznego bezpieczeństwa. Wywiad z prof. Zhang Zuoyi został przepisany i przetłumaczony:

Chiny przygotowują się do najszybszego wykorzystania energii jądrowej w historii, napędzanej australijskim uranem. W ciągu piętnastu lat planuje się budowę co najmniej trzydziestu nowych reaktorów. Prawie wszystkie będą to reaktory wodne ciśnieniowe, najbardziej rozpowszechniony typ na świecie. Ale jeden z nich będzie pierwszym komercyjnym reaktorem z łożem kamiennym, radykalnie innym, jak twierdzą naukowcy, chińskim projektem, który jest "odporny na topnienie" i "z natury bezpieczny". Kiedy Australia debatuje nad tym, czy powinniśmy budować własne reaktory, jedno jest jasne: nasza przyszłość jądrowa jest nierozerwalnie związana z Chinami. Katalizator odwiedza dwa reaktory w Chinach w poszukiwaniu odpowiedzi, w pierwszym telewizyjnym raporcie australijskiej nauki o praktycznych aspektach wytwarzania energii jądrowej w najbardziej zaludnionym kraju świata. **TRANSCRIPT** Narracja: Najszybciej rozwijająca się gospodarka na świecie ściga się, by znaleźć wystarczająco dużo energii, by się wyżywić.	Chiny przygotowują się do najszybszego rozwoju energii jądrowej w swojej historii. Dostawa paliwa jest zabezpieczona australijskim uranem. W ciągu najbliższych 15 lat planuje się budowę co najmniej trzydziestu nowych reaktorów. Prawie wszystkie z nich to PWR-y (reaktory wodne ciśnieniowe), najbardziej rozpowszechniony typ na świecie. Jednak jednym z planowanych reaktorów będzie reaktor ze złożem żwirowym, radykalnie zmienionym projektem w Chinach, który według jego konstruktorów jest uważany za "bezpieczny w razie topnienia" i "samoistnie bezpieczny". Podczas gdy Australia debatuje nad tym, czy zbudować własne reaktory, jedno jest dla nas jasne: przyszłość energii jądrowej będzie nierozerwalnie związana z Chinami. Katalizator odwiedził dwa reaktory w Chinach w celu znalezienia odpowiedzi, które zostały przedstawione w pierwszym w historii australijskiej telewizji raporcie naukowym na temat praktycznych aspektów udostępniania energii jądrowej w najbardziej zaludnionym kraju świata. **KOMUNIKAT** Wyjaśnienie: Najszybciej rozwijająca się gospodarka świata dokłada wszelkich starań, aby zapewnić sobie wystarczającą ilość energii na własne potrzeby. Wystarczy spojrzeć na obie strony rzeki Pudang w Szanghaju, aby zorientować się, co napędza to ogromne zapotrzebowanie na energię. Mark Horstman: Kontrast wzdłuż tej rzeki symbolizuje rosnący wzrost Chin i ich szybką adaptację. W ostatnim stuleciu, tylko

Wystarczy tylko spojrzeć na obie strony rzeki Pudang w Szanghaju, aby poczuć, co napędza eksplozję energii. Mark Horstman: Kontrast wzdłuż tej rzeki symbolizuje kwitnący rozwój Chin i szybkie zmiany. W ciągu ostatniego stulecia ludzie spoglądali w tę stronę, aby zobaczyć dobrobyt Chin. Ale w ciągu ostatnich piętnastu lat, ta futurystyczna panorama wzniosła się z drugiej strony. Jak mówi chińskie przysłowie: jiude buqu, xinde bulai: jeśli stare nie idzie, to nowe nie może przyjść. Narracja: Chiny są w trakcie transformacji. Zużycie energii jest niebotyczne, ma się podwoić w ciągu najbliższych piętnastu lat. Nawet wtedy i tak będzie zużywać mniej niż Stany Zjednoczone. Ale z perspektywy Chin, jest wiele do nadrobienia. Profesor Zhang Zuoyi: Ludzie w Chinach lubią mieć duży dom, lubią mieć lepszy standard życia. I na pewno potrzebuje trochę energii jądrowej. Narracja: Tu jest Australia. Jako jedyny duży producent uranu na świecie, który nie posiada własnych elektrowni jądrowych, podpisaliśmy umowę na dostawę naszego uranu do Chin. Australia będzie musiała wydobywać dwa razy więcej żółtych ciastek tylko po to, by zaspokoić przyszłe zapotrzebowanie Chin. Nasza przyszłość nuklearna będzie kształtowana przez to, czego możemy się nauczyć z doświadczeń Chin w zakresie energii jądrowej. Profesor Zhang Zuoyi: Jeśli Chiny będą mogły korzystać z bezpiecznego i opłacalnego źródła energii, będzie to lepsze dla tego kraju i myślę, że będzie to lepsze dla świata. Narracja: Na drugim końcu szlaku uranowego, na północy i południu Szanghaju, znajduje się większość z dziewięciu komercyjnych chińskich reaktorów jądrowych. Jest to ogromny kompleks Qinshan składający się z pięciu reaktorów jądrowych, wytwarzających 3000 megawatów energii elektrycznej. Jedną z nich jest najnowszy chiński reaktor wodny, który odwiedziliśmy - jak wszystkie tutejsze elektrownie, jest to reaktor ciśnieniowy, czyli PWR. Gdy przybywa nasza załoga Catalyst, spotykamy się z armią najwyższej rangi menedżerów Qinshana.	jedna strona (rzeki) została spojrzeniem na dobrobyt Chin. Ale tylko w ciągu ostatnich piętnastu lat, ta futurystyczna panorama po drugiej stronie rzeki została stworzona. Chińskie przysłowie mówi: jiude buqu, xinde bulai - jeśli stare nie działa, to nowe nie może przyjść. Wyjaśnienie: Chiny się zmieniają. Zużycie energii jest niebotyczne i ma się podwoić w ciągu najbliższych piętnastu lat. Nawet wtedy i tak będzie niższy niż w USA. Ale z perspektywy Chin jest wiele do nadrobienia, wiele do zrobienia. Profesor Zhang Zuoyi: Ludzie w Chinach mogą mieć duży dom, mogą mieć lepszy standard życia. A kraj ten bez wątpienia potrzebuje energii jądrowej. Wyjaśnienie: To jest punkt, w którym Australia wchodzi w grę. Jako jedyny duży producent uranu na świecie, który nie posiada własnych elektrowni jądrowych, podpisaliśmy umowę na dostawy naszego uranu do Chin. Australia musi podwoić swoją produkcję rudy uranu, aby sprostać przyszłemu zapotrzebowaniu Chin. Przyszłość naszej energii jądrowej będzie kształtowana przez to, czego możemy się nauczyć z doświadczeń Chin w zakresie energii jądrowej. Profesor Zhang Zuoyi: Jeśli Chiny mogą korzystać z bezpiecznego i opłacalnego źródła energii, to jest ono lepsze dla naszego kraju i myślę, że lepsze dla świata. Wyjaśnienie: Na drugim końcu szlaku uranowego na północ i południe od Szanghaju znajduje się większość nowych komercyjnych reaktorów jądrowych w Chinach. To jest ogromny kompleks Qinshan składający się z pięciu reaktorów. Wytwarza 3 000 MW mocy. Jednym z nich jest najnowszy reaktor w Chinach i chcemy go odwiedzić - jest to reaktor wodny ciśnieniowy (PWR). Gdy przybywa zespół Catalyst, wita ich grupa menedżerów Qinshans. Yang Lan He: Nasza elektrownia atomowa jest jak ogród. Typ reaktora PWR jest najbardziej zaawansowany, najbezpieczniejszy i najbardziej niezawodny, jaki znamy. W duchu chińskiego przemysłu nuklearnego, ten billboard wyjaśnia: Ostrożność jest wszystkim. Dlatego rząd wybrał PWR, standardowy projekt, który jest stosowany na całym świecie od prawie pięćdziesięciu lat. Führer: To jest nasza wyspa nuklearna. Mark Horstman. Wyspa nuklearna? Całe paliwo jest przechowywane w tym zbiorniku. Wyjaśnienie: Reaktor zawiera wiązki prętów paliwowych wypełnionych granulkami wzbogaconego uranu.

Yang Lan He: Nasza elektrownia atomowa jest jak ogród. Elektrownia jądrowa typu PWR jest najbardziej dojrzałą, najbezpieczniejszą i najbardziej niezawodną. W duchu chińskiego przemysłu jądrowego, deklaruje ten billboard, ostrożność jest wszystkim. Dlatego ich rząd przyjął PWR, standardowy projekt, który jest używany na całym świecie od prawie pięćdziesięciu lat. Przewodnik: Nazywamy ją wyspą nuklearną. Mark Horstman. Wyspa nuklearna? Całe paliwo jest przechowywane w tej obudowie. Narracja: Wewnątrz reaktora znajdują się wiązki prętów paliwowych wypełnione peletami z wzbogaconego uranu. Rdzeń wytwarza intensywne ciepło, rozszczepiając atomy uranu i kontrolując reakcję łańcuchową. Reaktor ciśnieniowy otrzymuje swoją nazwę od wody używanej do jego chłodzenia, utrzymywanej pod wysokim ciśnieniem, aby zatrzymać jego wrzenie. Super-ogrzana woda służy do wytwarzania pary, która napędza turbiny. Jego wydajność to ilość ciepła potrzebna do wytworzenia megawata energii elektrycznej. Mark Horstman: Jaka jest wydajność tego reaktora? Ye Danmeng: Jego wydajność wynosi około trzydziestu jeden procent. Narracja: O dziwo, jest to mniej wydajne niż elektrownia węglowa w Australii. A o wiele więcej chodzi o prowadzenie reaktora chłodzonego wodą, takiego jak ten. Rury stają się kruche; woda staje się radioaktywna; zawory muszą wytrzymać ogromne ciśnienia; a w przypadku awarii systemu chłodzenia rdzeń może się stopić. Jest tylko kilka sekund na podjęcie właściwej decyzji w nagłym wypadku. Ye Danmeng: Jeśli chcesz wyłączyć reaktor, tutaj. Mark Horstman: Czy kiedykolwiek musiałeś używać tych przycisków? Ye Danmeng: Nie. Narracja: To dobra wiadomość dla milionów ludzi we wschodnich Chinach, którzy znajdują się na końcu linii energetycznych. Ale dla rodzin rolniczych mieszkających obok Qinshan, jest zbyt blisko, aby czuć się komfortowo.	Jądro wytwarza intensywne ciepło, rozszczepiając atomy uranu i kontrolując reakcję łańcuchową. Reaktor wodny pod ciśnieniem otrzymał swoją nazwę od wody chłodzącej. Woda jest pod wysokim ciśnieniem, aby zapewnić chłodzenie. Przegrzana woda jest używana do wytwarzania pary dla turbin. Jego sprawność zależy od ilości ciepła potrzebnego do wytworzenia jednej MW mocy. Mark Horstman: Jaka jest wydajność tego reaktora? YE Danmeng: Około 31 procent. Wyjaśnienie: O dziwo, wartość ta jest niższa niż w przypadku elektrowni węglowej w Australii. A przy eksploatacji takiego reaktora chodzi o znacznie więcej. Rury stają się kruche; woda staje się radioaktywna; zawory muszą wytrzymać ogromne ciśnienie; a w przypadku awarii systemu chłodzenia rdzeń może się stopić. W nagłych przypadkach, często są tylko sekundy na podjęcie właściwej decyzji. YE Danmeng: Jeśli chcesz wyłączyć reaktor: Tutaj. Mark Horstman: Czy te przyciski były kiedykolwiek używane? YE Danmeng: Nie. Wyjaśnienie: To dobrze słyszeć dla milionów ludzi we wschodnich Chinach, klientów energii elektrycznej. Ale to nie jest uspokajające dla rolników i rodzin mieszkających obok Qinshan. Mieszkańcy wsi: Elektrownia jądrowa jest częścią naszej łąki. Jesteśmy otoczeni przez elektrownię atomową. Wyjaśnienie: W cieniu reaktorów wyrośnie jeszcze wiele pokoleń, ponieważ w ciągu najbliższych piętnastu lat zostanie zbudowanych kolejnych trzydzieści reaktorów. Oznacza to co najmniej dwa razy do roku. Najszybszy rozwój energetyki jądrowej w historii to program narodowej dumy dla nauki. Ale dla kraju, który mówi "na zewnątrz ze starym i w środku z nowym", Chiny budują typy reaktorów, które są demontowane w innych częściach świata. (BANG!)... jak wieża chłodnicza tego PWR z Oregonu, którą zamknięto 20 lat za wcześnie, ponieważ naprawa nieszczelnych rur parowych była nieekonomiczna. Co może się stać dalej, gdy PWR będzie służył swojemu czasowi? Nie musimy iść daleko, żeby to znaleźć. **Mark Horstman: To przedmieścia Pekinu. A ja stoję u bram jedynego na świecie reaktora jądrowego tego typu. Od miesięcy staramy się o zatwierdzenie i cieszymy się, że otrzymaliśmy je teraz.**

Wieśniak: Elektrownia jądrowa rozwija się, w ten sposób, w ten sposób. Będziemy otoczeni przez elektrownię atomową.

Narracja: W cieniu reaktorów dorastać będzie jeszcze wiele pokoleń, ponieważ w ciągu najbliższych piętnastu lat powstanie kolejnych trzydzieści.

To co najmniej dwa razy w roku. Najszybszy rozwój energetyki jądrowej w historii to program narodowej dumy naukowej.

Ale dla kraju, który mówi o "wychodzeniu ze starego i z nowego", Chiny budują takie reaktory, które są wyburzane w innych częściach świata. (BOOM!)... tak jak chłodnia PWR w Oregonie, została zamknięta 20 lat wcześniej, ponieważ nie warto było już naprawiać jej nieszczelnych rur parowych.

Jeśli PWR miał swój dzień, co może być dalej? Nie musimy iść daleko, żeby się dowiedzieć.

Mark Horstman: To przedmieścia Pekinu. A ja jestem u bram jednego z jedynych reaktorów atomowych tego typu na świecie. Próbujemy uzyskać zgodę od miesięcy, a teraz mamy nadzieję, że dostaniemy się do środka.

Mark Horstman: Trzymany w tym niewinnym pudełku na Uniwersytecie Tsinghua jest chińskim prototypem reaktora, który według naukowców jest wyjątkowo bezpieczny.

Profesor Zhang Zuoyi: Ten reaktor jest obecnie jedynym testowym reaktorem z łożem kamiennym na świecie.

Narracja: Ponieważ kiedy profesor Wu Zongxin rozpoczął badania nad energią jądrową na początku lat sześćdziesiątych, reaktory chłodzone wodą były prawdziwą wściekłością. Tak jak i HTss.

Reaktor z łożem kamiennym, który teraz uruchamia, jest radykalnie inny.

Profesor Wu Zongxin: Ten zbiornik wytwarza parę, to jest dla reaktora.

Narracja: Ponieważ zamiast prętów paliwowych, jego reaktor jest wypełniony 27.000 tymi, nuklearnymi kamykami.

Profesor Wu Zongxin: OK, nie ma problemu.

Narracja: Na szczęście są tu zbudowane na tyle mocno, że można je zrzucić 50 razy, zanim się złamią.

Każdy kamyk to doskonała grafitowa kula, wypełniona specjalnie powlekanymi cząstkami wzbogaconego uranu.

Mark Horstman: Ukryty w tej nieszkodliwej części Uniwersytetu Tsinghua jest chińskim reaktorem eksperymentalnym, który według naukowców jest wyjątkowo bezpieczny.

Profesor Wu Zongxin: Jest to obecnie jedyny reaktor ze złożem kulistym na świecie.

Wyjaśnienie: Kiedy profesor Wu Zongxin rozpoczął swoje badania jądrowe na początku lat 60-tych, reaktory chłodzone wodą były powszechne. Tak jak i reaktory wysokotemperaturowe.

Reaktor z łożem kulistym jest tu radykalnie inny.

Profesor Wu Zongxin: Ten zbiornik tutaj to wytwornica pary, ten jest dla reaktora.

Wyjaśnienie: Ponieważ zamiast prętów paliwowych, ten reaktor jest wypełniony 27.000 takich kul.

Profesor Wu Zongxin: (upuszcza piłkę) O. K, nie ma problemu.

Wyjaśnienie: Na szczęście są one tak stabilne, że można upuścić piłki co najmniej 50 razy zanim się złamią.

Każdy element to doskonała grafitowa kula wypełniona specjalnie powlekanymi cząstkami wzbogaconego uranu.

Mark Horstman: To są te radioaktywne cząsteczki? Serce paliwa?

Profesor Wu Zongxin: Tak, to jest serce elementu paliwowego, a na zewnątrz kładziemy cztery warstwy.

Wyjaśnienie: Osiem tysięcy cząstek w jamie kuli oznacza, że każda kula działa jak mini-reaktor.

Kulki przechodzą przez wewnętrzny pojemnik w obiegu.

Profesor Wu Zongxin: To jest energia rozszczepienia, która jest generowana wewnątrz.

Wyjaśnienie: Jego wysoka temperatura sprzyja produkcji energii elektrycznej.

Ponieważ reaktory te wykorzystują do chłodzenia gaz hel zamiast skomplikowanych przewodów rurowych, są one prawdopodobnie bezpieczniejsze w eksploatacji.

To zupełnie co innego niż reaktory wodne pod ciśnieniem.

Profesor Wu Zongxin: Tak. Jest to właściwość reaktora - hel jako chłodziwo. To jest główna różnica.

Wyjaśnienie: To prowadzi nas do odważnego testu bezpieczeństwa, który byłby nie do pomyślenia w żadnej innej elektrowni.

Profesor Zhang Zuoyi: Dla tego reaktora mogę chyba powiedzieć, że można wykluczyć topnienie.

Mark Horstman: To są te radioaktywne cząsteczki? Serce paliwa? Profesor Wu Zongxin: Tak, to jest serce paliwa tutaj i na zewnątrz pokryjemy je czterema warstwami. Narracja: Osiem tysięcy cząstek wewnątrz pustej kuli oznacza, że każdy kamyk działa jak mini reaktor. Kamyki są poddawane recyklingowi dookoła i przez rdzeń. Profesor Wu Zongxin: Jest to energia rozszczepienia wytwarzana w rdzeniu. Narracja: Jego wysokie temperatury pracy są bardziej efektywne przy wytwarzaniu energii elektrycznej. Ponieważ reaktory te wykorzystują do chłodzenia gaz helowy zamiast skomplikowanej hydrauliki, powinny być również bezpieczniejsze w eksploatacji. Mark Horstman: To bardzo różni się od innych reaktorów, w których jest to woda pod ciśnieniem. Profesor Wu Zongxin: Tak. Więc to jest cecha reaktora to twój hel na chłodziwo. To jest główna różnica. Narracja: Wszystko to prowadzi do śmiałego testu bezpieczeństwa, który byłby nie do pomyślenia w żadnej innej elektrowni. Profesor Zhang Zuoyi: Myślę, że dla tego reaktora możemy w zasadzie udowodnić, że jest to reaktor bezrozpadowy. Narracja: Profesor zaprasza naukowców z całego świata do obserwowania, co dzieje się, gdy celowo ustawia się wypadek poprzez wyłączenie systemu chłodzenia. Mark Horstman: To brzmi jak niebezpieczna rzecz w reaktorze jądrowym, aby uruchomić go, aby był krytyczny, a następnie wyłączyć system chłodzenia. Profesor Wu Zongxin: Tak, jasne, to bardzo, bardzo niebezpieczne, oczywiście. Technicy: Zacznij testować teraz. OK, zrozumiałem. Zasilanie helem jest wyłączone. Narracja: To, co tu robią, to dokładnie to, co powoduje katastrofalne stopienie się reaktorów chłodzonych wodą, jak to miało miejsce w Czarnobylu i na wyspie Three Mile Island. Mark Horstman: Ale czy tu jest niebezpiecznie? Profesor Wu Zongxin: Nie, ponieważ zawsze mamy pasywny sposób na usunięcie całego ciepła rozkładu.	Wyjaśnienie: Profesor zaprasza naukowców z całego świata, aby zobaczyli, co dzieje się, gdy wypadek jest celowo wywołany przez wyłączenie układu chłodzenia. Mark Horstman: To brzmi niebezpiecznie: uruchomienie reaktora jądrowego, przejście w stan krytyczny, a następnie wyłączenie systemu chłodzenia, gdy jest on krytyczny. Profesor Wu Zongxin: Tak, oczywiście, jest to bardzo, bardzo niebezpieczne. Technik: Zaczynam teraz test. O. K., skopiuj to. Zasilanie helem jest wyłączone. Wyjaśnienie: To, co oni tu robią, jest dokładnie tym, co powoduje katastrofalne stopienie reaktorów chłodzonych wodą, jak to miało miejsce w Chornobylu i na wyspie Three Miles Island. Mark Horstman: Ale czy tu jest niebezpiecznie? Profesor Wu Zongxin: Nie, ponieważ zawsze mamy bierne bezpieczeństwo, aby rozproszyć całe ciepło rozkładu. Mark Horstman: Czyli Reaktor może usunąć więcej ciepła niż sam wytwarza? Profesor Wu Zongxin: Tak. Wyjaśnienie: Fizyka jądrowa wewnątrz tego reaktora oznacza, że im wyższa temperatura, tym wolniejsza reakcja łańcuchowa. W przeciwieństwie do reaktora chłodzonego wodą, w złożu żwirowym nie występuje zjawisko topnienia. Reaktor zasypia. Więc test zakończył się sukcesem. Podstawową ideą jest to, że bezpieczeństwo reaktora powinno opierać się na fizyce, a nie na żelbetonie. Profesor Zhang Zuoyi: Ochrona jest numerem jeden. Musimy uniknąć wypadku jądrowego. Wyjaśnienie: Kwestie bezpieczeństwa zostały rozwiązane prościej niż początkowo sądziłem. Profesor Wu Zongxin. To jest szybkie i bezpieczne. Wyjaśnienie: Jesteśmy tutaj, w windzie, aby obejrzeć kilka beczek w piwnicy. Składowisko odpadów jest zabezpieczone za kilkoma drewnianymi drzwiami. Problemem tego reaktora jest również to, co musi się stać z coraz większą ilością odpadów jądrowych. Mark Horstman: Czy wierzy pan, że reaktory z łożem kamiennym są najbezpieczniejszą formą reaktorów jądrowych? Profesor Wu Zongxin: Dokładnie tak myślę. Jest ona uznawana przez międzynarodową społeczność nuklearną. Mark Horstman: To znaczy, że w przyszłości mogą być używane tylko reaktory ze złożem kamiennym?

Mark Horstman: Czyli reaktor jest w stanie pozbyć się więcej ciepła niż jest w stanie utrzymać w sobie? Profesor Wu Zongxin: Tak. Narracja: Fizyka jądrowa wewnątrz tego reaktora oznacza, że im wyższa temperatura, tym wolniejsza reakcja łańcuchowa. W przeciwieństwie do reaktora chłodzonego wodą, łoża żwirowe nie ulegają stopieniu. Reaktor idzie spać, a test zakończył się sukcesem. Filozofia jest tu taka, że bezpieczeństwo reaktora powinno opierać się na fizyce, a nie na żelbetonie. Profesor Zhang Zuoyi: Bezpieczeństwo jest najważniejsze. Powinniśmy uniknąć wypadku jądrowego. Narracja: Kiedy tylko o tym pomyślałem, kwestie bezpieczeństwa zostały rozwiązane. Profesor Wu Zongxin: Pójdziemy naprawdę szybko. Narracja: Jesteśmy w windzie i idziemy zobaczyć kilka beczek w piwnicy. Składowisko odpadów jest zabezpieczone za kilkoma drewnianymi drzwiami. Co zrobić z rosnącymi stosami odpadów jądrowych to problem, którego nawet ten reaktor nie jest w stanie rozwiązać. Mark Horstman: Czy uważasz, że reaktory ze złożem kamiennym są najbezpieczniejszą formą energii jądrowej? Profesor Wu Zongxin: Chyba tak. Jest ona najbardziej uznawana przez międzynarodową społeczność nuklearną. Mark Horstman: Czyli w przyszłości wszystkie nowe reaktory mogą być reaktorami ze złożem kamiennym? Profesor Wu Zongxin: Nie, nie wydaje mi się. Narracja: Profesor się śmieje, bo rozumie komercyjne realia. Kolejne dziesięć reaktorów chłodzonych wodą zostanie zbudowanych przed uruchomieniem pierwszego łoża żwirowego. A co to oznacza dla Australii? Profesor Zhang ma nadzieję, że pewnego dnia użyjemy reaktorów żwirowych z Chin. Ale na razie jest zaskakująco szczery co do naszego własnego potencjału nuklearnego. Prof. Zhang Zuoyi: Lepiej nie używać energii jądrowej w Australii. Ponieważ w przypadku energii jądrowej	Profesor Wu Zongxin: Nie, nie wydaje mi się. Wyjaśnienie: Profesor śmieje się, bo rozumie ekonomię. Kolejne dziesięć reaktorów chłodzonych wodą zostanie zbudowanych przed uruchomieniem pierwszego reaktora ze złożem kamiennym. A co to oznacza dla Australii? Profesor Zhang ma nadzieję na ten jeden dzień, w którym będziemy używać reaktorów z łożem żwirowym z Chin. Ale na razie jest on zaskakująco otwarty na nasze (australijskie) możliwości w zakresie energii jądrowej. Prof. Zhang Zuoyi: Lepiej, żeby Australia nie korzystała z energii jądrowej. Ponieważ Australia potrzebuje dużych inwestycji w infrastrukturę dla energii jądrowej i potrzebuje wielu doświadczonych specjalistów, powinna być ostrożna. Uważam, że droga, którą wybraliśmy, aby dzielić się uranem, jest najlepszym podejściem przynoszącym obopólne korzyści: Australia otrzymuje pieniądze i nie musi za dużo na to robić.

potrzebna jest duża infrastruktura, potrzeba wielu doświadczonych osób, na które należy uważać. Myślę, że najlepszym sposobem jest dzielenie się uranem. Myślę, że to najlepszy sposób. Po prostu dostajesz pieniądze i nie potrzebujesz dużo pracy.	

Szczegółowe informacje na temat chińskich reaktorów kulowych HT są zebrane w "Biokernsprit" 1. wydanie.

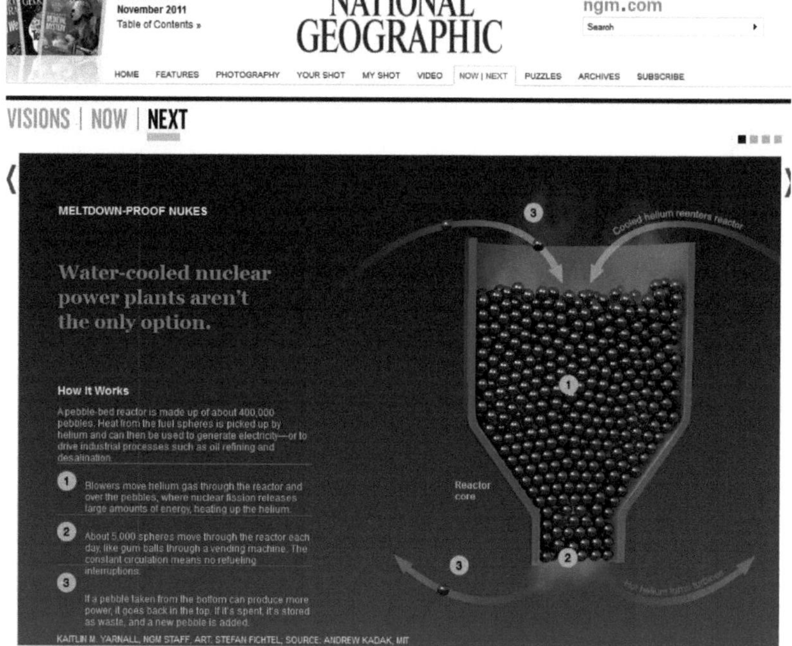

2.9.2.4 USA

Poza koncepcją MIT, o której mowa w punkcie2.5.11 należy wspomnieć, że w marcu 2010 r. Departament Energii przyznał zastrzyk finansowy na rzecz południowoafrykańskiego projektu PBMR, natomiast Westinghouse (Toshiba) nie chciał inwestować dalszych środków. Magazyn National Geographic informuje o koncepcji łóżka żwirowego w wydaniu amerykańskim z listopada 2011 roku. W Narodowym Laboratorium Idaho przez trzy lata próbowali zniszczyć BE za pomocą neutronów - stali twardo. **W wydaniu niemieckim artykuł ten padł ofiarą cenzury.**

x-energia jest podobno obiecująca. Bill Gates zainwestował również w różne projekty związane z energią jądrową. Faworyzuje on mniejsze, rozproszone projekty, zwłaszcza w celu lepszego zaopatrzenia krajów rozwijających się, które nie mają dużych sieci energetycznych.

2.9.2.5 Niderlandy: Silniki atomowe Romawa i Adams

Romawa B.V., Holandia, promuje projekt o nazwie Nereus. Jest to reaktor o mocy 24 MWth zaprojektowany tak, aby zmieścił się w kontenerze i stanowił albo siłownię okrętową.

Silnik AAE jest całkowicie niezależny i dlatego dostosowuje się do środowiska zapylonego, kosmicznego, polarnego i podwodnego. Pętla chłodziwa pierwotnego wykorzystuje azot.

Zarówno Romawa, jak i AAE planują zastosować reflektory neutronowe (grafit) oraz ekrany promieniowania (metale ciężkie), które są pojemnikami na kule. Oznacza to, że osłona nie musi mieć skomplikowanych przewodów do jej chłodzenia.

Dławiki żwirowe mogą teoretycznie napędzać pojazdy. Nie ma potrzeby posiadania ciężkiego zbiornika ciśnieniowego. Złoże żwirowe produkuje gaz na tyle gorący, że może bezpośrednio napędzać lekką turbinę gazową.

2.10 Literatura i źródła

Do pierwszego wydania autor bez podania nazwiska przekazał nam swój obszerny zbiór dotyczący produkcji wodoru i gazyfikacji węgla z wykorzystaniem wysokotemperaturowego ciepła z elektrowni jądrowych. Na prawie 60 stronach odtwarzane są niezbędne dokumenty, wzory, wykresy, procesy, cykle reakcji i rysunki, a także dwadzieścia źródeł literatury z zakresu ekonomicznych studiów wykonalności i literatury źródłowej. Kompletne dokumenty znajdują się w "Biokernsprit", wydanie 1, str. 159 i nast.

Poniższe informacje bibliograficzne, cytaty, odniesienia i linki internetowe pochodzą z poszczególnych skondensowanych dokumentów i zostały tutaj streszczone. Sposób cytowania odpowiada jedynie w ograniczonym zakresie standardowi naukowemu i nie zawiera żadnego oświadczenia w tym zakresie. Tak czy inaczej, większość zadań znajdziesz w Internecie i na odpowiednich serwerach, jeśli szukasz słów kluczowych. Pierwsza lista pokazuje prace bez daty, druga bez autora, trzecia z rozsądnie pełnymi informacjami. Wszystkie są według naszej najlepszej wiedzy, ale bez gwarancji poprawności i kompletności.

Autor	Tytuł	Miejsca, daty itp.
	Wymienne silniki wysokoprężne, nie oddychające powietrzem	Silniki atomowe Adama

NRC: Mowa - 027 -	"Perspektywy regulacyjne dotyczące rozmieszczenia reaktorów wysokotemperaturowych chłodzonych gazem w sektorach energii elektrycznej i nieelektrycznej".	http://hdl.handle.net /2128/3136
	AVR, eksperymentalny reaktor wysokotemperaturowy: 21 lat pomyślnej eksploatacji dla przyszłej technologii energetycznej	JESTBN 3-18-401015-5
	Koalicja przeciwko energii jądrowej Republika Południowej Afryki	Eskom PBMR (Pty.) Ltd.
Romawa	wymiana oleju napędowego	
	Różnice w amerykańskich i niemieckich paliwach z powłoką TRISO	
	Modularny reaktor helowy z turbiną gazową typu General Atomics	
Spencer Rice	Let a Thousand Reactors Bloom - artykuł o chińskiej technologii łoża żwirowego	Magazyn przewodowy
,	MHTGR dla Płonącej Broni Plutonowej	http://www.nuc.berkeley.edu/designs /mhtgr/weps.html
	Strona MIT na temat Modułowego Reaktora Łóżka Żwirowego	
	Elektrownia jądrowa nowej generacji Reaktor bardzo wysokotemperaturowy Reaktor generacji IV	Paliwo jądrowe i bezpieczeństwo jądrowe
Peter Schwartz, Spencer Reiss	Nuklearny teraz! "Jak czysta, zielona energia atomowa może zatrzymać globalne ocieplenie"	artykuł w magazynie Wired o
	Reaktor modułowy z łożem żwirowym - w Republice Południowej Afryki	PBMR - Home Atomic Energy
	Co to jest PBMR-Pebble Bed Modular Reactor? Jak działa układ paliwowy PBMR	http://www.fz-juelich.de/isr/2/tint-a_e.html
	reaktor z łożem kamiennym (PBR), modułowy reaktor PB (PBMR), reaktor wysokotemperaturowy (HTR)	WIKIPEDIA - Internet:
	Krakers "z łożem kamiennym" do rozpoczęcia budowy	www.eia.doe.gov/ca bs/safrenv.html
W. Scherer, H.J. Rutten, K.A. Haas,	Potencjał i ograniczenia w maksymalizacji mocy wyjściowej bezpiecznego z natury modułowego reaktora z łożem kamiennym Badania nad innowacyjnymi reaktorami w Jülich	FZ-Jülich

Tytuł	Rok	Miejsca odnalezienia/wyjścia

		http://www.spiegel.de/nauka/technika/0.1518.685289.00.html
The Cooling World"	1975 r. 28 kwietnia	Newsweek
Energia jądrowa, energia i środowisko:	1995	Instytut Uranu, Londyn;
Nowa Encyklopedia Vol 9, s. 243	1996	1996 Radio i Wagnalls
Rozwój technologii wysokotemperaturowego reaktora chłodzonego gazem	1996 13 - 15 listopada.	Sympozjum w Johannesburgu
1995 Energy StatisticsYear Book;	1997	Organizacja Narodów Zjednoczonych, Nowy Jork, S. 432
BP Statistical Review of World Energy; S. 38	1998	
International Electric Power Encyclopaedia; s. 144	1998	
Ekspozycje i skutki awarii w Czarnobylu Akcydent	1999	Dokument UNSCEAR R.599
	1999 czerwiec	Światowy Instytut Węgla; E Węgiel: Vol30, str. 4
Program jądrowy SA zyskuje masę krytyczną;	1999 Maj	7. tydzień finansów.
A Preliminary Study of the Effect of Shifts in Packing Fraction on k-effective in Pebble-Bed Reactors	2001	
Aktywiści nuklearni promieniują gniewem",	2002	
Sformułowanie matrycowe obiegu żwirowego w kodzie PEBBED	2002	
Modułowy projekt reaktora żwirowego: Program Badań i Rozwoju Kierowanych przez Laboratoria	2002	raport roczny
Projektowanie punktów NGNP - Wyniki wstępnej oceny neutralności i oceny termiczno-hydraulicznej podczas Rev. 1	2003	
Projekt koncepcyjny bardzo wysokotemperaturowego reaktora żwirowego	2003	
Projekt nowej elektrowni jądrowej nowej generacji (NGNP), wstępny projekt punktowy	2003	
Point Design - Results of the Initial Neutronics and Thermal-Hydraulic Assessments During FY-03] pg 20	2003	[http://www.inl.gov/technicalpublications/Search/Results.asp?ID=INEEL/EXT-03-00870 NGNP

Południowa Afryka spogląda na energię jądrową następnej generacji: ale w zeszłym tygodniu przeciwnicy złożyli papiery przeciwko nowemu reaktorowi z łożem kamiennym w pobliżu Kapsztadu".	2003 23 września	Chrześcijański Monitor Naukowy
Program jądrowy Republiki Południowej Afryki".	2003 grudzień	EIA, Energia jądrowa w Republice Południowej Afryki,
Kampania "Energia jądrowa kosztuje Ziemię	2003 czerwiec	Życie ziemskie w Afryce: Nauka w Republice Południowej Afryki,
Elektrownia jądrowa nowej generacji - wnioski z badań projektowych INEEL Point	2004	
Chiny liderem na świecie w zakresie nowej generacji elektrowni jądrowych	2004 5 października	South China Morning Post...
NPR's Living on Earth Living on Earth: Technologia Pebble Bed - obietnica nuklearna czy niebezpieczeństwo?	2004 24 lutego 2004 r,	
Obliczanie współczynników Dancoffa dla elementów paliwowych wykorzystujących losowo pakowane cząsteczki TRISO	2005	
Earthlife Africa Sues for Public Power Giant's Nuclear Plans".	2005 4 lipca	Environment News Service...

Konferencja reaktorów wysokotemperaturowych,	2006	Sandton, Republika Południowej Afryki
	2006 18 października.	w ww.ens-newswire.com/ ens/jul2005/2005-07-04-03
	2006 18 października.	http://daga.dhs.org/daga/reading-room/news-clips/2004/wto/41005scmp03.htm. Odzyskany na
Krakers "Pebble-bed' do rozpoczęcia budowy",	2006 luty	China Daily,
Nuclear China" - obejrzyj australijski dokument naukowy o chińskim reaktorze żwirowym,	2007 Luty	Baza wiedzy MAEA HTGR
Kluczowe różnice w produkcji amerykańskiego i niemieckiego paliwa cząsteczkowego z TRISO-COATED oraz ich wpływ na wydajność paliwową	2008 10 kwietnia	Bezpłatny, dostępny
Wyczerpane zapasy i lokalizacje magazynowe UF6".	2009 październik.	Departament Energii Stanów Zjednoczonych

Autor	Tytuł	Rok	Miejsca odnalezie-nia/wyjścia
Sortowane według autora, gg. według pierwszego autora			
ABLAZE; Piers Paul	The Story of Chernobyl	1993	Reed: Secker & Warburg; Londyn s. 20
Stowarzyszenie Nie-mieckich Inżynierów (VDI),	AVR - Eksperymentalny reaktor wysokotempera-turowy, 21 lat pomyślnej eksploatacji dla przyszłej technologii energetycznej,	1990	VDI-Verlag GmbH, Düs-seldorf„ ISBN 3-18-401015-5
Ayelet Walter	Symulacja działania i przypadkowego zachow-ania modułowych reaktorów wysokotemper-aturowych z zasto-sowaniem Brayton Cycle Power Jednostka przeliczeniowa	2010	Dysertacja na Uniwer-sytecie w Stuttgarcie (ISSN - 0173 - 6892) Prof. G. Lohnert, Ph.D. / Prof. Dr.-Ing.
Bathie, W. W,	Podstawy turbin ga-zowych.	1984.	John Wiley & Sons, New York, str. 201-260.
D. A. Petti, J. Buon-giorno, J. T. Maki, R. R. Hobbins, G. K. Mil-ler.	Kluczowe różnice w produkcji, napromieniowa-niu i testach awaryjnych w wysokiej temperaturze amerykańskiego i nie-mieckiego paliwa cząstec-zkowego z powłoką TRISO oraz ich wpływ na wyda-jność paliwa".	2003.	Nuclear Engineering and Design 222: 281-297. doi:10.1016/S0029-5493(03)00033-5.
D. Nicholls	Reaktor modułowy z łożem kamiennym: Nowa opcja;	1999 marzec/kw iecień	EnergizeS. 53
Dr.X. Mkhwanazi, dyrektor generalny	National Electricity Regulator, w: Meer buise het nou el-ektrisiteit,	1999 11 czerwca	Sake Beeld s. 11
E. E. Lewis,	Bezpieczeństwo reak-tora jądrowego;	1977	John Wiley & Sons: Nowy Jork s. 480
E. Kugeler, N. Pöppe, I.M. Trags-dorf, K. Kugeler,	Produkcja węglowodo-rów płynnych z wy-korzystaniem energii jądrowej	2006 czer-wiec	Sprawozdanie Centrum Badawczego Jülich : 4228, ISSN 0944-2952

E. Teller, M. Ishikawa, i L. Wood.	W pełni zautomatyzowane reaktory jądrowe do pracy długotrwałej.	1995.	Proc. Of the Frontiers in Physics Symposium, American Physical Society and the American Association of Physics Teachers Texas Meeting, Lubbock, Texas, USA
Fu Li, Xingqing Jing,	Porównanie schematu załadunku paliwa w HTR-PM, HTR-	2004 r. 22-25 września,	2004, Pekin,
G. Dietrich, N. Röhl	Likwidacja reaktora wysokotemperaturowego na tor (THTR 300)	1996	Posiedzenie SNE/ENS listopad 1996 r. Waszyngton D.C.Tansao 751-490 (1996) Tom 75
G. Dietrich, W. Neumann, N. Röhl	Likwidacja reaktora wysokotemperaturowego na tor (THTR 300)	1997	IAEA-TECDOC-1043 s. 9-15
Gilleland, John	TerraPower LLC Nuclear Initiative.	2009 październik	W: Spring Colloquium; 20 kwietnia 2009. Uniwersytet Kalifornijski w Berkeley,
H. Sekimoto, K. Ryu i Y. Yoshimura,	CANDLE: Nowa strategia spalania	2001 1–12.	Nuclear Science and Engineering, 139,
H. van Dam,	Samostabilizujacy się reaktor fali krytycznej",	2000.	Proc. Dziesiątej Międzynarodowej Konferencji w sprawie Pojawiających się Systemów Energii Jądrowej (ICENES 2000), s. 188, NRG, Petten, Niderlandy.
H.Reutler, G.H.Lohnert,	Modułowy reaktor wysokotemperaturowy.	1983 r. 2 lipca	Technologia jądrowa, tom 22-30.
HKG	Inny sposób wykorzystania energii jądrowej	1986	Hamm-Uentrop, maj 1986

http://www.nea.fr/abs/html/nea-1739.html.	AVR - Eksperymentalny reaktor wysokotemperaturowy, 21 lat pomyślnej eksploatacji dla przyszłej technologii energetycznej.	1990.	Stowarzyszenie Inżynierów Niemieckich (VDI), Stowarzyszenie na rzecz Technologii Energetycznych, s. 9-23. JESTBN 3-18-401015-5.
I. McRae,	Marzenia o sile,	1989	Leadership SA, 8:2 s. 58-62
I. McRae,	Powerhouse,	1991	Leadership SA10:4 s. 10-12
Laboratorium Krajowe Idaho	Modułowy Reaktor Łóżkowy, Pebble Bed Project,	2000	Konsorcjum Badań Uniwersyteckich Raport roczny
J Wheelwright,	Dla naszych odpadów nuklearnych, jest Gridlock w drodze do wysypiska;	1999	Smithsonian Magazine, May
J. de Beer CEO	Prywatny list,	1999 sierpień	Eskom Enterprises,
J. Schöning, R. Bäumer	Prototyp dorasta, doświadczenie w obsłudze THTR 300	1988	Dzienne numery energetyczne 38 lat (1988), nr 10, s. 785-787.
J. Wohler, J. Rautenberg	Wyniki testu wydajności THTR 300	1987	Inżynieria jądrowa 51 (1987), nr 3
JH Gittus:	Reaktor modułowy Eskom Pebble Bed,	1999	Instytut Uranu Sympozjum: Londyn
Ju, H. M., Xu, Y. H., Li, H. X,	Program i podręcznik obliczeń właściwości termicznych.	1990.	China Atom Press, Beijing, str. 1-15.
K. Knizia	Reaktor wysokotemperaturowy - ważne narzędzie w sprostaniu wyzwaniu związanemu z zaopatrzeniem w energię na świecie.	1987	Konferencja "Małe i średnie reaktory", Lozanna, sierpień 1987 r.
K. Knizia	THTR-300. Stracona szansa?	2002	atw 47th year, issue 2 February pp. 110-117

K. Knizia, M. Simon	Doświadczenie eksploatacyjne z THTR-300 i perspektywy na przyszłość dla reaktorów wysokotemperaturowych	1988	gospodarka atomowa - inżynieria jądrowa, 1988 s. 435-441,
K. Knizia, M. Simon	Elektrownie węglowe o cyklu skojarzonym i reaktory wysokotemperaturowe do zaopatrzenia w energię jutra	1989	Wkład w 14. Światową Konferencję Energetyczną; Montreal 1989 VGB Power Plant Technology, 1989, s. 158-164.
K. Kugeler, R. Schulten	Technologia reaktora wysokotemperaturowego	1989	Wydawnictwo Springer Berlin, Heidelberg, Nowy Jork, 1989 r.
K. Baller, W. Fröhling	Koszty inwestycyjne reaktorów modułowych HTR	1993	gospodarka atomowa - technologia jądrowa, 1993, s. 68-70
K. Kule, H. Bonnenberg	Reaktor wysokotemperaturowy	1999	Sprawozdanie VDI nr 1493, 1999, s. 147.
Kostin, V. I., Kodochigov, N. G., et al.	Jednostka konwersji mocy z bezpośrednim cyklem gazowo-turbinowym do wytwarzania energii elektrycznej jako część instalacji reaktora GT-MHR.	2004	.,. Obrady drugiego międzynarodowego spotkania tematycznego na temat technologii reaktorów wysokotemperaturowych, Pekin, Chiny.
Kugeler K. et al,	Postęp w technologii energetycznej, prof. Rudolf Schulten w 70. urodziny,	1993	Monografie Centrum Badawczego Jülich, tom 8.
Kula K..,	Nowoczesne koncepcje bezpiecznej technologii reaktorów jądrowych,	2007 13 lutego	Wykład w Niemieckim Towarzystwie Fizycznym, Magnus - Haus Berlin,

Kula K., H. Bonnenberg, między innymi	Reaktor wysokotemperaturowy	1999	Sprawozdanie VDI nr 1493, s. 147, Düsseldorf
Kugeler K., R. Schulten	Technologia reaktora wysokotemperaturowego,	1989	Springer Verlag Berlin, Heidelberg, Nowy Jork,
Kunitomi, K., Yan, X., et al.	GTHTR300C do kogeneracji wodorowej	2004	Obrady drugiego międzynarodowego spotkania tematycznego na temat technologii reaktorów wysokotemperaturowych, Pekin, Chiny
L. Wood, T. Ellis, N. Myhrvold i R. Petroski,"	"Odkrywanie Nowego Świata Włoskiego Nawigatora": W kierunku gospodarki w pełnym wymiarze, niskoemisyjnej, dogodnie dostępnej, proliferacji - rdzy, odnawialnych źródeł energii	2009 sierpień	42. sesja Międzynarodowych Seminariów Erice na temat katastrof planetarnych, Erice, Włochy, 19024 r.
L.P. Feoktistov,	Analiza koncepcji fizycznie bezpiecznego reaktora",	1988.	Preprint IAE-4605/4, w języku rosyjskim,
Pudełka, E., Marcel Dekker,	Turbomatyka	1993	Nowy Jork, s. 9-27.
M P Mills, Mills McCarthy & Associates Inc,	Zdrowe wybory w technologii: Rola elektrotechniki i paliw, które je zasilają;	1997 kwiecień	Western Fuels Association; Arlington, Wirginia,
M. Frankonia	Uszczelnione dookoła i solidnie zespawane	1999	VDI-Nachrichten 3, 29 października 1999 r., nr 43.
M. Rogovin, G. T. Frampton Jr.	Three Mile Island: A Report to the Commissioners and to the Public; Vol 1S. 21, 153,154	1980	Specjalna grupa dochodzeniowa NRC
M. Las	10 Powstające technologie z 2009 r: Podróżny Reaktor Fali,	2009 marzec/kwiecień	Przegląd technologii MIT

M.J. Driscoll, B. Atefi, D.D. Lanning.	An Evaluation of the Breed/Burn Fast Reactor Concept",	1979. Dec	MITNE-229
M.Sc. Ayelet Walter Dystrybucja	symulacja działań i Przypadkowy Zachowanie modułowe reaktory wysokotemperaturowe z Brayton Cycle Power jednostka przeliczeniowa	2010 listopada	Główny reporter: Prof. G. Lohnert, dr hab. Współreporter: Prof. dr inż. E. Göde ISSN - 0173 - 6892 IKE 6 - 204
Margaret N Maxey,	Energia jądrowa: Problem środowiskowy, czy rozwiązanie?	1999	pub.ESEF Cambridge
Matzner, D.,	Status projektu PBMR i droga naprzód	2004	Obrady drugiego międzynarodowego spotkania tematycznego na temat technologii reaktorów wysokotemperaturowych, Pekin, Chiny.
Moormann, R.	Ponowna ocena bezpieczeństwa eksploatacji reaktora ze złożem kamiennym AVR i jej konsekwencje dla przyszłych koncepcji HTR. Berichte des Forschungszentrums Jülich JUEL-4275,	2008:	Centrum Badawcze Jülich (red.) (plik PDF, j. angielski)
Muto, Y., Ishiyama, S., Shiozawa, S...	Wybór koncepcji HTGR-GT JAERI's. System konwersji mocy turbiny gazowej dla modułowych HTGR,	2001	IAEA-TECDOC-1238
N. Röhl, D. Ridder, D. Haferkamp	Produkcja bezpiecznie zamkniętego systemu dla THTR 300	1997	Spotkanie roczne Technologia jądrowa 97, Akwizgran, postępowanie str. 519-522, 13-15 maja 1997 r.

Nickel H. et al.,	Długoletnie eksperymenty z rozwojem elementów paliwowych HTR w Niemczech.	2002	Inżynieria jądrowa i projektowanie 217 str. 141 - 151
NPR	Republika Południowej Afryki Inwestuje w energię jądrową.	2006 17 kwietnia 2006 r,	NPR:
P E Damon i S M Kunen	Globalne chłodzenie?	1976	Nauka Vol 193, nr 4252 s. 447
Peter Kausch, Martin Bertau, Jens Gutzmer, Jörg Matschullat (Ed.)	Tom konferencji "Energia i surowce.	2011	ISBN 978- 3-8274-2797-7 Spektrum AkademischerVerlag Heidelberg
Pohl P..,	Znaczenie reaktora z łożem kamiennym AVR dla przyszłości energetyki jądrowej.	2006, wrzesień 10-14,	CD-Rom Proceedings PHYSOR 2006, ANS Topical Meeting on Reactor Physics, Vancouver, Kanada, B085.
R. Drzewa	Sytuacja THTR w październiku 1989 r.	1990	VGB Power Plant Technology, 70th Volume, Issue 1, styczeń 1990, str. 8-14
R. Bäumer, G. Dietrich	Koncepcja wycofania z eksploatacji reaktora wysokotemperaturowego THTR 300	1991	Nuclear 56 (1991), Strona 362-366, nr 6
R. Bäumer, G. Dietrich	Likwidacja THTR 300, procedury i aspekty bezpieczeństwa.	1992	MAEA, Oarai, Japonia, październik 1992 r.
R. Michal i E. Panie Blake,	John Gilleland: Na reaktorze o fali bieżącej",	Wrzesień 2009.	Nuclear News, s. 30-32,
Reutler, H., Lohnert, G.H.,	Modułowy reaktor wysokotemperaturowy.	1983	Nucl. Technol. 62, 22-30.
Richard L Lesher i George J Howick	Ocena transferu technologii	1966	NASA SP-5067

Rogovin, G. T. Frampton jr.	Three Mile Island: A Report to the Commissioners and to the Public; Vol 1S. 3, M.	1980	NRC Special Inquiry Group,
Röhrlich Dagmar	Chiny budują reaktor jądrowy z łożem kamiennym	2005 19 lutego	ŚWIAT, strona 31
S.M. Feinberg	Komentarz do dyskusji", Rec. z Proc. Sesji B-10,	1958	ICPUAE, Organizacja Narodów Zjednoczonych, Genewa, Szwajcaria
Schulten R., H. Bonnenberg,	Element paliwowy i cele ochronne,	1991	Yearbook 91, VDI-GET, VDI-Verlag GmbH, Düsseldorf, s. 175.
Sonja Boehmer-Christiansen	Presja polityczna w kształtowaniu konsensusu naukowego, 234-248 The Global WarmingDebate	1996	ESEF Cambridge
Steve Thomas	The Economic Impact of the Proposed Demonstration Plant for the Pebble Bed Modular Reactor Design",	2005	PSIRU, University of Greenwich, Wielka Brytania
Thabo Mbeki	Przemówienie wstępne prezydenta.	1999 16 czerwca	Pretoria News,
Instytut Uranu	Corporate Brochure;	1996	Londyn str. 6
VDI-GET	AVR - 20 lat eksploatacji. Niemiecki wkład w przyszłościową technologię energetyczną	1989	Raport VDI nr 729, 1989
W. Jacobsen, F.-B. Serries, H. Handel	Korzystanie z urządzeń zdalnie sterowanych na THTR 300	1989	Konferencja specjalistyczna KTG na temat techniki zdalnej obsługi, 27 + 28.6.89, Würzburg

Wang Dazhong, Lu Yingyun	Role i perspektywa energii jądrowej w chińskiej strategii dostaw energii	2002	, Nuclear Engineering and Design, v218 p3
Wang, J., Huang, Z. Y., Zhu, S. T. i Yu, S. Y.	Cechy konstrukcyjne systemu konwersji mocy turbiny gazowej dla HTR10GT.	2004	Obrady drugiego międzynarodowego spotkania tematycznego na temat technologii reaktorów wysokotemperaturowych, Pekin, Chiny.
Wu, Z.X., Lin, D.C., Zhong, D.X.	Cechy konstrukcyjne HTR-10.	2002	Inżynieria jądrowa i projektowanie 218(1-3), 25-32.
Y. Xu	Chiński punkt i status,	2002 kwiecień 22-24,	Obrady konferencji na temat reaktorów wysokotemperaturowych, Petten, NL
Z. Zhang i S. Yu	Przyszły rozwój HTGR w Chinach po kryzysie związanym z HTR-10	2002	Inżynieria jądrowa i projektowanie, v218 p249
Zbigniew Jaworowski	Beneficial Ionizing Radiation, 151-172 What Risk: Butterworth-Heinemann	1997	Oksford
Zhang, Z. Y., Wu, Z. X., et al.	Konstrukcja chińskiego modułowego reaktora wysokotemperaturowego chłodzonego gazem HTR-PM.	2004	Obrady drugiego międzynarodowego spotkania tematycznego na temat technologii reaktorów wysokotemperaturowych, Pekin, Chiny.
ZONGXIN WU i SUYUAN YU* 100084,	*Chiński autor. E-mail: suyuan@tsinghua.edu.cn Otrzymany	2007 25 marca.	Instytut Technologii Jądrowych i Nowej Energii, Uniwersytet Tsinghua w Pekinie.
Zongxin Wu, Dengcai Lin i Daxin Zhong,	Cechy konstrukcyjne HTR-10,	2002	Inżynieria jądrowa i projektowanie, v218 p25

3 Paliwo - popyt, produkcja, dystrybucja

Należy z góry zaznaczyć, że duża część treści należy do prof. dr Vollratha Hoppa. Dzięki swojemu wieloletniemu doświadczeniu na stanowisku bliskim zarządowi Hoechst AG zyskał wgląd w wiele indywidualnych procesów, ale także przegląd podstawowych zagadnień energetycznych. Staje się to widoczne w wielu punktach tego rozdziału i pozwala dobrze uzasadnić daleko idące decyzje.

Benzyna syntetyczna nie jest tak jednoznaczna, jak mogłoby się wydawać, ponieważ benzyna to gama węglowodorów o różnych właściwościach, które są zoptymalizowane dla dzisiejszych silników. Na każdej stacji benzynowej można znaleźć co najmniej 3 rodzaje. I te też się zmieniają w czasie. Rafinerie wytwarzają mieszankę z ropy naftowej i dodatków uszlachetniających, która obiecuje najwyższą sprzedaż po aktualnej cenie za aktualne silniki.

Dotyczy to zarówno benzyny syntetycznej, jak i konwencjonalnych paliw kopalnych oraz oleju napędowego w podobny sposób. Ponadto istnieje szereg węglowodorów, takich jak etanol, metanol, hydrazyna itp. Przedstawiono je tutaj tak, aby można było wybrać te, które powodują najmniejsze obciążenie CO2 podczas produkcji, jak również podczas spalania w silniku.

3.1 Energetyczne wykorzystanie biomasy

Z mnogości głosów i sugestii dotyczących produkcji paliwa ciekłego autorzy są cytowani w zasadzie:

- Dr inż. Vojtěch Plzak , Centrum Badań Energii Słonecznej i Wodoru, Pfaffenwaldring 38/40, 7000 Stuttgart 80
- Prof. dr Hartmut Wendt, Instytut Technologii Chemicznej TH Darmstadt, Petersenstraße 20, 6100 Darmstadt.

Streszczenie dla jednego:

Proces produkcji gazu do syntezy, wodoru, metanolu i paliw płynnych

Procesy poprawy właściwości paliwowych biomasy w dużej mierze opierają się na gazyfikacji lub skraplaniu węgla brunatnego. Konwersja uwodornienia biopolimerów obecnych w biomasie (celuloza, lignina i lignoceluloza) wymaga chemicznej degradacji złożonej matrycy biopolimerowej przed atakiem uwodornienia. Rozróżnia się procesy pirolityczne (bezciśnieniowe w temperaturze 350-500°C) oraz procesy hydrolityczne, sololityczne i ekstrakcyjne prowadzone pod ciśnieniem. Stosunkowo wysokie koszty inwestycyjne związane z procesami leżakowania wymagają minimalnej wielkości elektrowni o mocy kilkuset MW. Zgazowanie biomasy oraz produkcja wodoru i metanolu na jej bazie jest również odpowiednia dla mniejszych zakładów pod względem kosztów inwestycyjnych. W najbliższej przyszłości wykorzystanie biomasy do wytwarzania energii będzie jednak prawdopodobnie ograniczone do bezpośredniego spalania w zakładach kogeneracji wykorzystujących biomasę lub do gazyfikacji i przetwarzania gazu na energię elektryczną w ogniwach paliwowych.

3.2 *Rodzaje energii, źródła, magazynowanie*

Oczywiście kwestia dostępu do pomocy energetycznych dla prawie wszystkich procesów w dzisiejszym życiu często przyćmiła to uczucie. Oprócz tego, że nasze własne ciało nieustannie zamienia energię z pożywienia na ruch, pracę umysłową czy procesy percepcyjne, używamy obcej energii od budzika rano do wiadomości telewizyjnych wieczorem.

W większości przypadków dzieje się to w formie energii elektrycznej, tj. energii elektrycznej. W środowisku przemysłu i rolnictwa, jak również w codziennym życiu biurowym, dodawane są inne formy, szczególnie ciepło, mobilność i ciężka praca.

Prof. Vollrath Hopp zasługuje na wielkie podziękowania za obszerne, również fundamentalne, wyjaśnienia w tym rozdziale.

3.2.1 Energia - definicja

Energia (grch. energeia) - napęd, pęd, nacisk. Energia to zmagazynowana praca lub zdolność do pracy (energia potencjalna). Energia nie może być ani zdobyta ani utracona. *W systemie zamkniętym suma energii jest stała.*

Istotne właściwości energii są opisane przez *prawa termodynamiczne.*

Istnieją różne rodzaje energii:

- Energia promieniowania (energia jądrowa, energia kosmiczna, światło) (patrz tabela 2)
- Energia cieplna
- energia chemiczna
- prąd elektryczny
- siła magnetyczna
- Grawitacja (ziemskie przyciąganie grawitacyjne)
- Energia kinetyczna (energia kinetyczna)
- Energia sytuacji (energia potencjalna)

Wszystkie rodzaje energii mogą być zamieniane na siebie nawzajem. Jednym z wyjątków jest *energia cieplna.* Może on być przekształcony w inne rodzaje energii tylko w pewnym stopniu. Energia cieplna nie może być zatem całkowicie zamieniona na pracę, czyli na energię użytkową.

Należy dokonać rozróżnienia:

- fizjologiczna (energia żywności) i
- Technicznie użyteczna energia.

Jeśli mówimy tylko o **energii technicznej**, łatwo jest zapomnieć, jak wielu milionom ludzi na świecie brakuje **fizjologicznej energii** wystarczającej do życia.

Człowiek potrzebuje około 12,000 kJ dziennie. 7 miliardów ludzi na świecie potrzebuje łącznie 12 000 - 7 - ^{109}= 84 - 1012 kilodżuli dziennie. W stosunku do 1 roku są to:

365 - 84 - ^{1012} kJ = 30,660 - ^{1012} kJ

≙ 30,660 - 109 megadżuli

30,66 - ^{109} gigadżuli

1 dżul ≙ 2,7780 - 10-7 kWh

1 GJ : 277,80 kWh = 30,66 - 109 GJ : x

$$x = \frac{277{,}80\ \text{kWh} \cdot 30{,}66 \cdot 10^{9}\ \text{GJ}}{1\ \text{GJ}}$$

= 8517 - 109 kWh

lub x = 8,5 mld megawatogodzin = 8,500 tera-watogodzin

Rys. 1 *Związek pomiędzy energią słoneczną, fizjologiczną i techniczną.*

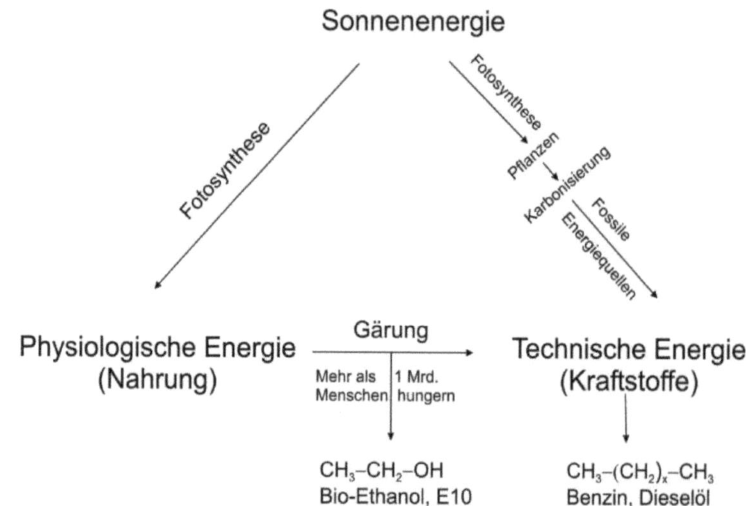

Roczne zapotrzebowanie na energię fizjologiczną dla ludności świata wynosi zatem 30,66 mld gigadżuli lub 8,5 mld megawatogodzin = 8,5 peta-wat-godzin[2].

Jednocześnie zachodni i w coraz większym stopniu azjatycki świat przemysłowy w coraz większym stopniu przekształca energię fizjologiczną w energię użyteczną technicznie. Pszenica jest poddawana fermentacji na bioetanol, a paliwa otrzymywane są również z kukurydzy i trzciny cukrowej, które są mieszane z benzyną.

Energia elektryczna może być wykorzystywana na wiele sposobów jako energia użyteczna, ale nie może być przechowywana. Należy go używać natychmiast po utworzeniu, poza niewielkimi ilościami przechowywanymi w akumulatorach.

Fotosynteza przekształca energię promieniowania (słonecznego) w energię chemicznie magazynowaną. Transfer energii odbywa się etapami poprzez ATP[3], transfer wodoru w celu redukcji CO_2 do glukozy odbywa się poprzez NADPH[4].

Proces chemiczny odbywa się w normalnej temperaturze i w **wielu małych krokach.** Jest to typowe dla wszystkich reakcji biologicznych. **Te złożone procesy nie mogły być jeszcze odtworzone chemicznie.** Chlorofil, biokatalizator (enzym) obniża energię aktywacji w małych krokach. Typowe dla wszystkich reakcji biologicznych jest to, że zachodzą one na wielu etapach.

---

[2] Dla porównania, Niemcy zużywają rocznie około 600 tera-wat-godzin samej energii elektrycznej, czyli 0,6 peta-wat-godzin. W przypadku ogrzewania, przemysłu i transportu, Niemcy zużywają prawie 2000 tera-godzin = 2 peta-godzin. To niewiele mniej niż jedna czwarta światowego spożycia żywności.

[3] Trifosforan adrenozyny

[4] Dwuukleotyd nikotynamidowo-adeninowy Fosforan Nikotynamidu

3.2.2 Dwutlenek węgla, pogoda, klimat, życie

Vollrath Hopp, chemik, [5]Gerhard Stehlik, chemik fizyczny, Wolfgang Thüne, meteorolog, inż. Edmund Wagner, inżynier, wyjaśnia kilka podstawowych pojęć z fizyki, chemii, biologii i meteorologii. Tutaj znajduje się wyciąg z 190-stronicowej broszury.

CO_2 jest jedną z pierwotnych molekuł naszego wszechświata. Wraz z wodą i innymi pierwotnymi molekułami tworzył on życie przez miliardy lat poprzez ewolucję.

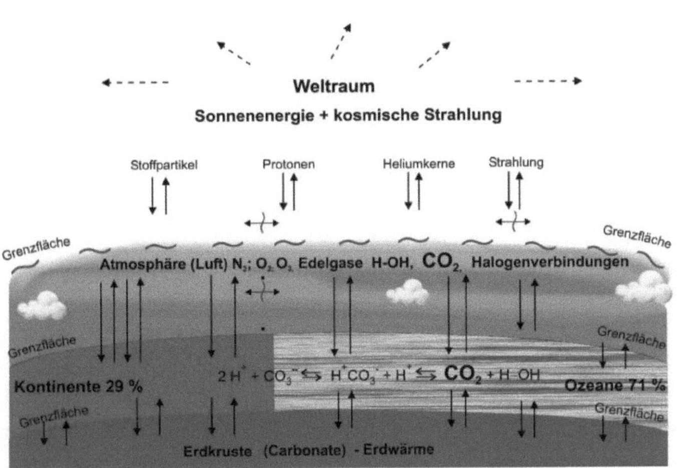

Rys. 2 Energia słoneczna i gazy w płaszczu ziemskim

Atmosfera, oceany i ląd są ze sobą powiązane. Duże ilości energii są wymieniane na ich stykach, co powoduje duże różnice temperatur i silne przepływy materiałów. Przegląd historyczny dowodzi, że o zmianach klimatu decydują zmiany aktywności słonecznej (plamy słoneczne), promieni kosmicznych, nachylenie osi Ziemi (od około 24,5° do 22,5°) w okresach do 41 000 lat, pole magnetyczne i grawitacja Ziemi oraz duże erupcje wulkanów.

Cykle lodowcowe - naturalna zmiana klimatu

Ważne i prawidłowe jest rozpoznanie i zakwestionowanie elementów, które mają wpływ na pogodę. Ale nie możemy chronić się przed zmianami klimatycznymi. Na tyle, na ile możemy spojrzeć wstecz na historię Ziemi, zmiany klimatu zawsze istniały.

10.000 lat temu całe północne Niemcy były jeszcze pokryte lodowcami. Istniało połączenie lądowe między Anglią a kontynentem europejskim. Obecny krajobraz moreny czołowej w północnych Niemczech jest wynikiem topnienia tej pokrywy lodowej i zmian klimatycznych. Były czasy, kiedy w Meklemburgii kwitła uprawa winorośli. **Pogoda i klimat**

[5] VDI Progress Report No. 256, VDI-Verlag (2012), 2nd ed., VDI District Association Frankfurt - Darmstadt, Section Environment, Chairman Prof. Hopp.

Rys. 3 Cykl węglowy w przyrodzie

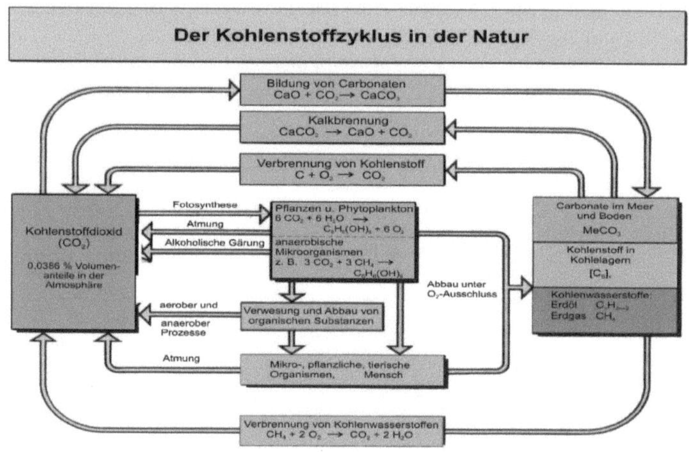

Pogoda jest aktualnym stanem atmosfery w wyniku interakcji pomiędzy substancjami i specjalną formą energii: energią cieplną, którą można mierzyć w stopniach temperatury. Substancje te służą do transportu ciepła. Istotny wpływ na przepływ materiałów i ciepła ma energia słoneczna, obrót Ziemi wokół Słońca oraz jej własny obrót.

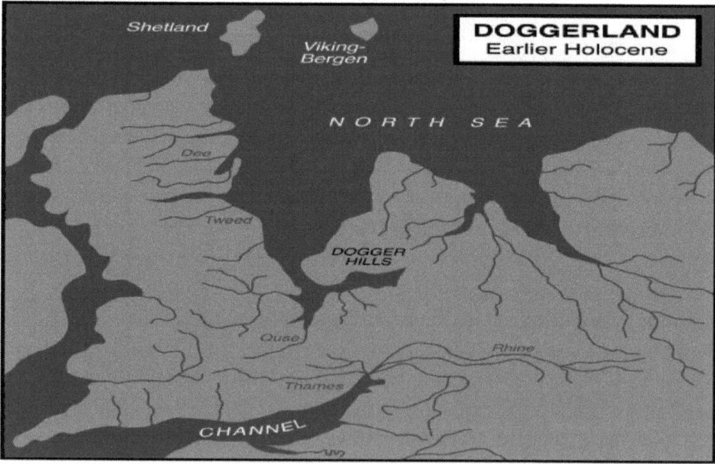

Rys. 4 *Konsekwencje epoki lodowcowej w Europie Źródło: Wikipedia*

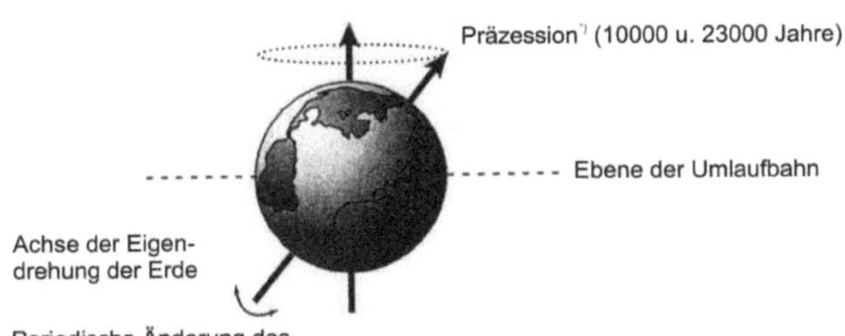

Rys. 5 Pochylenie osi Ziemi, precesja, orbita

Procesy te zostały już szczegółowo opisane przez Mikołaja Kopernika (1473 - 1543) i Johannesa Keplera (1571 - 1630) oraz serbskiego fizyka M. Milankowicha (1874 - 1958).

M. Milankowich pokazał, że okresowe zmiany klimatyczne mogą wynikać ze zmian na orbicie Ziemi. Obliczenia są skomplikowane, ponieważ odchylenia nie są po prostu harmonijne. Wiele okresów, tj. czasowo regularnych nawrotów, jest skutecznych we wszystkich trzech cyklach i nakładają się na siebie.

Wladimir Köppen (1846-1940) opracował pierwszą światową klasyfikację klimatyczną w oparciu o dane pogodowe z roślinnością.

Klimata (klimat (grch.) - nachylenie) to statystyczny opis wielu warunków pogodowych w długich okresach i regionach.

3.2.3 Bioenergia - Warunki użytkowania

Tutaj najpierw przedstawiamy terminy z różnych perspektyw, a następnie wydobycie, przetwarzanie i wykorzystanie.

3.2.3.1 Zmodyfikowany zgodnie z C.A.R.M.E.N:

The Centrale Agrar-Rohstoff Marketing- und Energie-Netzwerk e.V. mówi

Bioenergia to **energia chemiczna przechowywana** w **biomasie**. Ten:

- jest neutralny pod względem emisji CO2 nawet przy uwzględnieniu fotosyntezy, podczas gdy bilans $_{CO2}$ oleju opałowego staje się jeszcze bardziej ujemny niż ma to miejsce z natury rzeczy, jeśli weźmie się pod uwagę dalsze koszty;
- nie jest jednak dostępna w nieskończoność przy zrównoważonym wykorzystaniu i pozwala jedynie na ograniczoną gospodarkę recyklingową;
- jako krajowe źródło energii, umożliwia zdecentralizowaną, samowystarczalną produkcję energii użytecznej i tworzy miejsca pracy w obszarach przyległych (handel, przemysł, usługi);
- ma mniejsze ryzyko produkcyjne i transportowe niż materiały energetyczne transportowane rurociągiem lub statkiem
- zmniejsza zależność od paliw kopalnych, dużych koncernów naftowych i poszczególnych krajów produkujących ropę naftową
- czyni cię bardziej niezależnym od wahań cen wywołanych wojnami i kryzysami energetycznymi

3.2.3.2 **Bioenergia i żywność** (za prof. V. Hopp)

Bioenergia to **energia przechowywana** w **roślinach, ich owocach i pozostałościach roślinnych, a także w substancjach i produktach zwierzęcych**. Może być przekształcona w fizjologicznie użyteczną energię poprzez procesy biologicznej degradacji. Technicznie użyteczna energia może być również uzyskana bezpośrednio z niej, np. poprzez bezpośrednie spalanie, tj. utlenianie. W procesie tym energia chemiczna jest zamieniana na energię cieplną, czyli kinetyczną.

Źródłem surowców do produkcji bioetanolu, biogazu i biodiesla (ester metylowy kwasu octowego) są rośliny, takie jak zboża, kukurydza, burak cukrowy, trzcina cukrowa, oleje roślinne itp. Są to ważne i cenne podstawowe substancje żywnościowe, które są pilnie potrzebne w żywieniu człowieka.

Ponieważ obecnie ponad 1,3 miliarda ludzi nadal głoduje i nie ma czystej wody pitnej, należy zawsze brać pod uwagę kwestie odpowiedzialności. Zbiornik i płyta (patrz również 4.2.5) są w trakcie rywalizacji o użytkowanie. Często za brak dystrybucji żywności odpowiedzialne są głównie warunki polityczne, ale ta książka nie próbuje ich zmienić.

Bezwzględna eksploatacja surowców spożywczych w celu przekształcenia bioenergii w technicznie użyteczną energię powoduje nie tylko niedobór żywności, a tym samym wzrost jej cen, ale także zmniejsza zdolność regeneracyjną (degradację) użytkowanych gruntów ornych.

Cztery czynniki mają szczególnie niekorzystny wpływ:

- *Monokultura*
- *Wysokie obciążenia ciśnieniowe górnej warstwy gleby przez ciężkie maszyny rolnicze.*
- *Wyczerpywanie się składników odżywczych z wierzchniej warstwy gleby w wyniku usuwania słomy zbożowej z pól.*
- *Turbiny wiatrowe.*

Rys. 6 Konwersja energii chemicznej na ciepło lub energię kinetyczną

celuloza (drewno i inne) + tlen → Węgiel + woda + Energia

$(C_6H_{10}O_5)_n$ + 6n O2 → 6n CO_2 + 5n H2O + 2,846,7 kJ/mol

Innym rodzajem technicznego wykorzystania bioenergii jest jej stopniowa degradacja w procesach beztlenowych - patrz strona 159.

Uzyskuje się środki pośrednie o znaczeniu technicznym, np.

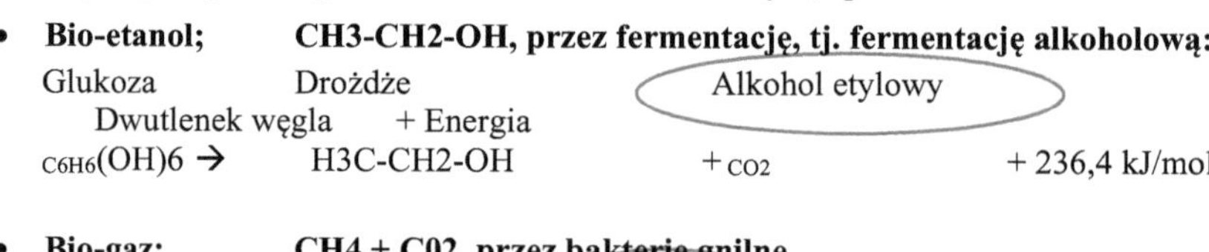

- **Bio-etanol; CH3-CH2-OH, przez fermentację, tj. fermentację alkoholową:**

Glukoza Drożdże Alkohol etylowy Dwutlenek węgla + Energia

$C_6H_6(OH)_6$ → H3C-CH2-OH + CO_2 + 236,4 kJ/mol

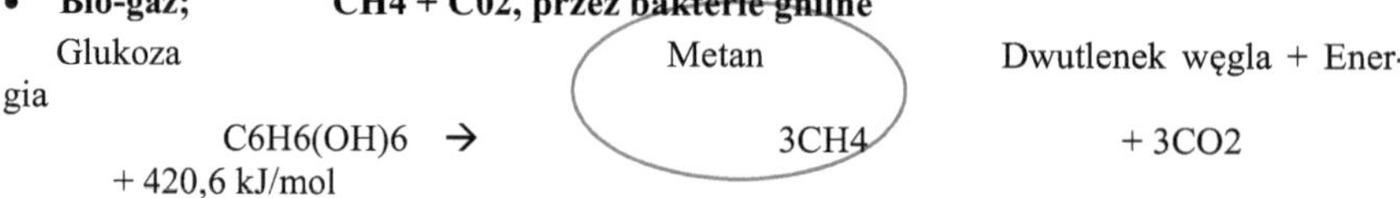

- **Bio-gaz; CH4 + C02, przez bakterie gnilne**

Glukoza Metan Dwutlenek węgla + Energia

C6H6(OH)6 → 3CH4 + 3CO2 + 420,6 kJ/mol

- **Bio-diesel; Ester metylowy kwasów tłuszczowych przez konwersję tłuszczów, zwłaszcza olejów roślinnych**

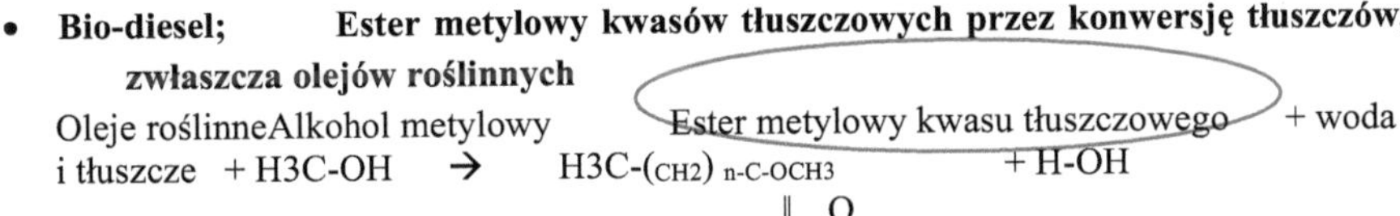

Bioetanol, biogaz i ester metylowy kwasów tłuszczowych (olej napędowy) to techniczne magazyny energii o dużym znaczeniu. Ich wewnętrzna energia jest magazynowana jako energia chemiczna.

Są one bezpośrednio utleniane (spalane) w celu przekształcenia ich w technicznie użyteczną energię. Uwalnia to energię cieplną, która jest wykorzystywana jako ukierunkowana energia kinetyczna do napędu samochodów osobowych i ciężarowych. To samo dotyczy ich zamiany na energię elektryczną, w której ich energia kinetyczna jest wykorzystywana do napędzania generatorów.

Energia pokazana po prawej stronie jest wytwarzana z trzech typów jednostek magazynujących energię wytworzonych powyżej:

	Tlen		Dwutlenek węgla		Woda		Energia
Alkohol etylowy CH3-CH2-OH +	3 O2	→	2 CO2	+	3 H-OH	+	1.366 kJ/mol
Metan CH4	2 O2	→	CO2	+	2 H2O	+	890,4 kJ/mol
Ester metylowy kwasu tłuszczowego H3C-(CH2)8-COOH+ CH3 ‖ O	31 O2 / 2	→	11 CO2	+	11 H2O	+	xxxkJ/mol

3.2.3.2.1 Monokultura

Monokultura, uprawa tych samych roślin w dłuższym okresie czasu prowadzi do jednostronnego wyczerpania minerałów, takich jak związki azotu, fosforanu lub soli potasowej i inne. Otwarty obieg składników odżywczych w glebie jest zaburzony. Ponadto, żyzność gleby męczy się, a szkodniki rozmnażają się. Monokultury zmniejszają również różnorodność gatunkową (bioróżnorodność) systemów żywych na polach, takich jak mikroorganizmy, flora i fauna.

Sprzyja to preferencyjnemu rozprzestrzenianiu się niektórych szkodników, które są zazwyczaj kontrolowane przez konkurencyjne gatunki. Aby zapobiec rozmnażaniu się określonych szkodników, coraz częściej stosuje się pestycydy, które często wpływają również na owoce przeznaczone do spożycia. Jednostronne zubożenie minerałów można tylko opóźnić, ale nie można mu zapobiec poprzez odpowiednie dodatki nawozów. Wysokoplenne i odpowiedzialnie zarządzane rolnictwo dąży do uzyskania wszechstronnego płodozmianu.

Glebowe płodozmiany są niezbędne do utrzymania i wzmocnienia płodności oraz zdolności regeneracyjnych. Rośliny wiążące azot atmosferyczny (rośliny strączkowe) powinny być uprawiane na przemian z poprzednimi uprawami, roślinami okopowymi i zbożami.

3.2.3.2.2 Obciążenie pól przez maszyny robocze

Żyzne grunty rolne to system biologiczny, który składa się zasadniczo z trzech uzupełniających się złożonych elementów:

- *skład warstwy ziemi z jej specjalnym profilem okruchów, określonym przez naturę,*
- *Wody gruntowe, odcieki, wody powierzchniowe i kapilarne wody aktywne,*
- *warstwa próchnicy z systemem mikroorganizmów, małych zwierząt ziemskich, takich jak dżdżownice, gąsienice, owady, pozostałości substancji organicznych i typową strukturą porów*

Odkąd konie zostały zastąpione przez ciągniki jako siły pociągowe, gleba jest obrabiana lub zbierana za pomocą coraz mocniejszych i elektronicznie sterowanych maszyn. W związku z tym grunty rolne poddawane są coraz większej presji. Pory warstwy wierzchniej gleby nośne, odprowadzające i magazynujące wodę są nieodwracalnie ściskane do głębszych warstw. Zdolność gleby do absorpcji wody opadowej gwałtownie się zmniejsza. Woda spływa na zagęszczone warstwy, gdy tylko pojawi się niewielka różnica w poziomie gruntu. Jest to również związane ze zwiększonym ryzykiem erozji[6].

Niszczycielskie powodzie jesienią 2002 roku w dorzeczu Łaby i Odry spowodowane są również zagęszczeniem gleby przez rolnictwo. Zagęszczona gleba wchłania mniej wody. Ich wydajność również spada i jest mniej przewidywalna. Jeśli wiosną jest zbyt wilgotno, korzenie roślin pozostają na powierzchni na poziomie wody. Jeśli gleba w lecie szybko wysycha, wzrost korzeni w głębinach nie nadąża. Źródła składników odżywczych nie są już osiągalne.

Nawet ciągniki od 8 do 10 ton są o wiele za ciężkie dla pola. Ze względu na międzynarodowe testy, 5 ton powinno być obciążeniem maksymalnym.

Nacisk rozkłada się trójwymiarowo w ziemi do głębokości 50 cm. Okres regeneracji takich zniszczonych gleb wynosi do 10 lat[7].

3.2.3.2.3 zubożenie składników odżywczych

Wyczerpywanie się składników odżywczych humusu ma negatywny wpływ na zdolność regeneracyjną gruntów ornych. Przy zbiorze 1 tony ziaren pszenicy jako głównego produktu żniwnego, jako produkt uboczny wytwarza się ok. 1.000 kg do 1.100 kg słomy. W przypadku kukurydzy stosunek ziaren do słomy wynosi 1 : 0,8, co oznacza, że na 1 000 kg ziaren kukurydzy przypada 800 kg słomy. Słoma ta, podobnie jak ziarna, również pobiera z gleby składniki odżywcze. Ziarna pszenicy i słoma są usuwane i nie wracają już na pole, jak to miało miejsce we wcześniejszych dekadach w postaci obornika zwierzęcego z obór bydlęcych. W ten sposób z jednego hektara powierzchni upraw pszenicy usuwa się ok. 280 kilogramów substancji odżywczych z próchnicy, którą należy zastąpić w formie nawozu. Utrata składników odżywczych w kukurydzy wynosi do 560 kg na hektar[8].

---

[6] erosio (lat.) - gryzienie; erozja to usuwanie powierzchniowych warstw ziemi przez wodę i wiatr.

[7] Źródło: prof. dr Rainer Horn, Instytut Odżywiania Roślin i Gleboznawstwa Uniwersytetu w Kilonii i Frankfurter Allgemeine Zeitung nr 291 z 15.12.2003.

[8] Źródło: Izba Rolnicza Nadrenii Północnej-Westfalii, www.landwirtschaftskammer.de

3.2.3.2.4 Turbiny wiatrowe

Kolejnym niekorzystnym czynnikiem wpływającym na żyzność i zdolność regeneracyjną gruntów ornych jest coraz gęstsza budowa elektrowni wiatrowych, szczególnie na obszarach rolniczych w północnych Niemczech, takich jak Szlezwik-Holsztyn, Meklemburgia-Pomorze Przednie, Brandenburgia i Saksonia-Anhalt.

Gęsty rozwój tych terenów rolniczych odpycha ptaki od tych regionów. Świat ptaków nie ma już dostępu do małych zwierząt w glebie, takich jak robaki, chrząszcze, larwy, myszy itp. jako źródła pożywienia. Ciągle obracające się skrzydła wiatrowe wywołują u ptaków niezwykły niepokój i niepewność lotu. Świat małych zwierząt rozmnaża się w sposób niezakłócony, łącznie ze szkodnikami dla wierzchniej warstwy gleby i roślin.

Należy się obawiać, że elektrownie wiatrowe i jednostronna uprawa zbóż, buraków cukrowych i rzepaku do produkcji biopaliw doprowadzą do katastrof rolniczych podobnych do tych, które miały miejsce w XIX i XX wieku w krajach rozwijających się i dużych kombinatach byłych krajów socjalistycznych, takich jak ZSRR czy NRD.

Wzrost liczby ludności, uprzemysłowienie i urbanizacja oraz zmiany klimatyczne sprawiły, że słodka woda staje się coraz bardziej deficytowa. 1,3 miliarda ludzi na świecie nie ma wystarczającej ilości wody pitnej lub ma do czynienia z wodą wątpliwą pod względem higienicznym. Prawie 50 % z około 7 miliardów ludzi na świecie żyje w regionach zurbanizowanych. W Unii Europejskiej odsetek ten wynosi aż 73% ludności. W ostatnich dziesięcioleciach poziom wód gruntowych w wielu krajobrazach gwałtownie się obniżył, dlatego też do zapewnienia wystarczającego zaopatrzenia w wodę pitną potrzeba dużo energii i technologii oczyszczania ścieków.

Uprawy rolne na 1 kg masy suchej	Zużycie wody [litr/kg]
Pszenica zimowa	500 - 1000
Jęczmień	450
Kukurydza	300
Ryż	do roku 2000 i więcej
Cukier	120
Impulsy, korzenie i bulwy	1000

Rys. 7 Lit.: Hopp, V. (2004) Kryzys wodny? Wiley-VCH Verlag GmbH & Co KGaA, Weinheim. 2. wydanie w prev.

Rolnictwo zawsze potrzebowało dużo świeżej wody do uprawy roślin i hodowli zwierząt. W zależności od warunków klimatycznych i właściwości gleby, na 1 kg pszenicy należy przeznaczyć od 500 do 1500 litrów. W przypadku ryżu jest jeszcze więcej (patrz poniższa tabela: Zapotrzebowanie roślin na wodę.

Grunty orne stały się rzadkie. Ilość użytkowanych gruntów rolnych na świecie zmniejsza się w przeliczeniu na jednego mieszkańca. W 1950 r. było to jeszcze 0,51 ha na osobę, w 1975 r. tylko 0,34 ha, a w 2025 r. będzie to tylko 0,15 ha na osobęWystarczająca ilość energii użytecznej, tj. zarówno fizjologicznej (żywność), jak i technicznej (elektryczność i ciepło), jest wyzwaniem dla ludzi na całym świecie w nadchodzących dziesięcioleciach. Ściśle z tym związane jest zaopatrzenie w słodką wodę. Energia i słodka woda są ze sobą ściśle powiązane. Wykorzystanie źródeł energii na potrzeby techniczne kosztem energii fizjologicznej jest jednym z najgorszych i najbardziej niebezpiecznych rozwiązań. Głód i niedożywienie setek milionów ludzi na świecie pogarszają się i rosną. Poza etyczną nagannością, prowadzą one do kryzysów społecznych i konfliktów zbrojnych. Wykorzystanie ziarna, kukurydzy, ryżu, olejów roślinnych, trzciny cukrowej i buraków cukrowych jako źródeł energii dla paliw takich jak (bio)etanol i (bio)olej napędowy odpowiadałoby zachowaniu rolników, którzy spożywają swoje ostatnie ziarno w zimie z powodu głodu, nie myśląc, że będzie im brakowało nasion na wiosnę, aby dotrzeć na pola do nowych zbiorów.

Główne podstawowe artykuły żywnościowe zależą bezpośrednio lub pośrednio od zbóż, kukurydzy i ryżu. Zmniejsza się ilość gruntów ornych wykorzystywanych w rolnictwie, które są niezbędne dla zaopatrzenia człowieka w podstawowe środki spożywcze, na rzecz bioetanolu, biogazu i biodiesla. Mleko i jego produkty są również dotknięte zmniejszającą się powierzchnią gruntów ornych przeznaczonych do produkcji żywności. Dzieje się tak dlatego, że krowy, które mają zbyt dużo mleka, muszą być karmione paszą treściwą na bazie ziarna i mączki sojowej. Karmienie produktami celulozowymi, takimi jak pasza zielona, siano lub słoma, nie jest wystarczające. Chociaż bydło, będąc przeżuwaczem z natury, posiada odpowiednie enzymy do wykorzystania celulozy jako paszy.

Tucz bydła i wysoko hodowane krowy o wydajności mlecznej około 9 600 litrów rocznie lub 38 litrów dziennie stały się ludzką konkurencją w sektorze zbóż. Aby otrzymać 1 kilogram wołowiny, należy użyć 9 kilogramów ziarna paszowego. Krowa potrzebuje około 100 litrów wody dziennie.

Największymi producentami bioetanolu na świecie są obecnie Brazylia i Stany Zjednoczone. Roczna produkcja w obu krajach wynosi 18 mln m3 bioetanolu rocznie. Ilość ta odpowiada 14,13 mln ton (gęstość etanolu 0,785 g/cm3).

Surowcem używanym w Brazylii jest cukier trzcinowy, dwucukier jak cukier buraczany, a w USA kukurydza. Skrobia kukurydziana jest polimerem wykonanym z glukozy. Duża część kukurydzy jest importowana z Meksyku do USA. W związku z tym, żywność na bazie kukurydzy staje się coraz droższa[9].

W krajach uprzemysłowionych wiele osób straciło kontakt z naturalnymi źródłami podstawowych produktów spożywczych. Dla petycji Ojca naszego **"Daj nam dzisiaj chleb powszedni"** trzeba pracować i utrzymać rekreacyjne możliwości przyrody. Maksymalne wykorzystanie jest przeciwko niemu.

3.2.3.3 Bioenergia i żywność

Tutaj[10] prezentujemy poglądy Agentur für erneuerbare Energien e.V. *Fakt, że również one mają być postrzegane krytycznie, wynika z wkładu wielu innych naukowców.*

Agencja jest wspierana przez przedsiębiorstwa i stowarzyszenia energii odnawialnych oraz Federalne Ministerstwa Środowiska i Rolnictwa. Prowadzi ona ogólnokrajową kampanię informacyjną "Niemcy mają nieskończoną energię" pod patronatem prof. dr Klausa Töpfera. Zadanie polega na dostarczeniu informacji o możliwościach i zaletach zrównoważonego zaopatrzenia w energię w oparciu o odnawialne źródła energii - od ochrony klimatu i bezpiecznego zaopatrzenia w energię po miejsca pracy, rozwój gospodarczy i innowacje. *(Hopp: Agencja powinna działać ponad granicami partii i społeczeństwa, a nie stosować się do wytycznych polityczno-ideologicznych).*

---

[9] Lit.: Trechow, P. (2007), Kornbrand für den Tank, VDI-Nachrichten No. 9 z 02.03.2007, Raport sytuacyjny 2007, Trendy i fakty, red. Niemieckie Stowarzyszenie Rolników, Claire-Waldoff-Straße 7, 10117 Berlin.

[10] Agencja Energii Odnawialnej e.V. Reinhardtstr. 18 10117 Berlin Tel: 030-200535-3 Fax: 030-200535-51 info@unendlich-viel-energie.de, - www. **kommunal-neuerbar**.de - www.kombikraftwerk.de

Tylko ułamek towarów rolnych produkowanych na świecie jest obecnie wykorzystywany jako bioenergia. Niemniej jednak światowe ceny zbóż, takich jak pszenica i kukurydza, niekiedy gwałtownie rosły, gdy zbiory zawodziły z powodu ekstremalnej suszy. *(Hopp: liczba ludności wzrosła z około 2,5 mld w 1930 r. do ponad 7 mld obecnie).* Jednocześnie zapasy dużych przedsiębiorstw handlujących produktami rolnymi są bardzo niskie. Coraz więcej ludzi, zwłaszcza w azjatyckich regionach wzrostu, chce spożywać więcej mięsa i produktów mlecznych. Prowadzi to do nieproporcjonalnie wysokiego spożycia zbóż i nasion oleistych jako paszy *(Hopp: podczas tuczu podaje się od 7 do 8 kg zbóż na kg mięsa). Bydło jest przeżuwaczem i żywi się najlepiej trawą, sianem i słomą, czyli łąkami polnymi).*

Wynik: Ceny rosną. Na całym świecie ponownie warto więc inwestować w uprawę i uprawę ugorów. Ponieważ w ostatnich latach rolnicy często uzyskiwali bardzo niskie plony swoich produktów, w wielu regionach świata zrezygnowano z produkcji rolnej i nie dokonano wystarczających inwestycji.

Jednakże ceny zbóż na rynkach światowych nie powinny być mylone z ceną chleba u piekarza obok. Koszt ziarna surowca w cenie produktu końcowego chleba jest bardzo niski (3,6%). Ziarno stanowi mniej niż 10 centów przy cenie chleba 2 euro. Ważniejsze są inne koszty, takie jak płace, transport, przetwarzanie i podatki.

Na pierwszy rzut oka: "Rośliny energetyczne zabierają ziemię z rolnictwa"...Ale: Energia elektryczna, ciepło lub paliwa mogą być uzyskiwane z roślin energetycznych (np. rzepak, kukurydza, zboża), z drewna i - w porównywalnym stopniu - z materiałów odpadowych (np. gnojowica i odpady organiczne). W 2007 r. uprawy energetyczne wzrosły do 12 % powierzchni gruntów[11]rolnych w Niemczech.

Grunty orne można oczywiście wykorzystać tylko raz - ale odpady organiczne są również dostępne w postaci resztek z produkcji pasz i żywności, np. liści buraków, gnojowicy, obornika i produktów ubocznych, takich jak łupiny ziemniaków. Tak więc rolnictwo i bioenergia nie muszą ze sobą konkurować - już dawno poszły w parze.

Jeśli dodać do specjalnie uprawianych roślin energetycznych wiele różnych źródeł resztek materiału, to potencjał ten jest wystarczający, aby zapewnić Niemcom znaczną część ich zapotrzebowania na paliwo.

Olej palmowy z Indonezji nie odgrywa żadnej roli na niemieckim rynku biopaliw. W niskich temperaturach biodiesel z oleju palmowego staje się stały i nie jest już stosowany jako paliwo w Europie Środkowej i Północnej. Arbeitsgemeinschaft Qualitätsmanagement Biodiesel (AGQM) **nie znalazłżadnego oleju palmowego** od momentu rozpoczęcia niezapowiedzianej kontroli wyrywkowej niemieckich producentów biodiesla w **2004 r**. Za zniszczenie lasów deszczowych odpowiedzialne jest rosnące zapotrzebowanie na żywność i jej wykorzystanie materialne. 95% światowego zużycia oleju palmowego jest wykorzystywane jako surowiec w tych sektorach. Nieważne, jak się go używa: Olej palmowy pochodzący z wyciętych dziewiczych obszarów leśnych musi być wykluczony na podstawie ścisłych międzynarodowych kryteriów zrównoważonego rozwoju.

Niewielką pomocą jest zatem kontrola tylko proporcjonalnie małego zużycia oleju palmowego w sektorze energetycznym - wszystkie importowane surowce rolne powinny być kontrolowane pod kątem kryteriów ekologicznych. Kryteria zrównoważonego rozwoju muszą mieć zastosowanie do wszystkich sposobów wykorzystania towarów rolnych - w przeciwnym razie niezrównoważona uprawa na potrzeby żywności i pasz na innych gruntach będzie po

[11] Patrz w rozdziale 1.1.2.1

prostu kontynuowana. *(Hopp: Wystarczające zaopatrzenie ludności w żywność i czystą higienicznie wodę pitną musiałoby być ostatecznym celem każdego narodu).*

Dwustronne umowy pomiędzy rządem niemieckim a krajami, w których uprawiana jest biomasa, jak również niezależne lokalne systemy kontroli, powinny zatem początkowo zagwarantować, że nie będą już zajmowane szczególnie cenne z ekologicznego punktu widzenia obszary pod uprawę biomasy. Aby umożliwić import zrównoważonej uprawy biomasy, od lutego 2007 r. opracowywany jest system certyfikacji. Odpowiednie standardy są również przygotowywane na szczeblu UE. Certyfikacja biopaliw zgodnie z surowymi normami zrównoważonego rozwoju może być ważną zachętą do powstrzymania utraty gruntów o szczególnej wartości ekologicznej. Ale nie jest to również panaceum na bardziej złożone problemy, które prowadzą do wylesiania i utraty różnorodności biologicznej.

W Niemczech biopaliwa są produkowane głównie z krajowej biomasy, a mianowicie ze zboża, buraków cukrowych i oleju rzepakowego. Import biomasy do produkcji biopaliw jest nadal marginalny w porównaniu z importem np. pasz dla zwierząt, ale wzrasta: eksport dumpingowy biodiesla sojowego z USA i Argentyny już teraz coraz bardziej wypiera niemiecki rynek paliw. Mali i średni niemieccy producenci biodiesla, którzy polegają na krótkich, zakotwiczonych w regionie łańcuchach produkcyjnych, są zatem narażeni na silną konkurencję.

Przywóz biodiesla ze zniszczonych dziewiczych obszarów leśnych: Niechciane w Niemczech i Europie

Rozporządzeniem z grudnia 2007 r. w sprawie zrównoważonego wykorzystania biomasy rząd federalny przedstawił warunki przyszłego wykorzystania bioodpadów do produkcji biopaliw. Import biomasy na biopaliwa może być dopuszczony na niemiecki rynek paliwowy i zaliczany do kwot tylko wtedy, gdy emisja CO_2 jest o co najmniej 30% lub (od 2011 r.) 40% niższa niż w przypadku paliw konwencjonalnych. Biopaliwa, których biomasa została pozyskana poprzez zniszczenie lasów deszczowych lub wrzosowisk, nie kwalifikowałyby się już do importu do Niemiec ze względu na ich znacznie gorszy bilans CO_2.

W ostatnich latach zbiory zbóż spadały. Ceny na rynkach rolnych wzrosły. Odpowiedzialnych za to jest kilka czynników:

- Straty w zbiorach spowodowane ekstremalnymi warunkami klimatycznymi w ważnych krajach rozwijających się (Australia, Ameryka Północna, Europa Wschodnia)
- Historycznie niskie zapasy na świecie
- Zwiększone zapotrzebowanie na ziarno jako paszę dla zwierząt z powodu rosnącego spożycia mięsa, zwłaszcza w Chinach i Indiach
- pomimo rosnących cen, brak spadku popytu w regionach wzrostu (Chiny, Indie) z powodu zwiększonej siły nabywczej

Ze względu na stosunkowo niskie ceny producenta i subsydiowany wywóz z UE w ostatnich latach, **grunty na całym świecie pozostają odłogiem**. Do tej pory nie było też żadnych nowych inwestycji w zwiększenie produkcji rolnej - stąd też istnieją wąskie gardła. W tym kontekście inwestorzy spoza rynku coraz częściej spychają na rynki towary rolne z zamiarem spekulacji. Zmiany cen stają się coraz bardziej zmienne i oddzielają się od rzeczywistej zależności między podażą a popytem. Rosnące zapotrzebowanie na biopaliwa przyczynia się również, bezpośrednio lub pośrednio, do niedoboru żywności i pasz na obecnie napiętych światowych rynkach rolnych. W razie wątpliwości, produkcja żywności musi zawsze mieć pierwszeństwo - najpierw żywność!

Na poziomie około 73 mln ton, tylko około 3,2% światowych zbiorów zbóż (2,3 mld ton) zostało wykorzystane do produkcji biopaliw w latach 2011/12.

W kolejnych punktach agencja dochodzi do wniosków (zbiornik i płyta są ze sobą dobrze kompatybilne, bioenergia oferuje możliwości szczególnie małym rolnikom w krajach rozwijających się), które nie są łatwo akceptowane. Ponieważ nie jest to główny temat tej książki, są one pominięte.

3.2.3.4 Europejska polityka energetyczna.

W 1997 r. w Białej Księdze na temat energii odnawialnych Komisja Europejska postawiła sobie za cel podwojenie do 2010 r. udziału energii odnawialnych w całkowitym zużyciu krajowym brutto (zużycie energii pierwotnej) do 12%. W białej księdze określono również cele dla różnych odnawialnych źródeł energii; cel na 2010 r. dla biomasy wynosił 135 Mtoe (mln ton ekwiwalentu[12]ropy naftowej) rocznie (5,628 pJ/rok[13]), bez dalszego różnicowania dla stałych paliw biogenicznych, biogazu i biopaliw.

3.2.3.5 Biogaz

Biogaz (H3C-OH) jest uważany za efektywne źródło energii elektrycznej, ciepła i paliwa i jest produkowany w sposób zdecentralizowany w biogazowniach rolniczych w Niemczech. Przywóz biomasy nie odgrywa żadnej roli. Produkcja biogazu wzmacnia w ten sposób regionalną wartość dodaną, zamyka cykle materiałowe i wykorzystuje lokalne synergie. Biogaz oferuje rolnictwu dodatkowy filar dla dywersyfikacji działalności gospodarczej. Elektrociepłownie (CHP) wykorzystują biogaz do wytwarzania energii elektrycznej i ciepła. Takie skojarzone wytwarzanie energii elektrycznej i ciepła (CHP) jest szczególnie efektywne. Odległość do odbiorców jest pomijana przez elektryczność, gaz ziemny, mikro gaz lub lokalne sieci ciepłownicze. Fakt, że szczególnie duże potencjały biogazu mogą zostać wykorzystane, szczególnie na słabo zaludnionych obszarach wiejskich, nie stanowi przeszkody dla efektywnego wykorzystania biogazu. Często ukierunkowany wybór lokalizacji łączy producentów rolnych i odbiorców ciepła. Z uwagi na pewną gęstość zaludnienia i wielkość zakupów, warto również stworzyć małe, ograniczone lokalnie sieci ciepłownicze i mikroagazowe.

3.2.3.5.1 Biogaz w Niemczech 2011

Istnieje: 5.905 biogazowni z co najmniej 10.000 miejsc pracy. Nowe inwestycje w niemieckim sektorze biogazu już w roku 2007 wyniosły ok. 650 mln euro, z czego ok. 150 mln euro zainwestowano za granicą. Ten ostatni powinien być teraz wyższy.

Całkowita moc zainstalowana wynosi 2300 MW, produkcja energii elektrycznej: 9,1 mld kWh, co stanowi 1,5% całkowitego zużycia energii elektrycznej wynoszącego około 605 mld kWh (605 terawatogodzin) i pokrywa zużycie energii elektrycznej przez ponad 2,5 mln gospodarstw domowych. Odpowiada to w przybliżeniu wytwarzaniu energii elektrycznej przez przeciętny reaktor jądrowy

Prawidłowo eksploatowane biogazownie nie śmierdzą. Uciążliwość zapachowa biogazowni może wystąpić tylko wtedy, gdy biomasa nie jest odpowiednio magazynowana przed lub po procesie, gdy proces biologiczny nie jest zrównoważony lub gdy słabo sfermentowany materiał jest ponownie wprowadzany na pole. Obawy związane z uciążliwością zapachową

---

[12] Oe = szybki ekwiwalent = 11,63 kWh = 1,45 SkE = 42,498 kJ

[13] pJ = dżul pico = 10-12 dżuli

biogazowni są zatem w dużej mierze nieuzasadnione. Ponadto gnojowica pochodząca z rolniczej hodowli zwierząt, która została najpierw sfermentowana w biogazowni i wykorzystana do produkcji energii, a następnie rozrzucona na gruntach ornych, powoduje znacznie mniejszą uciążliwość zapachową niż niesfermentowana gnojowica. Metan zawarty w gnojowicy jest wykorzystywany w biogazowni do produkcji energii elektrycznej i cieplnej. Dlatego też gaz ten nie może wydostać się do atmosfery, gdy pozostałości fermentacyjne, tj. przefermentowany gnojowica, zostaną rozłożone. Co więcej, składniki odżywcze w przefermentowanym oborniku są łatwiej dostępne dla roślin. Zwracając resztki pofermentacyjne na użytki rolne, można dzięki temu ograniczyć stosowanie nawozów syntetycznych z tym cennym nawozem. W ten sposób regionalny obieg składników odżywczych zostaje zamknięty przez biogazownię. Dla sąsiednich budynków mieszkalnych, biogazownia jest często zaletą, ponieważ ciepło do ogrzewania domu można z niej uzyskać taniej niż z własnego systemu ogrzewania na gaz ziemny lub olej. Ale pewnie nigdy nie będzie rolnictwa, którego w ogóle nie czuć.

CO_2 uwalniany podczas spalania biomasy odpowiada ilości, którą roślina wchłonęła podczas swojego wzrostu. Biomasa odnawialna z kolei absorbuje uwolnioną ilość CO_2. Jest to zatem cykl CO_2.

Bilans CO_2 różnych biopaliw zależy od tego, jak energochłonna jest ich uprawa (np. nawożenie, orka) oraz jak kosztowny jest transport i konwersja (np. wydajność biorafinerii). Z punktu widzenia bilansu materiałowego optymalne są zatem zamknięte, zdecentralizowane cykle, w których krajowe uprawy energetyczne są efektywnie wykorzystywane. Nowe procesy produkcji biopaliw (BtL) mogą jeszcze bardziej poprawić bilans energetyczny.

Olej roślinny i śruta rzepakowa są ekstrahowane z rzepaku w olejarni. W zakładzie produkującym biodiesel, olej roślinny jest przetwarzany na biodiesel, który może być używany jako biopaliwo w samochodach, ciężarówkach, samolotach lub statkach (porównaj 3.4.2.1.3). Śruta rzepakowa produkowana w olejarni jest wykorzystywana jako pasza zawierająca białko w hodowli zwierząt. Wytworzona tam gnojowica może być z kolei wykorzystana do wytwarzania energii w biogazowniach. Pozostałości pofermentacyjne z biogazowni mogą być ostatecznie wykorzystane jako nawóz do uprawy rzepaku. W przypadku uprawy rzepaku i eksploatacji instalacji biodiesla energia procesowa musi być jednak dostarczana również z zewnątrz - np. bioenergia *(uwaga redaktora "lub inna energia techniczna, np. ciepło wysokotemperaturowe z pieca sferycznego").*

Przykład Steinfurta

Udało się na miejscu: Biogazownia z mikrogazownią **i lokalną siecią ciepłowniczą:** Biogazownia w Steinfurt-Hollich w regionie Münsterland jest zaopatrywana przez 40 rolników z okolicy. Każdego dnia roślina jest "karmiona" około 60 tonami kiszonki kukurydzianej, obornikiem, gnojowicą i kiszonką z całych roślin. Rolnicy odbierają pozostałości fermentacyjne i wykorzystują je jako cenny nawóz. Bezpośrednio przy biogazowni znajduje się jednostka kogeneracyjna (CHP), która wytwarza energię elektryczną i ciepło. Jednak biogaz może być również dostarczany do obszaru miejskiego oddalonego o 3,5 km za pośrednictwem specjalnie ułożonego biogazociągu. Inna jednostka kogeneracyjna wykorzystuje biogaz i ogrzewa budynek lub zasila lokalną sieć ciepłowniczą.

Przykład Straelen

Bezpośrednie zasilanie zmodernizowanego biogazu:

Od grudnia 2006 roku biogazownia należąca do Stadtwerke Aachen (STAWAG) dostarcza uszlachetniony biogaz bezpośrednio do istniejącej sieci gazu ziemnego. W Stambule nad Dolnym Renem firma STAWAG uszlachetnia biogaz z tamtejszej instalacji do jakości gazu ziemnego, a następnie wykorzystuje biogaz wprowadzony do sieci w swoich zakładach kogeneracyjnych w mieście. Tym samym oferują one około 5 200 gospodarstwom domowym opłacalne dostawy energii elektrycznej i cieplnej.

3.2.3.5.2 Biogaz jako paliwo - przykład Jameln.

Około 70.000 pojazdów na gaz ziemny w Niemczech (na całym świecie ok. 5,7 mln) to potencjalni nabywcy biogazu jako biopaliwa. W czerwcu 2006 r. w Jameln w Niemczech otwarto pierwszą niemiecką stację napełniania biogazem. W pobliżu istniejącej stacji paliw, biogazownia lokalnej spółdzielni produkuje energię elektryczną i cieplną na potrzeby energii elektrycznej lub lokalnej sieci ciepłowniczej.

Część z nich jest oferowana jako uszlachetniony biogaz na stacji benzynowej dla pojazdów napędzanych gazem ziemnym. Jest on w pełni kompatybilny w pojazdach na gaz ziemny. (Prof. Hopp: największa biogazownia w Niemczech znajduje się w Lalendorfie, w powiecie Güstrow, w Meklemburgii-Pomorzu Przednim).

Wykres na stronie 137 pokazuje szybki wzrost liczby biogazowni w Niemczech, według statystyk, które można znaleźć na stronie internetowej BiomassMuse operatora Rona Kirchnera (właściciel, redaktor i administrator, John-Schehr-Straße 2, 10407 Berlin).

http://www.biomasse-nutzung.de/betrieb-einer-biogasanlage/

Dla subskrybentów wersji ulotki online:

Dotarłeś do końca internetowej książki zwojowej.
Pozostałe strony otrzymają Państwo w formacie pdf.
Prosimy o przesyłanie ich pocztą

jochen.michels@jomi1.com

Entwicklung der Anzahl Biogasanlagen und der gesamten installierten elektrischen Leistung in Megawatt [MW] (Stand: 06/2012)

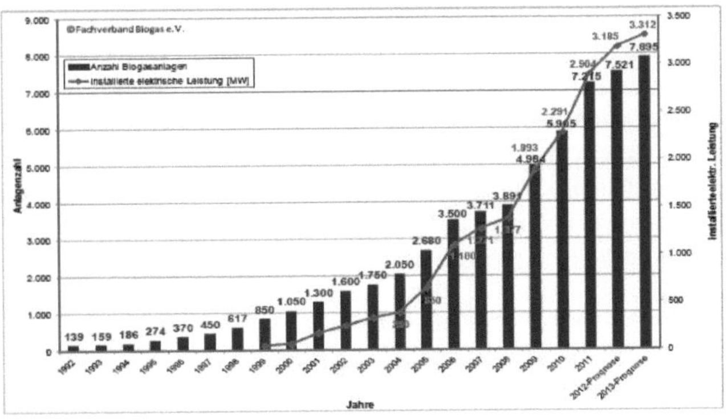

Rys. 8 Biogazownie - liczba i rozwój mocy elektrycznej

Energia z drewna - od ogniska po ogrzewanie peletami

Wraz z pradawnym ogniskiem rozpoczyna się historia energii drzewnej. Obecnie dostępne są znacznie bardziej efektywne technologie wytwarzania ciepła i energii elektrycznej z drewna. Niecałe 6 procent zużycia ciepła w Niemczech w 2007 r. zostało pokryte przez energię drzewną. W związku z rosnącymi cenami paliw kopalnych, dostępny jest niewykorzystany potencjał lasów i drewna odpadowego do produkcji ciepła.

Tradycyjnie drewno jest wykorzystywane przede wszystkim jako materiał i źródło ciepła - do ogrzewania pomieszczeń, ciepłej wody użytkowej lub ciepła procesowego w zastosowaniach przemysłowych. Obecnie domy jednorodzinne i budynki mieszkalne mogą być ogrzewane czysto i praktycznie za pomocą systemów grzewczych na pelety drzewne. Nowoczesna i w pełni zautomatyzowana technologia pieców na pelety zapewnia, że emisja cząstek stałych i CO_2 jest znacznie poniżej ustawowych limitów. Problemy są spowodowane nieprawidłową obsługą starszych pieców i kominków na drewno opałowe. Dlatego też wymiana starych pieców na drewno na nowoczesne systemy grzewcze (nagrzewnice na pelety, nagrzewnice na wióry drzewne, zgazowywacze drewna zrębowego) jest optymalnym sposobem na zmniejszenie emisji drobnych pyłów i efektywne wykorzystanie drewna. Większe elektrociepłownie opalane drewnem mogą być wykorzystywane do jednoczesnego wytwarzania energii elektrycznej i ciepła dla osiedli i dzielnic. Inną technologią jest produkcja szczególnie bogatego w energię gazu drzewnego, który składa się głównie z tlenku węgla (CO) i metanu (CH4). Ma to miejsce, gdy drewno jest ogrzewane przy braku powietrza. Jednak jego stosowanie w elektrociepłowniach nadal wiąże się z ryzykiem technicznym i ekonomicznym.

3.2.3.5.3 Biopaliwa

Na lądzie, na morzu i w powietrzu, biopaliwa mogą być...... wykorzystywane do zasilania silników spalinowych w samochodach osobowych, ciężarowych, statkach i samolotach. W 2007 r. biopaliwa pokrywały około 7% niemieckiego zużycia paliwa. Przy rocznym zużyciu wynoszącym 3,1 mln ton biodiesel stanowił w 2007 r. większość niemieckiego rynku biopaliw, podczas gdy sprzedano 0,7 mln ton czystego oleju roślinnego i 0,5 mln ton bioetanolu. Biogaz może być stosowany jako paliwo w samochodach na gaz ziemny bez ograniczeń. Biopaliwa syntetyczne (Biomass to Liquid, BtL), tzw. "druga generacja", są nadal w fazie badawczej lub pilotażowej i wkrótce będą dostępne na rynku. W zależności od pochodzenia, sposobu uprawy i produkcji, biopaliwa mają różny potencjał.

3.2.3.5.4 Importowane surowce kopalne (ropa naftowa, gaz ziemny)

Obecnie ropa i gaz są importowane głównie z państw Zatoki Perskiej i Rosji. W 2016 roku Niemcy zużyły 113 mln ton ropy naftowej. Ponieważ produkcja własna wynosiła w większości przypadków poniżej 5 mln ton, importowano nieco ponad 100 mln ton. Źródło Wikipedia "Ropa naftowa

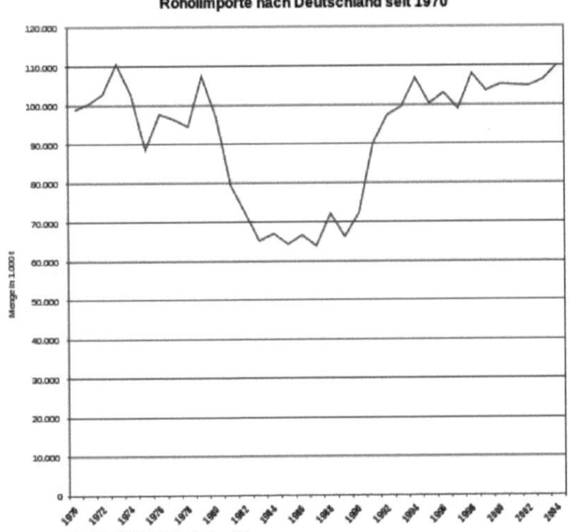

3.2.3.5.5 Ropa naftowa

1 kg ropy naftowej podczas spalania wykonuje pracę energetyczną o wydajności ok. 12 kWh. 100 milionów ton ropy naftowej, po spaleniu, zapewnia pracę energetyczną

100.000.000.000 kg oleju razy 12 kWh = 1.200.000.000.000 kWh.

Odpowiada to	1.200.000.000	MWh
	1.200.000	GWh
	1.200	TWh

Ta ilość energii odpowiada ilości ropy naftowej potrzebnej obecnie w Niemczech. Jeśli konsumpcja utrzyma się na mniej więcej tym samym poziomie, możemy zastąpić około 20% ropy naftowej bardzo intensywną produkcją biodiesla!

3.2.3.5.6 Gaz ziemny

Importujemy około 100 miliardów metrów sześciennych gazu ziemnego rocznie. 1 m^3 gazu ziemnego uwalnia podczas spalania energię cieplną o wartości ok. 9 kWh, dlatego zużywamy ok. 900 TWh rocznie.

3.2.3.5.7 Bioetanol i biodiesel

Stosowanie bioetanolu na bazie zbóż (C_2H_5- OH) nie zostanie prawie wcale ustalone ze względu na konkurencję w zakresie żywności, co ma miejsce również w przypadku biodiesla według następującego wzoru (CH3-CH2)n-C-OCH3)

I
O

Komisja Europejska zmniejszyła już dotacje na te paliwa i ich bio-surowce.

3.2.4 Well-to-Wheel

Badania "well-to-wheel" badają pełne wykorzystanie energii i emisje systemów paliwowo-pojazdowych, na przykład podczas Światowej Konferencji Paliwa Hart, Bruksela 21 maja 2002 r., gdzie bierze się pod uwagę cały cykl energetyczny. W internecie można znaleźć następujące streszczenie w Elsevier:

W sektorze transportu, pojazdy elektryczne (EV) są powszechnie akceptowane jako kolejny paradygmat technologiczny, zdolny do rozwiązywania problemów środowiskowych związanych z pojazdami z silnikami spalinowymi (ICEV). Jednak pojazdy elektryczne mają również wpływ na środowisko, który jest bezpośrednio związany z koszykiem produkcji energii elektrycznej w danym kraju. W krajach, w których nie ma przyjaznego środowisku koszyka energetycznego, pojazdy elektryczne mogą nie być skuteczne w obniżaniu emisji gazów cieplarnianych (GHG). W niniejszym opracowaniu przeanalizowaliśmy, w jakim stopniu emisja gazów cieplarnianych związana z pojazdami elektrycznymi różni się w 70 krajach na świecie w stosunku do ich krajowego koszyka energetycznego. Następnie porównaliśmy wyniki z wynikami emisji gazów cieplarnianych z pojazdów ICEV. Kraje o wysokim udziale paliw kopalnych w koszyku produkcji energii elektrycznej wykazały wysokie emisje gazów cieplarnianych w przypadku pojazdów elektrycznych, a w przypadku niektórych z tych krajów pojazdy elektryczne były związane z większą emisją gazów cieplarnianych niż ICEV. W przypadku tych krajów konieczne może być ponowne rozważenie polityki opartej na pozytywnym wpływie pojazdów elektrycznych na środowisko. Ponadto, może zaistnieć potrzeba rozważenia różnych polityk dla różnych typów pojazdów (samochód kompaktowy, SUV itp.), ponieważ zdolność pojazdów elektrycznych do redukcji emisji gazów cieplarnianych w porównaniu z ICEV różni się w zależności od typu pojazdu.

.

3.2.5 ADAC zajmuje stanowisko

W dniu 22 października 2009 r. ADAC opisał naszą propozycję "BioKernSprit" jako interesującą i zajmuje następujące stanowisko w poszczególnych tematach:

1. biopaliwa:

ADAC ma ogólnie pozytywne nastawienie do tych kwestii, choć muszą być spełnione pewne podstawowe warunki (zrównoważona produkcja z wiarygodną certyfikacją, bilans CO_2 w całym łańcuchu produkcyjnym musi być pozytywny, brak ograniczeń w produkcji żywności itp.)).

Nowe procedury nie podlegają jednak bardziej rygorystycznym wymogom niż istniejące. Według ADAC, z pewnością można osiągnąć zgodność z wymogami zrównoważonego rozwoju w odniesieniu do wykorzystywanej biomasy,

2. wykorzystanie energii z elektrowni:

Jeśli nie będzie ona wykorzystywana - zgodnie z propozycją - do ładowania akumulatorów lub do elektrolizy wody, znikną podstawowe problemy, które nadal istnieją dla elektromobilności, jak również dla pojazdów napędzanych wodorem. Bez znaczącego postępu technologicznego w codziennej eksploatacji, nie są one ani porównywalne pod względem osiągów i praktyczności, ani konkurencyjne finansowo z konwencjonalnymi samochodami napędzanymi biopaliwem. Na przykład, nie ma jeszcze materiału na zbiorniki z wodorem, który byłby wystarczająco gęsty, aby można go było przechowywać bez strat. Wybór pomiędzy różnymi procesami produkcji biopaliw musi być odpowiednio wyważony.

3. wykorzystanie energii jądrowej:
ADAC wstrzymuje się od wszelkiej ingerencji w tę debatę społeczną. Po rozważeniu zalet i wad, zwłaszcza w porównaniu z wytwarzaniem energii ze źródeł odnawialnych, oraz po wykorzystaniu potencjału oszczędności energii, społeczeństwo musi osiągnąć konsensus w sprawie swojego stanowiska dotyczącego rozszczepienia jądrowego.

3.3 zapotrzebowanie na paliwo

Wszystkie prognozy wskazują, że popyt na paliwa w Niemczech będzie się zmniejszał. Jest to zrozumiałe, nie tylko ze względu na oczekiwane pojazdy elektryczne lub napędzane wodorem, ale także dlatego, że coraz więcej przejeżdżających samochodów ciężarowych tankuje za granicą. Inne przyczyny leżą w zwiększonej sprawności silników, która jest oczywiście tylko częściowo rekompensowana przez zwiększoną liczbę samochodów.

3.3.1 Prognozy dotyczące zużycia paliwa

Od kilku lat MWV prowadzi do stałego spadku zużycia paliw w Niemczech do 2050 r., a jeśli całkowite zapotrzebowanie spadnie, ale krajowa produkcja biomasy pozostanie co najmniej na tym samym poziomie, prawdopodobieństwo, że będzie ona w stanie pokryć większą część całkowitego zapotrzebowania wzrośnie.

Prognoza MWV 2025 dla Republiki Federalnej Niemiec

14 mln ton mniej zużycia ropy naftowej w 2025 r.

(Pełny tekst jest regularnie aktualizowany i publikowany na stronie www.mwv.de)

Zgodnie z aktualną prognozą MWV Niemcy stoją w obliczu dalszego znacznego spadku sprzedaży oleju mineralnego i produktów na bazie olejów mineralnych do 2025 r. W oparciu o sprzedaż oleju mineralnego w 2010 roku na poziomie 106 mln ton, do 2020 roku spodziewany jest początkowy spadek o 8 proc. do 97,5 mln ton. Po 2020 r. konsumpcja nadal spada, a do 2025 r. ma spaść o kolejne 5 procent do 92 mln ton. W czerwcu 2011 r. Mineralölwirtschaftsverband e. V. pisze - Georgenstraße 25 - 10117 Berlin tel.: 030/202205-30 - Fax: 030/202205-55 - E-Mail: info@mwv.de Strona internetowa: http://www.mwv.de

Głównym powodem przewidywanego spadku sprzedaży jest dalszy wzrost efektywności energetycznej w głównych obszarach zastosowania oleju mineralnego. Na przykład cele UE w zakresie ograniczenia emisji dwutlenku węgla do 95 g $_{CO2/km}$ $_w$ przypadku samochodów osobowych i 147 g $_{CO2}$ /km w przypadku lekkich pojazdów dostawczych (< 2 610 kg) w 2020 r. wymagają znacznego zwiększenia efektywności wykorzystywanej energii. Obejmuje to wykorzystanie potencjału sprawności silników benzynowych i wysokoprężnych w połączeniu z innowacyjną technologią dla całego układu napędowego. W transporcie drogowym interwencja rynku regulacyjnego i subsydia państwowe prawdopodobnie stworzą sztuczną konkurencyjność alternatywnych systemów napędowych i doprowadzą do większej penetracji rynku. Prognoza na 2020 r. zakłada zatem milion pojazdów elektrycznych i 1,4 miliona pojazdów napędzanych gazem płynnym lub ziemnym, a także niewielką liczbę innych alternatywnych systemów napędu w populacji pojazdów. Pojazdy te przyczynią się do oczekiwanego 1,5-procentowego spadku sprzedaży produktów naftowych do 2025 roku.

Perspektywy na przyszłość do 2025 r.

Oczekuje się, że do 2020 r. sprzedaż produktów na bazie olejów mineralnych spadnie o 8 procent do 97,5 mln ton, a następnie o kolejne 5 procent do 92 mln ton do 2025 roku. W sektorze paliwowym do spadku popytu w szczególny sposób przyczynia się ciągła poprawa wydajności osiągana poprzez dalszy rozwój istniejących technologii oraz stosowanie innowacyjnych koncepcji napędu. Prace badawczo-rozwojowe są napędzane przez ambitne cele Unii Europejskiej. Prognoza zakłada, że w 2020 r. zostanie osiągnięta dopuszczalna wartość emisji dwutlenku węgla wynosząca 95 g $_{CO2}$ /km dla samochodów osobowych.

Rys. 9 Zużycie paliwa w Niemczech w zależności od MVV

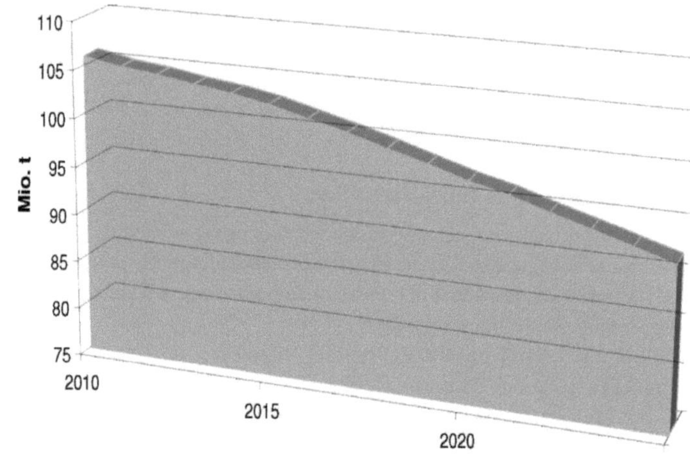

Lekkie samochody dostawcze (< 2,610 kg) muszą spełniać wartość dopuszczalną 147 g CO2 /km w 2020 roku. W sektorze samochodów osobowych dotacje i programy zachęt rynkowych rządu niemieckiego dla alternatywnych systemów napędowych, takich jak mobilność elektryczna, zmniejszają popyt na paliwa kopalne.

Na przykład w Niemczech w 2020 r. ma zostać wyprodukowanych milion pojazdów elektrycznych i około 1,4 miliona pojazdów napędzanych gazem płynnym i ziemnym.

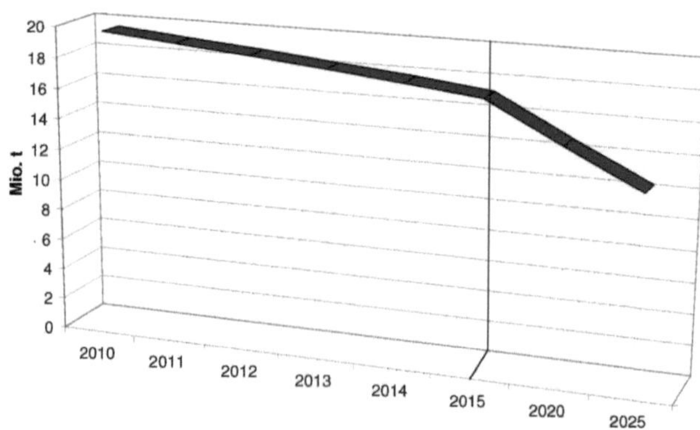

Rys. 10 Krajowa sprzedaż benzyny wg MVV

pojazdy na gaz muszą być zarejestrowane. Zakłada się, że udział końcowego zużycia energii w transporcie drogowym w 2025 roku wyniesie 1,5 procent. Dalszy długoterminowy rozwój nie jest możliwy ze względu na brak konkurencyjności alternatyw.

Ze względu na wysokie podatki, sprzedaż oleju napędowego w Niemczech wzrosła tylko o około połowę w porównaniu z zagranicą i w przyszłości będzie nadal spowalniana przez turystykę paliwową...

Emisja CO_2 z transportu drogowego

W wyniku spadku sprzedaży benzyny i oleju napędowego znacznie zmniejszy się emisja CO_2 związana z transportem. Od ich szczytu w 1999 r. do 2010 r. spadły one o około 16 procent do 176,6 mln ton CO_2. Główny wkład w ten rozwój wniosą bardziej wydajne układy napędowe, przy czym duże znaczenie ma wdrożenie unijnego celu redukcji emisji 95 g CO_2 /km dla samochodów osobowych w 2020 roku.

Jednocześnie emisje CO_2 z tych paliw spadają zgodnie z celami politycznymi, które można osiągnąć na przykład poprzez mieszanie biopaliw. Ogólnie rzecz biorąc, emisje CO_2 z sektora transportu spadną o kolejne 20 procent do 141 milionów ton CO_2 w latach 2010-2025. W porównaniu z rokiem referencyjnym 1990 stanowi to redukcjęo 25 procent.

Rys. 11 Krajowa sprzedaż oleju napędowego

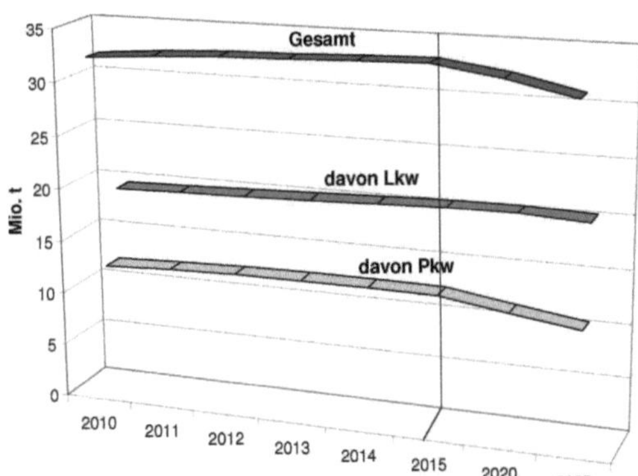

Dalsze prognozy UPI - Umwelt- und Prognose-Institut e.V.[14] - oraz EXXON potwierdzają założenie o spadku konsumpcji. Szczegółowe informacje i wykres znajdują się w tabeli w załączniku5.1.3

[14] instytut badawczy non-profit - Handschuhsheimer Landstraße 118a D - 69121 Heidelberg Telefon: 06221 - 45 50 55 Faks: 06221 - 45 50 56

3.4 Pokolenie

Produkcja paliw syntetycznych ma ponad 100-letnią tradycję, ale została prawie zapomniana do tego stopnia, że nie ma znaczenia. Wynika to głównie z wielokrotnie przedłużanych możliwości oferowania wystarczającej ilości ropy po cenach rynkowych. Można założyć, że kraje-dostawcy z OPEC i innych obszarów zrobią wszystko, co w ich mocy, aby wprowadzić swoje zapasy na rynek tak długo, jak będzie to możliwe z ekonomicznego punktu widzenia. Inwestycje, które "paliłyby się" tam, gdyby sztuczne paliwo było oferowane po niższej cenie, są zbyt duże.

Niemniej jednak najważniejsze kraje-dostawcy już teraz intensywnie przygotowują się do ery poprzemysłowej za pomocą nauki, badań, rozwoju i testowania, głównie poprzez wykorzystanie energii jądrowej, nawet w słonecznych regionach.

3.4.1 Podstawy chemiczne uwodornienia[15]

Uwodornianie to proces redukcji, czyli redukcji zawartości tlenu. Uwodornienie polega na wprowadzeniu wodoru, H2, do związku chemicznego z uwolnieniem energii cieplnej. Molekuły uwodornionych substancji stają się bogatsze w wodór. Jeśli materiały wyjściowe zawierają tlen (O2), to podczas uwodornienia zmniejsza się względna zawartość tlenu.

Fotosynteza

Najbardziej eleganckie uwodornienie nadal ma miejsce w przyrodzie.

Sonnenenergie	Wasser		elementarer Wasserstoff	Sauerstoff
8503,2 kJ	+ 12 H—OH	⟶	12 H· + 12 H·	+ 6 O_2
	Kohlenstoffdioxid		Kohlenstoffmonoxid	
	+ 6 O=C=O	⟶	6 C=O	+ 6 ·O·
atomarer Wasserstoff	Sauerstoff		Wasser	chemische Energie
12 H·	+ 6 ·O·	⟶	6 H—OH	+ 1714,8 kJ
12 H·	+ 6 C=O	⟶	$C_6H_6(OH)_6$	+ 3912,4 kJ
2876 kJ + 12 H—OH + 6 CO_2		⟶	$C_6H_6(OH)_6$ + 6 H—OH	+ 6 O_2

Dwutlenek węgla, CO_2, jest uwodorniony do glukozy (celulozy) w normalnej temperaturze i ciśnieniu za pomocą światła słonecznego w obecności biokatalizatora, chlorofilu. Dostawcą wodoru jest woda. Pierwszym etapem reakcji jest rozdzielenie wody przez światło słoneczne na wodór, H2 i tlen, O2. Ta reakcja jest endotermiczna, tzn. energochłonna. Następnie następuje uwodornienie dwutlenku węgla przez uwolniony atomowy wodór do glukozy, $C_6H_6(OH)_6$. Podczas tych reakcji uwodornienia uwalniana jest energia chemiczna, są one egzotermiczne. Tlenek węgla jest bezpośrednio uwodorniony.

Część uwolnionego wodoru uwodornia tlen z $_{\text{cząsteczki } CO_2}$ do wody.

To prawda, że reakcje uwodornienia są zazwyczaj egzotermiczne. Jednak energia potrzebna do uwolnienia atomów wodoru z wody lub metanu musi być uwzględniona w bilansie. Wówczas prawie wszystkie uwodornienia są endotermiczne, tj. energochłonne, według fotosyntezy.

---

[15] Lit: Collin, G. (2009) History of coal tar chemistry at the example of Rütgers Werke, Urban-Verlag GmbH, Hamburg, Vienna

Uwodornienia na dużą skalę to np.

- **synteza amoniaku** według [16]Habera-Boscha (uwodornienie azotu)

W odór azotowy Amoniak Energia cieplna
Cat
$N2 + 3H2 \rightarrow 2NH3 + 92{,}1\ kJ / mol$

- **Synteza metanolu**

Tlenek węgla Wodór Metanol Energia cieplna
Cat
$CO + 2H2 \rightarrow H2C\text{-}OH + 90{,}0\ kJ / mol$

- **Uwodornianie zgazowanie**

W odór węglowy Metan Energia cieplna
temp+ciśnienie
$C + 2H2 \rightarrow CH2 + 87{,}0\ kJ / mol$

3.4.1.1 Metoda Bergius Pier (z Wikipedii)

Podczas II wojny światowej (1939-45) I.G. Farben AG wykorzystywał proces Bergius Pier do produkcji paliw i olejów opałowych z węgla brunatnego. W latach 1936-1943 wybudowano dwanaście zakładów skraplania węgla o wielkości produkcji 4 mln ton. Zarówno procesy skraplania węgla, jak i scukrzania drewna były dalej rozwijane w wielu krajach po II wojnie światowej, ale ze względu na niski koszt ropy naftowej nie były one rozwijane na skalę komercyjną - z wyjątkiem RPA przez firmę Sasol.[17]

W USA w latach 80. wybudowano trzy pilotażowe zakłady zgazowania węgla, w Baytown (Teksas), Catlettsburgu (Kentucky) i Fort Lewis (Waszyngton). W Niemczech wybudowano zakłady pilotażowe w Bottrop (1981, produkcja 200 ton oleju węglowego dziennie) i w Saarze (Völklingen-Fürstenhausen). Chociaż po wojnie procesy scukrzania drewna były dalej rozwijane w projektach pilotażowych, nie były już one wykorzystywane gospodarczo - z wyjątkiem Związku Radzieckiego, np. w procesach w Chalovie czy Rydze, a w Japonii w latach 1953-1959) przez proces Noguchi-Chisso.

Podczas uroczystości wręczenia Nagrody Nobla **Bergius** powiedział: "Dom, w którym odebrałem swoją pierwszą edukację, laboratorium Uniwersytetu Wrocławskiego, miał w holu wejściowym hasło: "Szukaj prawdy i nie pytaj, co dobrego to robi". Podążałem za tym nauczaniem tylko przez kilka lat, a następnie postawiłem sobie za cel poszukiwanie wiedzy, która byłaby korzystna dla ludzkości.

3.4.1.2 Synteza Fischera-Tropscha

Synteza Fischer-Tropsch składa się z dwóch etapów. W pierwszej z nich gaz do syntezy jest produkowany przy użyciu ciepła doprowadzanego w wysokiej temperaturze.

W drugim etapie produkowane jest paliwo płynne, uwalniające ciepło.

---

[16] Fritz Haber (1868-1934), profesor chemii w TH Karlsruhe i KWI w Berlinie.
[17] Suid Afrikaanse Steenkool en Olie

Ogólnie rzecz biorąc, proces ten ma charakter endotermiczny, tzn. należy dostarczyć znaczną ilość energii cieplnej.

Widać to na podstawie następujących formuł.

Etap 1: gaz do syntezy z koksu i wody o **wysokiej temperaturze**

Energia cieplna Para wodna Koks Cicho. Tlenek węgla
highTemp
119 kJ/mol + H-OH + C → H2 CO
Gaz syntezowy

Etap 2: Uwodornianie tlenku węgla, CO, w obecności katalizatora

Tlenek węgla. Cicho. KohlWas. Substancje CarbonStDioxide HeatEnergy
Cat
2nCO + n H2 → -(CH2)-n + CO_2 204,7 kJ / mol
na grupę metylenową
Gaz syntezowy o którym mowa w art. 227 °C

Nadmiar CO_2 może być wychwytywany u źródła i wykorzystywany do innych celów.

W syntezie Fischera-Tropscha wodór i tlenek węgla reagują ze sobą tworząc węglowodory o długich łańcuchach.

Jest on oparty na następującej reakcji katalitycznej[18]:

$$n \bullet CO + 2\ H_2 \xrightarrow{Cat} (-CH_2-)_n + n \bullet H_2O + n \bullet 165\ kJ$$

Reakcja ma miejsce n razy. Powoduje to powstanie prostego łańcucha n -(CH_2)-składników (grup metylenowych). Na przykład, jeśli łańcuch składa się z 16 elementów konstrukcyjnych CH2, węglowodór ten nazywany jest n-heksadekanem, lepiej znanym jako cetan[19], bardzo ważnym składnikiem oleju napędowego.

Reakcje uwodornienia zwykle odbywają się w wyższych temperaturach i ciśnieniach (u-wodornienie ciśnieniowe) z katalizatorami i często są połączone z odwodornieniem. Dostawcy wodoru są odwodnieni, np.

Woda jest odwodniona do tlenu:
Energia cieplna Wodór Wodór Tlen

571,6 kJ + 2H-OH → 2H2 O2

Metan jest odwodniony do tlenku węgla:
Energia cieplna Para wodna Metan Tlenek wodoru Tlenek węgla -
Cat
205 kJ + H-OH + CH4 → H2 CO
Gaz syntezowy

Volkswagen AG zamieszcza na swojej stronie internetowej odpowiednie podsumowanie tego procesu: w tekście proces ten określany jest jako "egzotermiczny", tzn. oddawałby ciepło. Do-

[18] Lit: Falbe.J. 1977 Surowce chemiczne z węgla, Georg Thieme Verlag, Stuttgart
[19] =Heksadekan = H3C -(CH_2)-14 - CH3, węglowodór nasycony w jednym łańcuchu

tyczy to jednak tylko części uwodornienia drugiego etapu, podczas gdy cały proces (gazyfikacja/ reformowanie; oczyszczanie gazu; kondycjonowanie gazu; synteza; modernizacja do paliwa) jest radiatorem. Wymaga to energii w postaci ciepła.

W związku z tym nie jest on już dostępny dla produktu końcowego "benzyna". Ta ogólna sprawność, która opisuje stopień, w jakim wkład energii jest zamieniany na "energię produktu", jest odpowiednio "niska". Zazwyczaj jest to 60% dla procesów GtL[20]i około 50% dla węgla i biomasy.

W tym przypadku decydującą zaletą jest dostarczanie energii wysokotemperaturowej z pieca z łożem kulowym.

3.4.1.2.1 Produkcja gazu do syntezy[21]:

Wspomniany już gaz do syntezy jest ważną mieszaniną wyjściową dla reakcji uwodornienia chemiczno-technicznego.

Energia cieplna Woda Wodór Tlenek węgla Tlenek węgla
18 g 12 g 2 g 28 g
600 kg 400 kg 66,64 kg 933,34
130 kJ + H-OH + C H2↔ CO
Temp. reakcji ok. 1.[4000C] Gaz syntezowy

Aby otrzymać 1 tonę gazu do syntezy w stosunku CO : H2 = 1 : 1, należy użyć 400 kg węgla i 600 kg pary.

Za pomocą odpowiednich katalizatorów z gazu syntezowego można wytwarzać szeroką gamę podstawowych organicznych substancji chemicznych lub półproduktów (patrz rysunek na stronie 147). Znaczenie gazu do syntezy jako materiału wyjściowego dla dużej liczby podstawowych substancji chemicznych przedstawiono na poniższym rysunku.

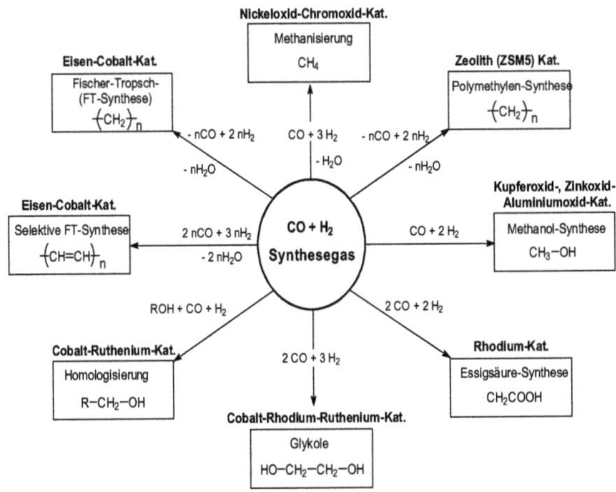

Rys. 12 Przykłady selektywnych reakcji katalitycznych gazu do syntezy

[20] GtL - gaz do cieczy - skraplanie gazu

[21] Lit: Hopp, V. (1997), Obrót materiałami i energią, praktyczna wiedza chemiczna dla inżynierów, VCH-Verlagsgesellschaft, Weinheim

Optymalny stosunek H2 do CO dla syntezy Fischer-Tropsch wynosi dwa do jednego. Reakcja tego pierwszego etapu jest egzotermiczna. Na przykład odprowadzanie ciepła stanowi decydujące wyzwanie w zakresie inżynierii procesowej. W celu przeprowadzenia syntezy należy utrzymać stałą temperaturę. Znaczący wzrost doprowadziłby do szybkiego koksowania katalizatora w drugim etapie, a tym samym do zakończenia syntezy. Jako katalizatory stosowane są różne kombinacje metali. Chociaż nikiel jest również aktywny w uwodornianiu tlenku węgla, tworzy głównie metan. W praktyce, stopy (dodatki: metale alkaliczne, miedź, mangan, wanad, tytan) są stosowane w celu osiągnięcia pewnych składów produktów.

Zadanie materiałów pomocniczych w katalizie niejednorodnym (tj. katalizator i reaktory są obecne w różnych stanach skupienia: np. reaktory gazowe i katalizator stały) polega na utworzeniu dużej powierzchni katalizatora z drobnym rozkładem metali katalizatora i zapobieganiu procesom spiekania fazy metalicznej. Materiały nośne są trudne do redukcji tlenków metali, węgla aktywnego, polimerów i zeolitów (krystaliczne glinokrzemiany o strukturze szkieletowej).

3.4.1.2.2 Warunki syntezy

Typowe warunki syntezy to: 160°C - 350°C i 1 - 30 bar. Wysokie temperatury (T > 330°C) prowadzą do zwiększonego powstawania kotłów niskotemperaturowych, tj. węglowodorów krótkiego łańcucha, takich jak benzyna surowa lub tzw. nafta. W celu wytworzenia dużej ilości oleju napędowego następuje przejście na węglowodory o długim łańcuchu węglowym (T < 250°C). Powoduje to również stosunkowo dużą ilość wosków, które podczas kolejnego hydrokrakingu są rozdzielane na krótsze łańcuchy frakcji oleju napędowego przez dodanie wodoru.

Aby zapewnić stabilną kontrolę procesu, gaz do syntezy musi być całkowicie oczyszczony z trucizn katalitycznych przed wejściem do reaktora syntezy FT. Trucizna katalityczna jest definiowana jako wszystkie substancje, które wchodzą w reakcję z katalizatorem i tworzą warstwę tlenkową lub przylegają do katalizatora. Zarówno zmniejszają jak i blokują efekt katalityczny. Dlatego gaz do syntezy musi być wolny od tlenu, siarki i smoły. Na przykład zawartość siarki musi być mniejsza niż pięć ppb (części na bilion), co stanowi mniej niż 0,000000005 = 5 razy $^{10-9}$ części.

3.4.1.2.3 Cel "Paliwo niskoemisyjne

Pożądaną zaletą jest paliwo o wysokiej czystości, wolne od siarki i substancji aromatycznych, które może być produkowane w sposób powtarzalny, z dużą precyzją i niezależnie od surowca. To wysokiej jakości paliwo prowadzi **do drastycznego zmniejszenia emisji zanieczyszczeń, co** zostało **udowodnione w testach silników Volkswagena.** Ten proces produkcyjny gwarantuje również przyszłe koncepcje silników, takie jak system CCS ([22]Combined Combustion System) - **silnik, który łączy w sobie niską emisję nowoczesnego silnika benzynowego z niskim zużyciem paliwa przez silnik wysokoprężny TDI.**

[22] CCS nie należy mylić z zatłaczaniem CO_2 do gruntu

3.4.1.2.4 Procedura według Fischera - Tropscha

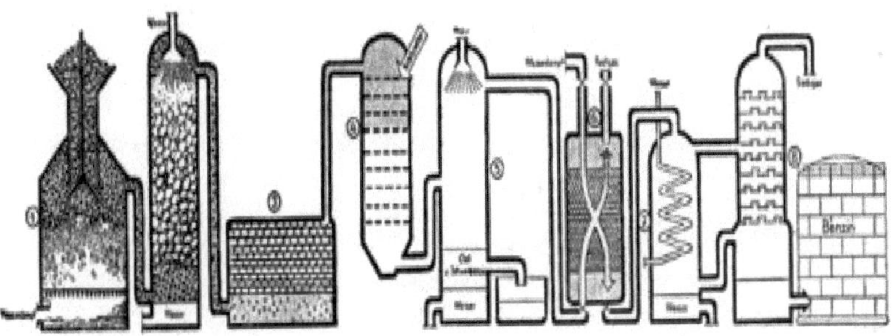

Rys. 13 **Szkic procesu Fischer-Tropsch z 1943 r.**

Pośrednie uwodornienie węgla jest reakcją nagromadzenia mieszanin CO/H2 na katalizatorach żelazowych, tlenku magnezu, toru lub kobaltu w celu utworzenia parafin, alkenów i alkoholi. Wymagane mieszanki gazowe są produkowane przez zgazowanie węgla, na przykład w zgazowniku ciśnieniowym Lurgi (patrz Rys. 82).

Reakcja odbywa się już przy ciśnieniu atmosferycznym i temperaturze 160°C - 200°C, w zależności od procesu stosowane są technicznie wyższe ciśnienia i temperatury. Synteza przebiega zgodnie z następującym schematem reakcji

$$n\,CO + (2n+1)\,H_2 \leftrightharpoons C_nH_{2n+2} + n\,H_2O \quad \text{(Alkany)}$$
$$n\,CO + (2n)\,H_2 \leftrightharpoons C_nH_{2n} + n\,H_2O \quad \text{(alkeny)}$$
$$n\,CO + (2n)\,H_2 \leftrightharpoons C_nH_{2n+1}OH + (n-1)\,H_2O \quad \text{(Alkohole)}$$

Procedura jest przeprowadzana w dwóch wariantach. Synteza pod dużym obciążeniem, zwana również syntezą Arge, została opracowana przez firmy **Ruhrchemie i Lurgi.** Produkty zgazowania węgla są przetwarzane na katalizatory żeliwne w temperaturze około 220 do 240°C i ciśnieniu do 25 barów. Stosunek tlenku węgla do wodoru wynosi 1,7 do 1, a produkty są mieszaninami parafiny i olefin, tzw. gaczem parafinowym. Reaktor jest zaprojektowany jako reaktor ze stałym łóżkiem. Katalizator jest umieszczony w wąskich rurkach, ciepło reakcji jest usuwane przez wrzącą wodę pod ciśnieniem. Pojemność katalizatora w nowoczesnych reaktorach wynosi około 200 m3. Instalacja Fischer-Tropsch z kilkoma reaktorami wymaga około 1 500 000 Nm3 gazu syntezowego na godzinę i produkuje około 2 000 000 ton węglowodorów rocznie. Synteza przeprowadzana jest w trzech etapach, a jej łączny obrót wynosi około 94%.

Innym wariantem reakcji jest synteza synthola, która została opracowana przez firmy **Sasol i Kellogg.** Proces ten polega na syntezie pyłu kominowego, w którym katalizator jest dodawany jako proszek wraz z gazem reakcji. Proces pracuje przy ciśnieniu 25 bar i temperaturze powyżej 300°C. Prowadzi to do powstawania węglowodorów niskocząsteczkowych. Stosunek tlenku węgla do wodoru wynosi około 6 do 1; typowy skład mieszaniny reakcyjnej zawiera około 15% gazów płynnych:

Propan CH3-CH2-CH3 i
butany CH2- CH2-CH2-CH3 lub CH3-CH-CH3,
|
CH3

także 50% benzyny, 28% nafty (olej napędowy), 6% parafiny miękkiej (gaczy parafinowych), 2% parafiny twardej. Proces ten jest istotny dla produkcji benzyny i olejów na dużą skalę z węgla, gazu ziemnego lub biomasy.

3.4.1.2.5 Karbonizacja hydrotermiczna

(Mocno skrócony od: Magazyn wiedzy - www.scinexx.de Węgiel z "Steam cooker - oryginalny wkład w paliwo biokernela, wydanie 1)

Węgiel z biomasy

Instytut Koloidów i Interfejsów Maxa Plancka prowadzi badania nad sposobami przekształcania biomasy w wartościowe surowce. Przetwarzanie słomy, drewna lub liści w węgiel w ciągu nocy przypomina początkowo kamień filozoficzny, którym alchemicy średniowiecza chcieli zamienić gorsze materiały w złoto. Ale to faktycznie działa: Markus Antonietti, dyrektor Instytutu Koloidów i Interfejsów Maxa Plancka w Poczdamie, opracował proces, który umożliwia całkowite przekształcenie biomasy roślinnej w węgiel i wodę bez objazdów i skomplikowanych etapów pośrednich.

Cały węgiel związany z roślinami jest następnie obecny w postaci bardzo drobnych cząstek w postaci małych, porowatych granulek węgla brunatnego: Mogą być one spalane bezpośrednio lub w ogniwach paliwowych, ale mogą być również wykorzystywane do produkcji benzyny, oleju napędowego lub innych chemikaliów. Podczas "karbonizacji hydrotermicznej" nie dochodzi do strat węgla, a emisja CO_2 jest optymalizowana. Recyklingowi poddawane są prawie wyłącznie odpady, które w przeciwnym razie musiałyby być usuwane bez żadnych korzyści - w istocie ze szkodą.

Na objazdowej drodze można uzyskać z niego węgiel, benzynę, olej napędowy lub surowce chemiczne. Jeśli w procesie chemicznym rozbijesz je na węgiel i wodę, nie musisz wkładać w nie żadnej energii, a niektóre z nich są nawet uwalniane - mówi Markus **Antonietti.**

Chociaż jego obszerne badania literaturowe ujawniły wiele założeń i punktów wspólnych - często mówi się o "procesie koalicji" - mało kto jeszcze dotarł do sedna pytania, a mianowicie, jak to naprawdę się dzieje. Antonietti miał odwagę. "Dziś pozwalam sobie zadawać takie pytania", mówi 46-letni chemik, "nawet ryzykując, że zostanie uznany za wariatkę". Ale wolałbym zaryzykować swoją reputację niż nie zbliżać się do prawdy". Prawdziwe badania podstawowe - domena rodowa Towarzystwa Maxa Plancka - poświęcone są dokładnemu badaniu procesu uwęglania.

W 2004 r. pięciu dyrektorów Maxa Plancka połączyło się, tworząc stowarzyszenie badawcze **Enerchem**, "Project House for Nanochemical Concepts for a Sustainable Energy Supply". Projekty te sięgają od ulepszonych procesów katalitycznych do produkcji wodoru po pracę nad imitacją fotosyntezy i magazynowanie wodoru w nowych mediach.

Dotyczy to zarówno innowacyjnych koncepcji akumulatorów autorstwa prof. Joachima Maiera w Stuttgarcie, jak i lepszych systemów magazynowania wodoru autorstwa prof. Ferdiego Schütha w Mülheim, koncepcji elektrod nanotechnicznych autorstwa prof. Klausa Müllena w Moguncji czy nowych katalizatorów metanolowych autorstwa prof. Roberta Schlögla w Berlinie. Dlatego też wizja węglowa dyrektora instytutu z Poczdamu nie jest jedynym wynikiem tej współpracy na wysokim szczeblu. Od tego kręgu naukowców Maxa Plancka można jeszcze w najbliższych latach oczekiwać ważnych impulsów dla przyszłych koncepcji energetycznych.

Fermentacja, spalanie, zwęglanie - konwencjonalne procesy otrzymywania biodiesla - Biodiesel z tłuszczów

Biomasa jest już obecnie wykorzystywana, na przykład w postaci biodiesla, który jest produkowany z tłuszczów roślinnych i zwierzęcych. Jednak więcej niż jedna nisza nie może tego wypełnić, co wynika z faktów: Obecnie ludzkość zużywa cztery miliardy ton oleju mineralnego rocznie, jednak światowa produkcja tłuszczów wynosi tylko 120 milionów ton. Pozwoliłoby to na zaopatrzenie wszystkich samochodów w Niemczech w biodiesel, ale świat nie miałby już nic do jedzenia.

Dlatego nie należy używać produktów wysokiej jakości, takich jak tłuszcze, ale raczej jak najtańsze materiały odpadowe. Oczywiście można je po prostu spalić, ale to nie przynosi zbyt wiele energii, ponieważ biomasa jest zazwyczaj mokra i musi być najpierw wysuszona. Ponadto podczas spalania uwalniany jest dwutlenek węgla. Fermentacja nie jest bardzo skuteczna, piroliza jest tylko sucha. Dlatego stosuje się zasadę karbonizacji hydrotermicznej

W ten sposób Antonietti całkowicie przetwarza biomasę - nawet gdy jest mokra - na węgiel i wodę: "Nie produkuje ona CO_2, ale jedynym produktem ubocznym jest woda. Proces uwęglania w przyrodzie trwał miliony lat, tutaj ma się on odbywać praktycznie z dnia na dzień[23].

"Geniuszem tego procesu jest jego prostota" - mówi Markus Antonietti i wymienia **trzecią drogę:**

Węglowodany takie jak celuloza, skrobia i cukier są molekułami magazynującymi energię, które uwalniają dużo energii podczas ich spalania. Podczas skraplania się cukru do alkoholu teoretycznie traci się 15 procent zmagazynowanej energii, a dwa z sześciu atomów węgla są natychmiast uwalniane ponownie jako CO_2 (efektywność węglowa CE = 0,66). Podczas beztlenowej konwersji, produkcja biogazu, najlepiej 18 procent energii jest tracone, a połowa związanego węgla jest uwalniana ponownie (patrz Rys. str. 159).

Na świecie jest wystarczająco dużo biomasy, mimo że jej potencjał jest trudny do oszacowania. Międzynarodowa Agencja Energii powołuje się na różne badania, **od dziewięciu do ponad 360 bilionów kilowatogodzin rocznie**. W badaniu przeprowadzonym przez Światową Radę Energetyki biomasa jest nawet nazywana "potencjalnie największym i najbardziej zrównoważonym źródłem energii na świecie". Eksperci zauważają jednak również: "Zarówno produkcja jak i wykorzystanie biomasy wymagają jeszcze modernizacji".

Na przykład dzisiejsze wykorzystanie biodiesla jako paliwa nie jest szczególnie efektywne: jeśli produkują Państwo biodiesel z owoców oleistych, ostatecznie produkują Państwo około 1300 litrów paliwa na hektar ziemi uprawnej, ponieważ wykorzystują Państwo tylko nasiona roślin. "Gdyby uprawiano tam szybko rosnącą roślinę, taką jak wierzba, trzcina lub nawet zwykły las, a następnie produkowano by paliwo z całej biomasy poprzez karbonizację hydrotermiczną, można by uzyskać **14 metrów sześciennych paliwa na hektar**" - mówi Antonietti.

Byłaby to dziesięciokrotna wartość wspomniana powyżej. W samych Niemczech, według szacunków Centrum Badawczego w Karlsruhe, z biogenicznych materiałów odpadowych wytwarza się rocznie około 70 milionów ton organicznej masy suchej. **To z łatwością wystarczyłoby na nasze zaopatrzenie w paliwo.** ponadto uzyskuje się cenne produkty uboczne.

(Max Planck Research 2/2006 / Brigitte Röthlein, 14.07.2006)

---

[23] Por. Hopp, V. (1980), Carbon, jego związki jako źródło surowców i konwerter energii. Z programu nauczania DECHEMY, Chemia i Środowisko, Frankfurt nad Menem.

3.4.1.2.5.1 Biochar Geo Engineering

Deutschlandfunk 8 listopada 2009, 16:30 Laboratorium chemiczne w Instytucie Koloidów i Interfejsów Maxa Plancka w Golmie koło Poczdamu. Maria-Magdalena Titirici skręca metalowe naczynie o wielkości słoika na przyprawy.

"To jeden z naszych małych reaktorów. Do zbiornika wkładamy trochę biomasy i doprowadzamy ją do odpowiedniej temperatury, około 200 stopni Celsjusza, z kąpielą olejową, kontrolując jednocześnie ciśnienie. Po 12 godzinach możesz wyjąć pojemnik, otworzyć go - i masz węgiel."

Proces ten, który dla Marii-Magdaleny Titirici od dawna stał się codziennością, może oznaczać rewolucję w klimatoterapii ziemi. Tak zwane zwęglanie hydrotermiczne umożliwia przekształcenie materiału bioredukcyjnego w węgiel w garnku praktycznie w ciągu nocy. W zasadzie naturalny proces tworzenia się węgla, jak to miało miejsce na Ziemi przez miliony lat, jest tu drastycznie przyspieszony. Markus Antonietti, dyrektor Instytutu Maxa Plancka i wynalazca nowego procesu:

"Ten pomysł wykorzystania węgla do klimatoterapii jest stary. Tylko dotychczasowi badacze, głównie geolodzy, nadal wierzą w "biochar", czyli klasyczny węgiel drzewny. A z tym klasycznym węglem drzewnym mamy dwa ograniczenia. Dla jednej rzeczy: Konwersja węgla związanego w biomasie na węgiel jest stosunkowo nieefektywna. Tylko około 30 procent węgla rzeczywiście dociera do węgla. A drugi problem ze spalaniem węgla drzewnego polega na tym, że w rzeczywistości potrzebne jest suche drewno, czyli stosunkowo wysokiej jakości surowiec. Nasz proces pracuje również z osadem ściekowym, resztkami biomasy, mokrymi liśćmi, z brązowym pojemnikiem w Berlinie - oznacza to, że możemy przetwarzać całą biomasę z bardzo wysoką wydajnością.

Ludzkość produkuje 43 gigatony CO_2 rocznie poprzez spalanie węgla i ropy naftowej. Gdyby więc możliwe było ponowne przetworzenie tej ilości biomasy na węgiel, cykl węglowy też by się zamknął - patrz rys. strona 125.

"I to jest naprawdę stosunkowo proste, ponieważ planeta produkuje 120 kilometrów sześciennych suchej biomasy. Ludzkość wyrzuca już od 10 do 14 kilometrów sześciennych tych odpadów jako produkty uboczne rolnictwa, jako osady ściekowe, a jeśli weźmiemy te odpady i zamienimy je w produkty węglowe, to mamy problem z klimatem pod kontrolą. To jest oczywiście światowy problem i światowa miara - nie oczekuj tego w ciągu najbliższych trzech lat."

Pierwsze kroki w kierunku geoinżynierii ekologicznej są obecnie podejmowane na rozległym terenie przemysłowym w Teltow, na południe od Berlina, na dawnym terenie "VEB[24] Teltomat". Inżynier przemysłowy Volker Zwing zaparkował swój czarny wagon terenowy pomiędzy składowiskiem złomu, mieszalnią asfaltu i oczyszczalnią ścieków. On i jego koledzy budują w dużej hali zakład pilotażowy do przetwarzania biomasy.

"Oczywiście, potrzebują one obszarów logistycznych na zewnątrz, gdzie biomasa musi być transportowana. A potem gotowy węgiel również musi być ponownie przetransportowany. Sama hala jest częścią instalacji, reaktorów ciśnieniowych, pomp. Więc wszystkie elementy systemu są wewnątrz hali."

Zwing jest dyrektorem zarządzającym "CS-Carbonsolutions", firmy, która nabyła prawa licencyjne do karbonizacji hydrotermicznej od Max Planck Society. Wkrótce zakład pilotażowy ma wykonać wyczyn polegający na przetworzeniu jednej tony biomasy na węgiel na

[24] Przedsiębiorstwo państwowe w NRD

godzinę w procesie ciągłym - od liści i odpadów zielonych po osady ściekowe. - Najbliższe miesiące pokażą, czy działa to technicznie i czy jest opłacalne ekonomicznie. Przecież jest wiele pomysłów na sprzedaż węgla.

"Jesteśmy mocno zaangażowani w recykling. Że produkujesz wysokiej jakości węgiel. Filtr węglowy, na przykład węgiel metalurgiczny do produkcji stali. Są to rodzaje węgla, które muszą być stosunkowo czyste. To jedna z najbardziej ekscytujących rzeczy, jakie znajdziemy."

3.4.1.2.5.2 CO_2 jako surowiec chemiczny i unikanie odpadów

Neue Zürcher Zeitung, FORSCHUNG UND TECHNIK - strona 32 Środa, 23 września 2009 r. ***Reinhold Kurschat*** *- w skrócie - oryginał w "Biokernsprit" wydanie 1.*

Od pozostałości do surowca chemicznego - *synteza paliw i produktów chemicznych z dwutlenku węgla*

Dwutlenek węgla ma złą reputację... ropa naftowa, gaz ziemny i węgiel są wykorzystywane przez przemysł chemiczny jako źródła węgla,... i są najważniejszymi źródłami energii. Rocznie podczas ich spalania wytwarza się do 43 gigaton dwutlenku węgla, który w przyszłości będzie wydzielany i deponowany w złożach. (patrz też Rys. strona 161). Proces ten (CCS) jest kosztowny i uwalnia CO_2.

Dlatego naukowcy pytają, czy mógłby on być przynajmniej częściowo wykorzystywany jako źródło węgla dla związków chemicznych, np. synteza mocznika (dwutlenek węgla i amoniak), żywic syntetycznych i nawozów sztucznych, metanolu (z CO_2 katalitycznie z wodorem), także aspiryny, rozpuszczalników przyjaznych dla środowiska.

Piętą achillesową wielu procesów odzyskiwania CO_2 jest wysoki wsad Enrgei, który uwalnia nowe CO_2 do atmosfery. Powodem jest to, że cząsteczki CO_2 należą do najmniej energochłonnych i najmniej reaktywnych ze wszystkich. **Ogólna ocena** jest zatem niezbędna.

Niektórzy naukowcy podążają innymi ścieżkami. Laureat Nagrody Nobla **George A. Olah z Uniwersytetu Południowej Kalifornii** w Los Angeles widzi na przykład możliwość stworzenia sztucznego cyklu, skopiowanego z fotosyntezy, w którym woda i CO_2 z procesów spalania są przekształcane z powrotem w związki organiczne. Stworzyłoby to ogólnie gospodarkę neutralną pod względem emisji CO_2 , **gospodarkę metanolową**. Metanol jest odpowiedni jako paliwo do silników spalinowych, może być stosowany bezpośrednio w ogniwach paliwowych lub jako materiał wyjściowy do syntezy szerokiego zakresu węglowodorów i innych organicznych substancji chemicznych.

Ponieważ procesy te wymagają **dużej ilości energii** - dziś pochodzącej ze źródeł kopalnych - lepiej byłoby wykorzystać dla nich **energię pochodzenia regeneracyjnego.** Do chwili obecnej nie istnieje jeszcze żaden proces na dużą skalę, który spełniałby te wymagania.

Aldo Steinfeld i współpracownicy z **ETH Zurych** oraz **Instytutu Paula Scherrera** w Villigen w Szwajcarii opracowali dwustopniowy, cykliczny proces rozdzielania CO_2 i wody. Temperatury powyżej 2.0000C osiągane są w piecu słonecznym i w ten sposób tlenek cynku jest najpierw rozkładany na jego składniki, a następnie z dostarczonego CO_2 wyrywa atom tlenu, dzięki czemu powstaje tlenek węgla CO i tlenek cynku ZnO. Tlenek węgla może być albo dalej przetwarzany na paliwa ciekłe za pomocą ustalonych procesów albo spalany bezpośrednio do CO_2 z wydzielaniem ciepła. W ten sam sposób wodór niezbędny do syntezy gazu może być produkowany z wody przy użyciu cynku. Tlenek cynku jest zwracany do reaktora słonecznego. W procesie tym energia jest przetwarzana z wydajnością ponad 35 procent. Jednak do przeniesienia tego procesu na skalę przemysłową potrzebne byłyby również ogromne ilości cynku.

Recykling CO_2 za pomocą fotosyntezy jest obecnie badany w zakładzie pilotażowym w niemieckiej **elektrowni opalanej węglem brunatnym** w Bergheim-Niederaussem: CO_2 z procesów spalania jest poddawany recyklingowi za pomocą fotosyntezy i przetwarzany na biomasę. Tam glony są "podawane" bezpośrednio z CO2 zawartym w spalinach. Biomasa z alg może być następnie wykorzystana do produkcji paliw, chemikaliów lub biogazu.

Fotosynteza sama w sobie nie jest bardzo wydajna, ponieważ tylko niewielka część energii słonecznej jest rzeczywiście wykorzystywana. Naukowcy chcą technicznie zoptymalizować ten proces poprzez produkcję paliw płynnych z CO_2, wody, światła słonecznego i fotokatalizatora. W rzeczywistości, różne organiczne produkty wtórne powstają, gdy CO_2 rozpuszczony w wodzie jest napromieniowany światłem w obecności katalizatora zawierającego metal. Dzieje się tak, ponieważ cząsteczki wody wydzielają elektrony do fotokatalizatora, który absorbuje CO_2. W tej aktywowanej formie CO_2 może dalej reagować w celu wytworzenia produktów takich jak metan lub metanol. Ale te procesy fotokatalityczne nadal nie są wydajne.

Siglinda Perathoner i jej współpracownicy z **Uniwersytetu Mesyńskiego** i **Uniwersytetu** w **Strasburgu** wytwarzają elektrokatalitycznie ciekłe węglowodory i alkohole z CO_2 w normalnej temperaturze i pod normalnym ciśnieniem. Jednakże katalizator szybko stał się nieaktywny, tak że jest jeszcze długa droga, zanim będzie gotowy do aplikacji.

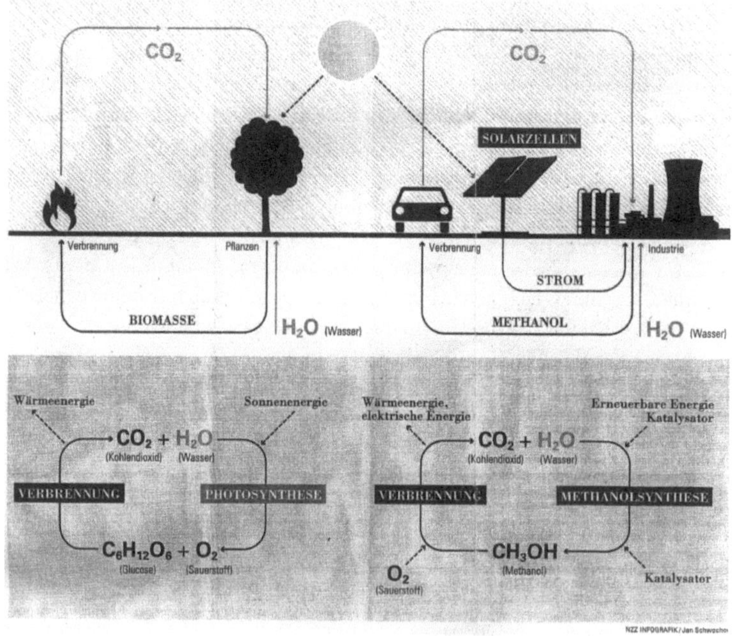

Rys. 14 procesy fotograficzne i metanolowe

Wszystkie nowe metody syntezy związków organicznych z CO_2 są jeszcze w powijakach i nie przyczynią się do rozwiązania problemu CO_2 w przewidywalnej przyszłości. Produkowane ilości są na to o wiele za małe. Ograniczony jest również potencjał istniejących już dziś procesów na dużą skalę.

Do takiego wniosku doszły **Towarzystwo Inżynierii Chemicznej i Biotechnologii** oraz Niemieckie **Stowarzyszenie Przemysłu Chemicznego** w opracowaniu opublikowanym zaledwie kilka miesięcy temu,

przemysł chemiczny byłby w stanie poddać recyklingowi jedynie około 1 proc. rocznej ilości CO_2 uwalnianego w postaci produktów o wyższej wartości i około 10 proc. w postaci paliw syntetycznych - przy założeniu, że wykorzystałby wszystkie dostępne mu możliwości.

Recykling CO_2 jest zatem przedmiotem dalszych badań w różnych krajach, np. niemieckie **Federalne Ministerstwo Badań Naukowych** finansuje badania nad wykorzystaniem CO_2 kwotą 100 milionów euro. **Andreas Züttel (Empa), Heinz Berke (ETH Zurych)** również nad tym pracują, szukając katalizatorów i nanostrukturalnych materiałów do oddzielania CO_2 bezpośrednio z powietrza.

W dłuższej perspektywie **Züttel** widzi nawet szansę, że wykorzystanie atmosferycznego dwutlenku węgla może stworzyć nowy pochłaniacz CO_2.

3.4.2 Propozycje, pomysły

3.4.2.1 Czym są biopaliwa?

W tej sekcji wymieniono główne rodzaje paliw, które mogą być produkowane z biomasy, odpadów i podobnych surowców. Zajęto się również składem chemicznym i jego zmianami. W niektórych przypadkach uwzględnia się również efektywność ekonomiczną.

3.4.2.1.1 Claas: Wizje się spełniają

"Magazyn specjalisty od zbiorów Claas" pisze

Historia powtarza się w kółko. Dzisiejsi słynni lekarze, chemicy czy technicy mieli za życia wizje, które zostały zapomniane i które dopiero teraz odkrywamy na nowo. Niektóre z nich spełniają się dopiero dzisiaj. Na przykład, w 1860 r. niemiecki inżynier mechanik Nikolaus August Otto (1832-1891) użył etanolu (okowity z *ziemniaków*, *alkoholu etylowego*) jako paliwa przeciwstukowego (ROZ 104) w prototypach swojego silnika Otto.

Amerykanin Henry Ford (1863-1947) był zdania, że bioetanol jest paliwem przyszłości dla jego T-modelki "Tin Lizzy" jako "samochód dla ludzi": wierzył, że paliwo przyszłości można uzyskać z owoców takich jak garbnik lub jabłka, chwasty, trociny - prawie wszystko. "Paliwo przyszłości będzie pochodzić z takich owoców jak ta suma przy drodze, albo z jabłek, chwastów, trocin - prawie wszystkiego". Benzyna stała się jednak bezkonkurencyjna, dlatego też "Blechliesel" Forda został przerobiony na benzynę.

Rudolf Diesel (1858-1913) był również wizjonerem swoich czasów. Swój pierwszy silnik napędzał olejem orzechowym w 1886 r., a w 1912 r. w specyfikacji patentowej silnika wysokoprężnego napisał: "Użycie oleju roślinnego jako paliwa może być dzisiaj nieistotne. Ale z czasem takie produkty mogą stać się tak samo ważne jak ropa naftowa i te dzisiejsze produkty węglowe.

W Niemczech, ze względu na zmniejszone zaopatrzenie w benzynę, Reichskraftsprit Gesellschaft mbH (RKS) dostarczał od 1925 r. *spirytus* (Kartoffelschnaps) do silników benzynowych. Oprócz zwiększenia właściwości przeciwdziałających pukaniu, należy również wspierać rolnictwo uprawne. Mieszanka benzyny RKS z ok. 25 % spirytusem nazywała się *Monopolin*. Od 1930 roku wszystkie niemieckie koncerny paliwowe musiały kupować 2,5 procenta wagowo paliwa od administracji monopolowej Rzeszy dla napojów spirytusowych i dodawać je do benzyny. Stopa ta stopniowo rosła do 10% do października 1932 roku.

W następnych dziesięcioleciach ropa naftowa pozostawała głównym źródłem energii, z wyjątkiem ostatnich lat wojny. Dopiero kryzys naftowy lat 70. sprawił, że etanol jako paliwo znalazł nowe zainteresowanie. Począwszy od Brazylii i USA, wykorzystanie etanolu z trzciny cukrowej i zboża (bioetanol, *biopaliwo pierwszej generacji*) jako paliwa samochodowego - również ze względu na Protokół z Kioto - było coraz częściej wspierane przez programy rządowe. Ze względu na wysokie zużycie energii z paliw kopalnych podczas produkcji, obecnie preferowane są *biopaliwa drugiej generacji* (etanol celulozowy), bio-metan z biogazu, paliwa BtL, między innymi olej napędowy, biokerosen. Wikipedia pokazuje obecnie obszerne informacje na ten temat.

3.4.2.1.2 Bioetanol (H3C-CH2-OH)

Bioetanol to etanol produkowany wyłącznie z biomasy. Rośliny zawierające cukier, skrobię i lignocelulozę są odpowiednie do produkcji bioetanolu. Obecnie rozpowszechniona jest tylko ekstrakcja z cukru i skrobi (=cereale).

Ekstrakcja **z lignocelulozy nie jest jeszcze ekonomicznie opłacalna, ale** prowadzone **są intensywne badania mające na celu udoskonalenie tej technologii.** Etanol może być dodawany do normalnej benzyny, w tzw. silnikach "Flexi Fuel" może być również napełniany w czystej postaci.

Niektóre kraje zwolniły etanol z biomasy z podatku od olejów mineralnych. Brazylia jest krajem pionierskim w zakresie stosowania bioetanolu jako paliwa. Tu już w latach 70. istniała kampania "Pro Alkohol", w której masowo domagano się i promowano produkcję bioetanolu z trzciny cukrowej - ze znanymi negatywnymi skutkami ekologicznymi i społecznymi. Brazylia jest obecnie jednym z największych producentów bioetanolu na świecie.

Produkcja bioetanolu w niektórych krajach
(w latach 2008-2010, średnio, w milionach litrów)

W sumie świat:	91.657
USA	42.857
Brazylia	26.091
Chiny	7.189
UE	5.651
Indie	1.892
Kanada	1.483
Niemcy	1.171
Tajlandia	672
Japonia	307
Australia	299

W Europie od kilku lat istnieją zakłady produkcji etanolu, które produkują bioetanol głównie ze zboża. Głównymi producentami są Hiszpania, Francja, Polska i Szwecja. Niemcy, wraz z Włochami, Wielką Brytanią, Austrią i Finlandią, mocno nadrabiają zaległości, podczas gdy Belgia, Dania, Grecja i Portugalia z drugiej strony nie posiadają własnej produkcji i nie planują jej w znacznym stopniu.

Pionierami są Brazylia i Islandia.

Jednakże Europa ma decydującą wadę, jeśli chodzi o produkcję bioetanolu: cenę. Trzcina cukrowa dostarcza rocznie około 6.000 litrów bioetanolu na hektar, zboża tylko 2.800. **Ponadto przemysł brazylijski nie potrzebuje paliw kopalnych do produkcji i dlatego radzi sobie ze znacznie niższymi kosztami energii.** Zatem etanol z Brazylii kosztuje jedynie około 35 % europejskiego alkoholu etylowego. Mała Islandia odgrywa również pionierską rolę w wykorzystaniu biomasy: 23 litry paliwa bioetanolowego produkowane są na jednego mieszkańca rocznie. Wcześniej niewykorzystane materiały odpadowe, takie jak siano konserwatorskie, słoma jęczmienna lub łubin, są wykorzystywane do produkcji i przetwarzane w klasycznym procesie scukrzania drewna przy użyciu rozcieńczonego kwasu solnego.

Całość jest ekonomiczna m.in. dlatego, że **obfita energia geotermalna** jest włączona do obiegu substancji chemicznych fermentacji poprzez destylację i adsorpcję. CO_2 produkowany w procesie produkcyjnym jest przetwarzany w szklarniach, cykl jest niejako zamknięty.

3.4.2.1.3 Olej rzepakowy - alternatywa dla małego asortymentu.

Coraz większa liczba właścicieli domów wykorzystuje obecnie olej rzepakowy w elektrociepłowniach do wytwarzania energii elektrycznej i ciepła dla obiegu grzewczego oraz do wprowadzania go do sieci elektrycznej. Chociaż obecnie jest on nadal nieco droższy niż olej opałowy, to jednak jest to źródło energii wytwarzane na poziomie regionalnym, a zatem zdecentralizowane, z rozsądnym cyklem ekonomicznym i transportowym.

Z technicznego punktu widzenia jednak olej rzepakowy nie jest pozbawiony przeszkód: Jakość biologicznego oleju opałowego może być różna i może prowadzić do zatykania się dysz i koksowania, tj. osadzania się sadzy i niespalonego oleju w silnikach. Jest on bardziej lepki niż kopalny olej opałowy i ma swój punkt centralny tylko w 220 stopniach, podczas gdy olej opałowy zapala się pod kątem 80 stopni i dlatego łatwiej jest go uruchomić na zimno. Nowe europejskie normy DIN obiecują rozwiązanie tego problemu.

Oprócz wariantu olejowego, olej rzepakowy, podobnie jak inne oleje roślinne, nadaje się do estryfikacji i przekształcenia w biodiesel (często nazywany również estrem metylowym rzepaku, RME). Oleje roślinne to chemiczne estry glicerolu i kwasów tłuszczowych. Są one transestryfikowane alkoholem metylowym.

Kwas tłuszczowy Alkohol metylowy

$$H3C\text{-}(CH2)_n - \underset{\underset{O}{\|}}{C} - O\,[H + H\,O] - C\,H3$$

Woda

$$\downarrow$$

Ester metylowy kwasu tłuszczowego Woda

$$H3C\text{-}(CH2)_n - \underset{\underset{O}{\|}}{C} - O - C\,H3 + H\text{-}OH$$

Niemcy są światowym liderem w sektorze biodiesla. ..... Jeśli spojrzą Państwo poza horyzont europejski, zobaczą Państwo również inne rośliny, z których można uzyskać olej do produkcji biodiesla, roślinę jatrofy lub orzech oczyszczający, a także olej rycynowy lub palmowy, by wymienić tylko te najważniejsze. Nowe badania pokazują jednak, że import olejów z tych roślin do Europy jest nieekonomiczny i że powinny być one lepiej wykorzystywane w krajach ich pochodzenia, takich jak Indie, Tanzania czy Brazylia. Raport sytuacyjny Niemieckiego Stowarzyszenia Rolników 2011/12, 10117 Berlin, Claire-Waldoff-Str. 7, stwierdza: "Z całkowitej powierzchni ziemi na świecie, około 1,5 miliarda hektarów było w 2010 r. wykorzystywanych jako grunty orne, z czego 97% było wykorzystywanych do produkcji żywności, a 3% (45 milionów hektarów) do uprawy roślin (zbóż, buraków cukrowych, trzciny cukrowej, roślin oleistych) do produkcji energii (bioetanolu, biogazu, biodiesla, patrz strona 159).

Duch optymizmu w rolnictwie.

Niektórzy politycy i rolnicy postrzegają produkcję i wykorzystanie biomasy jako okazję dla rolnictwa do przekształcenia się z konsumenta energii netto w producenta energii ekologicznej netto. Stworzyłoby to stałe miejsca pracy, zdrowszą infrastrukturę i ograniczyłoby migrację z obszarów wiejskich. Może jednak powstać zagrożenie dla produkcji żywności, co może spowodować wzrost głodu na świecie.

3.4.2.1.4 CO_2 jako surowiec

Susanne Donner pisze w Hdlbl. v. 5 listopada 2009 r. na przykład: "Ratowanie klimatu i jednoczesne zarabianie dużej ilości pieniędzy". Taka jest wizja naukowców, którzy pracują nad przyszłością CO_2.[25] Dwutlenek węgla występuje w dużych ilościach i jest produkowany w tonach podczas spalania materiałów węglowych[26]. Czy zaradni naukowcy wkrótce będą w stanie stworzyć z niego użyteczne rzeczy?

Od dłuższego czasu z fabrycznych kominów nie wydobywa się prawie żaden dym. Szkoda by było pozwolić na ucieczkę dwutlenku węgla. Tworzywa sztuczne, farby i leki mogłyby być produkowane z tego, co kiedyś było uciążliwym gazem odpadowym, **gdyby bezpośrednia fotosynteza CO_2 miała się kiedyś udać.**

Te zdania to wciąż marzenia o przyszłości. Jednak wielu chemików już teraz z wielką powagą podąża za tym życzeniowym myśleniem. Chcą zamienić niechciany dwutlenek węgla w surowiec, aby móc z niego wytwarzać wartościowe produkty. Nawet politycy uznali tę cudowną zmianę za szansę na przyszłość. W lipcu Federalne Ministerstwo Badań rozpoczęło program mający na celu przekształcenie "Kopciuszka w księżniczkę", jak lirycznie określił go sekretarz stanu Frieder Meyer-Kramer. Firmy i naukowcy mogą liczyć na 100 milionów euro w ciągu pięciu lat jako środek do osiągnięcia tego celu. *Autor pyta polemicznie: Czy przemysł chemiczny stanie się w końcu oszczędzającym klimatem?*

Do tej pory tylko kilka fabryk chemicznych zużywa dwutlenek węgla. Zdecydowanie największy udział ma produkcja [27]nawozu mocznikowego według następującego równania reakcji:

Dwutlenek węgla + amoniak Mocznik + woda

$$CO_2 + 2NH_3 \rightarrow H_2N-\underset{\underset{O}{\|}}{C}-NH_2 + H-OH$$

44 g 2 x 17 g 60 g 18g

W procesie tym uwalnia się 118,4 KJ energii cieplnej w przeliczeniu na formułę, czyli reakcję egzotermiczną.

---

[25] "Zabójca klimatu" jako termin polemiczno-ideologiczny jest tu cytowany tylko w dokuczliwy sposób.

[26] Profesor V. Hopp: C - nie CO_2 - jest zawarty w atmosferze bliskiej Ziemi w ilości 0,04 procenta objętości. Jego wpływ na klimat jest obecnie przedmiotem kontrowersyjnych dyskusji.

[27] Nieprawidłowo często określany jako nawóz azotowy

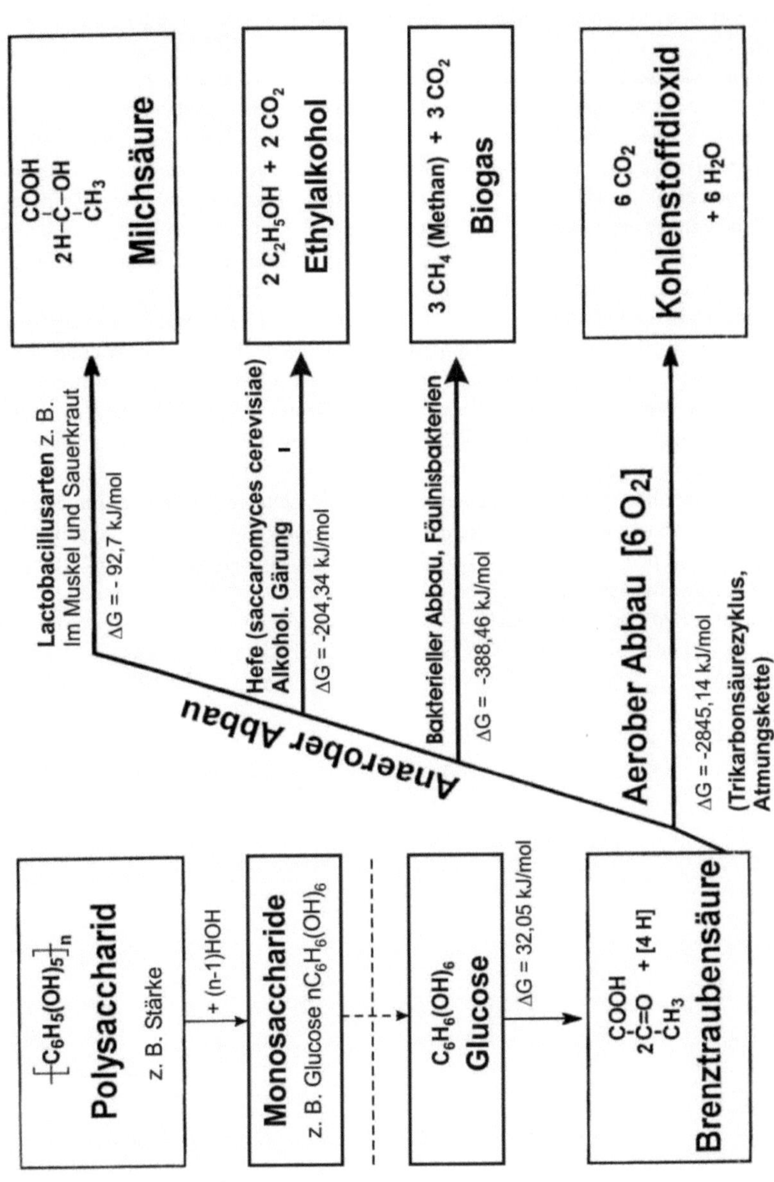

Rys. 15 Hopp: Aerobowa i beztlenowa degradacja polisacharydów

W 2009 r. na całym świecie wyprodukowano 150 milionów ton mocznika, z czego 110 milionów ton CO_2 zostało związanych. Ta sama reakcja występuje u ludzi i wielu gatunków zwierząt. Amoniak uwalniany podczas rozkładu białka jest wiązany jako mocznik i wydalany z moczem.

Każdego roku około 110 milionów ton dwutlenku węgla reaguje z ostrym zapachem amoniaku, wytwarzając substancję, która sprawia, że pszenica i wino rosną bujnie. *Czy produkcja tabletek aspiryny pochłaniających CO2 jest dobra dla klimatu, jak uważa autor, wątpią nie tylko prof. Hopp, ale także* prof. Walter Leitner z Instytutu Chemii Technicznej i Makromolekularnej Politechniki w Akwizgranie: "Jednak nie są to ilości znaczące w porównaniu z całkowitą emisją. Istnieje duże zapotrzebowanie na badania."[28]

Przygotowuje się do złamania twardego orzecha. Dzieje się tak, ponieważ dwutlenek węgla jest wysoce obojętnym partnerem w reakcji. Niewidoczny i bezwonny gaz jest niezwykle energooszczędny i obojętny. Musi być stymulowany do reakcji. Wymaga to albo dużych ilości energii, albo reaktywnych partnerów. Jednakże obie opcje wywierają presję na bilans energetyczny procesu chemicznego i osłabiają efekt ochrony klimatu[29]. Aby chemiczny duet dwutlenku węgla i partnerów reakcji mógł w ogóle uzyskać jakikolwiek ruch, musi być obecny katalizator, który niejako obniża próg zahamowania (tj. energię aktywacji) dla zaangażowania się nawzajem.

Dzięki takim animacyjnym sztuczkom, pracownicy Leitnera w laboratorium codziennie wprowadzają bezbarwną ciecz i dwutlenek węgla w kontakt. W szybkowarze substancje te przekształcają się pod ciśnieniem w tworzywo sztuczne, którego struktura molekularna ma mocno osadzony dwutlenek węgla.

Firma Bayer AG wspiera badania. Wkrótce proces ten zostanie przetestowany na skalę pilotażową. Operator elektrowni RWE będzie dostarczał do tego celu dwutlenek węgla ze swoich spalin.

---

[28] Zob. również poniższa tabela

[29] Hopp: ten efekt jest nieistotny lub znikomy

Rys. 16 Hopp (VDI Schrift Nr. 256): *Niektóre obliczone i oszacowane dane dotyczące emisji i absorpcji dwutlenku węgla ($_{CO2}$) i węgla w przyrodzie i technologii* Ta tabela pokazuje, że największe emitery CO2 nie są podatne na wpływ człowieka.

"Formacja" - lepsze "uwolnienie" -CO2	Ilości uwolnione w 10^9 tonach na rok	
	DIOKSYD CARBONOWY	Cx
Nitrogliceryna jako materiał wybuchowy: dostawy 1 tony; produkcja nitrogliceryny i celulozy jest nadal oznaczana	581,5 kg	158,6 kg
Podnoszenie się wody z głębokich warstw, np. na równiku i na obrzeżach kontynentu	385,0	105,5
Uwalnianie $_{CO2}$ przez ciepłe wody powierzchniowe oceanów (patrz Rysunek 1.19)	366,6	100,0
opadanie liści i gnicie korzeni roślin w glebie	220,0	60,0
Oddychanie mikroorganizmów w glebie z uwolnieniem $_{CO2}$ do atmosfery (pedosfera)	216,3	59,0
Oddychanie organizmów lądowych u bydła (1,5 mld na świecie); zob. s. 50, z uwzględnieniem metanu CH4 (84 - ^{106} t).	183,3 0,620	50,6 0,169 0,063
Oddychanie organizmów morskich i szybki rozkład martwych organizmów w ciepłych wodach powierzchniowych oceanów	95,3	26,0
Oddychanie organizmów morskich i szybki rozkład martwych organizmów w zimnych wodach powierzchniowych oceanów	51,0	14,0
Całkowite uwolnienie z działalności innej niż ludzka	**1.518,12**	**415,33**

Energie kopalne znajdują się na szczycie listy emisji CO2 spowodowanych przez człowieka. Są one tylko ułamkami tych, które są spowodowane przez naturę.

Spalanie paliw kopalnych w 2010 r.	43,2	11,8
Uwalnianie $_{CO2}$ poprzez cięcie i spalanie	5,5	1,5
Oddech ludności świata, 7 miliardów ludzi w 2010 r.	1,79	0,488
Produkcja cementu (3,16 mld ton w 2010 r.)	1,39	0,380
Wydobycie żelaza i stali poprzez redukcję za pomocą koksu w wielkim piecu (światowa produkcja 1,414 mld t w 2009 r.)	0,584	0,159
Przemysłowa produkcja amoniaku (153 - ^{106} t w 2009 r.)	0,297	0,081
Produkcja bioetanolu (60 mln ton w 2010 r.)	0,063	0,017
Erupcja wulkaniczna z aktywnych wulkanów ziemi, corocznie bardzo zmienna	ok. 0,055	0,015
Wydobywanie aluminium z boksytu za pomocą elektrolizy stopionej soli (światowa produkcja 37 mln ton w 2009 r.)	0,024	0,0066
Przemysłowa produkcja wodoru w 2010 r. 876000 t	ok. 0,0096	0,0026
Termity	46,0 CO2 0,15 CH4	12,5 0,04
Całkowite uwolnienia z działalności człowieka	**52,91**	**14,45**

Z drugiej strony, istnieją procesy, które usuwają CO2 z atmosfery i ponownie go wiążą.

Procesy wiazania $_{CO2}$ (absorpcja	Ilości zwiazane w 10^9 tonach na rok	
	DIOKSYD CARBONOWY	Cx
Fotosynteza roślin ladowych	450,0	123,0
Fotosynteza przez fitoplankton	378,0	103,3
Absorpcja CO2 przez zimna powierzchnie oceanów	366,6	100,0
osiadanie zimnych wód powierzchniowych, głównie w pobliżu bieguna północnego i południowego	353,0	96,2
Fotosynteza organizmów morskich w ciepłych wodach powierzchniowych	117,3	32,0
Odkładanie się martwych organizmów morskich z powierzchni wody do głebokich warstw oceanu (nieorganiczne i organiczne zwiazki wegla)	73,3	20,0
Poziomy transfer ciepłej wody powierzchniowej	36,7	10,0
Fotosynteza organizmów morskich w zimnych wodach powierzchniowych oceanów	29,0	8,0
Transport zwiazków wegla przez uiścia rzek do oceanów	2,26	0,6
Sedymentacia na dnie morza (nieorganiczna i organiczna) Zwiazki weglowe	2,2	0,6
Produkcja nawozu mocznikowego 150 mln ton w 2009 r. na całym świecie	0,110	0,030
Całkowita ilość odzyskiwanego rocznie $_{CO2}$	**1.808,47**	**493,73**

Według tych danych, sama fotosynteza pochłania 974,3 x 10^9 do $_{CO2}$ i 211,3 do Cx. Mimo że liczby te są niejednolite, zmienne i być może nie są aktualne, to jednak pokazują bardzo znaczące rzędy wielkości, które sprawiają, że poważne decyzje społeczne i polityczne stają się wątpliwe.

Nowe, przyjazne dla klimatu tworzywo sztuczne "ma niezwykle interesujące, nowe właściwości" - mówi Leitner. Może być na przykład stosowany jako izolacja cieplna i w ten sposób przyczynić się do dalszej oszczędności energii. "Ale prawdziwa zaleta leży w wartości dodanej", mówi chemik. Kosztowny materiał resztkowy "dwutlenek węgla" zamienia się w coś pożytecznego, co można wykorzystać do zarobienia pieniędzy. Partner współpracujący Bayer stawia na innowacje zorientowane na dwutlenek węgla nie tylko w tym projekcie. Wraz z inżynierem chemikiem Arno Behrem z Uniwersytetu Technicznego w Dortmundzie firma bada produkcję innego przyjaznego dla środowiska tworzywa sztucznego. Dwutlenek węgla jest również używany do produkcji materiału wyjściowego, laktonu w kształcie pierścienia. Po wielu latach badań, Behr może teraz przetwarzać obojętny $_{gaz\ CO2}$ nawet w umiarkowanej temperaturze 70 stopni Celsjusza. Ten wyczyn jest możliwy dzięki zastosowaniu palladu z metalu szlachetnego. "Wszystko jest gotowe, potrzebujemy tylko firmy, która buduje je na dużą skalę", ogłasza Behr. Ponieważ dziesiątki innych produktów, w tym perfumy, mogą pochodzić z laktonu, jest on przekonany, że przemysł otworzy drzwi. Jeden z producentów zapachów wyraził już zainteresowanie...

Poniższa tabela z publikacji VDI nr 256 prof. Hopp i in. przedstawia ważne procesy powstawania dwutlenku węgla w przyrodzie - dzięki uprzejmości autora.

3.4.2.1.5 Zastosowanie w lotnictwie

Siły powietrzne USA widzą, że w związku ze wzrostem cen paliw i jednocześnie bardzo wysokim popytem są zmuszone do poważnego zastanowienia się nad możliwymi możliwościami oszczędności. Wiele odwiertów naftowych znajduje się w "regionach niestabilnych politycznie", ale jednocześnie w USA znajdują się bardzo duże pokłady węgla leżące blisko powierzchni, które można stosunkowo łatwo eksploatować w kopalniach odkrywkowych.

19 września 2006 r. Boeing B-52H wystartował z bazy lotniczej Edwards Air Force Base na lot próbny, podczas którego dwa z ośmiu silników były eksploatowane z mieszanką 50:50 zwykłego paliwa JP-8 i paliwa syntetycznego pochodzącego z węgla. Pojawiło się pytanie, jak to paliwo sprawdziło się w praktyce i czy ekonomiczna eksploatacja jest niezawodnie możliwa.

3.4.2.1.6 Paliwa syntetyczne do zbiornika samochodu.

BtL, Biomass to Liquids, SunFuel czy FT-Diesel, nazwy dla nowej generacji paliw syntetycznych są różnorodne. Duże grupy samochodowe, takie jak Daimler czy VW, przyłączyły się do badań i postrzegają to jako możliwe paliwo przyszłości.

W Niemczech firma Choren zbudowała zakład we Freibergu w Saksonii, który wykorzystuje opatentowany proces Carbo-V® do przetwarzania biomasy stałej na paliwo i gaz syntezowy na dużą skalę. W tym procesie biomasa jest najpierw zwęglana z nadmiarem tlenu w temperaturze od ^{4000C} do $^{5000C.}$ Wytwarzany jest gaz smołowy i stały bio-koks. Gaz zawierający smołę jest poddawany procesowi post-oksydacji w komorze spalania. Biokoks jest mielony na pył paliwowy i wydmuchiwany do gorącego gazu, w wyniku czego powstaje surowy gaz syntezowy, który jest przetwarzany na gaz opałowy CH4; H2; CO.

Gaz opałowy jest następnie przekształcany w energię elektryczną i cieplną w silnikach gazowych lub skroplony w wyniku syntezy Fischer-Tropsch i przetwarzany na olej napędowy typu SunDiesel.

BtL - Biomass to Liquid, to wizja przyszłości ze znakami zapytania. Krytycy krytykują między innymi to, że ten rodzaj wytwarzania energii będzie zawsze ograniczał się do **zdecentralizowanej** i wielkoskalowej produkcji energii, ponieważ nie jest ekonomiczny w małym zakresie mocy. Należy również dokładniej zbadać kwestię obiegu składników odżywczych i integracji rolnictwa, ponieważ surowce, w szczególności takie jak resztki drewna, mogą mieć za sobą długą drogę transportu.

3.4.2.1.7 Paliwo z zakładu Jatropha

Działa to tak samo jak z olejem - mówi Roland Knauer w FAZ z 14.12.2009, strona 16: FRANKFURT, 13. 12. - skrócony. Air New Zealand dąży do tego, aby stać się najbardziej zrównoważoną linią lotniczą na świecie. "Mamy najwięcej do stracenia, bo jesteśmy najdalej", mówi Ed Sims, Dyrektor Zarządzający Air New Zealand. Kraj ten jest bardzo oddalony od wszystkich swoich sąsiadów i krajów turystycznych i jest szczególnie uzależniony od lotnictwa.

Rosnące ceny nafty, debata klimatyczna i świadomość ekologiczna sprawiły, że linie lotnicze dążą do tego, aby stać się "najbardziej świadomymi ekologicznie liniami lotniczymi na świecie". Lot z Londynu przez Los Angeles lub Hong Kong do Auckland i z powrotem wyrzuca 4,5 tony CO_2 w powietrze na każdego pasażera. Jeśli zamiast paliwa kopalnego płynie biokerosen, to klimat nie jest dotknięty podobną ilością, ponieważ rośliny wcześniej usuwały

CO_2 z powietrza. "Dla Air New Zealand kluczowe znaczenie mają jednak rośliny, z których produkowany jest biokerosen", mówi Ed Sims. Zamiast używać oleju kokosowego (jak Virgin Atlantic), chcą przetwarzać olej Jatropha na paliwo. Jatrofa jest trująca i nie jest środkiem spożywczym, rośnie na suchych, ubogich w żywność glebach i jest używana na przykład jako żywopłot dla bydła w Indiach i Afryce. Firmy samochodowe również są tym zainteresowane.

Podczas lotu próbnego w dniu 30 grudnia 2008 r., jeden silnik był napędzany w połowie i połowie olejem Jatropha i naftą. Mieszanka pozostaje w stanie ciekłym do minus 47 stopni Celsjusza (13.000 metrów wysokości). Kapitan nie zauważył żadnych różnic, a kiedy silniki zostały rozebrane, silnik Jatropha wyglądał tak samo jak pozostałe.

Jednak do wykorzystania afrykańskiego lub indyjskiego Jatrofy potrzeba dużo energii. Uprawa w Nowej Zelandii nie wchodzi w grę, ponieważ na 1 milion baryłek (=155 milionów litrów) ropy naftowej Jatropha rocznie potrzeba było 250 000 hektarów niewykorzystanej ziemi. Na Wyspie Południowej Nowej Zelandii glony są więc uprawiane w dużych zbiornikach i nawożone ściekami z miast. "Jak dotąd otrzymaliśmy tylko kilkaset litrów biodiesla z alg", wyjaśnia Ed Sims - o wiele za mało, by nakarmić silnik. Jednak największym problemem w przypadku zrównoważonego paliwa z alg jest jego cena, wyjaśnia Ludwig Leible z Instytutu Oceny Technologii i Analizy Systemowej (ITAS) w Centrum Badawczym w Karlsruhe: "Jeden kilogram suchej masy z alg kosztuje dziś od pięciu do dziesięciu euro. Ponieważ jednak ten kilogram daje znacznie mniej niż jeden litr biokerosenu, mało kto mógłby sobie pozwolić na tak luksusowe paliwo. Z drugiej strony, uprawa glonów jest jeszcze w powijakach, a prototypy są zawsze droższe niż późniejsze serie. Setki naukowców na całym świecie pracują nad tym problemem. Jeśli więc Air New Zealand chce do 2013 roku zastąpić biopaliwem co najmniej dziesięć procent swojego obecnego zużycia prawie 1,5 miliarda litrów nafty, sytuacja w zakresie alg może być znacznie lepsza.

3.4.2.1.8 Koncepcje

W kolejnych rozdziałach podjęto próbę nakreślenia najważniejszych podejść do produkcji paliw i podobnych użytecznych produktów z biomasy. Powszechnie przyjmuje się, że synteza Fischer-Tropsch - ewentualnie w modyfikacji - jest obecnie pierwszą technologią, która może być ponownie wykorzystana. Wszystkie procesy, które chcą osiągnąć ten proces przy mniejszym zużyciu energii i lepszych katalizatorów, są nadal w fazie planowania, laboratoryjnej lub pilotażowej.

3.4.2.1.8.1 EUROMASS: biomasa do ogrzewania i transportu

również jako wkład w kontrolę zmian klimatycznych[30],

...Jeśli możliwe jest ograniczenie akumulacji kopalnego CO_2 w atmosferze, szanuje to tworzenie i zmniejsza zagrożenia dla ludzi. Kopalny CO_2 jest produkowany głównie poprzez spalanie olejów mineralnych, gazu ziemnego i węgla opałowego w celu wytworzenia energii elektrycznej do oświetlenia, ogrzewania i transportu. Ograniczenie może być osiągnięte przez:

- Wydajność procesów technicznych i zmiany w zachowaniu ludzi
- Techniki bezwęglowe do produkcji energii elektrycznej i cieplnej,
- Składowanie kopalnego CO_2 z dala od atmosfery,

[30] apel Manfreda Ringpfeila i Heinricha Bonnenberga Berlina, 30 czerwca 2010 r. (mocno skrócony, oryginalny w pierwszym wydaniu, Biokernsprit, s. 69 i nast.).

- Recykling biomasy pomiędzy atmosferą a biosferą.

Wszystkie cztery trasy muszą być wykorzystane do zaspokojenia potrzeb przyszłych 9 miliardów mieszkańców Ziemi w sposób neutralny dla klimatu.

Obecnie na pierwszym planie znajduje się w szczególności energia słoneczna i wiatrowa, a do pewnego stopnia również produkcja wodoru Jedynie około 22 % zużycia energii przypada na energię elektryczną, a 63 % na paliwa płynne i gazowe do ogrzewania i transportu. W większości krajów europejskich znacznie więcej CO_2 jest uwalniane decentralnie do ogrzewania i transportu niż centralnie do wytwarzania energii elektrycznej.

Źródła energii z biomasy do ogrzewania i transportu są tańsze niż energia elektryczna, a ich cykl jest bardziej naturalny. Składowanie energii elektrycznej lub CO_2 jest bardzo kosztowne i scentralizowane. Myślenie i działanie w cyklach naturalnych i technologicznych stanie się w przyszłości niezbędne we wszystkich dziedzinach życia ze względu na efektywność surowcową i ochronę środowiska.

Ponadto, krajowa biomasa obiecuje również większe bezpieczeństwo dostaw. Europa ma korzystny klimat, rolnictwo i technologię uprawy roślin. Dotyczy to również rafinacji biomasy i produkcji z niej użytecznej energii. W połączeniu z nowoczesnym przemysłem energetycznym, rolnictwo jest również gwarancją nowych i bezpiecznych miejsc pracy.

Europejski program EUROMASS, obejmujący Rosję i Ukrainę, dotyczący wykorzystania biomasy do celów energetycznych, byłby wiodącym celem w zakresie ochrony środowiska i bezpieczeństwa dostaw.

Cztery sposoby wykorzystania obejmują:

- Bezpośrednie spalanie biomasy (np. drewna, słomy, odpadów organicznych) w celu produkcji energii elektrycznej i cieplnej,
- Ekstrakcja składników biomasy (np. olejów, tłuszczów, węglowodorów) poprzez oddzielenie lub ekstrakcję ze specjalnie uprawianych roślin (np. nasion oleistych) do wykorzystania jako źródła energii,
- Chemiczna konwersja biomasy niskowodnej (np. roślin wieloletnich) do produkcji gazu syntezowego jako podstawowego materiału do źródeł energii, np. jatrofy.
- Biotechniczna konwersja bogatej w wodę biomasy (np. roślin jednorocznych, glonów), również w mieszaninie z produktami ubocznymi produkcji żywności oraz odpadów przemysłowych, rolnych i domowych, do produkcji biometanu CH_4 i bioetanolu CH_3-CH_2-OH jako źródeł energii.

Przedstawiony artykuł preferuje czwarty sposób produkcji biometanu, ponieważ stosowane reakcje są bezkonkurencyjne pod względem wydajności i mogą być łączone z przemysłem spożywczym i materiałów resztkowych. Poniższe kroki opisują tę ścieżkę:

Carbon plus energia fotosyntezy produkuje biomasę:

Energia słoneczna

$(2.876 kJ + 6CO_2 + 12H_2O \; C_6H_6 \rightarrow (OH)_6 + 6H_2O + 6O_2$

Biogaz z biomasy minus energia skoncentrowana w CO_2:

Rot

$C_6H_6(OH)_6 \quad 3CH_4 \rightarrow + 3CO_2 + 490$ kJ/mol

Bakterie

Energia prowadzi poprzez spalanie do napędu i ogrzewania:

$½CH_4 + 3/2O_2 \rightarrow ½ CO_2 + H_2O + 890{,}4$ kJ/mol energii użytecznej

Bio-metan może być produkowany w sposób ciągły i bezterminowy z produktów fotosyntetycznych takich jak cukier, skrobia, celuloza. Ten pomysł ma zalety, patrz rys. strona 159.

Węgiel nie pochodzi ze złóż kopalnych. Produktem spalania jest **czysty** CO_2, a zatem neutralny dla klimatu. Cyrkularne procesy dla węgla stają się możliwe. Powstały w ten sposób CO_2 stanowi podstawę do następnego powstawania biomasy w procesie fotosyntezy, patrz Rys. str. 125.

Tworzenie się biomasy z CO_2 jest procesem, który powstał w wyniku ewolucji Ziemi, która redukuje dwutlenek węgla CO_2 do węglowodanowego budulca glukozy przez wodór wody H_2O. Jedna połowa wody uwolnionego wodoru jest używana do uwodornienia CO_2, druga połowa reaguje z atomem tlenu dwutlenku węgla, tworząc wodę. Ten drugi tlen nie jest potrzebny do wytworzenia glukozy.

Tworzenie biogazu z biomasy jest również procesem ewolucyjnym; prawie wszystkie związki organiczne są wykorzystywane jako materiały wyjściowe. Następuje rozkład bez znaczących strat energii do kwasu pirogronowego H2C-C-COOH, który następnie jest dzielony na CH_4 i CO_2,

|| patrz rys. strona 159.

O

Energia chemiczna zawarta w materiałach źródłowych dla biogazu jest w przeważającej części magazynowana w biogazie CH_4 i może być odpowiednio wykorzystana technicznie. Ilość energii potrzebnej do rozmnażania i utrzymania bakterii biorących udział w tych reakcjach jest stosunkowo niewielka.

Przebieg reakcji na beztlenową produkcję biogazu bakteryjnego z pozostałości biologicznych:

Glukoza (glikoliza)→Kwas palny (bakterie metanogenne)→ Metan + dwutlenek węgla + energia

$C_6H_6(OH)_6$ 2→ H3C-C-COOH+4{H}→3CH4+3CO2+ 420 kJ/mol

||

O

Biogaz dobrowolnie oddziela się od fazy produkcji wodnej. Każdy proces sprężania i oddzielania wymaga energii, niezależnie od jej wielkości.

Bio-metan może być łatwo oddzielony od CO_2, dzięki czemu koszt wytworzenia odpowiednika gazu ziemnego z biogazu jest możliwy do zniesienia. Bio-metan ma taką samą jakość fizyczną i chemiczną jak metan z gazu ziemnego. Może być mieszany z gazem ziemnym w zależności od potrzeb lub stosowany bez żadnych wad w syntezach chemicznych typowych dla gazu ziemnego.

Pomysł ten spotyka się również z krytyką, gdy jako materiał wyjściowy używa się kukurydzy i podstawowych produktów spożywczych. Procesy biotechnologiczne, indukowane biologicznie, są często nadal ostrożnie oceniane, zwłaszcza przez przemysł, w odniesieniu do ich wdrażania na dużą skalę. Preferowane są procesy indukowane fizycznie lub chemicznie.

Prawdą jest, że procesy biologiczne nie mogą osiągnąć gęstości przepływu energii, którą mają procesy indukowane fizycznie lub chemicznie. Dzieje się tak dlatego, że postępują zgodnie z wymaganiami życia. Procesy biologiczne przebiegają w małych, licznych etapach reakcji i trwają dłużej. Obecność wody jest niezbędna, a stężenie reaktywantów i wzrost temperatury w celu zwiększenia szybkości reakcji są ograniczone. Brak jest odpowiednich biokatalizatorów.

Prawdziwa zaleta procesów biologicznych, że mogą one zachodzić przy normalnym ciśnieniu i temperaturze, nie może być jeszcze zrealizowana. Ewolucja wywołała reakcje, których do dnia dzisiejszego nie można osiągnąć za pomocą procesów indukowanych fizycznie lub chemicznie, ani pod względem zakresu, ani skuteczności, niektóre z nich wcale. Obejmują one fotosyntezę w roślinach zielonych oraz bakteryjną degradację materii organicznej (tworzenie metanu). Reakcje te mają wielki potencjał, który przede wszystkim czyni sprawiedliwym środowisko, a także zmniejsza ryzyko dla ludzi.

Rośliny pilotażowe i demonstracyjne mogłyby przyczynić się do zmniejszenia trudności i określenia warunków reakcji w skali 1:1. Nic zasadniczo nie stoi na przeszkodzie, aby przyszły przemysł energetyczny mógł osiągnąć prymat cyklu materiałowego, który przewiduje również dostarczanie i wykorzystanie energii z biomasy.

Jednak dla powszechnego zastosowania procesów biotechnologicznych konieczny jest nowy sposób myślenia. Poprzednie zrozumienie technologii (czyste surowce, całkowita konwersja i wysokie stężenie) powinno być uzupełnione nowym zrozumieniem technologii (rozcieńczone surowce oraz reakcje i cykle unifikacyjne przy średnich gęstościach przepływu energii).

Można sobie wyobrazić, że poprzez optymalizację rozwoju zasobów lądowych i rozwój zasobów morskich na dużą skalę udział biomasy w globalnym zaopatrzeniu w energię może zostać zwiększony do kilkukrotnej wartości obecnej przemysłowej produkcji energii na świecie. Niebezpieczeństwo zanieczyszczenia rzek, jezior i oceanów w dłuższej perspektywie czasowej musi być zawsze brane pod uwagę.

Zgodnie z charakterem tworzenia się biomasy: duże obszary napromieniowania i niskie wskaźniki tworzenia się, produkcja użytecznej energii z biomasy musi być zorganizowana w sposób zdecentralizowany. Odległości transportowe do miejsc produkcji muszą być krótkie. Produkty końcowe mogą być w dużej mierze transportowane przez istniejące sieci rurociągów. Procesy biotechnologiczne do produkcji biometanu są połączone z procesami produkcji żywności i recyklingu pozostałości.

Istnieją również dalsze korzyści dla konwergencji przetwarzania przemysłowego, np. z gazowych materiałów wyjściowych (metan) na produkty ciekłe (alkohole) oraz dla magazynowania w urządzeniach na gaz ziemny. Zmniejszają się różnice między obszarami miejskimi i wiejskimi.

W Europie należy poszukiwać inicjatyw ponadnarodowych. Mogą być one promowane i koordynowane przez EUROMASS, program wspierany przez przedsiębiorstwa i rząd, który przypisuje również rolnictwu rolę w przyszłych dostawach energii w Europie.

Samodzielne działanie poszczególnych krajów europejskich doprowadziłoby do nieporozumień i niepotrzebnej konkurencji w Europie, a zdrowa konkurencja prowadzi do optymalnych wyników.

3.4.2.1.8.2 Surowce odnawialne

Agencja ds. Zasobów Odnawialnych e.V. (FNR) BMELV[31] ogłoszonego w dniu 20.01.10. Biomasa tylko ze zrównoważonej uprawy: sekretarz stanu Julia Klöckner przedstawia pierwszy europejski system certyfikacji

[31] Federalne Ministerstwo Żywności, Rolnictwa i Ochrony Konsumentów

W przyszłości biopaliwa płynne i biopaliwa mogą być promowane lub zaliczane na poczet realizacji celów energetycznych w Unii Europejskiej (UE) tylko wtedy, gdy pochodzą ze zrównoważonej uprawy biomasy.

Biopaliwa

"Jesteśmy pierwszym krajem członkowskim UE, który opracował instrument certyfikacji potwierdzający zrównoważony rozwój. Dzięki wstępnemu uznaniu tego systemu certyfikacji, zwanego "Międzynarodową certyfikacją zrównoważonego rozwoju i emisji dwutlenku węgla" (ISCC) przez Federalną Agencję ds. Rolnictwa i Żywności (BLE), wprowadzamy europejskie wymogi do niemieckiego prawa", powiedziała Julia Klöckner, parlamentarna sekretarz stanu w Federalnym Ministerstwie Żywności, Rolnictwa i Ochrony Konsumentów.

Wymogi UE mają na celu zapobieganie uprawie biomasy - na przykład na plantacjach oleju palmowego - w krajach, w których jest ona uprawiana "kosztem cennych obszarów przyrodniczych, takich jak lasy pierwotne, bogate gatunkowo użytki zielone lub mokradła. Ponadto, zgodnie z dyrektywą UE, w produkcji biopaliw należy zaoszczędzić 35 procent tzw. gazów cieplarnianych - w porównaniu z produkcją paliw kopalnych", mówi Klöckner.

Niemiecka implementacja prawa UE w ramach rozporządzenia w sprawie zrównoważonego rozwoju energii elektrycznej z biomasy i biopaliw określa szczegółowo, w jaki sposób należy produkować biopaliwa i ciekłe bioprodukty, aby zostały uznane za zrównoważone. Dotyczy to zarówno energii elektrycznej z płynnej biomasy, która jest wynagradzana na mocy ustawy o odnawialnych źródłach energii (EEG), jak i biopaliw, które są wprowadzane do obrotu w Niemczech i wliczane do kontyngentu biopaliw lub korzystają z obniżki podatku jako czyste paliwa. Procedura wydawania certyfikatów zrównoważonego rozwoju jest również uregulowana w rozporządzeniu. "Dzięki wstępnemu uznaniu ISCC jesteśmy pierwszym krajem, który ma instrument do realizacji politycznego zapotrzebowania na zrównoważoną produkcję biomasy", powiedział Klöckner.

Około 2012 r. Komisja Europejska (komisarz Günter Oettinger) odeszła od nadmiernej produkcji biopaliw.

Informacje ogólne

ISCC został opracowany już w 2006 roku i sfinansowany przez organizację zarządzającą projektem Federalnego Ministerstwa Żywności, Rolnictwa i Ochrony Konsumentów (BMELV), Agencję ds. Zasobów Odnawialnych (FNR). Po 2-letnim teście, rozpoczyna się faza wdrażania. Międzynarodowa certyfikacja biomasy to niezbadane terytorium dla wszystkich zainteresowanych stron - rządów, organizacji pozarządowych, naukowców i samego przemysłu. Pionierski projekt ISCC będzie musiał w najbliższych latach udowodnić, że spełnia wysokie oczekiwania i może zagwarantować zrównoważony rozwój.

System działa w następujący sposób: Punkty styczne łańcucha dostaw biomasy, takie jak przedsiębiorstwa handlowe lub spółdzielnie, olejarnie i rafinerie, które przetwarzają płynną lub gazową biomasę do ostatecznego wykorzystania, otrzymują certyfikaty, które są kontrolowane w ramach uznanego systemu certyfikacji. Ostatni interfejs w łańcuchu - interfejs, na którym przeprowadzany jest ostatni etap przetwarzania - wydaje następnie certyfikat zrównoważonego rozwoju dla dostarczanego przez niego biopaliwa lub płynnej biomasy. Dzięki temu operatorzy zakładów produkujących energię elektryczną z płynnej biomasy mogą dochodzić swoich roszczeń o wynagrodzenie na mocy ustawy o odnawialnych źródłach energii (EEG) od operatora sieci. Certyfikaty są wydawane przez jednostki certyfikujące - oba muszą być oficjalnie uznane.

ISCC jest pierwszym systemem, który został wstępnie uznany przez BLE. ISCC został opracowany przez Meó Corporate Development GmbH we współpracy z wieloma zainteresowanymi stronami z sektora rolnictwa, handlu, przemysłu, nauki i organizacji pozarządowych.[32]Meó przejmuje teraz również zarządzanie ISCC w fazie rozruchu regularnej działalności. Pod koniec stycznia 2010 r. odbyło się obszerne szkolenie dla audytorów. Jeśli po uznaniu organów certyfikujących system ISCC zostaną one również uznane przez BLE, można przeprowadzić pierwsze regularne certyfikacje.

Doświadczenie z audytem zostało już zdobyte w ramach projektów pilotażowych w UE, Argentynie, Brazylii i Malezji. Podejścia te mają teraz zostać przeniesione do realnego systemu na skalę globalną. Na przykład rejestr elektroniczny, który zawiera wykaz ważnych certyfikatów, jednostek certyfikujących i członków systemu certyfikacji, musi zostać przeniesiony do bazy danych z możliwością globalnego dostępu.

3.4.2.2 Ekstrakcja paliwa syntetycznego

Nawet jeśli wszystkie wyżej wymienione paliwa są mniej lub bardziej "bio", muszą być one produkowane przemysłowo i na dużą skalę, aby mogły służyć jako paliwo dla mobilności. Najważniejszym procesem chemicznym i fizycznym jest uwodornienie. Podaż i związki chemiczne są wykorzystywane do tworzenia nowych molekuł, które w większości wariantów mają płynne stany skupienia. Gazy są również dodawane, ale są przechowywane w postaci płynnej w zbiornikach pojazdu. Pod względem masy i objętości osiąga się zatem akceptowalny rząd wielkości, z którym akumulatory lub czysty wodór nie mogą konkurować.

3.4.2.3 Liquefaction

Znane zjawisko skraplania węgla (znane również jako *uwodornienie węgla*; *proces węgla do stanu ciekłego* lub *CtL*) odnosi się do procesów chemicznych, które przekształcają węgiel stały i inne surowce, takie jak drewno, w płynne węglowodory.

Do produkcji organicznych surowców chemicznych, tj. węglowodorów $(CH_2)_x$ z węgla $(C_6)_x$ lub innych, konieczne jest ich rozdzielenie i uwodornienie. Są one osiągane:

- poprzez krakowanie termiczne węgla w wyższej temperaturze, np. poprzez karbonizację lub karbonizację: otrzymuje się koks, smołę, benzen, gazy i benzynę. Preferowanym gazem jest metan (CH_4). Ciekłe produkty procesu karbonizacji lub koksowania są głównie aromatycznymi mieszankami substancji.
- poprzez obróbkę termiczną w wyższej temperaturze i wyższym ciśnieniu w obecności wodoru. Węgiel jest prawie całkowicie przekształcany w substancje płynne i gazowe, zwłaszcza węglowodory $(CH_2)_x$

Motywacją do wykorzystania upłynniania węgla na dużą skalę jest zastąpienie ropy naftowej jako materiału wyjściowego dla sektora petrochemicznego i energetycznego. Procedury te stają się ważniejsze, gdy ropa naftowa nie jest dostępna w wystarczających ilościach i po akceptowalnych cenach.

[32] Organizacja pozarządowa

3.4.2.3.1 Produkcja wodoru

Decydująca różnica między węglowodorami kopalnymi (benzyna, olej napędowy) a metanolem (H3C-OH) lub etanolem (H3C-CH3-OH), które są otrzymywane z biomasy, **leży w składzie węglowodorów i ich różnej długości łańcucha.**

Z WIKIPEDII z dodatkami Prof. Hopp:

Produkcja wodoru to produkcja wodoru molekularnego (H2). Najczęściej stosowanymi surowcami są gaz ziemny (zwłaszcza metan (CH4), węglowodory, biomasa, woda (H2O) i inne związki zawierające wodór. Źródłem energii jest albo sam surowiec (energia chemiczna, spalanie) albo energia elektryczna, cieplna lub słoneczna dostarczana z zewnątrz. Wodór jest obecnie stosowany przede wszystkim w przemyśle chemicznym, na przykład do produkcji amoniaku (NH3) jako nawóz azotowy, do krakowania węglowodorów, ale także do produkcji paliw w rafineriach ropy naftowej i procesów uwodorniania. Do produkcji paliwa musi być produkowany jako prekursor bogaty w wodór gaz do syntezy (mieszanina CO i H2). Systemy magazynowania energii są niezbędne do koordynowania produkcji i czasu zapotrzebowania na nieregularną energię wiatrową i słoneczną. Można to osiągnąć poprzez elektrolizę wody na wodór i tlen (O2) po następującej reakcji: 521,6 kWsec + 2 H2O -> 2 H2 + O2, która nie jest jeszcze ekonomiczna w porównaniu z surowcami kopalnymi.
W celu uzyskania energii kinetycznej z magazynowanego wodoru, jest on spalany lub wykorzystywany w ogniwie paliwowym poprzez migrację jonów do produkcji energii elektrycznej. Gdyby istniała już gospodarka wodorowa, wodór mógłby być również stosowany bezpośrednio. Tutaj m.in. stoi na przeszkodzie niebezpieczeństwo wybuchów i trudne przechowywanie.

Proces produkcyjny

Należy rozróżnić procesy, które same spalają stosowane węglowodory, od tych, w których ciepło jest dostarczane z zewnątrz. Jeżeli dostawy te są realizowane za pomocą fotowoltaiki, energii wiatrowej lub wysokotemperaturowej energii jądrowej, wpływ na środowisko jest bardziej korzystny.

Ponieważ uwodornienie bioodpadów i węgla o wysokiej temperaturze również wymaga wodoru w dużych ilościach, z drugiej strony reaktor kulisty może dostarczać energię elektryczną do elektrolizy jako produkt uboczny, ta metoda produkcji wodoru jest szczególnie interesująca.

Wykorzystanie węglowodorów

W przypadku stosowania węglowodorów, ale także samego węgla i biomasy, surowiec ten dostarcza energii potrzebnej do tego procesu. Wodór może być również częściowo już związany w surowcu lub dodany w postaci wody. Procedury te są szczegółowo opisane w Wikipedii i innych źródłach internetowych i nie będą tu powtarzane.

- Reformowanie parą wodną
- Częściowe utlenianie
- Przetwarzanie gazów
- Procedura Kværnera
- Biomasa
- Piroliza i zgazowanie biomasy

- Fermentacja[33]
- Procesy termochemiczne
- Produkcja fotobiologiczna
- Elektroliza chlorku zasadowego

Pokazano tu tylko **elektrolizę wody,** ponieważ wykorzystuje ona obfitą wodę na jej wylocie. Jednak ze względu na wysokie zapotrzebowanie na energię elektryczną, jest ona obecnie nadal zbyt droga do wykorzystania na dużą skalę. **Zastosowanie podstawowej technologii HTR powinno to zdecydowanie zmienić.**

Ta zamiana wody na wodór została po raz pierwszy udowodniona około 1800 roku przez niemieckiego chemika Johanna Wilhelma Rittera. Reakcja odbywa się w naczyniu wypełnionym elektrolitem przewodzącym (sole, kwasy, zasady), które zawiera dwie elektrody zasilane prądem stałym. Proces produkcyjny przebiega w dwóch częściowych reakcjach:

Katoda: 2 H2O 4→ $^{e-}$ + 4 H+ + O2

Anoda: 2 H2O + 2 $^{e-}$ H2→ + 2 OH-

W zasadzie elektrony są emitowane na anodzie i ponownie pobierane przez katodę. W ogólnej reakcji woda zamienia się w ten sposób w wodór cząsteczkowy i tlen cząsteczkowy:

Ogólna reakcja:

1.043,2 kWs + 4H2O 2→ $^{e-}$ + H2 + O2 + 4H+ + 2 OH-

1.043,2 kWs + 4H2O 2H2→ + O2 + 2H-OH + 2H

Zaletą tego procesu jest to, że wyprodukowany czysty tlen może być wychwytywany i wykorzystywany w sposób energooszczędny, a nie tylko uwalniany do powietrza. Ze względu na niską sprawność wynoszącą tylko około 57 %, tylko jeden procent produkowanego na świecie wodoru jest obecnie wytwarzany w ten sposób. Naukowcy z MIT opracowali katalizator, który powinien zwiększyć wydajność elektrolizy wody do prawie 100%.

Poniższa ilustracja przedstawia całe spektrum promieniowania słonecznego i tylko niewielką jego część, którą zajmują w nim widoczne promienie słoneczne. Wniosek patentowy Mataré'go (sekcja 1.1.2) skorzystał z tej możliwości.

[33] fermentum (lat.) - zakwas

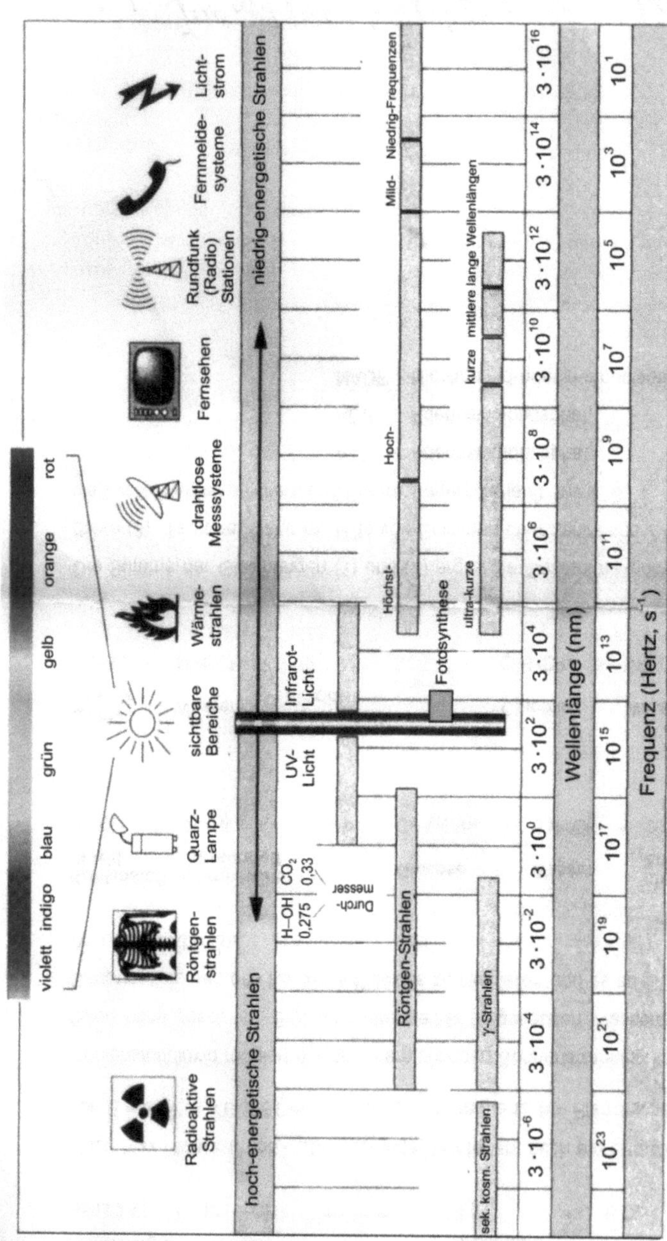

Abb. 2: Das Spektrum der energetischen Solarstrahlung in Nanodimensionen

(Durchmesser eines Wassermoleküls 0,275 nm
eines Kohlenstoffdioxid-Moleküls, kinetisch: 0,33 nm; statisch: 0,4 nm)

Rys. 17 Energetyczne promieniowanie słoneczne

3.4.2.4 **Produkcja etanolu** - H3C-CH2-OH

According to the RFA - Renewable Fuels Association, One Massachusetts Avenue, NW - Suite 820 - Washington, DC 20001 - (202) 289-3835.

Są to bardziej konwencjonalne rodzaje fermentacji, które są odpowiednie w ograniczonym stopniu dla wyżej wymienionych surowców (kukurydza, trzcina cukrowa, itp.). Nie można przewidzieć, czy procesy te są również zadowalające w przypadku stosowania na dużą skalę drewna, roślin energetycznych i węgla.

3.4.2.4.1 Zastosowanie, obszary zastosowań, technologia

Według Wikipedii jest to benzyna przeciwstukowa o liczbie oktanowej wynoszącej co najmniej 104 RON[34]. Aby uniknąć picia alkoholu etylowego jako alkoholu neutralnego, dodaje się do niego substancje skażające do zastosowań technicznych, takich jak paliwo, rozpuszczalniki lub spirytus metylowany. To sprawia, że te alkohole są niejadalne i nie podlegają w Niemczech podatkowi od napojów spirytusowych.

Ponadto *paliwa etanolowe* są również określane jako paliwa benzynowe, w których mieszane są znaczne ilości etanolu. W Republice Weimarskiej Rzesza Rzeszy już od 1925 roku dodawała do benzyny około 25 % paliwa ziemniaczanego i sprzedawała ją pod nazwą *Monopolin*. Obecnie mieszanki są nazywane według proporcji etanolu w benzynie, na przykład *Monopolin* byłby nazywany E25 (25% etanolu), dużo dyskutowana dzisiaj benzyna to E85 z 85% etanolu. Mieszanie niewielkich ilości w benzynie, na przykład 5% etanolu, jak to ma miejsce obecnie w przypadku benzyny, nie jest nazywane paliwem etanolowym, ale benzyną. Ponieważ wiele starszych samochodów nie jest przystosowanych do pracy na etanolu rozpuszczalnikowym, domieszka 5% jest obecnie uważana za górną granicę dla samochodów nieprzygotowanych.

Etanol ma zawsze te same właściwości chemiczne, niezależnie od sposobu jego produkcji; nie ma żadnej różnicy chemicznej między etanolem produkowanym z paliw kopalnych a etanolem produkowanym ze źródeł biogenicznych.

Etylen Para wodna Kat. Alkohol etylowy

H2C= CH2 + H-OH H3C→ - CH2 - OH

Do lat pięćdziesiątych XX wieku etanol był mieszany z różnymi innymi paliwami, takimi jak benzen, metanol, aceton i nitrobenzen, tworząc bardzo odporne na uderzenia paliwa wyścigowe, które są obecnie zakazane ze względu na ich toksyczne działanie na ludzi i agresywne działanie na materiał.

W ujęciu globalnym alkohol kopalny (produkowany na przykład poprzez uwodnienie etenu z gazu koksowniczego) nie ma obecnie znaczenia; z ilości produkowanego biogenicznie etanolu około 35% jest produkowane jako alkohol neutralny do napojów i żywności, a około 65% jako paliwo etanolowe. W Niemczech stosunek ten wynosi około połowy.

Biogenicznie produkowany etanol nazywany jest w skrócie bioetanolem, jest on ważny dla energetycznego wykorzystania surowców odnawialnych. Podczas gdy bioetanol był dotychczas produkowany prawie wyłącznie z trzciny cukrowej i zbóż zawierających skrobię, nowsze technologie opierają się przede wszystkim na wykorzystaniu w biomasie surowców

[34] Badania Liczba oktanowa

celulozowych, takich jak trzcina chińska, trawa zmieniona i drewno; rezultatem jest **etanol celulozowy.**

3.4.2.4.2 Proces suszenia

W procesie mielenia na sucho całe ziarno kukurydzy lub inne ziarno skrobiowe jest najpierw mielone na mąkę, która w przemyśle nazywana jest "mączką" i przetwarzana bez oddzielania poszczególnych części składowych ziarna. Posiłek jest zamoczony w wodzie, aby utworzyć "zaciek". Do zacieru dodaje się enzymy w celu przekształcenia skrobi w dekstrozę, cukier prosty. Amoniak jest dodawany w celu kontroli pH i jako składnik odżywczy dla drożdży.

Zacier jest przetwarzany w kuchence wysokotemperaturowej w celu zmniejszenia poziomu bakterii przed fermentacją. Zacier jest schładzany i przekazywany do fermentatorów, gdzie dodawane są drożdże i rozpoczyna się konwersja cukru na etanol i dwutlenek węgla (CO_2).

Proces fermentacji trwa zazwyczaj około 40 do 50 godzin. Podczas tej części procesu zacier jest mieszany i chłodzony, aby ułatwić aktywność drożdży. Po fermentacji, powstałe "piwo" jest przenoszone do kolumn destylacyjnych, gdzie alkohol etylowy jest oddzielany od pozostałego "stilla". Etanol jest zagęszczany do 190 próbek próbnych przy zastosowaniu konwencjonalnej destylacji, a następnie odwadniany do około 200 próbek próbnych w systemie sit molekularnych.

Bezwodny alkohol etylowy jest następnie mieszany z około 5% substancją denaturującą (np. benzyną naturalną), aby uczynić go niezdatnym do picia i tym samym nie podlegać podatkowi od alkoholu spożywczego. Następnie jest on gotowy do wysyłki do terminali benzynowych lub detalistów.

Wywar jest przesyłany przez wirówkę, która oddziela grube ziarno od roztworów. Rozpuszczalniki są następnie zagęszczane do około 30% substancji stałych przez odparowanie, w wyniku czego powstają Skondensowane Destylatory Rozpuszczalniki (CDS) lub "syrop". Ziarno gruboziarniste i syrop są następnie suszone razem w celu uzyskania suszonych ziaren gorzelników z rozpuszczalnikami (DDGS), wysokiej jakości, pożywnej paszy dla zwierząt gospodarskich. CO_2 uwalniany podczas fermentacji jest wychwytywany i sprzedawany do wykorzystania w gazowanych napojach bezalkoholowych i napojach oraz do produkcji suchego lodu.[35]

3.4.2.4.3 Proces mokry

Podczas mielenia na mokro ziarno jest moczone lub "namaczane" w wodzie i rozcieńczane kwasem siarkowym przez 24 do 48 godzin. To namaczanie ułatwia rozdzielenie ziarna na jego liczne części składowe.

Po namoczeniu gnojowica kukurydziana jest przetwarzana za pomocą szeregu szlifierek w celu oddzielenia zarodków kukurydzianych. Olej kukurydziany z zarodków jest ekstrahowany na miejscu lub sprzedawany do kruszarek, które go ekstrahują. Pozostałe składniki włókna, glutenu i skrobi są dalej segregowane za pomocą separatorów odśrodkowych, sitowych i hydroklonicznych.

---

[35] Lit: Hopp, V. (2009) From photosynthesis via alcoholic fermentation to the misuse of bio-ethanol Chemia i szkoła, cz. I wydanie nr 2, cz. II wydanie nr 3 (2009) Salzburg, Austria.

Nalewka namaczająca jest skoncentrowana w parowniku. Ten skoncentrowany produkt, ciężka, stroma woda, jest współsuszony ze składnikiem włóknistym, a następnie sprzedawany jako pasza dla glutenu kukurydzianego dla przemysłu hodowlanego. Ciężka, stroma woda jest również sprzedawana sama w sobie jako składnik paszy i jest używana jako składnik zakazu stosowania lodu, przyjaznej dla środowiska alternatywy dla soli do usuwania lodu z dróg.

Składnik glutenowy (białko) jest filtrowany i suszony w celu wytworzenia produktu ubocznego mączki glutenowej kukurydzianej. Produkt ten jest bardzo poszukiwany jako składnik pasz w działalności brojlerów drobiu.

Skrobia i wszelka pozostała woda z zacieru mogą być następnie przetwarzane na jeden z trzech sposobów: fermentowane na etanol, suszone i sprzedawane jako suszona lub modyfikowana skrobia kukurydziana, lub przetwarzane na syrop kukurydziany. Proces fermentacji w przypadku etanolu jest bardzo podobny do opisanego powyżej procesu w suchym młynie.

3.4.2.4.4 Etanol i biodiesel jako paliwo do pojazdów silnikowych

Na stronie **www.alternativ-fahren.de/bioethanol.html** można było znaleźć na dzień 10.8.09, niewiele się różniło nawet w sierpniu 2019 - skrócone:

Bioetanol jest produkowany z odnawialnej biomasy, na przykład z buraków cukrowych, ziemniaków i zbóż. Etanol jest wykorzystywany na całym świecie w przeważającej części (~ 66%) w sektorze paliwowym. W Niemczech dostawcy są "niestety" nadal bardzo ostrożni. Dziesięć procent etanolu jest teraz dodawane do paliwa. Negatywne skutki dla silnika jak dotąd prawie nie wystąpiły.

Bioetanol jest tani w produkcji i poprawia jakość paliwa. Etanol ma wyższą liczbę oktanową i dlatego jest bardziej przeciwstukowy niż benzyna. W silnikach wysokoprężnych moc może być zwiększona nawet o dwadzieścia procent.

W Brazylii jest już ponad 3 miliony Elastycznych Pojazdów Paliwowych (FFV). Dostosowują się one automatycznie do używanego paliwa i mogą być napędzane zarówno benzyną, jak i etanolem i bioetanolem (E85 = 85% zawartości etanolu). Bioetanol jest dostępny w całym kraju w Brazylii i Szwecji już na ponad 225 stacjach benzynowych.

Zawartość energii w etanolu wynosi około 2/3 energii w porównaniu z benzyną konwencjonalną. Dlatego zużycie litra E85 wzrasta o ok. 30%. E85 może być oferowany w Niemczech za około 0,92 € / litr. Koszt jednego kilometra jest więc prawie na równi z benzyną. Z pewnością stanie się on jeszcze tańszy wraz ze wzrostem konsumpcji. Pierwsza publiczna stacja napełniania bioetanolem została otwarta w Bad Homburg w dniu 02.12.2005.

Rośliny oleiste (w Niemczech głównie rzepak) przekształcają energię słoneczną w ropę naftową poprzez fotosyntezę. Jest on przetwarzany na biodiesel w wyniku reakcji chemicznej i dodawania metanolu. Chemicznie jest to ester metylowy rzepaku (RME[36]).

Od 30.10.2004 r. biodiesel może być oferowany wyłącznie na stacjach paliw zgodnie z normą DIN EN 14214.

Zasadniczo prawie każdy silnik wysokoprężny nadaje się do przebudowy, ale wymaga zatwierdzenia przez producenta (należy zwrócić się do specjalistycznego warsztatu). Większość pojazdów nie ma homologacji na biodiesel w fabryce ze względu na nowoczesne systemy

---

[36] RME = ester metylowy kwasu tłuszczowego, np. H3C -(CH2)-12 C - OCH3
‖
O

wtrysku oleju napędowego. Wiele typów silników można jednak doposażyć w późniejszym terminie po niskich kosztach i nadal można je tankować zwykłym olejem napędowym.

Biodiesel redukuje emisję CO_2 i jest prawie neutralny pod względem emisji CO_2 oraz ulega biodegradacji, emisja sadzy zostaje zmniejszona o ok. 33%. Ponieważ jego temperatura zapłonu wynosi powyżej 120°C, nie jest on uważany za materiał niebezpieczny. Wysokie samosmarowanie chroni silnik.

Tymczasem ponad 1800 stacji paliw w Republice Federalnej Niemiec oferuje to paliwo.

3.4.2.5 Produkcja metanolu

Poniższe uwagi **Chemieonline** (od 2009 r.) zawierają informacje, dane i formuły w kilku miejscach, które są również istotne dla produkcji etanolu/metanolu z biomasy z energią jądrową. Wspomina się tam o syntezie jądrowej i konwencjonalnej energii jądrowej, ale nie o technologii wysokotemperaturowej. Jednak zebrane fakty i dane pozwalają nam dostrzec możliwości w perspektywie.

Propozycja: czy możliwe byłoby wytwarzanie metanolu z dwutlenku węgla i wody za pomocą elektrolizy?

Problem: energia elektryczna może być wytwarzana w sposób wolny od dwutlenku węgla[37] z energii wiatrowej, wodnej, słonecznej energii cieplnej i fotowoltaicznej, ale nie może być po prostu składowana. Dwutlenek węgla w formie bardzo rozproszonej (w atmosferze, w wodzie) jest mało przydatny jako spoiwo wodorowe. Dlatego interesujące byłoby przetwarzanie tego dwutlenku węgla, skoncentrowanego u źródła pochodzenia, na **metanol** z wodą i energią elektryczną, jak proponowali Olah, Goeppert i Prakash. Ale kwestia katalizatora jest nadal nierozwiązana.

el.energia Dwutlenek węgla. Woda Metanol Tlen.

$$440{,}6\ \text{kJ/mol} + CO_2 + H_2O \xrightarrow{\text{Cat}} H_3C\text{-}OH + \frac{3}{2} O_2$$

Ta reakcja jest endotermiczna, więc wymaga dużej ilości energii.

Metanol może być stosowany w napędach ogniw paliwowych. Przy bardzo niskim napięciu (0,1-0,2 V) wytwarzany jest wodór i dwutlenek węgla. (Dla porównania: elektroliza wodna oferuje 1,7 V). Wodór może być zamieniony na wodę z tlenem w celu wytworzenia prądu elektrycznego.

Poniższe obliczenia opierają się na założeniu, że możliwa jest produkcja syntetycznego metanolu na dużą skalę z zastosowaniem procesów elektrolitycznych.

Możliwe syntezy metanolu, (H3C-OH)

(a) Pośrednio poprzez produkcję tlenku węgla

b) Bezpośrednia elektroliza dwutlenku węgla + wodór z wody

Reakcje, które prowadzą do metanolu:

Tlenek węglaWodór Metanol Energia

$$CO + 2\,H_2 \xrightarrow{\text{Kat.}} H_3C\text{-}OH + 92\ \text{kJ/mol}$$

[37] Dotyczy tylko wytwarzania energii elektrycznej, a nie produkcji zakładów, z których niektóre są dużymi producentami CO_2 .

Dwutlenek węgla Wodór Metanol Energia wodna

Kat.

$CO_2 + 3 H_2 \rightarrow H_3C - OH + H_2O + 50$ kJ/mol

Redukcja dwutlenku węgla do tlenku węgla.

- Tlenek węgla jest przetwarzany w roztworze metanolowym KOH na ester metylowy kwasu mrówkowego.
- 1 mol mrówczanu metylu jest przetwarzany z 2 molami wodoru na 2 mol metanolu

Ilość metanolu do produkcji (100 mln ton) odpowiada w przybliżeniu masie ilości ropy naftowej importowanej do Niemiec.

Wartość opałowa[38] metanolu wynosi połowę wartości opałowej benzyny, jednak w przypadku wprowadzenia pojazdów z ogniwami paliwowymi opartymi na metanolu zużycie paliwa może zostać zmniejszone o co najmniej 50%, ponieważ ogniwa paliwowe nie wytwarzają ciepła, a jedynie energię elektryczną.

Produkcja wodoru jest procesem na dużą skalę, w którym znane jest zapotrzebowanie na energię elektryczną. Produkcja tlenku węgla z dwutlenku węgla była dotychczas praktykowana tylko w skali laboratoryjnej. Obecne gęstości i warunki reakcji nie zostały zoptymalizowane.

Założono, że ten etap redukcji (zamiana dwutlenku węgla na tlenek węgla) jest znacznie mniej korzystny niż redukcja wody. Jako przykład elektrolizy chlorku zasadowego, który ma bardzo wysokie przepięcie, wybrano elektrolizę o dużej energii wejściowej. Jednak ta elektroliza (z roztworów soli) jest obecnie stosowana w Niemczech na skalę miliona ton i może być kontrolowana na dużą skalę.

Dalsze etapy konwersji na metanol (począwszy od tlenku węgla i wodoru) są na najwyższym poziomie techniki i nie wymagają dużego nakładu energii. Zaniedbano zatem wkład energetyczny następujących etapów.

Następnie zastanawiano się nad procesami produkcji energii niekopalnej - lub nad maksymalną wydajnością energetyczną drewna i biodiesla. Wreszcie, obliczono również ilość energii potrzebnej do selektywnego wiązania dwutlenku węgla, na przykład za pomocą żrącego roztworu sody w postaci wodorowęglanu sodu. Jako podstawę zastosowano zużycie energii elektrycznej do elektrolizy chlorku zasadowego, patrz punkt 3.4.2.5.2.

Założenie: Redukcja dwutlenku węgla do tlenku węgla wymaga takiej samej ilości prądu jak zamiana dwóch kationów sodu na dwa atomy sodu lub po stronie anody na jedną cząsteczkę chloru (elektroliza chlorku zasadowego). Redukcja wody do wodoru jest powszechnie znana:

el. Energia Woda Tlen wodorowy

521,6 kWs $+ 2 H_2O \rightarrow H_2 + O_2$

3.4.2.5.1 Przykłady obliczeń dotyczących przemiany chemicznej

Konwersja na tlenek węgla powinna wymagać takiej samej ilości energii jak elektroliza chlorku zasadowego w produkcji chloru. Do wyprodukowania 1 tony chloru potrzeba 3.300 kWh.

[38] patrz wartości grzewcze w punktach 3.4.2.1.5 i **Fehler! Verweisquelle konnte nicht gefunden werden.**

Obliczenie kreta chloru w jednej tonie chloru:

1,000,000 gramów jest zawarte w jednej tonie.

71 gramów chloru odpowiada jednemu molowi chloru.

14,085 mol chloru jest zawarte w jednej tonie chloru.

Na kWh: produkuje się 4,3 molowy chlor.

Powinno być możliwe wytwarzanie ok. 5 mol CO na kWh.

Obliczenia dotyczące wodoru

Aby elektroliza mogła wytworzyć 1 metr sześcienny wodoru, potrzebne jest 4,8 kWh.

Obliczanie kreta wodoru w 1 metrze sześciennym wodoru:

1.000 litrów to jeden metr sześcienny (m3)

22,4 litra/mol

44,64 mol na metr sześcienny wodoru

W przeliczeniu na kWh: produkuje się 9,3 molowy wodór.

Obliczenie dla produkcji 100 mln ton metanolu

1 tona metanolu odpowiada: 1,000,000 gramów metanolu

Masa cząsteczkowa (g/mol) metanolu: 32

31,250 mol na tonę metanolu

Na kWh może zostać wyprodukowane 9,3 mol wodoru lub około 5 mol tlenku węgla.

Dlatego na tonę metanolu potrzeba 12 970,43 kWh (= ok. 13 MWh energii elektrycznej).

100 milionów ton metanolu wymaga energii elektrycznej w ilości: 1300 Twh.

3.4.2.5.2 Porównanie z produkcją energii elektrycznej z paliw niekopalnych

Obecnie całkowita produkcja energii elektrycznej w Niemczech wynosi około 600 TWh (terawatogodzin) rocznie. Jest to mniej więcej to samo, co zużycie, ponieważ energia elektryczna jest ledwie magazynowana.

a) energia słoneczna

Region	Średnie promieniowanie słoneczne kWh na m² rocznie.	Użyteczna energia słoneczna (koryta paraboliczne) (η=0,32) w kWh/(m²/a)	Fotowoltaika (η=0,24*0,7) w kWh/(m²/a)
Hamburg	800	./.	134
Monachium	1.000	./.	168
Południowa Hiszpania	1.700	544	286
Afryka Północna	1.950	624	328
Sahara	2.200	704	370

Gdyby obszar w Afryce Północnej o powierzchni 2000 km² (ok. wielkości Kraju Saary) miał być w całości pokryty przez słoneczne systemy grzewcze lub fotowoltaiczne, wówczas: 2 razy 109 m² razy 624 (328) kWh = 1248 TWh słonecznej energii cieplnej lub 656 TWh fotowoltaicznej energii elektrycznej mogłoby zostać wytworzone. Obecnie tylko kilka TWh energii elektrycznej jest wytwarzane w Niemczech z wykorzystaniem fotowoltaiki.

b) Energia wiatrowa

Całkowita produkcja energii elektrycznej z wiatru w 2005 r. wyniosła około 26 TWh. Do roku 2030 prace związane z energią wiatrową mają zostać zwiększone do 92 TWh rocznie.

(c) Energia jądrowa

Elektrownia jądrowa o mocy 1.000 MW (1 GigaWatt - GW) dostarcza obciążenia: 360*24(h)*1GW = 8.640.000.000 kWh, co stanowi 8.640.000 MWh lub 8.640.GWh lub 8,64 TeraWatt-hour (TWh), w tym 5 dni postoju. Nigdy nie osiąga się 100% wykorzystania mocy produkcyjnych, ponieważ zawsze występują przestoje spowodowane konserwacją, wymianą paliwa itp.

e) Drewno, biodiesel (patrz również 1.1.2.1.2, gdzie Prof. V. Hopp przedstawił przykład obliczeniowy dla ekstrakcji oleju napędowego z topoli.

Poniżej przedstawiono obroty w zakresie energii

- fermentacja alkoholowa
- spalanie techniczne
    - alkoholu (etanolu) oraz
    - benzyny.

Oblicza również, ile potrzeba ziarna pszenicy, aby zastąpić 1 kg n-oktanu (benzyny) bioetanolem: potrzeba 3,91 kg pszenicy.

Celluloza Tlen Dwutlenek węgla Woda Energia

$C_6H_5(OH)_5)_n + 6nO2 \rightarrow 6nCO2 + 5mH2O + n2.841$ kJ

- Alkoholische Gärung

Glucose		Ethylalkohol		Kohlenstoff-dioxid	
$C_6H_6(OH)_6$	$\xrightarrow[\text{Enzyme}]{\text{Hefe-}}$	$2\,H_3C—CH_2—OH$	+	$2\,CO_2$ + 236,4 kJ	(2)
180 g		2 x 46 g		2 x 44 g	

- Technische Verbrennung von Ethanol

Ethanol	Luftsauer-stoff		Kohlenstoff-dioxid		Wasser	
$2\,H_3C—CH_2—OH$ +	$7\,O_2$	⟶	$4\,CO_2$	+	6 HOH + 2733,41 kJ	(3)
2 x 46 g	7 x 32 g	⟶	4 x 44 g		6 x 18 g	

$\Delta_R H$ = -2733,4 kJ ≙ -1366,7 kJ/mol Ethanol, das entspricht einem Verbrennungswert von 29711 kJ pro Kilogramm.

- Technische Verbrennung von n-Octan, stellvertretend für den Kraftstoff Benzin

n-Octan	Luftsauer-stoff		Kohlenstoff-dioxid		Wasser	
$2\,C_8H_{18}$ +	$25\,O_2$	⟶	$16\,CO_2$	+	18 HOH + 10968,7 kJ	(4)
2 x 114 g	25 x 32 g	⟶	16 x 44 g		18 x 18 g	

$\Delta_R H$ = -10968,7 kJ ≙ -5484,35 kJ/mol n-Octan, das entspricht einem Verbrennungswert von 48108 kJ pro Kilogramm.

Die Verbrennungswerte von n-Octan zu Ethanol verhalten sich wie 48108 : 29711 = 1,62 : 1

2 Mio. Tonnen Weizen entsprechen somit einem Energiewert von

$$12\,298\,\frac{kJ}{kg}\cdot 2\cdot 10^9\,kg = \quad 24\,596\cdot 10^9\,kJ = \quad 24\,596\cdot 10^3\,\text{Gigajoule},$$

wenn nur der Stärkegehalt des Weizens berücksichtigt wird.

Um dem Brennwert von 1 kg n-Octan mit 48 108 kJ/kg mittels Weizen zu entsprechen, müssen $\frac{48108}{12298}$ = 3,91 Kilogramm Weizen aufgewendet werden.

3.4.2.5.3 Wychwytywanie CO2 ze spalania paliw kopalnych

Produkcja sody kaustycznej i chloru[39]. Roztwór wodorotlenku sodu wiąże dwutlenek węgla w postaci wodorowęglanu sodu. Kwas solny może być stosowany do uwalniania dwutlenku węgla w zależności od potrzeb.

NaOH + CO2 NaHCO3

NaHCO3 + HCl→ NaCl + H2O + CO2

[39] Chlor jest potrzebny do produkcji PCW i wielu organicznych związków chloru. Chlorowanie powoduje wytwarzanie kwasu chlorowodorowego jako produktu ubocznego, tj. kwasu chlorowodorowego HCl

Na kWh energii elektrycznej można wyprodukować ok. 8,5 mol (=340g) roztworu sody kaustycznej.

Aby wyprodukować 1 tonę metanolu, należy wychwycić 31,250 mol dwutlenku węgla. Odpowiada to masie: 1,375 tony CO_2. Aby wychwycić 100 milionów ton dwutlenku węgla, do przeprowadzenia elektrolizy chlorku zasadowego potrzebne byłoby 368 TWh energii elektrycznej. Całkowita redukcja dwutlenku węgla odpowiadałaby: 140 milionów ton CO_2.

3.4.2.5.4 Wychwytywanie i konwersja CO_2 na metanol

Całkowite zapotrzebowanie na energię dla tego procesu można obliczyć w następujący sposób:

Przechwytywanie CO_2 przy użyciu roztworu sody kaustycznej, zapotrzebowanie na moc: 368 TWh.

Elektrolityczna konwersja CO_2 na metanol: 1300 TWh

Całkowite zapotrzebowanie na energię: 1668 TWh

Jest to prawie trzy razy więcej niż roczne zużycie energii elektrycznej w Niemczech. Może być możliwe wykorzystanie ciepła odpadowego z elektrolizy w postaci ciepła z sieci ciepłowniczej. (1kWh = 3.600 KJoule) Energia cieplna podczas spalania:

z 1 g Metanol: 22,7 kJ/g

w wysokości 100 milionów ton Metanol: 6.316 MWh

$H_3C - OH + 3/2\ O_2 \rightarrow 2\ H_2O + CO_2 + 726,5$ kJ

3.4.2.5.5 Podsumowanie i wnioski

Jeżeli nasza wspólnota powinna podjąć decyzję o długoterminowym ograniczeniu ilości kopalnego dwutlenku węgla i wprowadzeniu gospodarki metanolowej za pomocą środków elektrolitycznych, należy zapewnić opłacalne ekonomicznie dostawy energii. Ponieważ do tej pory energia słoneczna, fotowoltaiczna i wiatrowa nie były ekonomicznie opłacalne, można brać pod uwagę tylko wysoką temperaturę i energię elektryczną z pieca ze złożem kulistym. Tak długo, jak nie jest to dozwolone w Niemczech, może to być dostarczane przez sąsiadów UE, którzy chcą rozwijać tę technologię.

3.4.2.5.6 Literatura

- 1a) George A Olah, Alain Goeppert, G. K. Surya Prakash:
- Poza ropą naftową i gazem: The Methanol Economy, Wiley-VCH Verlag GmbH & Co KGaA
- Wiley-VCH Verlag GmbH & Co KGaA, 2006, s. 241-259
- 1b) patrz wyżej, str. 219-220
- 2) Andreas Bandi, dokument ujawniający: PL: 4126349 A1,
- Proces elektrolizy i aparatura do syntezy związków węglowodorowych przez konwersję CO2
- 3) Federalne Ministerstwo Gospodarki i Pracy, Wydział IX, A2, Fakty i liczby Dane dotyczące energii, rozwój sytuacji w kraju i na świecie
- 4) "Annex Full Background Report" Methodologie, Assumptions, Descriptions, Calculations, Results to the GM **Well to Wheel** Analysis of Energy Use and Greenhouse Gas Emissions of Advanced Fuel/ Vehicel Systems, A European Study LB- Systemtechnik, Daimler Str. 15, 85521 Ottobrunn, Deutschland 27.09.02.
- 5) Römpp Chemielexikn, Verlag Chemie, Słowo kluczowe: elektroliza chloralkaliczna
- 6) Ullmann's Encyclopedia of Technical Chemistry, wydanie 5.
- 7) Federalne Ministerstwo Środowiska, Ochrony Przyrody i Bezpieczeństwa Jądrowego, Energie odnawialne w liczbach - rozwój krajowy i międzynarodowy, maj 2006 r., str.12
- 8) Brockhaus, tom specjalny: Technologie dla XXI wieku

- Brockhaus, Mannheim 2000, s. 217, 225
- 9) Encyklopedia nauk przyrodniczych i technicznych, tom roczny 1983, Zweiburgenverlag, Landsberg a. Lech, s. 168, drewno
- 10) Rocznik statystyczny 2003, s. 148+166+182
- 11) Agencja ds. odnawialnych źródeł energii eV. Hofplatz 1, Gülzow, Biopaliwa w Niemczech Ostatnie i przyszłe wydarzenia, mgr Verena Stinshoff.
- 12) Federalne Ministerstwo Gospodarki i Technologii, grupa robocza ds. surowców energetycznych, BMWi Department III, Availability and Supply of Energy Raw Materials, 29.3.2006, s. 6+7
- Raporty okresowe VDI, nr 256, Technologia środowiskowa (2012), Hopp, V., Stehlik, G., Thüne, W., Wagner, E. VDI-Verlag Düsseldorf

3.4.3 Praktyczne zastosowanie

Po przedstawieniu możliwych paliw i ich składu, wymieniono tu niektóre sytuacje, w których wyprodukowano i wprowadzono do obiegu większe ilości. Niewątpliwie Niemcy były najważniejszym krajem, w którym miało to miejsce, po pierwsze z dwoma procesami uwodornienia według Fischer-Tropsch i Bergius-Pier.

3.4.3.1 Paliwa syntetyczne

Od lat dwudziestych XX wieku w Niemczech benzyna jest uwodorniona z węgla i dlatego jest uważana za najważniejszą metodę, ponieważ udowodniła, co jest możliwe nawet po zakończeniu wojny.

3.4.3.1.1 Pierwsze podstawy

Już w 1913 r. Friedrich **Bergius** (ryc. 1894-1949) opatentował proces produkcji ciekłych lub rozpuszczalnych związków organicznych z węgla kamiennego i tym podobnych. W 1931 r. otrzymał wraz z Carlem **Boschem** Nagrodę Nobla w dziedzinie chemii (1874-1940). Proces upłynniania węgla Bergius dostarczał "ze 100 kg *węgla kamiennego i 40 kg oleju ciężkiego, które pochodziły z tego procesu, z dodatkiem 5 kg tlenku żelaza i 5 kg wodoru w temperaturze 120-150 i 450-480 °C, około 30 kg olejów lekkich i 50 kg olejów ciężkich i asfaltu, a także 20 kg gazu, głównie metanu i etanu"*.

W 1925 r. Franz **Fischer** (1877-1943) i Hans **Tropsch** (1888-1935) złożyli wnioski o patent na proces pośredniego upłynniania.

3.4.3.1.2 Rozwój w Niemczech

W latach dwudziestych XX wieku niemiecki przemysł chemiczny rozwinął oba procesy do dojrzałości przemysłowej i uruchomił niektóre zakłady, które jednak nie mogły działać ekonomicznie, zwłaszcza po spadku cen ropy naftowej. Niemiecka benzyna syntetyczna, znana również jako benzyna **Leuna** po rozwijającej się firmie i największym dostawcy, była w Niemczech od końca lat dwudziestych XX wieku benzyną produkowaną z węgla w zakładach uwodorniania. I.G. Farben wprowadził na rynek benzynę, którą po raz pierwszy wyprodukował w zakładach w Leunie, głównie za pośrednictwem swojej własnej spółki handlowej Deutsche Gasolin Aktiengesellschaft.

Benzyna Leuna (niemiecka benzyna, w skrócie "Leuna") była syntetycznym paliwem płynnym do silników Otto. Od 1936 r. produkowany był również w innych procesach produkcyjnych upłynniania węgla oraz przez spółki w zakładach uwodorniania, które nie należały do IG Farben.

Royal Dutch i BASF posiadały po połowie udziałów w założonej w 1921 r. *International Bergin Compagnie voor Olie en Kolen Chemie, zajmującej się* międzynarodowym wykorzystywaniem niemieckich patentów na uwodornienie węgla. W ramach porozumienia pomiędzy BASF i *Standard Oil of New Jersey w latach* 1925/1926 o współpracy w produkcji syntetycznej benzyny z węgla, podjęto decyzję o wykorzystaniu i utworzeniu *Hugo Stinnes-Riebeck Oel-AG* jako organizacji sprzedaży syntetycznej benzyny w Niemczech.

W 1926 r. I.G. Farben (poprzednik BASF-u, Hoechsta i Bayera) rozpoczął przemysłową produkcję tzw. *benzyny Leuna* (patrz również Motalin) z węgla brunatnego przy użyciu procesu Bergius-Pier w *fabryce amoniaku Merseburg - Leuna Werke*. Produkcja benzyny syntetycznej była jednak niezwykle złożona i **zawsze zbyt droga w porównaniu z cenami na rynku światowym.**

Z tego powodu dyrektorzy I.G. Farben **Bütefisch i Gattineau** spotkali się **z Hitlerem już w** listopadzie 1932 roku, aby poinformować go o przyszłym znaczeniu benzyny syntetycznej. Otrzymali oni od Hitlera obietnicę wsparcia produkcji benzyny syntetycznej poprzez sprzedaż i gwarancje cen minimalnych w przypadku jego rządu. Taka gwarancja ceny minimalnej została następnie uzgodniona umownie w porozumieniu Feder-Bosch z dnia 14 grudnia 1933 roku.

W okresie nazistowskim duże znaczenie zyskały procesy skraplania węgla do produkcji benzyny syntetycznej. Poza niemieckim wydobyciem ropy naftowej, które w tym czasie było jeszcze stosunkowo znaczne, tylko zapasy ropy naftowej w Rumunii były dostępne w ograniczonym zakresie. Wiodącym zakładem była fabryka Leuna I.G. Farben w pobliżu Merseburga. W latach 1936-1940 wybudowano osiem dużych zakładów skraplania węgla, a kolejne trzy do 1943 r., o łącznej wydajności około 4 mln ton węglowodorów rocznie.

W porównaniu z dzisiejszym zużyciem wynoszącym około 40 milionów ton rocznie, pokazuje to "gospodarność" tamtego okresu pomimo ogromnego sektora wojskowego.

Według ówczesnych szacunków, produkcja ropy naftowej w Niemczech wystarczała tylko na niecałe 30% krajowego popytu, a ze względu na wysoką zawartość olejów ciężkich i smarnych, rozwój paliw benzynowych specjalnie dla samolotów był prawie niemożliwy. Wykorzystanie znacznych złóż węgla poprzez specjalnie opracowany **proces upłynniania węgla miało więc przed II wojną światową duże znaczenie ze względów militarno-strategicznych.**

Budowa instalacji do uwodorniania stanowiła zatem zasadniczą część wysiłków na rzecz samowystarczalności w ramach planu czteroletniego i była politycznie wymuszona przeciwko początkowemu oporowi ze strony przemysłu oraz szeroko dyskutowana na forum publicznym. Oprócz instalacji uwodorniania z wykorzystaniem procesu Bergius, wybudowano również instalacje wykorzystujące **proces Fischer-Tropsch.**

3.4.3.1.3 Tematyzacja publiczna w czasach nazistowskich

Obok Karla Aloysa **Schenzingera** (1886-1962), odnoszącego w Trzeciej Rzeszy sukcesy ("surowce") autora literatury faktu ("Anilina. Rzymianin barwnika"), za popularno-naukową prezentację tematu syntezy odpowiadał szczególnie Anton **Zischka, który** od 1935 roku mieszkał na Majorce.

Pojawienie się oleju mineralnego w latach 1939 - 1944 (w 1000 t) [4]			
Rok	**Olej mineralny ogółem (szacunkowy)**	**jej produkcja syntetyczna**	**w %**
1939	8200	2200	27
1940	7600	3348	44
1941	10000	4116	41
1942	9500	4920	52
1943	11300	5748	51
1944	6830	3830	56

Zischka's (1904-1994) "Wissenschaft bricht Monopole" (1936) został wprowadzony jako lektura obowiązkowa w szkołach średnich, książka została przetłumaczona na 18 języków i wykorzystana do propagandy nazistowskiej. Podobnie jak w wydanej w 1939 roku pracy "Öl-krieg" (Wojna naftowa) Fritz **Todt** (1891-1942, Gen. Inspektor ds. wody i energii w tzw. 3 Rzeszy - Organizacja Todt), Zischka promował wojny i konflikty zbrojne jako spór o (nierównomiernie rozłożone) grunty i surowce. W przeciwieństwie do tego, jako potencjalni twórcy pokoju na świecie, przedstawił on rozwój techniczny z Niemiec, taki jak upłynnianie węgla czy synteza amoniaku przy użyciu procesu Haber-Boscha, opracowanego przed I wojną światową. Ponadto, "chwytliwy" kapitalizm o anglosaskim charakterze został skontrastowany z "tworzeniem" "wspólnoty narodowej" jako największej i najważniejszej "syntezy nowej epoki". Właśnie dlatego, że Zischka powstrzymał się od rażących szowinistycznych lub rasistowskich wypowiedzi, pokojowy i nowoczesny wizerunek "Trzeciej Rzeszy", pożądany w sensie nazistowskiej propagandy przedwojennej, został w ten sposób przekazany także za granicą.

3.4.3.1.4 Realizacje techniczne

W 1936 r. **instalacji uwodornienia Scholvena** firmy Hibernia AG udało się w procesie I.G. Farben doprowadzić do upłynnienia węgla kamiennego. W grudniu 1936 roku Gelsenkirchener Bergwerks-AG założył firmę Gelsenberg Benzin AG, w której zakładzie od 1939 roku prowadzono również skraplanie węgla kamiennego.

Na początku wojny w 1939 r. w produkcji znajdowało się siedem zakładów uwodorniania (największy w Leunie), trzy na krótko przed rozpoczęciem produkcji, dwa w budowie:

Rys. 18 Pompa paliwowa Leuna przed ruinami Łukaszki w Dreźnie

- 1935 Ruhland-Schwarzheide (zakład syntezy Schwarzheide z BRABAG)
- 1936 w Böhlen i Magdeburg-Rothensee w przypadku smoły z węgla brunatnego (oba BRABAG) i Scholven (Hibernia AG) w przypadku węgla kamiennego
- 1937 w Bottrop-Welheim dla producentów koksu
- 1939 Gelsenberg dla węgla kamiennego
- 1939 Oberleutensdorf (Sudetenländische Treibstoffwerke AG) [6]
- 1940 Lützkendorf koło Krumpa (Wintershall AG) dla pozostałości olejowych
- 1940 Zeitz (BRABAG) dla smoły z węgla brunatnego

- 1940 Szczecin-Pölitz [7] dla smoły koksowniczej (I.G. Farben, Rhenania-Ossag, DAPG)
- 1941 Wesseling (Union Rheinische Braunkohlen Kraftstoff AG) dla węgla brunatnego

Były też zakłady w Bari (albańskie pozostałości olejowe), Livorno (rumuńskie pozostałości olejowe), a także młoty cynowe na Górnym Śląsku (I.G. Farben) na oleje smołowe oraz zakład w Auschwitz / Monowitz.

W 1943 r. istniało dwanaście zakładów produkujących hydrogenizację. Zakłady uwodorniania pokrywały większość zapotrzebowania na paliwo Wehrmachtu i były jedynym źródłem paliwa lotniczego dla Luftwaffe. Wiosną 1944 roku liczba instalacji wzrosła do 15. Ze względu na rosnącą liczbę nalotów alianckich na niechronione rafinerie i instalację destylacyjną Leuna-Werke w produkcji paliw, 1959 r.

Od 1944 r. zakłady uwodorniania były próbowane w ramach Planu Bezpieczeństwa Górnictwa Naftowego, aby zapobiec grożącemu załamaniu dostaw paliwa. Nie powiodło się to - w marcu 1945 r. wydajność zakładów uwodorniania wynosiła tylko 3% wartości szczytowej z 1943 r.

3.4.3.1.5 Instalacje uwodorniania podczas ostatniej wojny światowej

Książka Eckarda Sauera "Die Luftfahrt im Hessischen Kinzigtal" pokazuje na stronie 94 prace związane z uwodornieniem w 1944 r., z dodaniem zakładu w Wesseling koło Bonn.

Dwa największe **zakłady Bergius Pier**, każdy z 600.000 t/a, znajdowały się w zakładach Leuna i w Pölitz (obecnie Police); największy zakład Fischer-Tropsch znajdował się w Ruhland-Schwarzheide (210.000 t/a). Po systematycznym niszczeniu obiektów przez alianckie naloty od maja 1944 r., obiekty budowano również pod ziemią (Program Geilenberg). Część produkcji odbywała się z robotnikami przymusowymi i w podobozach obozów koncentracyjnych.

an, dass von einem sinnvollen und wirtschaftlichen Abwehreinsatz nicht mehr gesprochen werden konnte. Im Sommer 1944 fehlte es schon an Treibstoff an allen Fronten. So war es eigentlich nur eine Frage der Zeit, wann infolge konsequent weitergeführter massiver Luftangriffe der Alliierten auf die Treibstoffindustrie der Krieg ein Ende finden musste.

Die größeren Werke zur synthetischen Treibstofferzeugung im Deutschen Reich und ihre Betreiber sind in der folgenden Tabelle aufgelistet:

Leunawerk Merseburg GmbH	I.G. Farbenindustrie, bereits 1927 in Betrieb
Hydrierwerke Lützkendorf-Halle	I.G. Farbenindustrie, Wintershall AG
Hydrierwerk Stettin-Pölitz	Norddeutsche Hydrierwerke AG
Hydrierwerke Böhlen	Braunkohle-Benzin AG (Brabag)
Hydrierwerk Magdeburg-Königsborn	Braunkohle-Benzin AG (Brabag)
Hydrierwerke Zeitz und Tröglitz	Braunkohle-Benzin AG (Brabag)
Hydrierwerk Bottrop-Welheim	Stinnes AG., I.G. Farbenindustrie AG
Hydrierwerk Brüx (Most)	Sudetendeutsche Treibstoffwerke
Oberschlesische Hydrierwerke AG	I.G. Farbenindustrie AG, Blechhammer
Hydrierwerk Gelsenberg	Gelsenkirchener Benzin AG

3.4.3.1.6 Kontynuacja po wojnie

W Niemczech Zachodnich upłynnianie węgla nie było kontynuowane po wojnie ze względu na bezkonkurencyjnie niskie ceny ropy naftowej. Z kolei w NRD, choć także "niedopuszczalnie nieekonomiczne", ostatecznie zrezygnowano z niej dopiero na początku lat 70-tych, ale była ona częścią planowania strategicznego Rady Ministrów aż do upadku NRD.

Rys. 19 Ruina zakładu w Policach (Polska) na terenie dawnego *zakładu uwodorniania Pölitz AG*

Literatura

Dietrich Eichholtz: *Historia niemieckiej gospodarki wojennej*, Berlin 1985, tom 2, s. 354.
Rainer Karlsch, Raymond G. Stokes: *Factor Oil. The Mineral Oil Industry in Germany 1859-1974,* opublikowane przez C. H. Becka, Monachium, 2003, ISBN 3-406-50276-8

3.4.3.1.7 Uwodornianie paliwa w Republice Federalnej Niemiec

W Republice Federalnej Niemiec pierwszy "kryzys naftowy" w 1973 r. doprowadził do utworzenia w ramach programu badań nad energią przyjętego przez rząd federalny w 1974 r. siedmiu pilotażowych zakładów rafinacji węgla (zgazowanie i skraplanie), które zostały uruchomione w latach 1977-1980. Od 1980 r. zaplanowano 14 dużych zakładów o łącznym zużyciu 22 mln ton węgla kamiennego i brunatnego rocznie. Jednak spadek cen ropy naftowej w połowie lat 80. sprawił, że plany te stały się nieaktualne. Następnie zakłady pilotażowe były sukcesywnie wycofywane z eksploatacji. Fabryka oleju węglowego Bottrop została początkowo przekształcona na uwodornienie odpadów chemicznych lub plastikowych. Ostatni, wciąż działający, bardzo mały zakład w Essen o produkcji ok. 200 kg/dzień został zdemontowany w 2004 r. i odbudowany dla China Shenhua Energy w Chinach.

Stymulując rozwój technologii reaktorów wysokotemperaturowych, dyskutowano już wtedy, że niezbędne ciepło procesowe powinno być wytwarzane przez reaktory jądrowe, a tym samym osiągać wyższą wydajność. Ze względu na wymuszone wyjście nie było ono kontynuowane.

W okresie powojennym synteza Fischera-Tropscha szybko straciła na znaczeniu ze względu na ogólną podaż taniej ropy naftowej i gazu ziemnego. Jedynie Republika Południowej Afryki kontynuuje rozwój przemysłowy ze względu na warunki polityczne i gospodarcze. Węgiel był tam również wykorzystywany jako surowiec. Zakłady te są nadal eksploatowane przez SASOL i są uzupełniane przez zakłady wykorzystujące jako surowiec gaz ziemny.

3.4.3.1.8 Paliwo z węgla w Republice Południowej Afryki

W Republice Południowej Afryki, która posiada wystarczające zasoby węgla i musiała importować ropę naftową, pierwszy nowoczesny zakład CtL typu *Coal-to-Liquid* w Republice Południowej Afryki został uruchomiony w 1955 r. z powodów politycznych. Został zbudowany przez **Suid Afrikaanse Steenkool en Olie (Sasol)** z udziałem niemieckiego Lurgi AG. Instalacja pilotażowa Sasol 1 została zaprojektowana na około 6.000 baryłek paliwa (ok. 950.000 litrów) dziennie. Pomimo niskich kosztów wydobycia węgla w Mpumalandze, produkowane paliwo musiało być dotowane do lat 60-tych XX wieku. Proces ten był stale udoskonalany i w końcu mógł być prowadzony ekonomicznie. From 1980 onwards, capacities were significantly expanded, due to South Africa's political development as an apartheid regime and international embargoes.

W latach 1980 i 1982 oddano do użytku Sasol II i Sasol III o wydajności 104 000 baryłek/dzień. Wraz z otwarciem politycznym program został rozszerzony o gaz ziemny jako źródło surowców, a w latach 1995 i 1998 utworzono dodatkowe moce produkcyjne dla 124 000 baryłek/dzień paliwa CtL i GtL.

To około 19.716.000 litrów dziennie, przy 250 dniach produkcji: 4.929.000.000 rocznie, więcej niż produkcja w Niemczech w 1944 roku i ponad jedną dziesiątą niemieckiego zużycia.

Ponieważ węgiel kamienny może być stosunkowo tanio wydobywany z kopalń odkrywkowych, w 2006 r. kraj pokrył około 30% swojego zapotrzebowania na paliwo z benzyny węglowej. [1]

Rozwój sytuacji w RPA sprawił, że Sasol stał się światowym liderem na rynku technologii XtL i w 2006 r. zbudował w Katarze nowoczesną elektrownię *Gas to Liquids* (GtL) o wydajności 34 000 baryłek/dzień (5,4 mln litrów/dzień). Wraz z Foster Wheeler, Sasol zaplanował również zakład w Chinach o rocznej wydajności 60.000 baryłek. Procesy Fischer-Tropsch są realizowane dla obu zakładów: Proces wysokotemperaturowy, w którym temperatura procesu wynosi 350 °C (syntol i zaawansowany syntol), w wyniku którego otrzymuje się benzynę i alkeny (węglowodory nienasycone, -(CH=CH-CH2)-x) jako chemikalia platformowe, a w niskiej temperaturze 250 °C - olej napędowy i woski.

3.4.3.1.9 Paliwo z węgla w Shell w Malezji

W 1993 roku firma naftowa Royal Dutch Shell oddała do użytku również swój pierwszy zakład GtL. Zakład w Bintulu w Malezji ma wydajność 12.000 baryłek dziennie i pracuje w specjalnie opracowanym procesie Fischer-Tropsch, *Shell Middle Distillate Synthesis* (proces SMDS). Razem, Shell i Sasol zamierzają zbudować kolejne pojemności GtL rzędu 60.000 baryłek GtL/dzień.

Wreszcie, w 1993 r. firma Shell produkująca oleje mineralne zbudowała w Bintulu w Malezji zakład o wydajności 520.000 ton rocznie, który przetwarza gaz ziemny na woski i paliwa o wysokiej czystości za pomocą syntezy FT.

3.4.3.1.9.1 Zastępowanie paliw kopalnych

W ostatnich latach, ze względu na niedobór surowców kopalnych, w szczególności biopaliwa znalazły się w centrum zainteresowania produkcji paliw. Prowadzono również badania i rozwój nad syntezą Fischera-Tropscha. Biomasa do paliw płynnych jest promowana jako biopaliwo drugiej generacji, szczególnie w Europie. W chwili obecnej nie ma produkcji BtL.

Wydaje się, że wiele inicjatyw ma na celu przede wszystkim realizację pewnych projektów badawczych z pomocą - głównie publicznych - funduszy i w sposób otwarty. Niektóre z nich są tu wymienione:

Chóry w Dreźnie

CHOREN Industries chciało produkować **paliwo słoneczne i słoneczne** z wykorzystaniem uwodornienia. Rzekomo osiągnięto wydajność do 65 %. To byłaby niesamowita kwota jak na proces Fischera-Tropscha. Operacje zostały drastycznie ograniczone lub wstrzymane w 2011 r. z powodu problemów finansowych i innych. W lipcu 2011 roku ogłosiła ona upadłość - po doniesieniach o nieprawidłowym zarządzaniu i problemach finansowych.

Obecnie firmy za granicą otrzymują pomoc w zakresie technologii, np. zakład produkcji amoniaku w YanKuangKaiYang w Chinach lub zakład produkcji glikolu etylenowego Yulin Energy Group w Tianjin.

Wodór

Podczas Dni Wodoru w Pradze wiosną 2019 roku zaprezentowano wiele zastosowań tego źródła energii, głównie projekty badawcze i pilotażowe, często z kilkudziesięciu krajów położonych w pobliżu uniwersytetów.

Kwestia produkcji wodoru i logistyki jego dystrybucji została poruszona jedynie w niewielkim stopniu, ze świadomością, że przez długi czas pozostaną one zbyt kosztowne.

Sunfire w Dreźnie Ta młoda firma, która w międzyczasie wyszła poza fazę rozruchu i wykłada również w Pradze, nadal wydaje się rozwijać dość obiecujące procesy produkcji wodoru po niskich kosztach. Warto by było dokonać porównania z Bergius-Pier i Fischer-Tropsch.

Procedura ALF

- opracowany we Freibergu - ma ambicje obsługiwać proces Fischer Tropsch tylko w temperaturze 400 stopni Celsjusza do produkcji nafty. Ma to zostać osiągnięte przy pomocy specjalnych katalizatorów i stanowiłoby kamień milowy w realizacji.

Procedura KDV

Pod adresem www.alphakat.de zgłoszono proces KDV Dr. Christiana Kocha z ponad 70 patentami. To powinno pozwolić, od 1000 kg. do produkcji około 500 litrów oleju napędowego. Wymagałoby to tylko 10 procent energii wejściowej materiału resztkowego przy zaledwie około ^{3000C} ciepła. Wydaje się, że niewiele się zmieniło w porównaniu z drugą edycją około 8 lat temu. Jeśli oczekiwania te zostaną spełnione, osiągnięty zostanie radykalny postęp w porównaniu ze znanym procesem Fischer-Tropsch, co doprowadzi do znacznie korzystniejszych wartości dla wymaganego nakładu energii.

Do tej pory nie udało się uzyskać obliczenia efektywności ekonomicznej ani dalszych szczegółów tego procesu. Zamiast tego pobierane są wysokie opłaty za udzielenie dalszych informacji.

3.5 Dystrybucja, sieć, logistyka

Aby znaleźć praktyczne rozwiązanie w zakresie zaopatrzenia mobilnego społeczeństwa w paliwa, nie wystarczy skupić się na najbardziej efektywnym źródle energii - wodorze. Ponadto należy również wziąć pod uwagę obsługę aż do ostatniego konsumenta. Nie może on być narażony na niepotrzebne ryzyko lub skomplikowaną obsługę. Tak samo przyjemne jak bezemisyjne napędy elektryczne, dzięki swojemu zasięgowi i sieci zbiorników nadają się najbardziej do stosowania w gęsto zaludnionych obszarach o niewielkich odległościach.

Ponieważ paliwo płynne jest najbardziej obiecującą energią napędową dla większości rynku, jego logistyka i kompatybilność z silnikami ma szczególne znaczenie.

3.5.1 Logistyka zbiorników i samochodów

Każda oferta mobilnej energii musi również obejmować kwestię dostaw na terenie całego kraju ("stacje paliw"). W przypadku samochodów elektrycznych będzie to oznaczać, że przez długi czas będą mogły być dostarczane tylko konurbacje. Podczas gdy w ciągu ostatnich 30 lat niemiecka sieć stacji benzynowych stawała się coraz cieńsza, asortyment akumulatorów wymusza coraz ściślejszą infrastrukturę gniazdek. Po ponad 30 latach badań i rozwoju w dziedzinie wodoru nie została jeszcze przetestowana ani poznana żadna naprawdę przekonująca koncepcja bezpiecznego i stabilnego magazynowania zbiornika.

3.5.1.1 Sieć stacji benzynowych prawie jak obecnie

Inaczej jest w przypadku dostaw etanolu. Dziś nie możemy już mówić o rozpiętości w latach dwudziestych, kiedy liczba samochodów była mniejsza, a tym samym podaż była łatwiejsza. W tym czasie okazało się jednak, że bezpieczeństwo magazynowania, tankowania i napełniania jest wykonalne. Dzięki temu obecna stacja paliw i sieć zaopatrzeniowa będzie w stanie odpowiednio zaopatrywać niemiecką populację pojazdów silnikowych przy niewielkich nakładach inwestycyjnych.

Inwestycje dotyczą przede wszystkim ewentualnej niezbędnej przebudowy węży, rur, zaworów, cystern samochodowych ze względu na potencjalnie większą agresywność etanolu w porównaniu z benzyną lub olejem napędowym. Etanol jest również hydrofilny, więc przyciąga wodę. Prawdopodobnie oba te elementy można zredukować za pomocą dodatków chemicznych.

Ponadto może być konieczne zwiększenie objętości zbiorników dennych i liczby rejsów tankowców, ponieważ na ten sam rejs potrzeba około 50 procent więcej etanolu niż benzyny. Z drugiej strony, przeciwdziała temu stały wzrost wydajności nowych pojazdów, które każdego roku zużywają mniej paliwa na kilometr. W każdym przypadku proces dostosowawczy musi być zarządzany w sposób zorientowany na rynek.

Paliwo etanolowe dostępne w Szwecji jest mieszanką, która zazwyczaj składa się z 85 procent etanolu i 15 procent benzyny (E-85). W Szwecji etanol **produkowany** jest z biomasy, takiej jak ziarno, trzcina cukrowa i, od niedawna, **odpady z przetwórstwa drewna. E-85** jest dostępny w Szwecji na ponad 140 publicznych stacjach paliw wszystkich największych koncernów naftowych, a także na wielu firmowych stacjach paliw do obsługi własnych flot.

3.5.1.2 Samochody - aktualne oferty

Od www.autokiste.de z dnia 13 stycznia 2005 r.

Ford zaprezentował Ford Focus FFV ("Flexible Fuel Vehicle") po raz pierwszy w Niemczech podczas Międzynarodowego Zielonego Tygodnia (IGW) w Berlinie w styczniu 2005 roku.

Według producenta, Focus FFV jest jedynym kompatybilnym z etanolem samochodem wyprodukowanym seryjnie w Europie. Produkcja rozpoczęła się w listopadzie 2001 roku w zakładzie Forda w Saarlouis. Wprowadzenie na rynek miało miejsce w grudniu 2001 r. wyłącznie w Szwecji. Od tego czasu sprzedano tam ponad 11 000 pojazdów FFV marki Ford Focus - dziewięć na dziesięć Fordów Focusów dostarczonych w Szwecji w 2004 r. było kompatybilnych z alkoholem etylowym. Teraz firma z Kolonii chce zdobyć doświadczenie również w innych krajach i początkowo udostępnić klientom flotowym FFV i uczestniczyć w publicznych projektach pilotażowych dotyczących etanolu.

Technologia Ford Focus FFV tylko nieznacznie różni się od konwencjonalnego Ford Focus 1.6, z zaworami i gniazdami zaworowymi z twardej stali oraz wszystkimi częściami przenoszącymi paliwo zastąpionymi materiałami o **wysokiej odporności na korozję.** Skuteczne podgrzewanie silnika zapewnia bezproblemowe uruchomienie samochodu nawet przy temperaturach poniżej minus 15 stopni Celsjusza. System sterowania silnikiem rozpoznaje stosunek mieszanki etanolu i benzyny do paliwa. Dlatego FFV może być zasilany wyłącznie alkoholem etylowym, mieszanką E-85, każdą inną mieszanką etanolu i benzyny lub wyłącznie benzyną. W odróżnieniu od innych pojazdów dwuwartościowych, dodatkowy zbiornik nie jest wymagany. I nie ma też utraty wydajności: **W trybie benzynowym silnik rozwija moc 100 KM, w trybie etanolowym nawet 105 KM.**

Szczególną przewagą etanolu nad paliwami kopalnymi **jest proces neutralizacji CO2: uwolniony CO2 został usunięty z powietrza poprzez fotosyntezę podczas wzrostu roślin.**

auto/freenet.de z 16. 2. 2006: Ford ma bardzo dobre właściwości jezdne... Pod względem osiągów nie ma znaczenia... czy w baku jest benzyna czy E85. Czterocylindrowiec zużywa prawie cztery litry więcej, gdy jest zasilany E85, ale nie kosztuje więcej niż benzyna, ponieważ jego cena jest niższa.

Wynika to z niższej zawartości energii w etanolu, która musi być zrekompensowana odpowiednio większą ilością paliwa. System zarządzania silnikiem rozpoznaje odpowiedni skład paliwa za pomocą sondy lambda i odpowiednio dostosowuje czas zapłonu i ilość wtrysku. Ponadto zawory i gniazda zaworów są wykonane z twardszej stali, a wszystkie części przenoszące paliwo są wykonane z materiałów odpornych na korozję. **Ceny Forda Focusa z E85 na początku 2009 roku wynosiły od 15.000 do 20.000 euro.**

3.6 Różne źródła dalszych informacji

W 2050 r. energie odnawialne mogą pokryć 50 % zapotrzebowania na energię pierwotną w Niemczech

http://www.jee.info - **Rocznik Energii Odnawialnej 2007** Najbardziej obszerna praca referencyjna na temat zaopatrzenia w energię przyjazną dla klimatu - Prawa autorskie (c) 1998 - 2008 scinexx Springer Verlag, Heidelberg - MMCD interactive in science, Düsseldorf

Staiß, Frithjof: **Yearbook Renewable Energies 2007** z CD-ROM-em / Prof. Dr. rer. pol. Frithjof Staiß. Ed.: Energy Research Foundation Baden-Württemberg. Radebeul : Bieberstein, 2007. ISBN 978-3-927656-19-2. 476 stron, 450 grafik i tabel.

Nowy "Rocznik Energii Odnawialnej 2007" autorstwa prof. dr Frithjofa Staißa z Centrum Badań Energii Słonecznej i Wodoru Badenii-Wirtembergii (ZSW) dostarcza obecnie podstawowych informacji i danych statystycznych na temat rozwijającej się historii sukcesu. Czwarta edycja standardowej pracy zawiera najbardziej kompleksową analizę dostępnych obecnie obszarów tematycznych - w tym wydarzeń międzynarodowych. Jest ona skierowana do wszystkich tych, którzy zajmują się odnawialnymi źródłami energii.

Jest to książka referencyjna zawierająca wszystkie pytania dotyczące zrównoważonych źródeł energii. Skierowany jest do ekspertów w biznesie, nauce, polityce, stowarzyszeniach i grupach interesu, jak również do zainteresowanych odbiorców. Cena 24,95 Euro, z tabelami i wykresami na płycie CD-ROM 35,20 Euro.

Dalsze informacje dostępne są również od (na dzień 15.10.08):

UFOP Tel. Pani B. Nimphy info@ufop.de
Dom Rolnictwa i Przemysłu Spożywczego
Claire-Waldoff-Str. 7 - 10117 Berlin
Telefon: 0 30 / 31 90 42 02 Faks: 0 30 / 31 90 44 85

4 Etyka, sprawy społeczne

4.1 Dostawy energii: scentralizowane lub zdecentralizowane

Nie ma wątpliwości, że kwestia dystrybucji energii ma zasadnicze znaczenie dla gospodarki i społeczeństwa. W ciągu ostatnich 150 lat w Niemczech powstały oligopole bardzo niewielu producentów i dystrybutorów energii elektrycznej i gazu we wszystkich formach państwowych i rządowych.

Szczególnie pod koniec XX wieku wielu byłych producentów połączyło się w czterech dużych graczy (E.ON, RWE, EnBW i Vattenfall). Wiele miejskich i regionalnych przedsiębiorstw użyteczności publicznej zrezygnowało z niezależności i zostało włączonych do tych grup. Po zjednoczeniu, grupa skandynawska na wschodzie stała się miejscem spotkań wielu lokalnych dostawców. Na południowym zachodzie, duża francuska grupa EdF posiada znaczny obszar dostaw w ramach kontraktu z EnBW.

Pod wpływem UE i zmian politycznych od 2010 r. pojawia się coraz więcej przypadków **częściowej decentralizacji**. Przedsiębiorstwa komunalne ponownie odłączają się od grup i łączą się w regionalne sojusze. Sieci staną się niezależne.

Od czasu rezygnacji z energii jądrowej w 2011 r. tendencja ta uległa wzmocnieniu, ponieważ odnawialne źródła energii same w sobie powodują większy podział producentów. Ponadto, wraz z rozwojem technologii "smart grid", sieci są już dostosowywane w tym kierunku.

Interesujące jest więc rozważenie argumentów, które pojawiły się w Berlinie 80 lat temu, ale - zwłaszcza z powodu upadku nazizmu w tym czasie - nigdy nie zostały zrealizowane.

4.1.1 Nowa technologia dostaw

W tym dziale odtwarzamy scenariusz, który został napisany prawie 100 lat temu w Berlinie. Pokazuje on ważne aspekty dla zdecentralizowanego życia. Nawet jeśli wiele rzeczy różni się dziś w technice i gospodarce od tego, co było wtedy, to podstawowe idee zasługują dziś na uwagę.

Klucz do rozrastania się miast, osiedlania się na krótkich zmianach i osadnictwa wiejskiego

przez Dipl.-Ing. FRANZ FERRARI, Berlin

W lutym 1933 roku, opublikowany przez samego autora

Odchodząc od systemu scentralizowanego zaopatrzenia, nowoczesna technologia jest w stanie samodzielnie, taniej i doskonalej niż dotychczas dostarczać kompleksy mieszkaniowe składające się z apartamentowców, domów szeregowych lub domów jednorodzinnych, a także osiedli wiejskich. Lokalizacja jest wówczas określona jedynie przez zasoby wodne lub ich bliskość, co oznacza, że tani grunt jest "gotowy do budowy". Para wodna jest dostarczana do gotowania, ogrzewania i zmywania, a energia elektryczna do oświetlenia i zasilania z uniwersalnej stacji blokowej, do której jednocześnie podłączone jest zasilanie wodą i odprowadzanie ścieków. Ruch podający do stacji szybkiej kolei tranzytowej odbywa się za pomocą beztorowych pojazdów elektrycznych, które są również zasilane z uniwersalnej stacji blokowej. Ta nowa technologia dostaw eliminuje niedobór gruntów "gotowych do budowy", tak że spekulacje gruntami na terenach mieszkalnych nie mogą być już tak aktywne jak dotychczas. Uniwersalna stacja blokowa umożliwia szerokie rozluźnienie rozwoju okolic dużych miast, realizację osady na krótkich trasach na tanich gruntach oraz gospodarcze zaopatrzenie osady wiejskiej. Uwolnienie nowych obszarów mieszkalnych od nadmiaru wartości gruntów, jak to wynika z dotychczasowego braku gruntów gotowych do budowy, wywiera presję na ceny innych gruntów i nie pozostaje bez wpływu na nadmierne wartości gruntów w centrum miasta.

1. Nowa działalność budowlana na obrzeżach dużych miast spowodowała, że mieszkania są zbyt drogie; plan przeniesienia mieszkańców dużych miast z "rosnącym domem" utknął w martwym punkcie we wczesnej fazie rozwoju; podmiejskie małe osiedle domaga się wielkich wyrzeczeń ze strony władz publicznych; osiedle krótkozmianowe napotyka na przeszkody nie do pokonania; osiedle wiejskie cierpi z powodu trudności z zaopatrzeniem lub z powodu tego, że zaopatrzenie staje się nieznośnie kosztowne.
2. Ostatnio podano wiele różnych powodów tych wszystkich rozczarowujących ustaleń. Pominięto jednak decydujący wpływ problemu podaży, który jest ściśle związany z kwestią gruntów, zwłaszcza w odniesieniu do niekontrolowanego rozwoju miast.
3. W planowaniu urbanistycznym i budownictwie mieszkaniowym technologia ta jest stosowana wstecznie tylko w trakcie rozwoju. Typowym przykładem jest tramwaj elektryczny. Ich pojawienie się mogło zapobiec konglomeracji mas ludzi już 40 lat temu i mogło doprowadzić do luźnej ekspansji miast, gdyby w tym czasie w pełni wykorzystano i wykorzystano możliwości przyspieszonego ruchu miejskiego.
4. W odpowiedzi na wzrost i popyt, technologia rozwiązała zadania związane z dostawą wody, energii elektrycznej, gazu, kanalizacji i transportu. Jednak obecna struktura dużego miasta okazuje się być nie do utrzymania pod względem ekonomicznym, technicznym i społecznym. Reakcja ta objawia się w nieposkromionej chęci wyluzowania.
5. Głównym problemem związanym z rozrostem miast jest kwestia gruntów. Przeliczanie się cen gruntów na obrzeżach miasta jest wynikiem nowoczesnych przepisów budowlanych i systemu centralnych mediów. Ze względu na wysokie inwestycje na terenach podgórskich, centralne systemy zasilania wyrosły z centrum miasta tylko na niewielkie odległości. Na każdym etapie rozbudowy miasta istniała jedynie ograniczona podaż gruntów gotowych do zagospodarowania. Poprzez swoje inwestycje, centralne media uczyniły przyległy teren wysokiej jakości, "gotowy do budowy". Nabywca gruntu był zmuszony zapłacić właścicielowi gruntu dowolną cenę. Centralne przedsiębiorstwa użyteczności publicznej zwolniły jednak nabywcę gruntu z odpowiedzialności za swoje inwestycje, gdy tylko zrealizował on swój projekt budowlany. Był on zobowiązany do uiszczenia opłat za podłączenie w proporcji do kosztów osieroconych.
6. Nowoczesne przepisy budowlane wymagały coraz większej ilości ziemi na jedno mieszkanie. Ograniczając zabudowę do niewielkiej części terenu (20-60 %) oraz ograniczając liczbę pięter (2-3), popyt w zewnętrznym pasie miasta zwielokrotnił się w przypadku pewnej liczby mieszkań, podczas gdy podaż pozostaje ograniczona. Dysproporcja ta wyraża się w nadmiernych cenach gruntów, które są tym trudniejsze do zniesienia, że poszczególne lokale mieszkalne muszą płacić za więcej m2 czynszu gruntowego niż wcześniej.

7. Naturalnie, opłaty za podłączenie również musiały wzrosnąć. Rozluźnienie sieci nieuchronnie prowadzi do znacznie większych inwestycji jednostkowych na jedno przyłącze niż w poziomo i pionowo zagęszczonych obszarach konsumpcji w centrum miasta. Jeśli jeszcze bardziej poprawi się ekonomiczność żarówek, warunki staną się jeszcze bardziej niekorzystne. Im bardziej postępuje rozluźnienie, tym bardziej centralne systemy zasilania rozpraszają swoje zasoby.
8. (8) Urbanistyka i urbanistyka stoją dziś przed zupełnie nowymi zadaniami. Na podstawie wyników racjonalizacji przemysłowej, które można postrzegać jako postęp w wartościach bezwzględnych, należy stwierdzić z czasem, że zmniejszone zapotrzebowanie na siłę roboczą musi być rozłożone na większą liczbę osób o krótszych godzinach pracy. W związku z tym należy przyjąć rozwiązanie na krótką zmianę, aby robotnik przemysłowy mógł pracować dla siebie w wolnym czasie i stał się bardziej odporny na kryzys. Celem jest sprawienie, aby ludność dużych miast była jak najbardziej przyziemna, aby zmniejszyć napięcia społeczne i utrzymać zdrową płeć. Krótkowarstwowa osada jest często źle rozumiana. Po stronie pracowników istnieje sprzeciw wobec skrócenia czasu pracy, natomiast po stronie pracodawców istnieją obawy, że koszty stałe dla większej siły roboczej wzrosną i że zmiana siły roboczej będzie miała negatywny wpływ na produkcję. Ale wyrzeczenia, które trzeba ponieść, przewyższają wiele zalet. W sześciodniowym tygodniu pracy wydatki na podróże, jedzenie i tym podobne są dwa razy wyższe niż w trzydniowym tygodniu pracy. Nastąpiłoby zatem podwójne rozładowanie. Z drugiej strony, przemysł może spodziewać się zwiększonej siły nabywczej i lepszej sprzedaży. Poza tym wynika z tego nieznana dotychczas elastyczność aparatury produkcyjnej. Jeśli zmiany następują codziennie, dzień roboczy może zostać przedłużony w zależności od potrzeb, ponieważ za każdym razem następuje dzień odpoczynku. Oszczędności, które pracownik uzyskuje dzięki takim godzinom nadliczbowym, oprócz częściowej samowystarczalności, czynią go również bardziej odpornym na kryzysy. Dzięki temu aparatura produkcyjna może natychmiast podążać za sytuacją rynkową i być optymalnie wykorzystana. Zapewnia to wysoką realną płacę. Jest rzeczą oczywistą, że dla celów osadnictwa na krótką zmianę w żadnym wypadku nie można brać pod uwagę kosztownych, zgodnie z poprzednimi terminami, "gotowych do budowy" gruntów na wspornikach centralnego zaopatrzenia; należy raczej zapewnić tanią ziemię oraz tanie zaopatrzenie i dobre połączenia transportowe. Dla nowych zadań tylko nowe środki mogą prowadzić do celu. Nowe podejście polega na odejściu od **systemu scentralizowanej opieki. Każde inne rozwiązanie wymagałoby interwencji w zakresie własności prywatnej, takiej jak wywłaszczenie lub inne nienaturalne rozwiązania, takie jak marnotrawstwo gruntów publicznych.**
9. W zdecentralizowanym systemie dostaw, technologia może wykorzystać swoje zasoby do zaspokojenia potrzeb ludzkich w sposób bardziej planowy niż dotychczas. W stacji blokowej w Unie **wszystkie dostawy** dla **danego kompleksu osadniczego** są **łączone w taki sposób, aby osiągnąć znacznie pełniejsze**, a jednocześnie tańsze zaspokojenie potrzeb. Postęp ten jest również korzystny dla osadnictwa wiejskiego.
10. Można przyjąć, że nowe budynki mieszkalne z mieszkaniami wynajmowanymi i osiedlami zamieszkanymi przez właścicieli są prawie zawsze budowane metodą budow-

nictwa zbiorowego, budynki mieszkalne są budowane w kompleksach od pięćdziesięciu do kilku tysięcy mieszkań, a osiedla zamieszkane przez właścicieli w lokalach od pięćdziesięciu do kilkuset.

11. O lokalizacji osady decyduje jedyny restrykcyjny związek, jaki uniwersalna stacja blokowa ma jeszcze z gruntem, czyli zaopatrzenie w wodę. Zanim zostanie rozwiązany problem ruchu drogowego, najpierw zostaną wyjaśnione szczegóły dotyczące uniwersalnej stacji blokowej.
12. Uniwersalna stacja blokowa służy do samowystarczalnego zasilania zespołu budynków niezmiennych, który może składać się z apartamentowców lub pojedynczych domów. Ze względu na koszty linii zasilających i straty przesyłowe, tam gdzie wymagana jest najtańsza konstrukcja, preferowane jest rozwiązanie kompaktowe. Nawet jeśli w każdym razie należy zabiegać o własny dom na własną rękę, budynek mieszkalny może na razie zachować swoje prawo do istnienia. Można go zbudować wyjątkowo tanio jako wielopiętrowy wieżowiec z balkonami, nie naruszając przy tym higieny w otwartym środowisku. Powierzchnia może zostać podzielona i sprzedana lub wydzierżawiona odpowiednim najemcom. Instalacja wind osobowych w domach tego typu nie oznacza żadnego znaczącego dodatkowego obciążenia dla jednostki.
13. Przy zastosowaniu metody budowy domu szeregowego lub wolnostojącego można zrezygnować z dotychczasowej, nieekonomicznej budowy dróg. Wystarczą ulice jednokierunkowe o lekkiej konstrukcji, zaprojektowane dla maksymalnej szerokości furgonetek meblowych lub pojazdów straży pożarnej.
14. Można by standaryzować uniwersalną stację blokową w jednym rozmiarze na 200, 300, 500, 750, 1000, 1500 i 2000 mieszkań i w ten sposób uzyskać bardzo tanią produkcję. Szczególną zaletą jest również to, że uniwersalna stacja blokowa jest wyraźnie i definitywnie usuwana od samego początku. Twoja powierzchnia zaopatrzenia nie zostanie powiększona, ale każdy nowy kompleks zostanie stworzony jako całość z własną stacją. Natomiast wszystkie scentralizowane systemy dostaw wymagają kosztownych rozwiązań w zakresie wytwarzania i dystrybucji, aby sprostać wzrostowi popytu, czego nie można ignorować.
15. Najważniejszym zadaniem uniwersalnej stacji blokowej jest dostarczanie pary. Służy do ogrzewania i gotowania. Oznacza to, że niezliczone, nieekonomiczne pojedyncze kominki są zastępowane przez centralny system kotłów, który pracuje z wysoką sprawnością. Technika grzewcza stworzyła bardzo korzystne projekty o niewielkich wymaganiach przestrzennych dla danych wymiarów i ma możliwość magazynowania. Jest to bardzo ważne dla dobrego wykorzystania zakładu.
16. Istnieją dobre powody, aby używać pary również do gotowania. Gaz i energia elektryczna są obecnie przedmiotem sporów dotyczących tego obszaru sprzedaży. Podnoszą one wzajemnie swoje ceny, przy czym jedna forma energii obniża rentowność drugiej. Ze względu na koszty, beznadziejne jest generalnie wykorzystanie jednej z dwóch "wyrafinowanych" form energii do głównego zużycia ciepła, tj. ogrzewania pomieszczeń. Ze względu na niewielkie odległości, jakie musi pokonać uniwersalna stacja blokowa, wskazane jest dostosowanie całego zaopatrzenia w ciepło na zimę i lato do znacznie tańszej pary. Gaz całkowicie znika z domu, poprawiając higienę i eliminując koszty instalacji.

17. Kuchenki parowe nie stwarzają trudności w produkcji. Do celów specjalnych, takich jak grillowanie itp., w piecu mogą być zainstalowane pomocnicze grzałki elektryczne lub pomocnicze urządzenia elektryczne mogą być dostarczane oddzielnie. Para wodna stanowi również idealny środek do płukania bez konieczności stosowania skomplikowanych maszyn. Przy okazji należy wspomnieć, że dla mieszkańców kompleksu można założyć komunalną pralnię, co jest już dziś powszechną praktyką.
18. Prezentacja ciepła w postaci taniej pary wodnej jest wygodna i o wiele bardziej efektywna ekonomicznie niż porównywalne środki dzisiejszej technologii. Prawdopodobnie prowadzi to do zwiększonego zużycia ciepła, które jest częściowo kompensowane przez wyższą wydajność wydobycia, ale w przeciwnym razie nie może przerodzić się w odpady, jeśli używane są ciepłomierze. W porównaniu z pożarami domowymi, węgiel dla uniwersalnej stacji blokowej jest naturalnie tańszy.
19. Znaczne oszczędności uzyskuje się poprzez całkowite zrezygnowanie z kominków i kominów dla budynku. Kominki są w szczególności bardzo drogimi elementami powłoki. Wymagają one również stałych kosztów utrzymania,
20. Energia elektryczna jest niezbędna dla światła i małej mocy. Produkowany jest w uniwersalnej stacji blokowej przez turbo generator. Zimą, tj. gdy istnieje duże zapotrzebowanie na parę, operacja może być ustawiona w taki sposób, że energia elektryczna jest odzyskiwana jako energia odpadowa. W celu zapewnienia ekonomicznej eksploatacji wskazane jest zainstalowanie akumulatorów.
21. W uniwersalnej stacji blokowej woda jest pompowana przez pompę i w razie potrzeby czyszczona. W pewnych okolicznościach wartość musi być umieszczona w budżecie ekonomicznym. Należy zauważyć, że marnotrawstwa wody w systemach płukania toalet można uniknąć poprzez płukanie parą lub wodą pod wysokim ciśnieniem. Ponieważ w kuchni zużywa się niewielką ilość wody (płukanie parą wodną), woda do kąpieli i woda do mycia są głównymi wymogami. Jeśli warunki wodne są szczególnie niekorzystne, w razie potrzeby można również zebrać i uzdatnić wodę deszczową,
22. Ścieki mogą być usuwane przez przepompownię podłączoną do uniwersalnej stacji blokowej z dłuższym odpływem do oddalonej małej oczyszczalni ścieków na wolnym powietrzu. W ogrodach odchody z niego pobrane mogą być użytecznie przetworzone, co eliminuje potrzebę kosztownego nabywania obornika. W ten sposób zamknięty zostaje naturalny obieg składników odżywczych i chronione są miliony zasobów naturalnych,
23. W poprzednich systemach centralnego zasilania poszczególne instalacje były oddzielne i każda z nich miała swoje własne koszty administracyjne. Dzięki uniwersalnej stacji blokowej można uprościć prace administracyjne i uczynić je znacznie tańszymi. Wodomierz, licznik energii elektrycznej i licznik ciepła współpracują na zasadzie mechanizmu uruchamianego monetą w taki sposób, że po włożeniu monety, woda, para i energia elektryczna mogą być pobierane w dowolnych proporcjach. Usługa rozliczania i podnoszenia wszystkich dostaw polega więc tylko na wypasaniu opróżnionych mniej więcej raz w miesiącu pojemników na monety,
24. Kwestia ruchu drogowego jest bardzo istotna dla zasięgu rozrastania się miast, a tym samym dla wielkości podaży gruntów. Wychodząc od niskich prędkości podróżowania tramwajami i autobusami, można zauważyć, że linie o jednakowym czasie

dojazdu do centrum miasta zostały już znacznie wydłużone dzięki szybkiemu tranzytowi i kolejom podmiejskim. Tylko kilka minut jazdy w kierunku promieniowym otwiera bardzo duży dodatkowy obszar. W przypadku wykonywania okręgów o promieniu od 5 do 15 km wokół stacji podmiejskich i stacji szybkiego ruchu tranzytowego jako centrum, tj. odległości, na które z powodzeniem można wykorzystać np. elektryczny trolejbus zasilany z uniwersalnej stacji blokowej, linie o jednakowym czasie dojazdu do centrum miasta obejmują ogromne obszary. Bliskość tych zewnętrznych obszarów do ruchu miejskiego jest równoważna z bliskością obszarów, które - w zależności od samego ruchu tramwajowego - nadal znajdują się w węższym miękkim krajobrazie miasta.

25. Przyglądając się liniom równych wartości metropolii, można znaleźć formacje w kształcie gwiazd, których szczyty tworzą linie awarii ruchu. Duża powierzchnia pomiędzy szczytami jest zaniedbana przez centralne zaopatrzenie, a zatem tania. Można go wygodnie zasilać w zabudowę za pomocą uniwersalnej stacji blokowej. Linie podające prowadzą następnie do przystanków tramwajowych lub do kolejki lekkiej i szybkich stacji tranzytowych. W tych obszarach możliwe będzie również korzystanie z prywatnego samochodu z dobrymi skutkami.
26. Dzięki zastosowaniu uniwersalnej stacji blokowej każdy teren jest, że tak powiem, gotowy do budowy. Ponieważ urządzenia do dostaw są budowane w tym samym czasie, w którym budowane są mieszkania, nie ma już stanu zawieszenia **między terenem** surowym a etapem budowy, na którym mogłaby mieć miejsce spekulacja gruntami. Podaż gruntów budowlanych staje się nieskończenie duża w porównaniu z popytem.
27. W ten sposób stworzono warunki dla daleko idącego rozluźnienia miast. Miasto i osada mogą rozwijać się zdrowo i swobodnie, ziemia pozostaje na tyle tania, że nabycie działki w ramach wspólnoty zaopatrzeniowej staje się możliwe dla najszerszych grup ludności. Wokół dużego miasta powstają tanie apartamentowce i domy prywatne, które oferują niezwykle wysoki poziom komfortu przy niższych kosztach wynajmu i eksploatacji oraz są łatwo dostępne. Rynek mieszkaniowy w centrum miasta jest odciążony, więc ceny gruntów spadają i należy się spodziewać, że niegodne kamienice z wcześniejszego okresu będą wkrótce dojrzałe do wyburzenia w celu oczyszczenia przestrzeni na inne cele. Duże miasto jest przebudowywane od zewnątrz.
28. Sprzeciw budzi fakt, że dewaluacja istniejących budynków mieszkalnych spowodowana tanimi mieszkaniami zewnętrznymi jest niepożądana. Zostanie również powiedziane, że obecnie jest wystarczająco dużo mieszkań. Oba zastrzeżenia są nie do obrony. Puste mieszkania w żadnym wypadku nie świadczą o wystarczającym zaspokojeniu potrzeb mieszkaniowych; raczej bardzo duża część tych potrzeb jako takich nie jest oczywista, ponieważ duża część populacji rezygnuje z piwnic, altanek itp. Zdrowe apartamenty w centrum miasta z pewnością pozostaną zamieszkane, ale tylko wtedy, gdy czynsz zostanie odpowiednio obniżony.
29. Nawet jeśli przesiedlenie z wnętrza wielkiego miasta nie odbędzie się w ciągu jednej nocy, musi zostać zapisane jako cel, ponieważ jest ono konieczne nie tylko do psychicznego i fizycznego ożywienia ludności miasta, ale także do technicznej i ekonomicznej rehabilitacji samego miasta. Ich zawężenie spowodowało ogromne błędne alokacje kapitału; setki milionów trzeba było zainwestować bez odpowiedniej rentowności, na przykład w budowę kolei podziemnej.

30. Należy również zwrócić uwagę na ważny aspekt dotyczący rozluźnienia: We wcześniejszych wiekach planiści miasta starali się budować na wąskim obszarze, aby zachować ciasną całość do obrony w razie wojny. Siły powietrzne współczesnych działań wojennych wymuszają jednak coś wręcz przeciwnego dziś i w przyszłości. Obszary mieszkalne przyszłego miasta muszą być jak najbardziej oddalone od zakładów przemysłowych i dalekobieżnych stacji kolejowych,
31. Sugerowano już, że w procesie rozluźniania dużych miast należy przenieść także średnie przedsiębiorstwa przemysłowe. Oprócz ochrony przeciwlotniczej można jednak podać różne powody: Istnieje ryzyko, że powietrze ulegnie pogorszeniu i spokój w dzielnicy mieszkalnej zostanie zakłócony. Poza tym nieuniknione byłoby bardzo nieekonomiczne rozproszenie transportu towarów i scentralizowanych systemów dostaw, które są wówczas niezbędne dla zaspokojenia dużego popytu.
32. Niewątpliwie bardziej właściwe jest pozostawienie przemysłu w zewnętrznym centrum miasta i wykorzystanie terenów mieszkalnych, które stały się tam wolne dla jego rozwoju. Wówczas przemysł będzie miał również pożądane szerokie podstawy do doboru swoich pracowników w zakresie technologii transportu. Jednocześnie utrzymana zostanie opłacalność istniejących centralnych systemów zasilania - w tym gazowni - w związku z obniżeniem wartości gruntów w centrum miasta, wiele luk w zasobach budowlanych zostanie prawdopodobnie z czasem zlikwidowanych dzięki nowym budynkom przemysłowym, co również poprawi wykorzystanie istniejących centralnych systemów zasilania.
33. Ukształtowanie wartości gruntów w centrum miasta jest również korzystne dla V e r k e h r, ponieważ grunty stają się przystępne cenowo dla przełomów drogowych.
34. Wewnętrzny rdzeń miasta przyszłości zachowa swój obecny wygląd. Obejmuje on dalekobieżne dworce kolejowe, muzea, teatry i parki rozrywki, budynki biurowe i sklepy. W nowych osiedlach mieszkaniowych mieszkańcy otrzymują swoje codzienne potrzeby z lokalnych sklepów lub ze sklepów mobilnych. Kościoły, szkoły, kina, władze publiczne i tym podobne będą miały najlepsze miejsce w centralnych punktach rozluźnionych terenów, tj. na dworcach podmiejskich. Pewne zakłady rzemieślnicze również mogą tam kwitnąć,
35. Znaczenie uniwersalnej stacji blokowej dla osadnictwa wiejskiego polega na tym, że umożliwia ona wygodne i ekonomiczne zaopatrzenie wsi. Mieszkaniec miasta jest przyzwyczajony do komfortu. Należy to wziąć pod uwagę przy powrocie na wieś. Osady torfu i cieki wodne są prawdopodobnie preferowanymi lokalizacjami. Z tego punktu widzenia struktury kanalizacyjne mają coraz większe znaczenie dla kolonizacji. W malowniczej okolicy można również łatwo tworzyć kolonie willi dla emerytów i pracowników umysłowych.
36. Dużą wartość dla osadnictwa wiejskiego ma również to, że w połączeniu z uniwersalną stacją blokową można z dużą ekonomicznością eksploatować parowniki, systemy ciepłej podściółki i tym podobne.
37. Można założyć, że uniwersalna stacja blokowa doprowadzi do decyzji o osiedlu wiejskim w odróżnieniu od osady rozproszonej w ogóle, ponieważ w przypadku osady rozproszonej zaopatrzenie jest zawsze niedoskonałe lub nieznośnie kosztowne. W obu przypadkach należy się obawiać, że osadnik zrezygnuje z pracy w lepszych czasach, aby znów żyć wygodnie lub bez obaw. Stanowi to zagrożenie dla dalszego istnienia odczynników.

38. W przypadku osadnictwa wiejskiego należy jednak zwrócić szczególną uwagę na kwestię transportu. Jeśli 100 lub 200 osadników ma od 30 do 60 akrów każdy, obszar zagospodarowany jest już tak duży, że jałowa praca na długich trasach transportowych jest bardzo niekorzystna. Z uniwersalnej stacji blokowej należy zatem poprowadzić system linii napowietrznej przez ten obszar, na przykład w szerokim kole na polnych ścieżkach. Jako przyczepa, elektryczny ciągnik siodłowy ciągnący po linii napowietrznej ciągnący uchylne wózki rolnicze z oponami pneumatycznymi, które już się sprawdziły. Przedsiębiorstwo jest wystarczająco wydajne, aby zapewnić szybki obrót towarów, a tym samym wysoką rentowność tych pojazdów. Do manewrowania przyczepą ciągnik może być wyposażony w elektrycznie napędzaną wciągarkę linową.
39. W celu uzyskania długiego okresu użytkowania części elektrycznej uniwersalnej stacji blokowej konieczne jest dążenie do jak największej mechanizacji w gospodarstwie domowym i w rolnictwie. Do tego celu stosuje się małą przekładnię mechaniczną. Bezwibracyjna i bezgłośna przekładnia mechaniczna jest montowana w podłodze lub w ścianie, która jest napędzana przez centralny silnik umieszczony np. w kuchni i jest wyposażona w gniazda dynamometryczne w różnych punktach. Można do tego dołączyć wałek giętki z wbudowaną wielostopniową przekładnią, tak aby można było wprawić w ruch najróżniejsze narzędzia bezsilnikowe. W ten sposób realizowana jest mechanizacja urządzeń, które po zmontowaniu z własnym silnikiem były wcześniej zbyt drogie, aby można je było stosować bardziej ogólnie.
40. Jeśli chodzi o kwestię kosztów, należy zwrócić uwagę na następujące kwestie: W domach koszty instalacji elektrycznej, rur wodociągowych i kanalizacyjnych pozostają niezmienione. Koszty parowarów i grzejników również powinny być zrównoważone z kosztami dotychczas używanych urządzeń. Z drugiej strony rury parowe będą nieco droższe w porównaniu z poprzednimi systemami centralnego ogrzewania,
41. Z drugiej strony zostaną usunięte kotły centralnego ogrzewania, instalacje gazowe, kominki i przewody spalinowe.
42. Koszty niewielkiej transmisji mocy, która ze swej natury nie jest integralną częścią uniwersalnej stacji blokowej, przewyższają fakt, że wiele urządzeń, które mogą być obecnie eksploatowane bez silnika, nie kosztuje więcej niż np. wersja z korbą ręczną.
43. Dla kosztów uniwersalnej stacji blokowej i linii zasilających do domów, odpowiednikiem porównawczym jest suma kosztów wszystkich dostaw centralnych. Należą do nich;
    - jednorazowe opłaty za połączenie,
    - podstawowe opłaty i "wypożyczalnie liczników",
    - kwotę zawartą w opłatach konsumpcyjnych
    - przekracza rzeczywiste koszty produkcji.

44. Poza podaniem kwot wymienionych w pkt. 2. i 3. w tym miejscu należy jedynie zauważyć, że oszczędności na kosztach budowy i instalacji w samych mieszkaniach oraz kwoty opłat za podłączenie wynoszą już łącznie kwotę, która wystarcza na instalację odpowiedniej uniwersalnej stacji blokowej dla 200 do 300 klientów.
45. Nacisk na oszczędności w kosztach stałych wynika oczywiście z niskiej ceny gruntów.

46. Koszty eksploatacyjne uniwersalnych stacji blokowych można utrzymać na bardzo niskim poziomie poprzez połączenie dostaw. Mimo większego "komfortu", wydatki indywidualnego gospodarstwa domowego będą znacznie niższe niż dotychczas.
47. W ostatnich latach często słyszy się oskarżenia, że żądania ludności dotyczące mieszkań są zbyt wysokie. W tym względzie należy zauważyć, że wysokie koszty stałe i mobilne nowych mieszkań nie wynikają z wbudowanej wanny, kuchenki gazowej i instalacji elektrycznej. Wynikają one raczej ze zwiększonego udziału czynszu gruntowego w czynszu, wysokich kosztów przyłączenia i taryfy centralnych zakładów energetycznych. W szczególności taryfy nie dotrzymały kroku obniżce cen osiągniętej dzięki postępowi technicznemu, ponieważ było to wielokrotnie anulowane przez coraz większe rozdrobnienie w dystrybucji. Na przykład w przemyśle energetycznym racjonalizacja wytwarzania prawie wyczerpała ostatnie możliwości. Każdy, kto patrzy w przyszłość, musi dojść do wniosku, że nie da się w ogóle uniknąć zdecentralizowanych dostaw. W tym ostatnim przypadku, dzięki sprytnemu połączeniu, pojawiają się zupełnie nowe możliwości.
48. Szerokie rozluźnienie miast na pewno nadejdzie. Jeśli podejmowane są próby utrzymania kajdan scentralizowanej opieki, należy się spodziewać, że coraz większe grupy ludności zrezygnują z jej stosowania, ponieważ staje się ona zbyt droga. Kolonie Bower i miasta namiotowe są tego oczywistym dowodem. Technologia musi uniemożliwić taki rozwój, albo nie spełnił on swojego celu. Nie sposób oszczędzić technologii zarzutu, że w przeszłości często realizowała jednostronne cele i zbytnio koncentrowała się na najwyższych osiągach. Dzięki bardziej sensownemu i planowemu zastosowaniu dzisiejszych środków techniki, jej błogosławieństwa mogą być udostępnione ludzkości na znacznie szerszą skalę niż dotychczas.
49. Systemy centralnego zasilania były kiedyś dość uzasadnione. Wraz ze zmianą struktury dużego miasta - poprzez podział na dzielnice biznesowe, przemysłowe i mieszkaniowe - warunki uległy zasadniczej zmianie. Dla przykładu, centralna stacja elektryczna była uzasadniona właśnie różnorodnością sąsiadujących z nią klientów. W dzisiejszych czasach odległy obszar mieszkalny z jego specyficznym obciążeniem nie jest dobrym konsumentem siedziby mamuta, chyba że przez cały czas używa się gotowania elektrycznego. Lepiej zająć się tym oddzielnie, ponieważ łatwiej jest uwzględnić konkretne i znane okoliczności.
50. W tym kontekście można również omówić kwestię przesyłu energii elektrycznej wysokiego napięcia. Ich pierwotnym zadaniem było przenoszenie odległych sił naturalnych, które nie nadawały się do transportu mechanicznego lub nie były godne transportu, środkami elektrycznymi do miejsc intensywnego zużycia energii. Utrzyma również to zadanie, tzn. będzie służyć do zaopatrywania ośrodków przemysłowych. Łączenie dużych zakładów jest również całkowicie uzasadnione w celu zapewnienia optymalnego zarządzania energią. Jednak duże elektrownie i ośrodki międzymiastowe będą prawdopodobnie bardziej opłacalne w przyszłości, jeśli skoncentrują swoją sprzedaż w ośrodkach miejskich i w dzielnicach wiejskich o silnej obecności przemysłowej.
51. Zdecentralizowane zaopatrzenie jest już dziś ekonomicznie lepsze od technologii dzięki dostępnym środkom. Ponadto, tak jak centralne systemy zasilania zostały doprowadzone do coraz większej doskonałości technicznej, można oczekiwać, że technologia ta przyniesie również znaczne ulepszenia w nowym zadaniu.

52. Kryzys jest czasem refleksji, dostrzeżono potrzebę zbliżenia technologii do ludzi. Z burzliwego rozwoju przeszłości rozwinęła się pewna wrogość. Tutaj też potrzebna jest zmiana. Każdy człowiek musi afirmować zdrową technologię, musi nie tylko wypełniać swoje zadanie odciążenia człowieka, ale także wejść z nim w jak najściślejszy kontakt. Z tego punktu widzenia, uniwersalna stacja blokowa jest czymś nowym. Jeśli jest prowadzona przez wspólnotę pod jej własnym kierownictwem, jednostka jest osobiście zainteresowana tworzeniem i działaniem technologii. Godne uwagi jest również to, że specyficznie niemieckie pojęcie własności wspólnej, które kiedyś było wcielone w ziemię wspólną, otrzymuje nowoczesną formę. Również wspólnota ludzi żyjących razem otwiera nowe możliwości samoregulacji; bezczynność i niewłaściwe ukierunkowanie, nad czym ubolewa się dziś w centralizacji, np. w dziedzinie opieki społecznej, mogą zostać znacznie zredukowane.
53. Związki idealistyczne są ważne nie tylko dla socjologa, ale także dla technika i ekonomisty. System zdecentralizowany z udziałem właścicieli-konsumentów ma tę nieocenioną zaletę, że znacznie łatwiej jest osiągnąć porozumienia polubowne niż bezosobowe relacje, które muszą istnieć między konsumentem a centralnym zakładem zaopatrzenia,
54. Zdecentralizowana podaż byłaby korzystniejsza, nawet gdyby była droższa niż obecny system, gdy rozpatruje się ją w oderwaniu od siebie. Będzie to miało sens dla każdego, kto jest świadomy intymnego splotu nadmiernych wartości gruntów, które zostały przyjęte jako nieuniknione w całej gospodarce. Są one decydującym czynnikiem w prawie wszystkich kosztach stałych. Ulga od tego jest warunkiem koniecznym do obniżenia kosztów i zwiększenia siły nabywczej. Tylko wtedy, gdy zostanie to osiągnięte, błogosławieństwa pracy i postępu technicznego stają się widoczne dla dobrobytu ludzkości.

SURWORD

Istnieje ryzyko, że w tak bojowniczych czasach, jak obecne, pojawi się opinia publiczna z propozycjami, które mogą wywołać wstrząsy w technologii i gospodarce. Im większe jest ryzyko zaliczenia do utopii lub fałszywych proroków, tym bardziej przedstawione reformy ingerują w istniejące i tym bardziej grupy ekonomiczne dostrzegają osłabienie szczególnych interesów.

Już pod koniec 1931 roku spisałem "heretyckie" rozważania. Teraz wydaje mi się, że nadszedł na to czas, teraz, gdy rozliczenie na krótką zmianę stało się palącą kwestią dnia. Jeżeli teraz w ten sposób zwrócę uwagę wyznaczonych osób na te propozycje, będę dążył do tego, aby przeprowadzić prywatną dyskusję. Czyniąc to, chciałbym prosić o rzeczową krytykę, choć całość należy oceniać z punktu widzenia wspólnego dobra oraz bliskiej i dalekiej przyszłości.

Niektóre rzeczy mogą wydawać się przedwczesne, ale dopóki nie zostanie przedstawiona równie kompletna propozycja technicznego i gospodarczego ożywienia miasta i osady, utrzymuję, że konieczne jest działanie teraz w perspektywie długoterminowej.

Kto jest ze mną?

Berlin-Marienfelde, szlak światowego dziedzictwa kulturowego 24 lutego 1933 r.

Pierwszy druk: Franz Weber, Berlin W8

4.2 Kwestie etyczne

Jeśli chodzi o wykorzystanie biomasy do celów innych niż spożywcze, zazwyczaj wyrażane są sprzeczne poglądy. Opinie na temat wykorzystania energii jądrowej są jeszcze bardziej podzielone. Kwestia klimatu oraz rozmieszczenia siedlisk i zasobów jest coraz częściej omawiana także z perspektywy etycznej.

Wszystkie te kwestie są złożone i wymagają intensywnej pracy intelektualnej i szeroko zakrojonych dyskusji, którym nie możemy tutaj zaoferować odpowiednika. Jeden z aspektów jest rzadko oświetlony. Człowiek boi się "wystawić ludzkie życie przeciwko sobie". Ale kiedy Światowa Organizacja Zdrowia (WHO) raz po raz donosi o 7 milionach zgonów rocznie z powodu złej jakości powietrza, nie wolno nam pozostawiać nas w zimnie. Bomby atomowe z Hiroszimy i Nagasaki, testy bombowe na atolu Bikini oraz trzy największe jak dotąd wypadki w elektrowniach spowodowały w ciągu 70 lat mniej niż 2 miliony ofiar śmiertelnych, czyli mniej niż 30 000 rocznie. Dlatego uważamy, że zagrożenie promieniowaniem jest zasadniczo pretekstem do korzystania z energii jądrowej.

Poniżej przedstawiono kilka bardziej aktualnych aspektów:

- specjalistyczna agencja ds. bio-plastików dla przemysłu motoryzacyjnego
- Prof. Wolfgang Ockenfels na temat fundamentalnych kwestii pomiędzy teologią a energią
- Dr Helmut Böttiger w sprawach energii jądrowej
- autor w sprawie konkurencji między żywnością a bioenergią

4.2.1 Radiacja

Podstawowa etyka w tym kontekście obejmuje również kwestię rozsądnego, dozwolonego lub możliwego do uniknięcia promieniowania.

Fakt, że promieniowanie jest uważane przez niektórych za zasadniczo "złe", nie jest przekonywujący, choćby dlatego, że jest częścią stworzenia. Nie stała się ona naturalną częścią natury tylko poprzez Upadek, którego należy unikać w każdych okolicznościach.

Dlatego przesadzona jest również niemiecka koncepcja - przejawiająca się w przepisach dotyczących ochrony przed promieniowaniem - że ludzie nie powinni być w ogóle narażeni na promieniowanie, jeśli to możliwe. Na kilkuset stronach przepisów (ustawa z rozporządzeniem i aneksami) nacisk jest konsekwentnie kładziony na setki źródeł (pierwiastki, izotopy, nuklidy, nuklidy córki itp.) i ich promieniowanie, a nie na osobę odbierającą. Można z tego wywnioskować, że promieniowanie ma różne skutki w zależności od źródła. Jednakże narażenie w miliwert jest sumą wszystkich promieni pochłanianych przez daną osobę, niezależnie od tego, skąd pochodzi.

W związku z tym można stwierdzić, że istnieje wiele krajów i miejsc na ziemi, w których ludzie otrzymują z biegiem lat znacznie więcej promieniowania, a mimo to czasami są nawet zdrowsi niż gdzie indziej.

Byłoby zatem raczej nieetyczne wstrzymywanie na dłuższą metę tej korzystnej dawki od ludzi, co obecnie jest w naszym kraju poglądem mało komunikatywnym. W dłuższej perspektywie czasowej można to prawdopodobnie osiągnąć tylko poprzez zasadnicze odwrócenie, w którym dawkę do 50 lub 100 milli-Sieverta rocznie uważa się za normalną.

4.2.2 Żywność a biopaliwa

Ponieważ "konkurencja" między zbiornikiem a płytą jest wielokrotnie wskazywana z różnych stron, Agencja ds. Zasobów Odnawialnych została poproszona o przedstawienie co najmniej półoficjalnego oświadczenia na temat tej sytuacji. Okazją była promocja tworzyw sztucznych z biomasy do budowy samochodów. Dr Gabriele Peterek z FNR odpowie w dniu 7 lipca 2011 r:

"Fakt, że zbyt wielu ludzi na świecie głoduje, ma w najlepszym razie niewiele wspólnego z wykorzystywaniem surowców roślinnych do celów niespożywczych.

Niemniej jednak istnieje sytuacja konkurencyjna w zakresie wykorzystania surowców roślinnych, jeśli są one coraz częściej wykorzystywane do celów innych niż spożywcze.

Zasadniczo musimy przeciwdziałać tej konkurencyjnej sytuacji za pomocą rozsądnej strategii zarządzania przepływem i dystrybucją surowców.

Szczególnie w przypadku wykorzystania zasobów odnawialnych do produkcji bioplastików mogę dodać, co następuje: Strategia polega na tym, że w przyszłości części roślin, które mogą być wykorzystane do produkcji żywności i paszy (np. ziarno, bulwa ziemniaka, kolba kukurydzy) będą wykorzystywane w tym celu, natomiast pozostałości (np. słoma, masa liści) będą wykorzystywane do celów technicznych, pod warunkiem, że zostaną uwzględnione takie aspekty, jak zrównoważone bilanse próchnicy itp. powinny być brane pod uwagę.

Przetwarzanie tych części zakładu na surowce wysokiej jakości technicznej jest jeszcze w powijakach, ale można przewidzieć przełom, który pozwoli również na ekonomiczne wdrożenie. "

4.2.3 Devil's stuff i inne składniki (W. Ockenfels)

Jeśli chodzi o kwestię energii, na pierwszy rzut oka wydaje się, że poruszamy się w bardzo materialnym środowisku, które wydaje się mieć niewiele punktów styczności z aspektami duchowymi, a nawet duchowymi. Ale wszyscy ci, którzy są praktycznie skłonni, jak i oryginalni humaniści, a nawet teologowie, uważają, że energia staje się coraz bardziej egzystencjalnym elementem ludzkości. Coraz bardziej zdajemy sobie sprawę, że bez - przystępnej cenowo - energii nie możemy zapewnić żywności, surowców, opieki zdrowotnej, transportu, komunikacji i wielu innych usług, które dziś uważamy za oczywiste. W mniej rozwiniętych częściach świata również to staje się coraz ważniejsze.

Dlatego też reprodukujemy tutaj wkład profesora Wolfganga Ockenfelsa z Uniwersytetu w Trewirze za jego uprzejmym pozwoleniem, co sprowadza te aspekty do sedna sprawy:

O transformacji religii, klimacie i technologii energetycznej.

Mówi się, że były czasy, kiedy obietnica nieba i groźba piekła były jeszcze skuteczną zachętą do tego, by móc stanąć przed Bogiem, prowadząc nienaganne, cnotliwe życie - a także przed swoimi bliźnimi i późniejszymi pokoleniami. Ale ten związek zagrożenia i obietnicy już nie działa. Niebo i piekło zostały zakazane z języka proklamacji jako transcendentne, biblijnie poświadczone i kościelnie przekazane rzeczywistości. Ale tylko po to, by ponownie pojawić się jako warunki wewnętrzne i wejść w retorykę polityczno-teologiczną. Po dezogmatyzacji chrześcijaństwa następuje dogmatyzacja polityki.

W zmodernizowanym horyzoncie religijnym niebo wiary wydaje się być puste, piekło zdaje się być wypalone. Kiedy ostatni raz słyszeliście kazanie, w którym z nadzieją ogłoszono niebo, ostateczne królestwo Boże? I każdy, kto nawet głosi o piekle i diable, to znaczy o możliwości braku wiecznego zbawienia, jest uważany za groźnego posłańca i panikarza. Chyba, że rzuci piekło na historycznie zagrażające tło i wyczarowuje diabły, które można zidentyfikować jako przeciwników polityczno-ekologicznych. Jest to część repertuaru nowoczesności, do której części kościoła również chcą "dogonić".

Samopomoc wiary chrześcijańskiej postępuje w szybkim tempie. Tak, że prominentny katolicki urzędnik ostatnio lubił nazywać energię jądrową "diabelskimi rzeczami". Chociaż w przeciwnym razie diabły i anioły odegrały się w głoszeniu wiary. Ci, którzy nie wierzą w piekło i diabła, będą zamiast tego podążać za zieloną religią zastępczą i obawiają się energii jądrowej jako ziemskiego piekła i pracy diabła w wierze. To się nazywa fobie.

"Modernizacja" jako konceptualna dziwka

Ale diabeł tkwi w szczegółach także tutaj. Mogą istnieć dobre powody do "zwrotu energii". Ale powinny one być poparte rozsądnymi argumentami, tak aby politycy mogli podejmować odpowiedzialne decyzje. I prałatowie wyolbrzymiają swój wysoki kredyt, gdy nabywają jakieś technologiczne hipotezy, których nie mogą zweryfikować swoimi teologicznymi metodami i które nie leżą w ich kompetencji wiary. Każdy duchowny, który jako duchowny ubiega się o społeczną aprobatę, nie powinien bełkotać w łonie religijnym tonem przekonań o czymś, na temat czego nawet odpowiedni naukowcy mają inne zdanie. Zamiast tego powinien przestrzegać racjonalnych zasad, zgodnie z którymi ryzyko jest oceniane, a ewentualne zło minimalizowane. I to w kontekście globalnym. Irracjonalne niemieckie drogi specjalne zazwyczaj nie prowadzą do nieba na ziemi.

W tym kraju rezygnacja z energii jądrowej podyktowana strachem jest często chwalona jako modernizacja. Natomiast pragmatyczni Brytyjczycy, Amerykanie, Francuzi, Hindusi i Chińczycy inaczej rozumieją modernizację. Mianowicie również doskonałość techniczna i minimalizacja ryzyka związanego z energią jądrową. Od czasu wydarzeń w Czarnobylu i Japonii większość Niemców oderwała się od tego poglądu. A ona czuje się jak ekologiczna włócznia, która chce pokazać resztę świata.

Całkowicie zapomniano o tym, że energia jądrowa była uważana przez partie wierzące w postęp, zwłaszcza przez socjaldemokratów, za technologiczne spełnienie marzeń ludzkości do lat 70. i była odpowiednio przesadzona ideologicznie. Tutaj koncepcja modernizacji została przekształcona w jej całkowite przeciwieństwo. I będzie nadal bił kilka kaparów w przyszłości.

....

Bóg nie stworzył atomów dla człowieka, aby je rozdzielić, powiedział kiedyś zielony teolog. To samo odnosi się do zielonego drewna. A przebudzony teologicznie polityk, który trafił nawet do prezydenta federalnego, odniósł wielki sukces z uzależnionym od harmonii Niemcem, którego hasło brzmi "pogodzić się zamiast dzielić". Jeśli chodzi o energię jądrową, można by z tego wywnioskować, że synteza jądrowa jest technicznie zaawansowana. To byłby odważny nowy świat.

Konkurencyjne obawy

Profesor Daniel Düsentrieb do dziś ma "trwały" wpływ na młodzież z komiksową obsesją. Mianowicie ciągłe oczekiwanie na ostateczne rozwiązanie kwestii energetycznej. Łatwo zapamiętać zabawną scenę: profesor Düsentrieb podjeżdża swoim przyszłym samochodem na stację benzynową i przypadkowo odpowiada na pytanie: "Nie ma szans, mój samochód będzie jechał bez niego!

Niestety, wielu następcom profesora proroka w rzeczywistości nie udało się jeszcze przetworzyć wody na paliwo. A ponieważ ten duch - przynajmniej do dziś - po prostu nie chce spadać na naukowców i techników zajmujących się naukami przyrodniczymi, będziemy musieli w przyszłości zaakceptować fakt, że ceny ropy naftowej będą rosły i rosły wraz ze wzrostem popytu, z powodu niedoboru. A ponieważ "cuda" technologii, za którymi tęskniliśmy od czasów Kartezjusza, nie mogą być w żadnym wypadku zorganizowane politycznie, nie powinniśmy się dziwić, że państwo jest przeciążone rozwiązaniem tego problemu ludzkości.

Jednak od momentu odkrycia "kwestii ekologicznej", tj. od początku lat siedemdziesiątych ubiegłego wieku, stan ten w znacznym stopniu przyczynił się do powstania świadomości problemu, która ma niemal apokaliptyczne cechy. I w swoim dążeniu do przełożenia ostatnich dni ludzkości przybliżył nas do końca świata. Nigdy nie było bliżej niż dziś, na końcu świata. I nigdy nie było to tak cenne jak dziś dla tych polityków, którzy wykorzystują to w polityce partyjnej, podsycając obawy przed katastrofą, w której sami uczestniczyli. W międzyczasie, wydaje się to dość zabawne, kiedy zieloni prorocy zagłady nadal działają jako zbawiciele świata.

Zaczęło się od kampanii "Energia jądrowa, nie dzięki!", która zakończyła się decyzją o wycofaniu się z energii jądrowej. Po katastrofie reaktora w Czarnobylu w 1986 roku zintensyfikowano wysiłki na rzecz znalezienia "alternatywnych" technologii energetycznych. Krajobraz został otynkowany dotowanymi przez państwo kolektorami słonecznymi, wiatrakami i "surowcami odnawialnymi". Jednak "zielona energia elektryczna" i "biopaliwa" stwarzają nowe problemy, nie rozwiązując starych. A paliwa kopalne, takie jak ropa naftowa, gaz i węgiel, od których jesteśmy coraz bardziej zależni, są obecnie uważane za "zabójców klimatu".

Co prawda, dogmat o "stworzonych przez człowieka" zmianach klimatycznych coraz częściej okazuje się być hipotezą, która może zostać sfałszowana. Bo to może być drogie słońce, które nie tylko świeci na sprawiedliwych i niesprawiedliwych, ale także zdecydowanie determinuje nasz klimat, bez możliwości wpływania na niego. Jednak to założenie, zwłaszcza jeśli można by je udowodnić, stanowi naruszenie kultu wykonalności naukowej i technicznej. Poddanie się losowi byłoby nieracjonalne dla "współczesnego człowieka", zwłaszcza dla polityków. Dlatego na razie prawdopodobnie będziemy nadal generować konkurencyjne obawy. Mamy tu do czynienia z dziwną alternatywą: Czy wolelibyśmy zginąć przez dwutlenek węgla, czy atomowo? Czy wolimy być wzięci przez diabła czy przez Beelzebuba? Czy też profesor Düsentrieb, patron ekoreligi ekologicznej, pokazuje nam nieomylną drogę wyjścia z nieszczęsnej alternatywy pomiędzy katastrofą nuklearną a klimatyczną, obiecując efektywnie funkcjonującą "alternatywną" technologię energetyczną?

W tym skończonym świecie, który jest już skazany na śmierć, prawie wszystkie kraje uprzemysłowione zamierzają utrzymać cywilne wykorzystanie energii jądrowej. I to właśnie ze względów ekologicznych, a także dlatego, że chcą się uwolnić od zależności od zagranicznej energii elektrycznej, ponieważ rząd włoski uzasadnił budowę nowych elektrowni jądrowych. Jednak nawet pod presją kosztów związanych z cenami ropy i gazu, społeczeństwo niemieckie nie jest jeszcze gotowe do dyskusji na temat względnych zalet energii jądrowej. A zarówno zwolennicy "skamieniałej", jak i "alternatywnej" energii odmawiają racjonalnego i publicznego uzasadnienia skostniałego stanowiska.

Odpowiedzialne decyzje

Spór ekologiczny przeradza się w spór o "właściwą" technologię, gdy gra w stworzoną przez człowieka apokalipsę zostaje wyczerpana. Stopień, w jakim obawy te mogą zostać racjonalnie i praktycznie przezwyciężone, zależy również od tego, czy istnieją rozsądne standardy społeczno-etyczne, które nadają sens i cel rozwojowi technicznemu, ale również wyznaczają jego granice. Konkretnie, jest to kwestia wyważenia dobra i zła, czyli etyki odpowiedzialności społecznej. Zasada podejmowania decyzji w tym zakresie jest taka (według Wilhelma Korffa), że musimy decydować za mniejsze zło w konsekwencjach, a mianowicie zgodnie z pytaniem: Czy oczekiwana wtórna konsekwencja innowacji technicznej jest mniej zła niż konsekwencja pominięcia innowacji technicznej?

Ta zasada balansowania brzmi łatwiej niż jej przestrzeganie w rzeczywistości. To dlatego, że zakłada ona spojrzenie w przyszłość. Jednak nigdy nie możemy się dokładnie dowiedzieć, co przyniesie przyszłość - na przykład, jeśli chodzi o dalsze wynalazki techniczne, zmiany społeczne i naturalne, itp. Możliwe są kombinacje i imponderable, które wymykają się obliczeniom ilościowym. Niemniej jednak trzeba będzie zadać sobie pytanie, ile ofiar wydobywa się, transportuje, wykorzystuje i "utylizuje" węgiel, ropę naftową i gaz ziemny, a ile prawdopodobnie będzie to kosztowało człowieka i środowisko. Dostępnych jest jednak niewiele informacji na temat tych szkód, przez co bardzo trudno jest porównać je ze szkodami powodowanymi przez energię jądrową.

Ale strach nie ma zastosowania. A typ reaktora w Czarnobylu, jak ten w Japonii, jest przestarzały. Mit o tym, że energia jądrowa jest zła "sama w sobie", jest głównym czynnikiem. W międzyczasie opracowano reaktory o znacznym stopniu minimalizacji ryzyka, które, podobnie jak "reaktor z łożem kulistym", zostały wynalezione i zbudowane w Niemczech. Ich bohaterowie byli długo odrzucani jako szaleńcy, mimo że są odpowiedzialnymi realistami etycznymi. Teraz porównania i decyzje w dziedzinie technologii i środowiska nie są kwestią wiary. Chrześcijanie są zobowiązani przez swoją wiarę do refleksji nad końcem życia własnego i całego świata. Więc chętnie znoszę pedagogiczny środek odstraszający przed piekłem w zaświatach. Ale zielone, groźne przesłanie nuklearnego piekła - fałszywego diabła - pochodzi raczej ze świeckiego przesądu bez nieba.

W międzyczasie głos zabrali krytycy ekonomiczno-ekologiczni. Dostali zimnych stóp z powodu "globalnego ocieplenia". I wskazują one na ogromne koszty zwrotu energii. Widzą, że nadchodzi koniec społeczeństwa przemysłowego, które musi najpierw zarobić niezbędne pieniądze. Z pieniędzmi, nawet zabawne społeczeństwo kończy się w pewnym momencie. I nawet wśród niektórych zielonosekularyzowanych pobożnych ludzi już zaczyna się wgląd w to, że w polityce, podobnie jak w technologii, nie ma nic dogmatycznie ostatecznego, nic nieodwracalnego. Na rozkaz wiatr nie będzie wiał, słońce nie będzie świecić, a woda nie będzie płynąć. W końcu natura pozostaje nie do opanowania, dzięki Bogu.

4.2.4 Energia jądrowa - zagrożenia i korzyści (H. Böttiger)

Reprodukujemy fragmenty książki wydanej latem 2011 roku pod numerem ISBN 978-3-86568-703-6 w IMHOF Zeitgeschichte.

Więcej niż tylko kwestia techniczna

Kiedy mówi się o energii jądrowej w przeciwieństwie do innych źródeł energii, zwykle brzmi to tak, jakby chodziło o kwestię techniczną, np. czy lepiej jest pojechać samochodem, czy pociągiem, aby odwiedzić krewnych. Jeśli jesteś naprawdę niezdecydowany i nie wiesz, co jest bardziej rozsądne, rozważasz za i przeciw i tak w końcu podejmujesz decyzję. Ale nawet w banalnym pytaniu: samochód czy pociąg, jeśli w decyzję zaangażowanych jest kilka osób, może to prowadzić do gorących dyskusji - i wtedy dyskutanci nie przyznają się do swoich tajnych upodobań i niechęci. Następnie podają różnego rodzaju powody, jakby były one decydujące, aby zrobić pozornie racjonalnie to, co faktycznie chcą zrobić z preferencji, które są dalekie od rozsądku, czyli z powodu uprzedzeń. Wszyscy zbyt dobrze znamy te fałszywe debaty. Czepiasz się siebie, emocje biegną wysoko, każda ze stron stwierdza, że druga strona musi w końcu przyznać się do swojego "błędu", czego nie robi.

Jeśli nie omówiono nieuznanego ustawienia, powód pada na bok, a dyskusja kończy się krzykiem lub drżeniem głowy - chyba że ktoś w końcu zapewni wyzwalający śmiech żart. Wtedy zastanawiacie się razem, jak moglibyście tak gorąco mówić o tak banalnej rzeczy i zwracać się do ważniejszych rzeczy. Sama rzecz tylko wydaje się banalna; to, o co tak naprawdę chodziło, pozostaje ukryte. Oczywiście zawinęło się coś, co trafiło do serca w taki sposób, że podsycało emocje. I to właśnie powstrzymuje obie strony - świadomie lub nieświadomie - przed przyznaniem się do tajnych uprzedzeń wobec siebie i innych.

Ale co byłoby tak głębokiego w energii jądrowej?

To, co jest głębokie, nie jest łatwo dostrzegalne. Jeśli nie potrafisz czegoś sobie wytłumaczyć, ale chcesz, to często się tego domyśla i zakłada. Zwolennicy energii jądrowej są szybko odrzucani z hasłem: przecież płaci im "lobby jądrowe". Przeciwnicy energii jądrowej są zwykle oskarżani o irracjonalność, powołując się na przyczyny religijne, ideologiczne i archetypiczne. Rzadko zdarza się, aby ich równie często istniejące interesy materialne były otwarcie poruszane.

....

Bez energii nic nie działa. Energia to, zgodnie z powszechną definicją, zdolność do wykonywania pracy w sensie fizycznym. Zatem to przede wszystkim gospodarka powinna działać - ale czy bezwzględnie konieczne jest wykorzystanie w tym celu energii jądrowej? Przeciwne pytanie: Dlaczego nie mielibyśmy korzystać z energii jądrowej?

Co jest w tym takiego innego niż inne źródła energii?

Aby prawidłowo zaklasyfikować to pytanie, chcielibyśmy najpierw przypomnieć Państwu o najważniejszych procesach energetycznych dla człowieka jako istoty żyjącej i kreatywnej kulturowo.

Życie i energia

Podstawą wszelkiego życia jest, poza obecnością płynnej wody, energia. Wszystkie żywe istoty pobierają jako pokarm specjalne surowce energetyczne. Z chemicznej lub molekularnej transformacji tych substancji uzyskują one energię potrzebną do wyrażenia ich życia. Są one przekształcane ze stanu, w którym zawierają więcej energii (skrobia, cukier) do stanu o niższej energii (np. kał, CO_2, woda).

Węglowodany są głównym źródłem energii dla bardziej znanych gatunków zwierząt i dla ludzi jako istot biologicznych. Są to substancje składające się z atomów węgla i wodoru. W dziedzinie technicznej stosujemy węglowodory złożone z tych samych składników, ale inaczej. Ponadto stosowane są inne energetyczne wiązania chemiczne, ale nie będziemy się w to dalej zagłębiać.

Energia z przemiany materii pozwala żywym istotom poruszać się, szukać pożywienia, rozmnażać się, w skrócie: żyć. Węglowodany (CHxxx) i tlen atmosferyczny O2 są w większości przypadków przetwarzane na dwutlenek węgla (CO_2) i wodę (H2O). W ten sposób normalna osoba wydycha około 1 kilograma CO_2 dziennie (24 godziny). To około 500 litrów tego gazu.

Czy żywe istoty stopniowo podważają podstawy swojej egzystencji poprzez przekształcanie całego tlenu, czy też tworzą nieprzyjazną dla życia szklarnię z CO_2? Oczywiście, że nie! To zasada natury, że nic nie jest stracone - nawet energia. To, co się dzieje, to przemiany materialne, a także przemiany energetyczne. Kiedy zużywamy energię, przekształcamy ją z jednej formy w inną. Odpady, woda i CO_2 są w rzeczywistości ponownie przetwarzane na węglowodany, "poddane recyklingowi".

....

Człowiek, jak wszystkie zwierzęta, żyje z takich procesów metabolicznych w swoim organizmie. W każdym przypadku, małe ilości substancji są zmieniane w sposób dobrze dozowany, bez naszego świadomego wpływu na nie. Człowiek zaczął różnić się od zwierząt tym, że nie ograniczał się do metabolizmu wewnątrz swojego organizmu. Zaczął zmieniać tkaniny w swoim otoczeniu, szyć ubrania, rzeźbić narzędzia, układać pola i zauważać, że jego organiczne źródło energii staje się zbyt rzadkie do tych zadań. Zaczął rozszerzać swoją aktywność życiową, wykorzystując metabolizm innych żywych istot do własnych celów. Zaczął - czego zwierzęta nie mogą zrobić - zajmować się metabolizmem energetycznym niezależnie od organów biologicznych we własnych urządzeniach: kontrolą ognia.

Zasadniczo, ogień jest nieco kontrolowaną formą tego, co dzieje się powoli i w małych ilościach podczas "naturalnego" metabolizmu. Podobnie jak w przypadku reakcji łańcuchowej, ogień wytwarza dużą ilość stałych wiązań molekularnych. Energia uwolniona w tym procesie jest wykorzystywana przez ludzi do ich własnych celów. Rozwój technologii początkowo polegał na lepszej kontroli reakcji łańcucha molekularnego - począwszy od dodawania drewna opałowego do kontrolowanego wtrysku mieszanki paliwowej do silnika spalinowego.

W kolejnym kroku celem było bardziej szczegółowe wykorzystanie uwolnionej energii. Podczas gdy w otwartym ogniu pod garnkiem większość uwolnionej energii wydostaje się niewykorzystana do środowiska, w nowoczesnych systemach paleniskowych ponad połowa uwolnionej energii molekularnej jest już wykorzystywana na przykład do wytwarzania pary. W ten sposób człowiek zwiększył efektywność wykorzystania swojej energii w trakcie rozwoju technologicznego. W tym celu opracował również pewne procesy chemiczne i aparaturę (np. komórkę paliwową), które organizują proces przemiany materii w podobny sposób - tylko bardziej złożony - jak to ma miejsce w organizmie.

A teraz energia jądrowa

Aby efektywniej wykorzystać tę niewielką ilość energii, człowiek musiał coraz bardziej precyzyjnie wpływać na procesy energetyczne, które zostały tu z grubsza naszkicowane, i w tym celu musiał coraz dokładniej badać skład atomów. W ten sposób natknął się na sprzeczność, która dała mu do myślenia: Jeśli tylko przeciwległe ładunki przyciągają, ale równie skierowane ładunki odpychają - dlaczego elektrony nie wpadają do protonów, a protony w jądrze nie odlecą? Oczywiście, w małym świecie rdzenia są inne siły niż w naszym środowisku! Składniki jądra (nukleony, protony i neutrony) muszą być trzymane razem z siłą większą niż odpychanie elektrostatyczne protonów.

Co to są te wiążące siły nazywane "silną interakcją"? Ich charakter nadal nie jest do końca zrozumiały, ale ich efekt jest dość dokładnie mierzony. Dlatego wiemy, że najbardziej stabilne są jądra z około 50 nukleonami, takimi jak żelazo. Mniejsze rdzenie są trzymane razem z mniejszą siłą niż rdzenie średnie. To samo odnosi się do bardzo ciężkich rdzeni. Jądra z ponad 90 protonami są nawet tak niestabilne, że na dłuższą metę nie trzymają się razem.

Teraz to samo odnosi się do energii wiązania jąder, jak i do energii wiązania chemicznego. Wiążąca energia jądrowa to energia, która jest wykorzystywana do rozbicia jądra na jego części składowe. Gdy jądra lekkie są łączone w jądra cięższe (fuzja jądrowa),

----

Fuzja jądrowa jest trudniejsza do osiągnięcia niż rozszczepienie ciężkich jąder, ale ich "paliwa" są dostępne w znacznie większych ilościach: Obliczono, że jeden litr wody morskiej zawiera wystarczającą ilość deuteru, aby uwolnić taką samą ilość energii, jak w przypadku spalania 7000 ton węgla kamiennego. To pokazuje, jak absurdalne jest mówienie o niedoborze energii w sensie technicznym. Niedobór jest raczej zmienną ekonomiczną, jest wliczony w cenę i dotyczy potężnych ludzkich interesów. Jednakże na drodze do pokojowego wykorzystania syntezy jądrowej nadal stoją poważne problemy techniczne i gospodarcze.

Duża zaleta wysokiej gęstości energii jest oczywista. Jeden gram jest łatwiejszy w obsłudze niż trzy tony, a podczas rozszczepiania powstaje tylko około jednego grama odpadów w postaci produktów rozszczepienia. Przy spalaniu węgla taką samą ilość energii uzyskuje się poprzez spalenie około 3 ton CO_2 oraz, w zależności od jakości węgla, dobre 100 kg popiołu, który również miesza się z wszelkiego rodzaju nieprzyjemnymi substancjami.

Oporność na fuzję jądrową prawie nie była dotychczas zgłaszana, ponieważ jej ekonomiczne wykorzystanie jest nadal dalekie. Przeciwnicy energii jądrowej jak dotąd walczyli tylko z ekonomicznie wykorzystywanym rozszczepieniem jądra atomowego. W związku z tym pojawia się pytanie: Dlaczego ludzie nie mieliby korzystać z tego dostępnego źródła energii? Udając się wykorzystać molekularne siły wiążące dla siebie i swoich celów, kiedyś odróżniał się jako człowiek od zwierząt i wziął na siebie odpowiedzialność za stworzone przez siebie środowisko ludzkie. Wykorzystanie podstawowych sił wiążących daje mu większą siłę do dalszego rozwoju i bardziej zdecydowanego wypełniania podjętych już obowiązków.

Nie jest jasne, czy krytyka wykorzystania energii jądrowej jest skierowana przeciwko specyfice energii jądrowej, czy też raczej przeciwko związanemu z nią "upodmiotowieniu" ludzkości. Zgłoszony sprzeciw jest skierowany przeciwko rzekomemu potencjałowi elektrowni jądrowych w zakresie katastrof. Wyższe ryzyko w razie wypadku jest kolejnym powodem takich zastrzeżeń. Prawdziwym sprzeciwem, którego nie słyszy się, może być nieufność wobec upodmiotowienia człowieka, które karmione jest zbyt głęboką wewnętrzną samoświadomością. Zwróćmy uwagę na potencjalne niebezpieczeństwa.

....

Prawo do dysponowania energią jądrową jest prawem politycznym i ma niewiele wspólnego z tak zwanymi kwestiami bezpieczeństwa. Coraz więcej krajów uniezależnia się od paternalizmu polityki energetycznej wiodących zachodnich krajów uprzemysłowionych, zwłaszcza ich przedsiębiorstw energetycznych, i w związku z tym zwiększa swój potencjał jądrowy. Kiedy Niemcy, pomimo swojego dawnego przywództwa technicznego w tej dziedzinie, rezygnują z energii jądrowej, nie ujawnia to ani mądrej ostrożności, ani skromności polityczno-politycznej, lecz ideologiczne złudzenie. Fakt, że obecnie podzielają ją wszystkie partie uznane przez media za uprawnione do wyborów, wskazuje, że została ona narzucona. W trakcie oślepiania nuklearnego zniszczono miejsca pracy w tym kraju, utracono możliwości rynkowe i, co nie mniej ważne, nacisk na tak zwane odnawialne źródła energii coraz bardziej rujnował gospodarkę kraju. Co skłania przedstawicieli mediów, polityki, gospodarki, showbiznesu i organizacji ekologicznych do realizacji tej unikalnej na skalę światową polityki demontażu?

Postęp i cywilizacja ludzka

Wykorzystanie molekularnych sił wiążących (np. C + O2 = CO2 + ruch cieplny) jest nadal głównym źródłem energii naszego społeczeństwa przemysłowego. Od czasu Wcielenia, brak lub zaporowy charakter energii (poza kontrolowaniem ziemi i jej skarbów) jest coraz częściej prawdziwą przyczyną potrzeb i nieszczęść, ponieważ dostawy potrzebne do zaspokojenia potrzeb nie mogą być produkowane bez energii. Konieczność - zwłaszcza ta, która jest niepotrzebnie przedłużana i bezsensownie utrzymywana - odwraca naszą uwagę od nas samych i od wyzwania, by stać się "niezbędną", gdyż odpowiada naturze człowieka.

Ale człowiek jest ewidentnie istotą, która - w przeciwieństwie do zwierząt - może rozwijać się i wzrastać poza sobą. To, że stajemy się pierwszymi ludźmi dzięki naszemu własnemu wkładowi, który każdy może i chce wnieść w wyjątkowy sposób, aby poprawić warunki życia naszych bliźnich lub całej biosfery, jest "osobliwe" dla nas, ludzi.

Taki własny, twórczy wkład dla innych - nawet jeśli jest to tylko udana próba obudzenia blasku radości w smutnych oczach - lub poprawy materialnego zaopatrzenia ogółu społeczeństwa, jest jedyną realną "własnością", którą możemy nabyć, w przeciwieństwie do własności nieistotnych. Twórczość, dalszy rozwój wiąże się zawsze z czymś, co w sensie religijnym nazywano śmiercią starego i odrodzeniem "nowego" człowieka. Gdzie wyzwalane są większe obawy niż w takich przejściach, które są tak istotne dla ludzkości?

Twierdzi się, że technologia nie ma nic wspólnego z moralnością, zależy tylko od tego, co człowiek robi ze swoimi możliwościami technicznymi. Może to być prawdą w większości przypadków, ale nie dotyczy odrzucenia lub nawet uniemożliwienia możliwości technicznych, które mogłyby uwolnić ludzi od braku i potrzeby materialnej - poprzez uniemożliwienie im, innym odmawia się bardziej ludzkiego istnienia lub nawet tzw. przeludnienia. Takie odrzucenie jest podstawową kwestią moralności. Zabicie człowieka nie jest wcale bardziej naganne niż pozwolenie mu umrzeć z głodu przez wymuszone warunki życia - jak to się dziś dzieje na całym świecie z powodów politycznych, gospodarczych i rzekomo środowiskowych - lub przynajmniej zaakceptowanie tego.

Bez wykorzystania technologii jądrowej nie będzie w przyszłości ani społeczeństwa przemysłowego, ani humanitarnej cywilizacji. Człowiek pozostaje człowiekiem w pewnym sensie, gdy okoliczności materialne nie pozwalają mu na rozwój. Ale jeśli ze strachu, lenistwa czy zła okradnie się z możliwości rozwoju, na pewno stanie się nieludzki i moralnie zatonie poniżej poziomu "nieświadomie niewinnego" zwierzęcia.

Opanowanie energii jądrowej - nie tylko rozszczepienia jądrowego, o którym w dużej mierze tu dyskutowano, ale jeszcze bardziej syntezy jądrowej, reakcji materia-antymateria i innych reakcji jądrowych uwalniających energię - jest zatem fatalnym pytaniem dla ludzkości. A to czyni go kwestią moralności, obok wszystkich problemów naukowych i technicznych, które muszą zostać rozwiązane w związku z wykorzystaniem energii jądrowej. Opanowanie energii jądrowej jest nie tylko zadaniem technicznym, nie tylko politycznym, ale przede wszystkim ludzkim.

Ludzkość stoi dziś przed podobnym problemem jak antropoidy na początku ludzkiej cywilizacji. W tym czasie chodziło o przezwyciężenie zwierzęcego strachu przed opanowaniem molekularnych sił wiążących poza własnym ciałem (ogień). Ogień dawał wystarczająco dużo "prawdziwych" powodów, aby rozwinąć strach przed nim. Niektóre z antropoidów zdołały przezwyciężyć ten strach i poprzez produktywne opanowanie molekularnych sił wiążących stały się ludźmi, ale ci, którym się to nie udało, pozostali lub (jak sugerują najnowsze badania) stali się jedynie małpami.

Dziś stoimy u progu warunków produkcji, które ze względu na ogromne techniczne możliwości dostaw po niskich kosztach, coraz bardziej uniemożliwiają dalsze zmuszanie ludzi do działania w sposób zdeterminowany zewnętrznie, zagrażając potrzebie i pragnieniu. Jesteśmy zatem na progu społeczeństwa, które nie musiałoby już być przekonane i kierowane przez władzę i przemoc gospodarczą, ale przez mądre, kreatywne, postępowe idee i propozycje strategii. Jest to scenariusz przerażający zarówno dla coraz bardziej zdegenerowanej współczesnej elity władzy, jak i dla jej sterroryzowanych, przestraszonych zwolenników.

Jednocześnie stoimy na progu, który stawia nas, ludzi, przed wyborem: albo rozwijać ewolucję biosfery w sposób wiodący i kształtujący i brać za nią coraz większą odpowiedzialność, albo rozwijać się z powrotem do obiektów ewolucji biologicznej - do zwierząt, to znaczy - (na co zdaje się wskazywać nasza obecna "kultura") i w ten sposób przekazać nasz rozum i naszą odpowiedzialność metafizycznej "Matce Naturze". Dlatego nasza obecna sytuacja progowa jest porównywalna do sytuacji antropoidów na progu poprzedniego stopnia wcielenia. U podstaw wymaganej decyzji leży pytanie o sposób kontrolowania wiążących sił jądrowych.

Tyle o fragmentach tej szczególnie użytecznej książki, która oprócz wszystkich podstawowych kwestii związanych z energią jądrową, poszerza również pogląd na związki ludzkiej egzystencji.

4.2.5 Zbiornik i płyta - oba są możliwe!

Poniższe oświadczenie autora zostało opublikowane przez Stowarzyszenie na rzecz Zdrowia i Ochrony Krajobrazu (sturmlauf.de) na jego stronie internetowej:

"Kwestie techniczne/ekonomiczne nurtują mnie od wielu lat, jako konsultanta ds. zarządzania finansowego IT, a także kwestie energetyczne w naszej przemysłowej ojczyźnie. Szczególnie wysoko skoncentrowana energia dla naszych samochodów i pojazdów - energia mobilna. Priorytetem jest to, jak to zapewnić i zmniejszyć naszą zależność od ropy naftowej i gazu (import).

W kontekście debaty na temat energii konieczne jest rozważenie różnych zastosowań: w szczególności **biopaliwa kwestionują** tych, którzy chcą zarezerwować całą ziemię wyłącznie na żywność. Mobilność jest wykorzystywana w zamian za żywność, brazylijski syrop cukrowy jest porównywany z niemieckim bioetanolem, pierwsza i druga generacja BtL jest pozycjonowana, a monokultury preferowane przez dotacje do kukurydzy są oceniane jako szkodliwe dla zwierzyny łownej.

Nawet te kilka słów kluczowych pokazuje, co leży pod powierzchnią tego problemu.

Nie ma wątpliwości, że ważniejsze jest zapewnienie ludziom w krajach ubogich wystarczającej ilości żywności niż dalsze zwiększanie mobilności w krajach uprzemysłowionych. Ale rozwój tych biednych obszarów wymaga również paliwa. Paliwo jest również potrzebne do dostarczania żywności na obszary dotknięte ostrym głodem. Śmigłowiec do życia ofiary jest tak samo potrzebny, jak ciepło dla osoby zamarzającej na śmierć i jedzenie dla osoby głodującej: wszystko to wymaga również wkładu energii w postaci paliwa. Miliard ludzi z nadwagą ma za dużo jedzenia. Dzięki twojej nadmiernej konsumpcji możesz uratować pozostałe miliardy głodujących ludzi przed ich nędzą.

Nikt nie znajdzie rozwiązania dla wszystkich konkretnych indywidualnych przypadków, bez względu na to, jak dobre są argumenty. Rozwiązania biurokratyczne w zakresie "sprawiedliwej kontroli", w przypadku których żywność jest ważniejsza od paliwa, lub które grupy ludzi mają większe prawo do żywności lub mobilności, wyrządziłyby więcej szkody niż pożytku. Często ulegają naciskom grup lobbystów. A inicjatywy i stowarzyszenia etyczne również nie zawsze mają najlepszy wgląd.

Ponieważ paliwo ze źródeł kopalnych wyschnie w przewidywalnej przyszłości, należy znaleźć inne sposoby. Jeśli pola drzewne są wykorzystywane do pozyskiwania energii na terenach, które nie pozwalają na produkcję żywności (przykład Viessmann w Allendorfie), to równowaga etyczna nie jest prawie zagrożona. To, czy brazylijscy rolnicy uprawiający cukier i amerykańscy rolnicy uprawiający kukurydzę naprawdę zawsze zabierają ziemię rolnikom produkującym żywność, jest czymś, co trudno ocenić z dystansu.

Ale jak wyglądałaby ogólna zasada? Czy w ogóle możliwe jest osiągnięcie sprawiedliwej równowagi pomiędzy tymi interesami? Czy istnieją ogólne podstawowe zasady, prawa, czy też centralny mózg, który waży wszystkie te potrzeby za pomocą wszechstronnej ekstrapolacji i czynnika etycznego, tak aby nikt nie został skrzywdzony? A potem administracja, która by to zagwarantowała na całym świecie? Nie wydaje mi się!

Klub Rzymski zawiódł już z powodu tak zawężonych umysłów, jak komunistyczna centralna gospodarka administracyjna.

Do rozwiązania należy podchodzić zupełnie inaczej. Ludwig Erhard i mistrzowie społecznej gospodarki rynkowej widzieli to dość wyraźnie już pod koniec lat czterdziestych XX wieku. W czerwcu 1949 r. zlikwidował centralne kierownictwo i zamiast tego zapewnił **neutralną platformę dla wielu milionów indywidualnych ludzkich decyzji, aby osiągnąć najlepszą równowagę wszystkich życzeń i potrzeb. Tylko rynek jest odpowiednim forum dla optymalnego wymiaru sprawiedliwości.**

A rynek ten musi być utrzymywany w czystości i niezakłócony za pomocą wszelkich środków, z efektywną konkurencją i przepisami antymonopolowymi, inteligentnymi ludźmi, którzy je wdrażają. Aby ceny były kształtowane swobodnie i uczciwie przez podaż i popyt. Państwo musi zagwarantować tę swobodę, a nie poprzez samo ustalanie cen, manipulację, subsydiowanie i tym samym zakłócanie cen. Ale raczej poprzez zapewnienie przejrzystości i konkurencji, zapobieganie monopolom, zapobieganie nadmiernemu wykorzystywaniu "wolnych towarów". Absurdem jest na przykład produkowanie w USA pelet drewnianych z wkładem energetycznym, transportowanie ich do Niemiec w celu spalenia "przyjaznej dla środowiska" elektrowni. Prawdopodobnie część kosztów środowiskowych nie jest uwzględniona, zalesianie nie jest brane pod uwagę, zużycie ropy naftowej i zanieczyszczenie morza przez statki nie są brane pod uwagę, inne skutki są gdzieś przypisywane do środowiska. Nie ma adwokata na rynku międzynarodowym. Ujęcie wszystkich tych czynników w jednym modelu jest dziełem syzyfowym, którego nikt nie może regulować lepiej niż **wolnych cen na przejrzystym rynku.**

5 Koszty, korzyści Efektywność ekonomiczna

W tym rozdziale przedstawiono konkretny przykład produkcji etanolu z drewna lub węgla brunatnego. Z naszego punktu widzenia, te dwa materiały wejściowe są początkowo brane pod uwagę, ponieważ

- Drewno jest zasobem odnawialnym, a odpady drzewne mają być opryskiwane w tym miejscu.
- Węgiel brunatny może być wykorzystywany w sposób przyjazny dla środowiska naturalnego ze względu na decyzje o jego stopniowym wycofaniu.

Jako wstępny etap naszej ogólnej kalkulacji efektywności ekonomicznej, przedstawiamy tutaj podstawowe dane, na których opieramy nasze obliczenia. Należy dokonać rozróżnienia:

- Konkretne dostępne dane, wielkości fizyczne i prawa natury
- Dane, dla których nie są (jeszcze) dostępne żadne wiarygodne wartości, które w związku z tym musimy założyć

Ponieważ szczegóły tych danych zostały już przedstawione i omówione w poprzednich rozdziałach, możemy się tutaj skoncentrować na tych, które są istotne dla następującego obliczenia efektywności ekonomicznej. Na przykład, nie musimy powtarzać zawartości energii we wszystkich materiałach wyjściowych, tylko w drewnie i węglu brunatnym.

5.1 Podstawowe dane

Opiera się to na rocznej produkcji około 1 miliarda litrów benzyny, która będzie produkowana w zakładzie uwodorniania. Ale ponieważ początkowo wszystko opieramy na etanolu, do uzyskania tej samej zawartości energii potrzeba około 1,3 miliarda litrów etanolu. Wielkość ta odpowiada około 2 procentom rocznego zużycia 40 miliardów litrów.

W związku z tym jest on stosunkowo niewielki do pracy z łatwymi do opanowania liczbami. Z drugiej strony, jest on wystarczająco duży, aby osiągnąć realistyczną wielkość gospodarstwa. W 1944 roku w całych Niemczech wyprodukowano 4 miliardy litrów, pokrywając prawie całe zużycie. Dziś jest to około dziesięć razy więcej, ale mówi się, że kurczy się z powodu innych napędów. Wartości te nie są w ogóle stałe, lecz służą jedynie do przybliżonych obliczeń. Optymalne rozmiary fabryczne mogą prowadzić do różnych ilości rocznych.

5.1.1 Koszty inwestycji w elektrownie.

Poniższy wykaz głównych producentów energii elektrycznej przedstawia koszty inwestycji w przeliczeniu na zainstalowany megawat mocy (zwane również mocami elektrowni):

Miejsce, Projekt	Źródło energii	Wielkość (MWe)	milion na MWe
Daty - EON	Węgiel	800	1,000
Neurath (BoA 2+3)	Węgiel brunatny	??	1,047
USA - Hyperion	Rdzeń	25	1,200
Berlin -Vattenfall (plan)	Węgiel kamienny	??	1,250
Bützfleth - Electrabel	Węgiel	800	1,250
Nowe EJ w Rosji	Rdzeń	2.340	1,300
Moorburg - Vattenfall	Węgiel	1.650	1,300

Hamm Uentrop RWE	Węgiel	1600	1,375
Czarna pompa		??	1,400
Turbiny wiatrowe na lądzie	Wiatr	??	1,500
Nowe EJ w Rosji	Rdzeń	??	1,730
Olkiluoto	Rdzeń	1.600	1,875
Neurath (BoA)	Węgiel brunatny	??	2,000
Turbiny wiatrowe na morzu	Wiatr	??	2,600
Rüdersdorf pod Berlinem	Śmieci	32	3,000
Olkiluoto	Rdzeń	1.600	3,190
Nowe elektrownie jądrowe w USA	Rdzeń	??	3,200
Trewir: Moduły cienkowarstwowe	Słońce	8	3,570
Rheinfelden		??	3,800
Meck. Vorp. Biopower	Gnojowica płynna	??	4,000
Rynna paraboliczna Las Vegas KW	Słońce	??	4,000
USA - EUCI	Rdzeń	50	4,100
Borcum - alfa-ventus	Wiatr	??	4,200
Aspen Grove	Słońce	??	4,600
Systemy energii słonecznej	Słońce	??	6,000
Hiszpania Andasol 1	Słońce	??	6,000
Meble		??	6,400
Erlasee		12	6,670
Katalog Conrada	Słońce	??	6,900
Hamm-Uentrop -HTR łóżko kulowe	Rdzeń	300	7,000
Hiszpania, z pamięcią	Słońce	??	7,500
Kancelaria Federalna	Słońce	??	8,000
Elektrownia słoneczna Jülich	Słońce	??	13,500

Wydajność jest ustalona na poziomie 40 %. Oznacza to, że rozmiar, mierzony w MW energii cieplnej, musi być około dwa i pół razy większy od określonego rozmiaru w MW energii elektrycznej. w przybliżeniu oznacza to, że moc elektryczna wynosi tylko 40 procent podanej mocy cieplnej MW. Na przykład Olkiluoto I z około 4.000 MW mocy cieplnej kosztuje około 750 tys. euro za MW mocy cieplnej.

Nie wiadomo, czy te kwoty inwestycyjne zawierają wszystkie koszty fazy planowania i ewentualnego późniejszego demontażu. Nie jest również konieczne wyciąganie wniosków na temat jakichkolwiek otrzymanych dotacji publicznych. Prawdopodobnie rzeczywiste koszty są czasami znacznie wyższe niż podane w tabeli.

W przypadku elektrowni jądrowych należy również utworzyć rezerwę, która po zakończeniu eksploatacji, zwykle 40 lub więcej lat, jest nadal wystarczająca do przywrócenia stanu sprzed budowy.

Dla **reaktora ze złożem kulistym dostępne są jednak niezawodne** wartości, które w dużej mierze pochodzą z wkładu prof. K. Knizia i kierownictwa "Hochtemperatur-Kernkraftwerk GmbH (HKG) - Joint European Enterprise" w Hamm. W związku z tym stanowią one podstawę do następujących obliczeń ekonomicznych, które są dobrze uzasadnione.

5.1.2 Podstawowe dane dotyczące biopaliw

Podstawowe dane objaśnione szczegółowo w poprzednich rozdziałach zostały tutaj podsumowane w celu dokonania obliczeń dotyczących naszej efektywności ekonomicznej przy jak najmniejszej liczbie założeń.

Dla tej informacji, zazwyczaj używamy kilo, mega lub gigawatogodzinę wszędzie. Rozróżnia się ją na termiczną i elektryczną tylko w razie potrzeby. Eliminuje to wszystkie konwersje na dżul, BTU, mw/d itd., co jest pomocne w zrozumieniu.

W przypadku drewna liczymy na to, że tony uciekną przed różnorodnością jednostek związanych z lasem.

Drewno należy uznać za surowiec, ponieważ jest ono typowe pod względem zawartości energii, jest znane wszędzie i nie jest bardzo krytyczne z innych aspektów. Jak widać w punkcie 1.1.2.1.6 zawartość energii - w zależności od stanu i odmiany - wynosi 4,4 kWh na kilogram lub 4.400 kWh na tonę. Produkt końcowy, jakim jest etanol, ma zawartość energetyczną wynoszącą - obliczoną na niskim poziomie - 6 kWh na litr. 700 milionów litrów ma zawartość energii 4,2 miliarda kWh.

5.1.2.1 Wykorzystana ilość i wydajność

Węgiel brunatny jest również uważany za surowiec, ponieważ wraz z planowanym zaprzestaniem produkcji energii elektrycznej, duża część rezerw i maszyn górniczych oraz infrastruktury może być nadal w dużym stopniu wykorzystywana. Zasadnicza różnica w stosunku do węgla brunatnego polega na tym, czy weźmie się pod uwagę wagę danej ilości w ziemi, czy też ilość już oczyszczoną i wysuszoną. Najczęściej trzeba usunąć około połowy masy ziemi jako niepokojące góry i wodę, aby uzyskać rozsądne wykorzystanie masy.

Ta uwaga ma decydujący wpływ na efektywność. Jeśli obliczysz z oczyszczoną masą wejściową, wydajność jest podwojona i wygląda lepiej niż w rzeczywistości. Ponieważ to oczyszczenie

- pożera dużą część energii, która została później pozyskana
- zniekształca podstawę odniesienia i wskazuje na lepszy wynik

Porównując elektrownie ze sobą, nie ma to znaczenia, ponieważ wszystkie one popełniają ten sam błąd. Ale jeśli chce się produkować paliwo zamiast energii elektrycznej z węgla, podstawa obliczeń jest kluczowa. To pokazuje, kto lepiej wykorzystuje energię.

5.1.3 Zużycie paliwa do 2040 r.

Z informacji dostarczonych przez UPI, Exxon, MWV i Statistę wynika jednomyślnie, że zużycie oleju napędowego i benzyny do samochodów osobowych i ciężarowych w Niemczech spada. Turystyka paliwowa odgrywa tu ważną rolę, ponieważ olej napędowy jest znacznie tańszy za granicą niż w Niemczech. Jako kraj tranzytowy powstaje groteskowa sytuacja, w której większość gazów spalinowych jest produkowana w naszym kraju, podczas gdy odpowiednie podatki od oleju napędowego płyną do krajów sąsiednich.

Chociaż prognozy tych czterech źródeł znacznie się różnią, można założyć, że w 2040 roku nadal będziemy zużywać od 40 do 45 miliardów litrów benzyny i oleju napędowego.

Prognose des Mineralölverbrauchs in Deutschland bis 2025

(in Mio t)

	Mineralölprodukte	2004	2005	2006	2007	2008	2009	2010	2015	2020	2025	Veränderungsraten in v.H. 05/04	06/05	2007/05	2008/05	2009/05	2010/05	2015/05	2020/05	2025/05
+	Ottokraftstoffe	25,0	23,4	22,6	22,0	21,5	21,0	20,5	17,9	15,6	13,6	-6,4	-3,4	-5,9	-8,2	-10,5	-12,3	-23,5	-33,5	-42,0
+	Dieselkraftstoff	29,9	29,7	30,2	30,6	30,8	31,2	31,3	30,5	28,6	26,0	-0,6	1,6	2,8	3,7	4,8	5,1	2,5	-3,9	-12,4
+	Heizöl, leicht	25,4	24,5	25,9	24,6	24,5	24,0	23,4	21,1	19,2	17,6	-3,8	5,9	0,5	0,3	-1,9	-4,4	-13,6	-21,3	-28,1
+	Heizöl, schwer / Rückst.	6,3	6,0	5,9	5,7	5,5	5,4	5,3	4,8	4,7	4,5	-3,5	-2,2	-5,1	-8,3	-10,9	-12,9	-19,8	-22,7	-25,0
+	Schmierstoffe	1,0	1,0	1,0	1,0	1,0	1,0	1,0	1,0	1,0	1,0	-1,6	-0,7	-1,0	-1,7	-2,0	-2,5	-4,9	-6,3	-7,0
+	Rohbenzin	17,9	18,0	18,2	18,3	18,4	18,5	18,7	19,2	19,7	20,0	0,7	0,7	1,5	2,2	2,8	3,5	6,5	9,4	10,7
+	Flüssiggas	2,7	2,8	2,8	2,8	2,8	2,8	2,8	2,9	3,0	3,0	3,7	-0,2	0,5	1,1	1,7	2,3	5,9	7,9	10,6
+	Flugturbinenkraftstoff	7,5	8,1	8,5	8,9	9,3	9,7	10,1	11,1	11,7	12,3	7,6	4,5	10,1	15,0	20,0	24,9	37,5	44,8	52,4
+	Bitumen	2,7	2,9	3,0	3,0	3,0	3,0	3,0	3,0	3,0	3,0	7,5	3,2	3,8	4,2	4,8	4,6	4,6	4,3	4,0
+	Sonstige Produkte	2,3	2,2	2,2	2,2	2,1	2,2	2,2	2,1	2,1	2,1	-1,6	0,2	0,3	-4,8	-1,0	-1,2	-3,8	-5,0	-7,0
=	**Zwischensumme**	**120,7**	**118,7**	**120,3**	**119,2**	**119,1**	**118,8**	**118,3**	**113,8**	**108,6**	**103,1**	**-1,7**	**1,3**	**0,4**	**0,3**	**0,1**	**-0,4**	**-4,1**	**-8,5**	**-13,1**
-	Recycling	6,1	6,5	6,3	6,3	6,3	6,2	6,2	6,2	6,2	6,2	5,8	-3,0	-3,1	-3,2	-3,3	-3,4	-3,3	-3,7	-4,2
=	**Inlandsabsatz**	**114,6**	**112,2**	**114,0**	**112,9**	**112,8**	**112,6**	**112,0**	**107,5**	**102,4**	**97,0**	**-2,1**	**1,6**	**0,6**	**0,5**	**0,3**	**-0,2**	**-4,2**	**-8,8**	**-13,6**
+	Raffinerie EV	7,3	7,4	7,3	7,2	7,1	7,0	7,0	6,9	6,8	6,8	2,6	-2,4	-3,9	-4,0	-5,4	-5,5	-7,3	-8,3	-9,1
=	**Inlandsbedarf**	**121,9**	**119,7**	**121,3**	**120,1**	**120,0**	**119,6**	**119,0**	**114,4**	**109,2**	**103,7**	**-1,8**	**1,3**	**0,3**	**0,2**	**-0,1**	**-0,5**	**-4,4**	**-8,8**	**-13,3**

Źródło: UPI - Environment and Forecasting Institute, Heidelberg

Rys. 20 Prognoza UPI zużycia paliwa

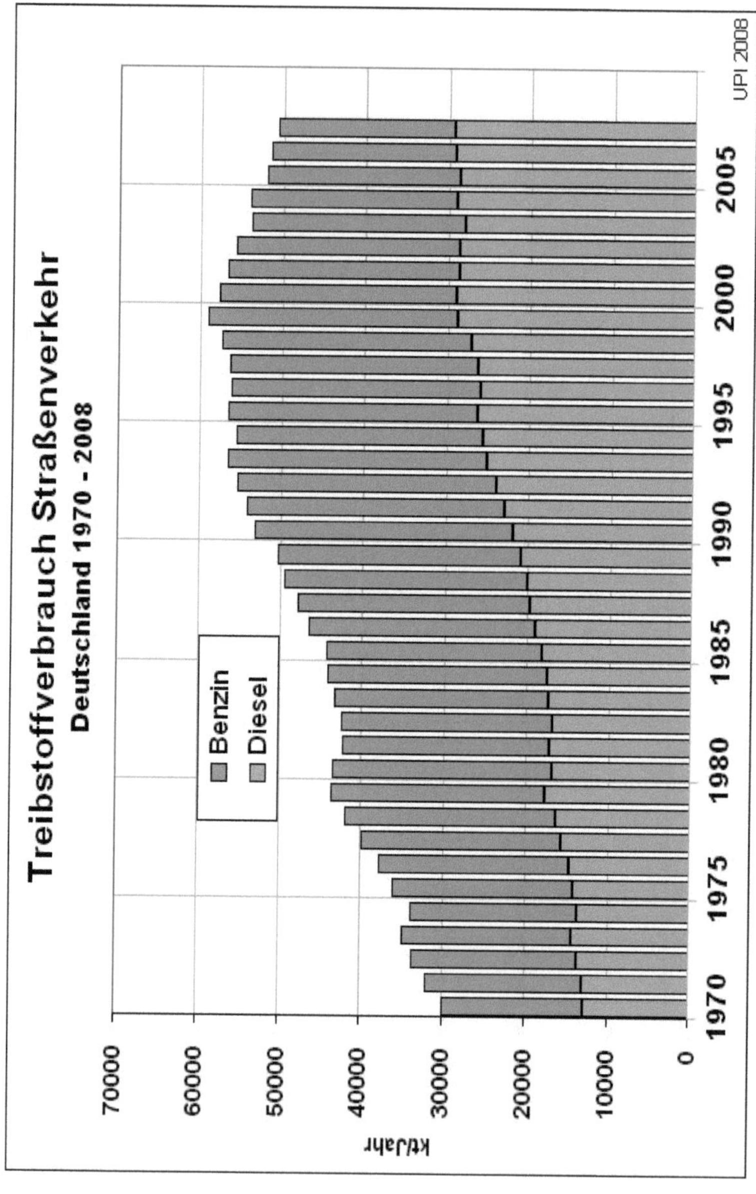

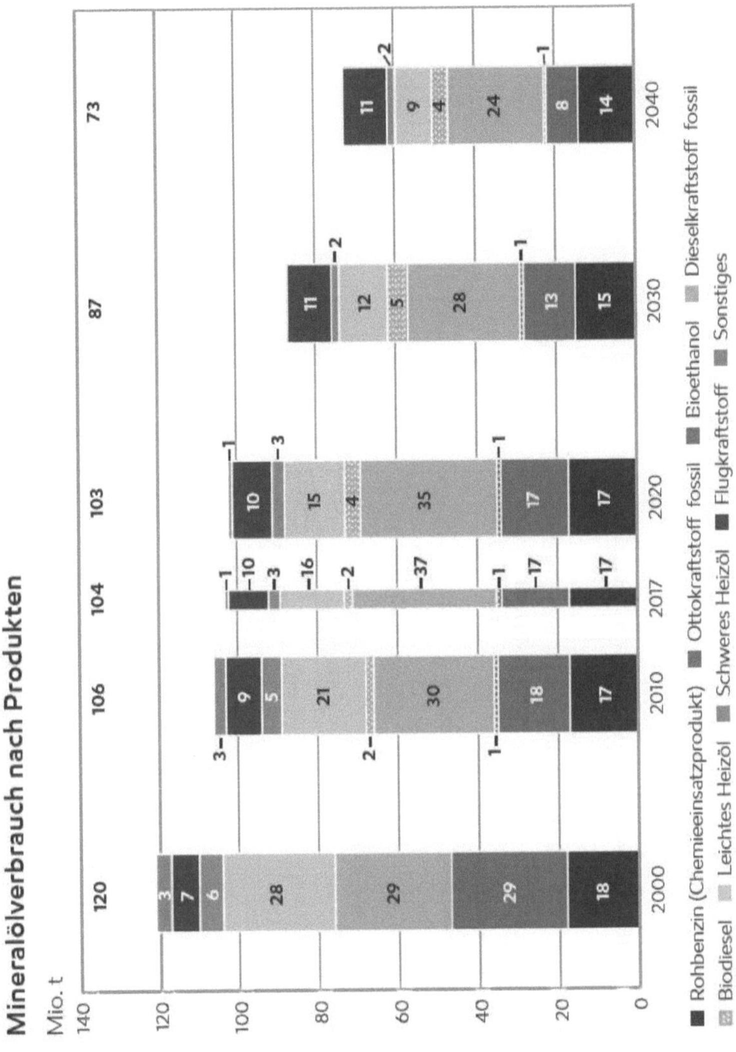

Mineralölverbrauch nach Produkten

Mio. t

	2000	2010	2017	2020	2030	2040
Gesamt	120	106	104	103	87	73

■ Rohbenzin (Chemieeinsatzprodukt) ■ Ottokraftstoff fossil ■ Bioethanol ■ Dieselkraftstoff fossil
■ Biodiesel ■ Leichtes Heizöl ■ Schweres Heizöl ■ Flugkraftstoff ■ Sonstiges

Źródło: EXXON

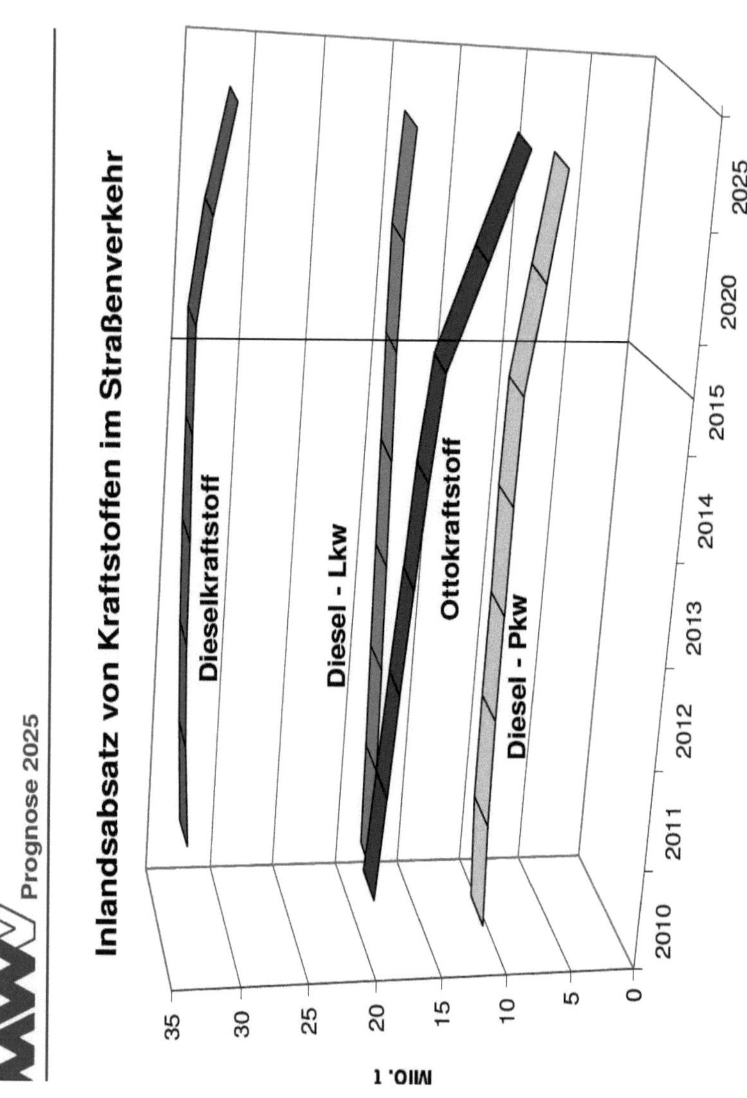

Źródło Stowarzyszenie Handlu Olejami Mineralnymi

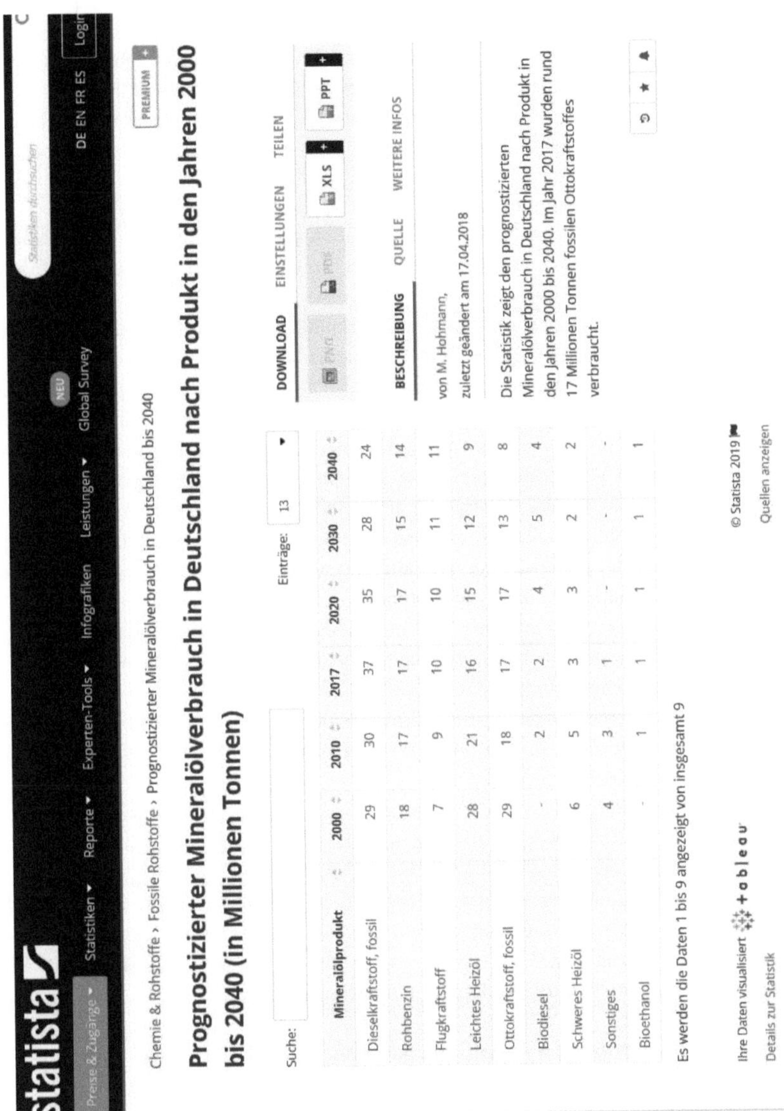

statista

Preise & Zugänge ▾ Statistiken ▾ Reporte ▾ Experten-Tools ▾ Infografiken Leistungen ▾ NEU Global Survey DE EN FR ES Login

Chemie & Rohstoffe › Fossile Rohstoffe › Prognostizierter Mineralölverbrauch in Deutschland bis 2040

PREMIUM

Prognostizierter Mineralölverbrauch in Deutschland nach Produkt in den Jahren 2000 bis 2040 (in Millionen Tonnen)

Suche: Einträge: 13

Mineralölprodukt	2000	2010	2017	2020	2030	2040
Dieselkraftstoff, fossil	29	30	37	35	28	24
Rohbenzin	18	17	17	17	15	14
Flugkraftstoff	7	9	10	10	11	11
Leichtes Heizöl	28	21	16	15	12	9
Ottokraftstoff, fossil	29	18	17	17	13	8
Biodiesel	-	2	2	4	5	4
Schweres Heizöl	6	5	3	3	2	2
Sonstiges	4	3	1	-	-	-
Bioethanol	-	1	1	1	1	1

Es werden die Daten 1 bis 9 angezeigt von insgesamt 9

Ihre Daten visualisiert +ableau

Details zur Statistik

© Statista 2019

Quellen anzeigen

DOWNLOAD EINSTELLUNGEN TEILEN

PNG PDF XLS PPT

BESCHREIBUNG QUELLE WEITERE INFOS

von M. Hohmann,
zuletzt geändert am 17.04.2018

Die Statistik zeigt den prognostizierten Mineralölverbrauch in Deutschland nach Produkt in den Jahren 2000 bis 2040. Im Jahr 2017 wurden rund 17 Millionen Tonnen fossilen Ottokraftstoffes verbraucht.

Źródło: Statista

5.2 Obliczanie efektywności ekonomicznej

W ten sposób śledzimy przepływ materiałów, co oznacza, że w pierwszej kolejności prezentowane są plany i inwestycje, ponieważ przed rozpoczęciem produkcji trzeba mieć fabrykę. Trzeba też dostarczyć energię przed uwodornieniem, itp. Ponieważ takie obliczenie z arkuszem kalkulacyjnym znacznie przewyższa format stron książki, prezentowane są tu tylko dane podsumowujące. Aby otrzymać kompletną tabelę prosimy o kontakt z jochen.michels-at - jomi1.com przez e-mail

To obliczenie efektywności ekonomicznej opiera się na następującej procedurze:

1. W wysokotemperaturowym reaktorze z technologią złoża kulistego ciepło od 900 do 1000 stopni Celsjusza jest generowane za pomocą paliwa jądrowego w postaci gorącego helu.
2. Ciepło gorącego helu jest przekazywane za pomocą 1 lub 2 wymienników do procesu Fischer-Tropsch (FT) w instalacji uwodornienia.
3. Chociaż proces uwodornienia według FT obejmuje zazwyczaj dwa procesy (zgazowanie węgla i późniejsze przekształcenie w paliwo ciekłe a la "Leuna"), obie części postrzegamy tutaj jako procesy nierozerwalne. W tym względzie nie ma znaczenia, czy i który z tych dwóch procesów jest endotermiczny czy egzotermiczny. W każdym razie, ogólny bilans jest taki, że trzeba dostarczyć dużo energii.
4. Kiedy technologia ta była stosowana na dużą skalę w Niemczech, ludzie nie zwracali uwagi na koszty, ponieważ nie było alternatywy. Dziś jednak proces ten musi konkurować z cenami ropy naftowej i rafinerii.
5. Dlatego też ważne jest unikanie marnotrawienia materiału wejściowego (np. węgla, drewna) jako dostawcy ciepła: wymagane wysokie ciepło pochodzi w całości z HTR jako źródła zewnętrznego.
6. Ponieważ materiał wsadowy jest całkowicie opryskiwany, jego wydajność wynosi około 100 procent, jeśli pominie się mniejsze straty. Niemniej jednak, ostrożnie oczekujemy tylko 90 % .
7. Prawie cała energia zawarta w materiale wejściowym znajduje się w produkcie końcowym. Jeśli 1 000 kWh zostanie wykorzystane jako węgiel, 900 kWh wyjdzie w postaci paliwa.

Cały model obliczeniowy jest zaprojektowany do pracy z "co jeśli". Oznacza to, że można zmieniać wartości wejściowe i założenia w wielu miejscach i natychmiast zobaczyć końcowy wynik. Dzięki temu można "grać", aby zbliżyć się do rzeczywistości. Ta funkcjonalność jest oczywiście dostępna tylko w modelu EXCEL, a nie w tej książce.

Ponieważ koszty budowy pieca wysokotemperaturowego ze złożem kulistym nie zostały jeszcze szczegółowo obliczone, w rozdziale 5.1.1 przegląd aktualnych projektów elektrowni wraz z powiązanymi kosztami budowy na megawat elektryczny. Wahają się one od około 1 000 do ponad 10 000 w zależności od źródła energii, wielkości i innych czynników. W centrum zainteresowania znajdują się konwencjonalne elektrownie jądrowe o wartości od 2 do 3,5 mln MWe.

Jeśli teraz przyjmiemy generalnie sprawność na poziomie 40 procent, to na każdy megawat elektryczny potrzeba 2,5 megawata energii cieplnej.

W naszej kalkulacji opłacalności konsekwentnie obliczamy koszty inwestycyjne na poziomie 2.000 euro za MW mocy elektrycznej. Oprócz kosztów fazy budowy i demontażu wynosi to około 2 700 euro za MWel.
Wygenerowane kilowatogodziny termiczne są odpowiednio obliczane z ceną pracy odnoszącą się do ilości kWhth.

5.2.1.1 Założenia

Dla niektórych z podstawowych danych nie są znane żadne wartości empiryczne ani empiryczne. W tych przypadkach należy przyjąć założenia do poważnych obliczeń. Kierujemy się przy tym sprawdzoną metodą "zgadywania", w jaki sposób eksperci osiągają sumienne i wyważone szacunki.

Na przykład, nie ma konkretnych kosztów budowy instalacji do uwodorniania. Fakt, że ostatni znany zakład uwodornienia w jednym z krajów naftowych kosztował około 20 miliardów dolarów, jest z pewnością zdecydowanie zbyt wysoką kwotą.

Na koszty pozostałych czynników składają się głównie energia uwodornienia, którą szacujemy na 3 mln kWh wysokiej temperatury, oraz wodór w ilości 5 mln litrów, amortyzacja, koszty operacyjne i personel dla zakładu.

Zakładamy wydajność na poziomie 40 %, jak w przypadku czystych elektrowni.

5.2.2 **Reaktor z łożem kulistym** (lub "piec" z łożem kulistym, który dostarcza ciepło)

Obliczanie efektywności ekonomicznej Piec z łożem kulistym z		**750**	Megawat termiczny Moc nominalna
zakładana skuteczność	0,4000	**300**	(odpowiada 300 MW energii elektrycznej)
Koszty kapitałowe inwestycji	**Współczynniki obliczeniowe**		
Faza budowy ok. 5 lat	0,3340	267.200.000	Euro
Koszty budowy ukończone		800.000.000	Euro
Rezerwy na likwidację, repozytoria, demontaż	0,3000	240.000.000	Euro
Koszty budowy jako suma kosztów budowy i rezerw.		**1.040.000.000**	Euro
Koszty budowy na megawat elekt		3.466.667	Euro
żywotność użytkowa		30	lata
Inwestycja ogółem = suma kosztów budowy i etapu budowy		**1.307.200.000**	Euro
Amortyzacja na rok		43.573.333	Euro
roczne obciążenie odsetkami	7,50%	49.020.000	Euro
Roczny koszt kapitału		**92.593.333**	Euro

Moc nominalna (= moc) jest wytwarzana w 3 rdzeniach po 250 MWth każdy, co odpowiada 300 MWel ze sprawnością 40 %.

Zakładając koszty budowy w wysokości 800 milionów (zgodnie z krzywą uczenia się), daje to w sumie inwestycję w wysokości 1,3 miliarda euro. Przy 30 latach użytkowania i 7,5% odsetkach, generują one roczne koszty kapitałowe w wysokości około 93 milionów euro.

bieżące koszty operacyjne			
Personel		100	Osoby
Roczne koszty personelu brutto	70.000	7.000.000	Euro
Koszty materiałowe			
Cena rynkowa uranu w postaci żółtego ciasta		221	Euro/do
Roczne spożycie ciasta żółtego		75	do
Energia wejściowa uranu		13.500.000.000	kWh na rok
Uran/tor w paliwie p.a.		16.556	Euro
Produkcja kulek / ziaren	200,00%	33.113	Euro
Przetwarzanie i utylizacja elementów	200,00%	33.113	Euro
Pozostałe koszty		5.000.000	Euro
Konserwacja	12,00%	96.000.000	Euro
roczne koszty operacyjne		**108.082.781**	
Koszty ogółem - Ogółem na rok		**200.676.115**	**Euro**

Ze 100 miejscami pracy z tobą. Eureo 70.000 per capita to koszty osobowe brutto w wysokości 7 milionów rocznie.

Przy cenie rynkowej około 220 euro za tonę żółtego ciasta i zużyciu 75 ton rocznie, koszty surowego paliwa wynoszą około 16.500 euro. Ponadto produkcja i utylizacja elementów kulowych jest czterokrotnie droższa od zakładanej. Paliwo to kosztuje więc około 80.000 euro rocznie.

Przy innych kosztach i 12% wskaźniku utrzymania, koszty operacyjne wynoszą dobre 108 mln EUR.

W związku z tym, oprócz kosztu kapitału, te dane wejściowe dają w rezultacie roczne koszty w wysokości około 200 milionów euro.

Zawartość energetyczna wykorzystywanego uranu wynosi 13,5 mld KWh rocznie. Jest to równoważone przez następujące usługi:

Podstawowe dane dotyczące podatku energetycznego			
Moc nominalna w kilowatach th		750.000	kW th
Godziny pracy w ciągu roku		8.760	Godziny:
Wykorzystanie użytego uranu w %.	48,7	6.570.000.000	kWh th
Dygestoria do konserwacji, usterek itp.		10,00%	
Pozostaje użyteczny czas pracy (użyteczne godziny)		7.884	Godziny:
Redukcja za bezproduktywne godziny pracy		657.000.000	Godziny:
praca z energią użytkową (czasy użytkowe 750 MW)		5.913.000.000	kWh th
Koszt za kWh energii cieplnej Poziom pierwszy		0,03394	**Euro/kWh th**
Redukcja za różnicę temperatur	3,00%	177.390.000	kWh th
Całkowita ilość ciepła użytkowego rocznie.		5.735.610.000	kWh th
Koszt za kWh energii cieplnej Etap drugi		0,03499	**Euro/kWh th**
Maksymalne wykorzystanie temperatury do uwodornienia			
Różnica temperatur od 950 do 600 stopni Celsjusza		40,00%	
Aby dostarczyć jak **najwięcej ciepła** do zakładu uwodorniania		2.294.244.000	kWh th
Na koszt		80.270.446	Euro
Wykorzystanie do wytwarzania energii elektrycznej w wysokiej temperaturze			
Różnica temperatur od 600 do 250 stopni Celsjusza		37,00%	
Do dostarczenia do elektrowni jako wysokie ciepło		2.122.175.700	kWh th
		74.250.162	Euro
Ciepło to powoduje, że wydajność	40,00%	848.870.280	kWh el
Powoduje to, że cena		0,08747	kWh el

Przy nominalnej mocy cieplnej wytwarza się rocznie ok. 5,9 mln kilowatogodzin grzewczych, co kosztuje ok. 3,4 centa przy 7 884 godzinach pracy.

Zakłada się zniżkę w wysokości 3 % ze względu na różnicę temperatur na różnych etapach. (uwaga handlowa). Powoduje to wzrost kosztów do około 3,5 centa za kWhth.

Z całkowitej ilości ok. 2,29 mln kWh zostanie dostarczonych do instalacji uwodorniania w maksymalnej temperaturze (950 do 600 stopni) kosztem ok. 2,5 mln kWh.

Wysokie ciepło od 600 do 250 stopni jest przekazywane do elektrowni w celu wytworzenia energii elektrycznej. Przy wydajności 40 %, daje to 850 milionów kWh el przy cenie nieco poniżej 9 centów.

Wykorzystanie w średniej temperaturze do wstępnego podgrzewania uwodornienia		
Różnica temperatur od 250 do 50 stopni Celsów	21,00%	
Aby dostarczyć do instalacji uwodornienia jako **ciepło wstępne**	*1.204.478.100*	kWh th
kosztem	42.141.984	Euro
Wykorzystanie w niskich temperaturach do innych celów, np. szklarnie, ogrzewanie miejskie, przemysł lokalny		
Różnica temperatur od 50 do 20 stopni Celsów	2,00%	
Ilość możliwa do wykorzystania w ciepłownictwie komunalnym	*114.712.200*	kWh th
kosztem	4.013.522	Euro
sumy kontrolne itp.		
suma podzielonej zawartości energii, musi zawsze	100,00%	jego
Suma całkowitej ilości ciepła użytkowego	5.735.610.000	kWh th
Ogólna efektywność	**42,49%**	
Suma przychodów z tytułu dostarczonego ciepła wszystkich warstw temperaturowych	200.676.115	Euro
W sumie, zakład uwodornienia otrzyma	3.498.722.100	kWh

Średnie ciepło od 250 do 50 stopni jest dostarczane do instalacji uwodornienia w celu wstępnego podgrzania materiałów wsadowych (drewno, węgiel). ok. 1,2 mln kWh przy kosztach ok. 42 mln euro

Najniższy poziom ciepła do 20 stopni jest wykorzystywany do innych celów (ogrzewanie, handel itp.) i nadal generuje około 4 milionów euro przychodów.

Wymienione są tu sumy kontrolne i całkowita efektywność (42,49 %), a także całkowite przychody w wysokości 200 mln EUR rocznie.

Zakład uwodornienia otrzyma w sumie około 3,5 mln kilowatogodzin przy różnych poziomach temperatury. Przychody ogółem odpowiadają dokładnie kosztom ogółem, więc nie zawierają one żadnego zysku. Jest to specyfikacja dotycząca rozliczeń wewnętrznych. Zysk powinien być uzyskany wyłącznie ze sprzedaży produktu końcowego.

5.2.3 Instalacja do uwodorniania, która dokonuje syntezy paliwa

Obliczenie efektywności ekonomicznej instalacji uwodorniania (Fischer-Tropsch)		961.094.746	litry etanolu
odpowiada to w przybliżeniu	0,7000	672.766.322	litry benzyny
Koszty kapitałowe inwestycji	**Współczynniki obliczeniowe**		
Faza budowy ok. 5 lat	0,3340	668.000.000	Euro
Koszty budowy ukończone		2.000.000.000	Euro
Żywotność użytkowa (lata)		30	lata
Inwestycja ogółem = suma kosztów budowy i etapu budowy		**2.668.000.000**	Euro
Amortyzacja na rok		88.933.333	Euro
Odsetki w skali roku	6,00%	80.040.000	Euro
Roczny koszt kapitału		**168.973.333**	Euro

Koszty budowy szacuje się tu na 2 miliardy euro. Ponieważ obecnie w Niemczech nie ma żadnej oferty, wartość ta musi zostać określona w późniejszym terminie.

Z odsetkami i amortyzacją na przestrzeni 30 lat, roczna obsługa zadłużenia wynosi prawie 169 mln euro.

Zakładana stopa procentowa wynosi tu 6 procent. Nawet jeśli nie należy oczekiwać wyższych stóp procentowych w nadchodzących latach, ostrożność handlowa nakazuje przyjęcie stopy procentowej, która przez wiele dziesięcioleci uznawana była za realistyczną.

Jeśli w danym przypadku dostępna jest niższa stopa procentowa, spowoduje to obniżenie ceny produktu

bieżące koszty operacyjne			
Personel		80	Osoby
Roczne koszty personelu brutto	70.000	**5.600.000**	Euro
Koszty materiałowe			
Dostępna energia (wysokie ciepło z KBR)			
Maksymalna temperatura cieplna z łoża kulowego HTR		*2.294.244.000*	kWh
Ciepło średniotemperaturowe z KB-HTR		*1.204.478.100*	kWh
Całkowite dostawy energii z reaktora		3.498.722.100	kWh
Koszt tej dostawy energii		122.412.430	Euro

Zatrudnienie 80 pracowników przy średnich kosztach osobowych brutto w wysokości 70.000 euro powoduje 5,6 mln kosztów rocznie.

Z HTR kupuje się 2,3 mln kWh najwyższego poziomu temperatury i kolejne 1,2 mln kWh średniego poziomu.
W sumie ok. 3,5 mln kWh, co kosztowało łącznie 122,4 mln euro przy indywidualnej cenie 3,5 centa.

		Pozwala to na produkcję paliwa			
		Rodzaj paliwa ciekłego		Etanol	
		Zawartość energii na kg		8,3	kWh/kg
		Wydajność procesu Fischer T.		90,00%	
		Zawartość energii w wytworzonym paliwie		6.297.699.780	kWh
		Roczna ilość produktu końcowego	Etanol	758.759.010	kg
		Specjalna waga jednego litra		0,75	kg/litr
		Roczna ilość produktu końcowego	Etanol	1.011.678.680	Litry
		Materiał wkładany			
		Rodzaj dostępnego materiału wejściowego		Węgiel brunatny	
				5,6	kWh/kg
		Wymagana ilość roczna w zależności od zawartości energii		6.297.699.780	kWh
		Wymagana roczna ilość wagowa w kg		1.124.589.246	kg
		Wymagana roczna ilość wagowa w Do		1.124.589	do
		Cena materiału wsadowego (cena rynkowa)		60	Euro/do
		Całkowite roczne koszty materiałów wsadowych		**67.475.355**	Euro
		Energia HT z pieca z łożem kulowym		**122.412.430**	

Przy takiej ilości energii oczekuje się, że proces "FT" będzie miał niezwykle wysoką sprawność wynoszącą 90 %, tzn. że zawartość energii w wykorzystywanym węglu jest prawie całkowicie przekształcana w etanol.

Zawartość energii w produkcie końcowym - w przypadku etanolu - oraz w materiale wsadowym - w przypadku węgla brunatnego - daje wymaganą ilość około 6,3 mld kWh węgla brunatnego, czyli około 1,125 mln ton.

Zakłada się, że cena rynkowa węgla brunatnego wynosi tutaj 60 euro za tonę, tak więc w roku na tę ilość trzeba wydać około 67,5 mln euro na węgiel kamienny i 122,4 mln euro na ciepło wysokotemperaturowe.

Dostawa wodoru	5.000.000.000	litry gazu
Cena wodoru (cena rynkowa)	0,020	Euro/l
Koszt wodoru na rok	**100.000.000**	Euro p.a.
Suma kosztów materiałów i energii	289.887.785	
Konserwacja 10%	**200.000.000**	
Koszty operacyjne ogółem	495.487.785	
Inne nieprzewidziane zdarzenia	**50.000.000**	
Całkowity kapitał i kwoty operacyjne	**714.461.118**	
Wydajność i cena		
Produkcja na rok	1.011.678.680	Litry
jego odpadów, kurczenie się w procentach	5,00%	Skurcz procentowy
w tym odpady, kurczenie się w litrach	50.583.934	Kurczenie się
Pozostała ilość użytkowa (litry etanolu)	**961.094.746**	**ilość użytkowa**
Cena za litr etanolu z zakładu produkcyjnego	**0,7434**	
Wydajność Etanol w porównaniu z benzyną	0,7000	
Cena za litr ekwiwalentu benzyny	**1,0620**	

Ponieważ - w przeciwieństwie do wcześniejszych uwodornień FT - nie produkuje się tu wodoru w wyniku spalania substratu, musi on być dodatkowo kupowany. Zakłada się, że 5 milionów litrów gazowego H zostanie sprzedanych po cenie rynkowej 20 centów/litr. W związku z tym całkowity koszt materiałów wynosi około 290 milionów euro.

Przy utrzymaniu na poziomie 10%, koszty operacyjne wynoszą około 495 milionów, a oprócz nieprzewidzianych dalszych 50 milionów, całkowite koszty wynoszą około 715 milionów.

Przy skurczu o 5%, produkowana jest ilość użytkowa około 961 milionów litrów etanolu, co daje cenę prawie 75 centów za litr.

Jeśli przeliczyć to na benzynę w stosunku 0,7 do 1,0 ze względu na niższą zawartość energii, litr ekwiwalentu benzyny kosztuje około 1,06 euro z zakładu. Na pierwszy rzut oka cena ta może wydawać się wysoka, ale jest to biorąc pod uwagę inne zalety, jest to z pewnością obiecujące w dłuższej perspektywie czasowej. Eliminuje się wiele wad paliw kopalnych, w tym opłaty ekologiczne, uzależnienie od ryzyka zagranicznego, nie wspominając o korzyściach płynących z bezemisyjnej energii jądrowej wraz z wyżej wymienionymi korzyściami. W przypadku podatku ekologicznego, podatku energetycznego i należnego od nich podatku od sprzedaży, w dużej mierze brak jest konieczności, a tym samym uzasadnienia.

Jest to powtórzone w części I i III i opiera się na wtrysku wysokiej temperatury w cenie 0,032 euro za kilowatogodzinę termiczną. Sposób, w jaki ciepło to może być produkowane po tej cenie, jest pokazany w kalkulacji rentowności w sekcji **Fehler! Verweisquelle konnte nicht gefunden werden.**

Niniejszy załącznik przedstawia obliczenia ekonomiczne dla instalacji uwodorniania i powiązanego z nią pieca kulisto-łóżkowego. Ponieważ nie ma wiarygodnych szacunków dotyczących budowy nowego pieca sferycznego, dodano listę typowych konstrukcji elektrowni o różnych źródłach energii - koszt za MW. Uważamy za realistyczne oszacowanie kosztów HTR z łożem kulistym co najwyżej w środku porównywalnych budynków reaktorów wodnych. Może to nie dotyczyć pierwszych prototypów. Krzywe uczenia się, jak w przypadku wszystkich nowych projektów, muszą być akceptowane. Jednak wtedy zaczyna obowiązywać prawo serii, degresji ilościowej i rosnącego doświadczenia. Oni tylko obniżą koszty. A jeśli te czynniki nie są wystarczające, to w obliczeniach należy również uwzględnić uczciwe wyliczenia dotyczące sporadycznych katastrof i ich skutków.

Fukushima i szacunki japońskiego premiera Kana już w połowie 2011 roku szacują łączną wartość trzech eksplodowanych reaktorów na 140 mld euro. W przeliczeniu na elektryczną kilowatogodzinę daje to cenę ok. 20 eurocentów, przy czym obecnie zazwyczaj oczekuje się od 3 do 4 eurocentów - z zakładu produkcyjnego. Jest rzeczą oczywistą, że koszty te nigdy nie zostaną osiągnięte przy zastosowaniu reaktora ze złożem kulistym HTR, nawet przy najbardziej niekorzystnych założeniach.

W pierwszej części tego wyliczenia przedstawiono kwoty inwestycji, koszty finansowania i wynikające z nich usługi kapitałowe w latach produkcyjnych. Opiera się ona na 30 latach działalności, 5 latach budowy i 6-procentowym udziale.

W sumie daje to około 34 mln euro rocznych kosztów kapitałowych z tytułu odsetek i spłaty.

Jeśli podzieli się całkowite roczne koszty produkcji uwodornienia, za litr etanolu płaci się około 0,41 centa. Ponieważ etanol ma tylko około 70 procent zawartości energii w oleju napędowym lub benzynie, wymaga około 50 procent więcej litrów niż te konwencjonalne paliwa kopalne.

Tak więc litr kosztuje równowartość benzyny i 61 eurocentów (za 1,5 litra etanolu).

Nawet jeśli okaże się, że konieczne jest poniesienie dalszych kosztów, to i tak istnieje margines około 50 procent w górę w stosunku do obecnej ceny paliwa.

Zakłada się, że opodatkowanie zostanie drastycznie obniżone w porównaniu z dzisiejszym, ponieważ dzisiejsze uzasadnienia, takie jak ekologia, energia, CO2 , zostaną usunięte. Prognozowane zużycie paliwa w MWV w Niemczech do 2025 r.

Szacuje się, że 100 osób przy rocznym koszcie brutto 70.000 euro. W przypadku pozostałych wartości zastosowano ostrożne szacunki ze względu na brak szczegółowych obliczeń. Są one tak hojne, że w praktyce istnieje większe prawdopodobieństwo, że zostaną wykorzystane niższe kwoty, co powinno poprawić efektywność kosztową.

PODSUMOWANIE:

Niższe mechanizmy bezpieczeństwa i GAU, które mają być wykluczone, zapewniają niższe ceny.

5.3 Ile kosztuje GAU?

Według Fukushimy możliwe jest ustalenie ceny kilowatogodziny poprzez uwzględnienie kosztów GAU. Wiosną 2011 roku japoński premier oszacował na około 140 mld euro koszty UGW w trzech elektrowniach jądrowych. Inni starają się ocenić szkody w zależności od wielkości i czasu trwania niezamieszkałego terenu z budynkami. W niektórych przypadkach wymyślają znacznie wyższe kwoty. Teraz możesz dokonać kilku obliczeń. Bezpośrednie szkody dla życia i kończyn nie mogą być określone ilościowo.

Do tej pory, na około 430 kluczowych etapach obecnie eksploatowanych na całym świecie, miały miejsce trzy poważne wypadki (GAU), obliczane wąsko, co 10 lat. Harrisburg był lżejszy, Czarnobyl cięższy od wypadku jądrowego w Fukushimie. Jeśli obliczymy średnią w wysokości około 50 miliardów euro dla GAU, można wykonać następujące obliczenia:

1. Konwencjonalna elektrownia jądrowa wytwarza około 250 miliardów kilowatogodzin energii elektrycznej w ciągu 30 lat; jest to 1 000 megawatów razy 8760 godzin rocznie przez 30 lat, mniej przestojów na ładowanie, konserwację itp. Jeśli koszty 50 miliardów GAU zostaną podzielone przez 250 miliardów kWh, wynikowa stawka kosztów wynosi 20 centów za kWh. Podzielona na KWh, ich cena ex-works wzrosłaby z 3 do 23 centów. Do tego dochodzą koszty dystrybucji, straty przesyłowe, zużycie własne i podatki. To wyliczenie jest **bardzo pesymistyczne**. Ponieważ zakłada ona, że **każda elektrownia jądrowa eksploduje po 30 latach.**
2. Ale nie każda elektrownia atomowa powoduje katastrofę po 30 latach. Jeżeli przyjmiemy jako podstawę całość około 420 działających obecnie elektrowni jądrowych o średniej mocy 880 MW i łącznej mocy 380 GigaWatów, to obliczenia wyglądają lepiej. Aby oszacować ilość dostarczonej energii elektrycznej, należy odjąć zużycie własne około 50 MW i ewentualnie dalsze straty, tak aby ostrożnie liczyć się z 800 MW netto. 800 MW razy - tylko po wyłączeniu - 400 EJ oznaczałoby moc 320 000 MW, co przy 8000 godzin produkcyjnych rocznie dałoby wielkość dostawy 2 560 000 000 MWh rocznie. To 2 560 TeraWh, czyli około pięć razy więcej niż całkowite zużycie energii elektrycznej w Niemczech. Jeśli obecnie oblicza się **tę jedną GAU co 10 lat** przy koszcie 50 miliardów euro, czyli 5 miliardów euro rocznie, koszty te należy dodać do kilowatogodziny. 5.000.000.000 Euro rozłożone na roczne 2.560.000.000 kWh daje 5 /2.560 = 0,00195 Euro = 0,195 centów za kWh, czyli nawet jedną piątą procenta, czyli znacznie mniej.
3. W lecie 2011 r. zwolennicy energii odnawialnej przedstawili niezwykle wysokie obciążenie kosztami, które wynosiło 2,50 euro i więcej za kWh.

Uważamy, że uzasadnione jest mówienie o wzroście o co najmniej 0,2 centa i maksymalnie 20 centów, tym bardziej, że koszty utrzymywania gruntów w dobrej kulturze rolnej zgodnej z ochroną środowiska w jednym kraju nigdy nie mogą być rozłożone na wszystkie inne kraje. To zawsze kraj, w którym odbywa się GAU, pozostaje poszkodowany. W małym kraju, w którym jest niewiele reaktorów, koszty mogą osiągnąć górną granicę 20 centów. To sprawia, że konwencjonalne elektrownie jądrowe są nieekonomiczne.

Życie ludzkie - niezależnie od tego, czy myśli się o natychmiastowej śmierci, czy o długotrwałym osłabieniu i odziedziczonych szkodach - musi być zawsze w pierwszej kolejności oszczędzane. Z drugiej strony, trzeba obliczyć, ile osób korzysta z taniej energii. Przede wszystkim chodzi o prostą poprawę jakości życia. Ale wiele żyć jest również ratowanych i uzdrawianych przez tanią energię. W przeciwnym razie zginęliby lub byliby niepełnosprawni.

Nawet produkcja energii z węgla, ropy, gazu, wiatru, wody i słońca nie jest w żadnym wypadku możliwa bez ludzkiej ofiary. Ich śmiertelność i wysokość szkód jest obecnie znacznie wyższa niż w przypadku elektrowni jądrowych. Kiedy WHO od kilku lat regularnie mówi o 7 milionach zgonów z powodu samego tylko zanieczyszczenia powietrza, to daje wyobrażenie o jego wielkości.

Ponieważ jednak **GAU w HTR-ie z łożem kulistym nie musi być w ogóle brany pod uwagę**, istnieją wszelkie powody, aby preferować ten jeszcze bezpieczniejszy proces niż dzisiejsze konwencjonalne elektrownie jądrowe.

6 Załącznik do danych

Załącznik ten przedstawia różne podstawowe dane, które można lepiej przedstawić w formie tabelarycznej. Na przykład, stosowane jednostki i wymiary, również pewne założenia, w których nie występują stałe naturalne. Intencją jest aktualizacja tej treści w miarę zdobywania nowej wiedzy.

6.1 *Jednostki, wymiary, przeliczanie*

W sektorze energetycznym stosuje się wiele różnych jednostek i wymiarów. Wydaje się, że każdy "kościół" lub grupa zawodowa żyje we własnej "bańce", której członkowie komunikują się we własnym języku. Obejmują one niektóre terminy - na przykład wydajność - jak również stosowane wymiary. Chociaż wszystkie one są uzasadnione definicjami *międzynarodowego* SI (*Système international d'unités)*, utrudniają one uzyskanie nadrzędnego poglądu.

Współczynniki przeliczeniowe

Oznaczenie	Skrót	Czynnik	Siła dziesięciu
Kilo	K	1.000	103
Mega	M	1.000.000	106
Giga	G	1.000.000.000	109
Tera	T	1.000.000.000.000	1012
Peta	P	1.000.000.000.000.000	1015

wartości opałowe w biomasie -
Źródło: Federalny Minister Gospodarki i Technologii

Źródło energii	***Jednostka miary***	***Wartość opałowa***	***Dwutlenek węgla CO2***
		kJoule	**[G na MJ]**
Węgiel	kg	30.092	107,2
Lignity[40]	kg	9.152	240
Ropa naftowa (surowa)	kg	42.413	73
Gaz ziemny	m3	31.736	54,9
Drewno opałowe	kg	14.654	69
Energia elektryczna	kWh	3.600	129
Metanol	kg	19.900	68,6
Etanol	kg	26.800	71,3
Ester metylowy oleju rzepakowego	kg	36.800	76,7

[40] Zwłaszcza w przypadku węgla brunatnego odgrywa on dużą rolę, jeśli chodzi o stan. Jeśli jest jeszcze w ziemi, połowa wydobywanej tony często składa się z wody i gór. Jeśli weźmiemy tę tonę, jej zawartość energii jest mniejsza niż połowa, ponieważ do wysuszenia i oczyszczenia węgla potrzebna jest znaczna ilość energii.

Dalsze informacje można znaleźć w poniższych odnośnikach i linkach.
Szwajcarskie Stowarzyszenie Biomasy www.biomasseenergie.ch
Austriackie Stowarzyszenie Biomasy www.biomasseverband.at
American Biomass Associationwww.biomass.org
Europejskie Stowarzyszenie Biomasy www.aebiom.org
Agencja ds. Zasobów Odnawialnych e.V . www.fnr.de
jak również www.bioenergie.de
oraz http://www.wissen.de/wde/generator/wissen/ressorts/technik/-indeks,strona=1110038.html

Rys. 21, **Vollrath: Obrót materiałami i energią**

Górne wartości opałowe lub gęstości energii niektórych źródeł energii, wyłączone: Praktyczna wiedza chemiczna dla inżynierów, VCH Verlagsges. GmbH, Weinheim

Źródło energii	stosunek C do H	Enthalpy Edukacyjne BH kJ/mol	entalpia spalania VH kJ/mol	Masa mięśniowa	Gęstość energii lub górna wartość opałowa	
					kJ/kg ok. 3.600	kWh/kg ok. 1
uran 235	–	–	–	235	**około 72 miliardów**	około 20 milionów
wodór, H2		0	- 285,9	2	**142 950 kJ/kg ≙ 12.763 kJ/m3**	39,7 kWh/kg ≙3,55 $\frac{kWh}{m^3}$
Metan, CH4	**1 : 4**	- 74,8	- 890,4	16	**55,650 kJ/kg ≙ 39.750** $\frac{kJ}{m^3}$	15,46 kWh/kg ≙ 11,04 $\frac{kWh}{m^3}$
Heksan jako składnik paliwa, C6H14	**1 : 2,33**	- 198,8	- 4.163,0	86	**48.407**	13,45
KWst lub ropa naftowa $-[H_2C]_n-$	**1 : 2**	- 31,2	- 648,2 na jeden moduł budynku CH2	n · (14)	**46.607**	12,9
Benzen, C6H6	**1 : 1**	- 82,8	- 3.135,7	78	**40.201**	11,17
Węgiel [C6]n	**1 : 0**	0	6 · (- 393,5)	6 · (12)	**32.791**	9,1
Etanol, H3CCH2OH	**1 : 2,5**	- 277,5	- 1.366,4	46	**29.704**	8,3
Metanol, H3C-OH	**1 : 4**	- 238,5	- 726,5	32	**22.703**	6,3
celuloza (drewno) [C6H5(OH)5]n	**1 : 6**	- 943,0	- 2.846,8	n · (162)	**17.573**	4,9

			na urządze-nie C6H5(OH)5			

Podsumowując, biopaliwa i gaz wielkopiecowy zawierają prawie od jednej trzeciej do połowy energii benzyny (olej napędowy, benzyna) lub gazu na masę lub powierzchnię. Akumulatory elektryczne magazynują **tylko jedną pięćdziesiątą energii na** kilogram wagi w porównaniu do benzyny lub oleju napędowego.

Jeśli chodzi o pojemność magazynową, paliwa płynne są zdecydowanie najlepszymi magazynami mobilnej energii.

Światowe zapotrzebowanie na energię na dzień według Prof. Hopp:

7 miliardów ludzi na świecie potrzebuje około 12.000 kJ/dzień na osobę. Razem oznacza to 12 000 - 7 - ^{109} = 84 - ^{1012} kilodżuli na dzień. W stosunku do 1 roku są to:

365 - 84 - ^{1012} kJ = 30,660 - ^{1012} kJ

≙ 30,660 - ^{109} megadżuli

30,66 - ^{109} gigadżuli

1 dżul ≙ 2,7780 - $^{10\text{-}7}$ kWh

1 GJ : 277,80 kWh = 30,66 - ^{109} GJ : x

$$x = \frac{277{,}80\ \text{kWh} \cdot 30{,}66 \cdot 10^9\ \text{GJ}}{1\ \text{GJ}} = 8{,}517\text{x}109\ \text{kWh}$$

lub x = 8,5 mld megawatogodzin = 8,500 tera-watogodzin

Jednostka	Znak jednostki	E Jednostka	jest równy	Definicja
Becquerel	Bq	1 Bq	=	1/s
Hertz	Hz	1 Hz	=	1/s
Joule	J	1 J	=	1 N m
Newton	N	1 N	=	1 kg m/s2
Pascal	Pa	1 Pa	=	1 N/m2
Sievert	Sv	1 Sv	=	1 J/kg
Steradiant	sr	1 sr	=	1 m2/m2
Watt	W	1 W	=	y/s

Mierniki pełne sześcienne	Drewno okrągłe ułożone na stosie	= metr sześcienny
Jednostka olejowa		
Joule		
BTU	Brytyjska jednostka termiczna	
1 kg. SKE	Jednostka węgla kamiennego	29.308 kJ
kWh el	Kilowatogodzina elektryczna	że każdy wie
kWh th	Ciepło kilowatogodzinne	Energia cieplna
Wydajność	stosunek produktu wejściowego do końcowego	
MW/d	Megawat razy dziennie	= 24 MWh
1,000 dżuli	1.000 watów s	1 kilogram dżula
1,000 cala.	4,186 kJ	
1 Wh (watogodzina)	3,6 kJ	

6.2 Kluczowe dane specjalistycznych agencji ds. bioenergii

Oto dwa arkusze informacyjne agencji federalnych, które zawierają odpowiednie dane i definicje

Den Preis macht nicht das Korn allein.

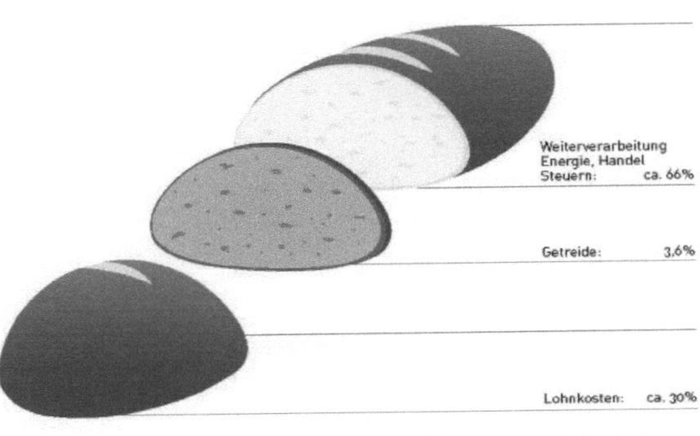

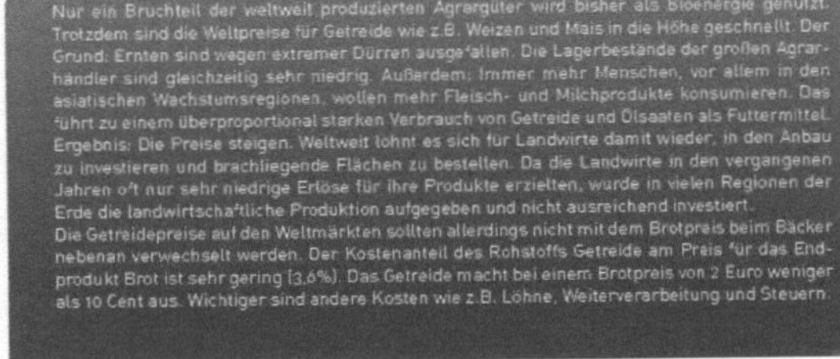

Nur ein Bruchteil der weltweit produzierten Agrargüter wird bisher als Bioenergie genutzt. Trotzdem sind die Weltpreise für Getreide wie z.B. Weizen und Mais in die Höhe geschnellt. Der Grund: Ernten sind wegen extremer Dürren ausgefallen. Die Lagerbestände der großen Agrarhändler sind gleichzeitig sehr niedrig. Außerdem: Immer mehr Menschen, vor allem in den asiatischen Wachstumsregionen, wollen mehr Fleisch- und Milchprodukte konsumieren. Das führt zu einem überproportional starken Verbrauch von Getreide und Ölsaaten als Futtermittel. Ergebnis: Die Preise steigen. Weltweit lohnt es sich für Landwirte damit wieder, in den Anbau zu investieren und brachliegende Flächen zu bestellen. Da die Landwirte in den vergangenen Jahren oft nur sehr niedrige Erlöse für ihre Produkte erzielten, wurde in vielen Regionen der Erde die landwirtschaftliche Produktion aufgegeben und nicht ausreichend investiert.

Die Getreidepreise auf den Weltmärkten sollten allerdings nicht mit dem Brotpreis beim Bäcker nebenan verwechselt werden. Der Kostenanteil des Rohstoffs Getreide am Preis für das Endprodukt Brot ist sehr gering (3,6%). Das Getreide macht bei einem Brotpreis von 2 Euro weniger als 10 Cent aus. Wichtiger sind andere Kosten wie z.B. Löhne, Weiterverarbeitung und Steuern.

Der Brotpreis steigt stärker als der Preis für das Getreide

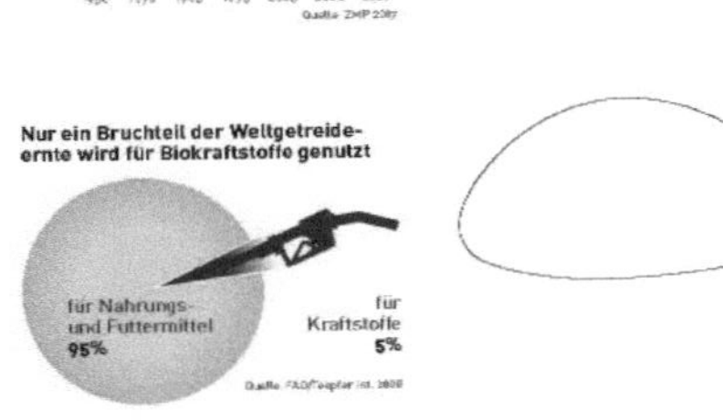

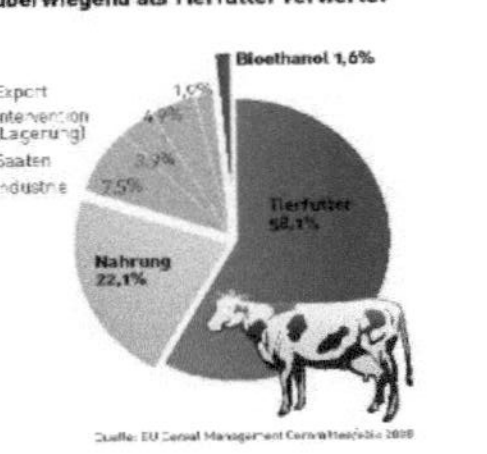

Strom, Wärme oder Kraftstoffe können aus Energiepflanzen (z.B. Raps, Mais, Getreide), aus Holz sowie – in vergleichbarem Umfang - aus Reststoffen (z.B. Gülle und Biomüll) gewonnen werden. 2007 wuchsen in Deutschland auf 2 Mio. Hektar Energiepflanzen, das sind 12 % der landwirtschaftlichen Nutzfläche.

Die Fläche könnte nach einer Studie des Bundesumweltministeriums bis 2030 auf 4,4 Mio. Hektar mehr als verdoppelt werden - ohne dabei die Versorgung mit Nahrungsmitteln in Frage zu stellen. Für deren Anbau werden in Zukunft nämlich weniger Flächen benötigt: Demographischer Wandel, sinkende Exporte und steigende Erträge machen es möglich.

Die Ackerfläche kann natürlich nur einmal verplant werden – aber Biomasse steht auch in Form von Reststoffen aus der Futter- und Nahrungsmittelproduktion zur Verfügung, z.B. Rübenblätter, Gülle, Mist und Nebenprodukte wie z.B. Kartoffelschalen.

Landwirtschaft und Bioenergie müssen sich also keine Konkurrenz machen – sondern gehen längst Hand in Hand. **Addiert man zu den eigens angebauten Energiepflanzen die vielen verschiedenen Quellen von Reststoffen, so reicht dieses Potenzial, um bis 2050 Deutschland zu 25 % mit Bioenergie zu versorgen.**

2030: Viel Energie von wenig Fläche und vielen Reststoffen

16%

10%

12%

Palmöl aus Indonesien spielt auf dem deutschen Biokraftstoffmarkt keine Rolle. Bei niedrigen Temperaturen wird Biodiesel aus Palmöl nämlich fest und scheidet als Kraftstoff in Mittel- und Nordeuropa aus. Die Arbeitsgemeinschaft Qualitätsmanagement Biodiesel (AGQM) hat seit Beginn ihrer unangekündigten Proben bei deutschen Biodieselproduzenten 2004 kein Palmöl gefunden.

Verantwortlich für die Regenwaldzerstörung ist der steigende Bedarf im Bereich Nahrungsmittel und stofflicher Nutzung. 95% des weltweiten Palmölverbrauchs fließen als Rohstoff in diese Bereiche. Egal, wie es verwendet wird: Palmöl, das von gerodeten Urwaldflächen stammt, muss durch international strenge Nachhaltigkeitskriterien ausgeschlossen werden.

Es hilft darum nur wenig, wenn nur die anteilsmäßig kleine Nutzung von Palmöl im Energiebereich kontrolliert wird – alle importierten Agrarrohstoffe sollten hinsichtlich ökologischer Kriterien überprüft werden. Nachhaltigkeitskriterien müssen für alle Nutzungspfade von Agrargütern gelten - sonst geht der nicht nachhaltige Anbau für Nahrungs- und Futtermittel auf anderen Flächen einfach weiter.

Bilaterale Verträge der Bundesregierung mit Anbauländern sowie unabhängige lokale Kontrollsysteme sollen darum zunächst garantieren, dass keine ökologisch besonders wertvollen Flächen mehr für den Anbau von Biomasse in Beschlag genommen werden. Um Importe aus nachhaltigem Biomasse-Anbau möglich zu machen, wird seit Februar 2007 ein Zertifizierungssystem entwickelt. Auch auf EU-Ebene werden entsprechende Standards vorbereitet. Die Zertifizierung von Biokraftstoffen nach strengen Nachhaltigkeitsstandards kann ein wichtiger Anreiz sein, den Verlust von ökologisch besonders wertvollen Flächen zu stoppen. Sie ist aber auch kein Allheilmittel für die komplexeren Probleme, die zu Abholzungen und zum Verlust von Biodiversität führen.

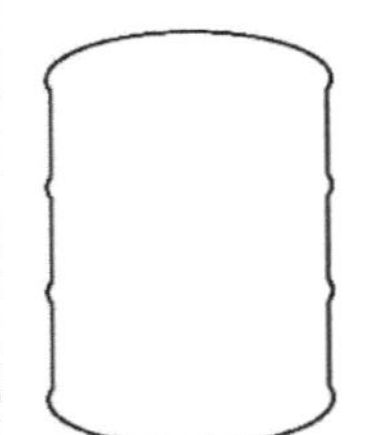

Nur 5% des weltweiten Palmölverbrauchs fließt in Strom, Wärme und Kraftstoffe

5%

Energetische Nutzung
Strom, Wärme und Kraftstoffe

21,5%

Konsumartikel
Seifen, Kosmetik, Kerzen

73,5%

Nahrungsmittel
Salat- und Kochöl, Margarine

Quelle: US Dep. of Agriculture 2008

14

Biokraftstoffe werden in Deutschland hauptsächlich mit heimischer Biomasse erzeugt, nämlich Pflanzenöl aus Raps. Importe von Biomasse für die Biokraftstoffproduktion sind im Vergleich zu den Importen von z.B. Futtermitteln noch marginal, nehmen allerdings zu. US-amerikanische und argentinische Dumping-Exporte von Biodiesel auf Basis von Soja drängen bereits verstärkt auf den deutschen Kraftstoffmarkt. Kleine und mittelständische deutsche Biodieselhersteller, die auf kurze, regional verankerte Produktionsketten setzten, sind damit gefährdet.

Importe von zerstörten Urwaldflächen: Unerwünscht in Deutschland und Europa

Die Bundesregierung hat mit der Biomasse-Nachhaltigkeitsverordnung vom Dezember 2007 Bedingungen für die zukünftige Nutzung von Biomasse für Biokraftstoffe vorgelegt. Importe von Biomasse für Biokraftstoffe können nur dann auf den deutschen Kraftstoffmarkt gelassen und zur Erfüllung der Quoten angerechnet werden, wenn die CO2-Emissionen mindestens um 30% bzw. (ab 2011) um 40% unter den Emissionen von konventionellen Kraftstoffen liegen. Biokraftstoffe, deren Biomasse durch Zerstörung von Regenwäldern oder Mooren gewonnen wurde, würden aufgrund ihrer deutlich schlechteren Klimabilanz nicht mehr für Importe nach Deutschland in Frage kommen.

15

Biodiesel spart bis zu 66% CO2 ein.

Das bei der Verbrennung von Biomasse freigesetzte CO_2 entspricht der Menge, die die Pflanze während ihres Wachstums aufgenommen hat. Nachwachsende Biomasse absorbiert wiederum die freigesetzte Menge CO_2. Es handelt sich somit um einen geschlossenen CO_2-Kreislauf.

Die Klimabilanz der verschiedenen Biokraftstoffe hängt davon ab, wie energieintensiv der Anbau ist (z.B. Düngen, Pflügen) und wie aufwändig sich Transport und Umwandlung gestalten (Effizienz z.B. einer Biodieselanlage). Aus Sicht der Klimabilanz sind daher geschlossene, dezentrale Kreisläufe optimal, bei denen heimische Energiepflanzen effizient genutzt werden. Neue Verfahren der Biokraftstoffproduktion (BtL) können die Energie- und Klimabilanz weiter verbessern.

Aus Raps wird in der Ölmühle Pflanzenöl und Rapsschrot gewonnen. In der Biodiesel-Anlage wird das Pflanzenöl zu Biodiesel aufbereitet, der als Biokraftstoff in Autos, Lkw, Flugzeugen oder Schiffen verbraucht werden kann. Nachwachsender Raps absorbiert das ausgestoßene CO_2 wieder. Das in der Ölmühle anfallende Rapsschrot dient als proteinhaltiges Futter in der Viehzucht. Dort anfallende Gülle kann wiederum in Biogasanlagen energetisch verwertet werden. Gärreste aus der Biogasanlage können schließlich als Dünger für den Rapsanbau dienen. Für den Rapsanbau und den Betrieb der Biodiesel-Anlage muss allerdings zusätzlich von außen Prozessenergie zugeführt werden – z.B. Bioenergie.

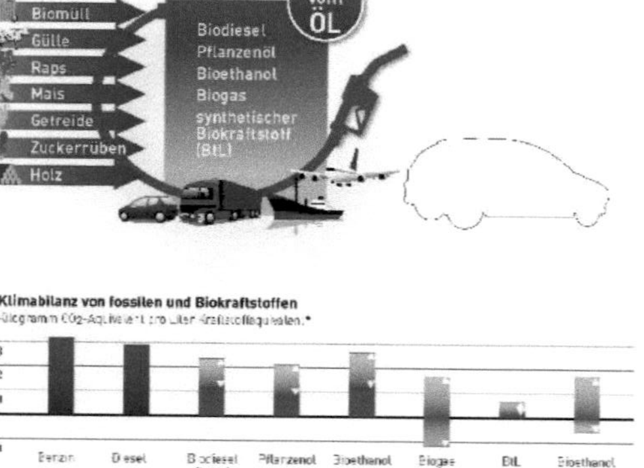

Klimabilanz von fossilen und Biokraftstoffen

Kilogramm CO_2-Äquivalent pro Liter Kraftstoffäquivalent.*

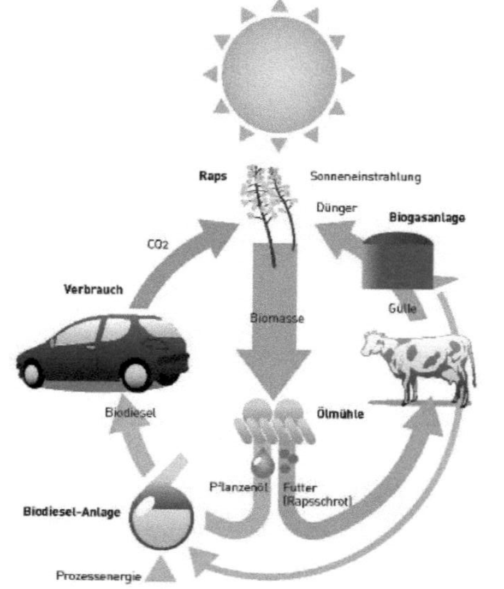

Die Nutzung von Nebenprodukten und ein effizienter Anbau verbessern die Energiebilanz und senken den CO_2-Ausstoß von Biokraftstoffen erheblich. Der Kreislauf der Bioethanol-Produktion ist vergleichbar.

Trotz einer um 5% höheren Weltgetreideernte in 2007 stiegen die Preise auf den Agrarmärkten massiv an. Mehrere Faktoren sind dafür verantwortlich:

- Ernteausfälle aufgrund von Klimaextremen in wichtigen Anbauländern (Australien, Nordamerika, Osteuropa)
- weltweit historisch niedrige Lagerbestände gestiegene Nachfrage nach Getreide als Futtermittel aufgrund des zunehmenden Fleischkonsums insbesondere in China und Indien
- trotz steigender Preise kein Rückgang der Nachfrage der Wachstumsregionen (China, Indien) aufgrund gestiegener Kaufkraft

Aufgrund der in den vergangenen Jahren verhältnismäßig niedrigen Erzeugerpreise liegen weiterhin weltweit Flächen brach. Auch Neuinvestitionen in die Steigerung der landwirtschaftlichen Produktion sind bisher nicht erfolgt – weswegen es jetzt zu Engpässen kommt. Marktfremde Anleger drängen vor diesem Hintergrund verstärkt in spekulativer Absicht auf die Märkte für Agrarrohstoffe. Die Preisentwicklung wird zunehmend volatil und koppelt sich vom realen Verhältnis von Angebot und Nachfrage ab.

Die steigende Nachfrage nach Biokraftstoffen trägt auf den derzeit angespannten Weltagrarmärkten direkt oder indirekt auch zur Verknappung des Angebotes von Nahrungs- und Futtermitteln bei. Im Zweifel muss die Nahrungsproduktion dabei immer Vorrang haben – Food first!

Tank und Teller sind möglich

Mit rund 100 Mio. Tonnen flossen 2007 nur knapp 5% der Weltgetreideernte (2,1 Mrd. Tonnen) in die Produktion von Biokraftstoffen. Angesichts ausreichender Flächen- und Biomassepotenziale muss es keine Konkurrenz zwischen Nahrungsmittelproduktion und energetischer Nutzung von Biomasse geben. Wir müssen uns nicht zwischen „Tank oder Teller" entscheiden. Wir können beides haben – wenn vorhandene Potenziale gezielt erschlossen und nachhaltig genutzt werden. Hunger dagegen ist vor allem ein Armutsproblem. Es hat mit Verteilungsgerechtigkeit zu tun und bedeutet nicht, dass grundsätzlich zu wenig Nahrungsmittel produziert würden.

18

Bioenergie ist für Entwicklungsländer eine Chance zur wirtschaftlichen Entwicklung

Chance Bioenergie

Viele Kleinbauern in Entwicklungsländern haben unter dem Druck niedriger Weltmarktpreise und mangelnder Rentabilität in den vergangenen Jahren aufgegeben, sind in die Metropolen abgewandert. Der Einstieg in die nachhaltige Nutzung der Bioenergie bietet die Chance einer Trendwende:

- Die Produktion von Strom, Wärme und Treibstoffen schafft ein zweites wirtschaftliches Standbein für Landwirte.
- Die Abhängigkeit von teuren fossilen Energieträgern wird reduziert.
- In Entwicklungsländern bietet Bioenergie die kostengünstige dezentrale Energieversorgung, die für alle weiteren gesellschaftlichen und ökonomischen Aktivitäten unerlässlich ist.
- In den ärmsten Ländern, die traditionelle Biomasse (z.B. Dung, Holz) ineffizient nutzen, kann die Versorgung modernisiert und der Raubbau (Brennholz) gebremst werden.

Bioenergie führt aus der Erdölfalle und hält die Devisen im Land

Anteil fossiler Brennstoffe an allen Importen

Land	Anteil
Indien:	38,2%
Elfenbeinküste:	34,8%
Indonesien:	22,3%
Brasilien:	19,2%

Quelle: WTO World Trade Statistics 2007

Die hohe Abhängigkeit vieler Schwellen- und Entwicklungsländer von Importen fossiler Brennstoffe hat mit dem Preisanstieg für Erdöl seit den 1970er Jahren maßgeblich in die Verschuldung geführt. Die Entwicklungsländer mussten ja weiterhin bei immer schwächerer Kaufkraft die steigenden Weltmarktpreise zahlen. Der Anteil der Ausgaben für den Import fossiler Energieträger stieg im Verhältnis zu den Exporteinnahmen damit in vielen Entwicklungsländern auf über 50% bis 75%, d.h. die geringen Einnahmen durch heimische Produkte auf dem Weltmarkt werden umgehend von der Ölrechnung wieder aufgefressen.

Ein Anstieg des Rohölpreises um 10 US$ je Barrel und Jahr führt zu einem Rückgang des Bruttosozialprodukts um durchschnittlich...

3,0% in den Entwicklungsländern Subsahara-Afrikas
1,6% in den hochverschuldeten Entwicklungsländern
0,8% in den Entwicklungsländern Südostasiens
0,4% in den westlichen Industriestaaten (OECD)

Quelle: IEA World Energy Outlook 2006

19

An jeden Standort können Fruchtfolgen angepasst werden, die mit Energiepflanzen wie z.B. Raps optimale Erträge und Bodenschutz erreichen. Raps kann nur mit drei- bis vierjährigem Abstand wieder auf derselben Fläche angebaut werden – eine Monokultur ist damit ausgeschlossen.
Beim Anbau von Energiepflanzen für Biogas und Biokraftstoffe müssen auch die Cross Compliance-Vorgaben der EU eingehalten werden. Diese schreiben eine Reihe von Nachhaltigkeitskriterien vor, die jeder Landwirt einhalten muss, der EU-Gelder erhält. Damit wird schon heute z.B. ein zu hoher Anteil von Mais in der Fruchtfolge verhindert. Nach deutschen Vorgaben müssen im Rahmen der „Guten fachlichen Praxis" (GfP) eine Reihe von Bestimmungen aus dem landwirtschaftlichen Fachrecht eingehalten werden, so z.B. das Pflanzenschutzgesetz, das Bundesbodenschutzgesetz und die Düngeverordnung.

Diese Vorgaben und die notwendige Fruchtfolge verbieten den dauerhaften Anbau derselben Kulturpflanzensorte. Bereits aus eigenem ökonomischem und ökologischem Interesse heraus würde ein Landwirt sein kostbarstes Gut – einen ertragsstarken Boden – nicht durch unsachgemäße Bewirtschaftung gefährden.

Mit zunehmendem Interesse am Anbau für die Bioenergie breiten sich auch innovative, ökologisch besonders sinnvolle Anbausysteme aus, z.B.

- Mischfruchtanbau: Energiepflanzen wie Mais und Sonnenblumen werden gleichzeitig auf einer Fläche zur Nutzung in der Biogasanlage angebaut.
- Zweikulturensysteme: Während eines Jahres wird eine Winter- und eine Sommerkultur angebaut, z.B. Wintertriticale und Zuckerhirse, womit ein maximaler Biomasse-Ertrag erzielt wird. Gleichzeitig können Herbizide und Bodenerosion vermieden werden.

Mischfruchtanbau: Sonnenblume und Mais vereint auf einem Acker

Zuckerhirse als Sommerzwischenfrucht

Bioenergie ist sinnvoller Teil der Fruchtfolgen.

Beispiel für getreidebetonte Fruchtfolge in Norddeutschland mit je einjährigen Anbaukulturen

2007 Gerste	2008 Raps	2009 Weizen
- Brot- und Braugetreide - Futtermittel - Biogaserzeugung	- Pflanzenöl - Biodiesel - Futtermittel	- Futtermittel - Brotgetreide - Bioethanol
	... fördert den Humusaufbau ... verbessert die Bodenstruktur (Tragfähigkeit, Sauerstoffgehalt) ... bindet Stickstoff ... unterbindet Pflanzenkrankheiten beim Getreide	

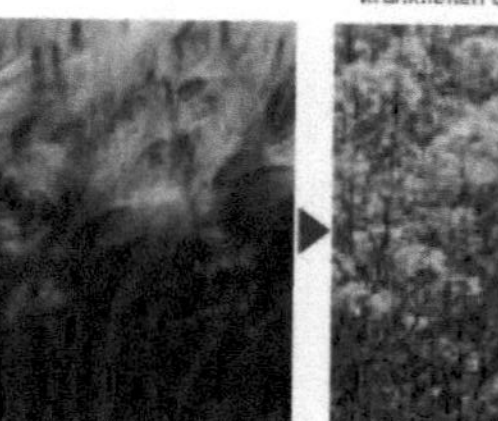

Bioenergie: Vorteile statt Vorurteile

Bioenergie – die Energie der kurzen Wege

Die Bioenergie ist unter den Erneuerbaren Energien der Alleskönner: Sowohl Strom, Wärme als auch Treibstoffe können aus fester, flüssiger und gasförmiger Biomasse gewonnen werden. Die Vielfalt der Nutzungsmöglichkeiten wird in Deutschland gerade erst entdeckt.

Mit Bioenergie gewinnen die Regionen

Ein dezentraler Ausbau der Bioenergienutzung kann insbesondere die regionale Wertschöpfung stärken: Die Bioenergie bietet der Landwirtschaft ein zusätzliches Standbein. Statt die Energierechnung bei russischen Erdgas-Konzernen und arabischen Ölscheichs zu bezahlen, bleiben die Ausgaben für Energie dann in der Region. Werden lokale Synergien erschlossen und Kreisläufe geschlossen, kann die Nutzung von Bioenergie zum Motor der ländlichen Entwicklung werden und können gleichzeitig Energiekosten deutlich gesenkt werden. Immer mehr Bioenergie-Dörfer und -Regionen machen es vor.

Der zuverlässige Teamplayer

Als grundlastfähige und optimal speicherfähige Quelle Erneuerbarer Energien übernimmt die Bioenergie eine zentrale Rolle in der zukünftigen Energieversorgung, die überwiegend auf Erneuerbaren Energien basieren wird. Im Zusammenspiel mit Wind und Sonne schafft Bioenergie zuverlässig und sicher eine ausschließliche Versorgung mit Erneuerbaren Energien.

Klimaschützer Bioenergie

Bioenergie – einschließlich der verschiedenen Formen von Biokraftstoffen – macht heute fast die Hälfte des Klimaschutz-Beitrags der Erneuerbaren Energien in Deutschland aus. Bioenergie hat 2007 bei uns 53,7 Mio. Tonnen CO_2 vermieden – das ist soviel wie alle Treibhausgas-Emissionen der Schweiz zusammen. Biokraftstoffe allein reduzierten 2007 die CO_2-Emissionen um 14,3 Mio. Tonnen - soviel wie alle Berliner Privathaushalte jährlich ausstoßen. Wer die Kyoto-Ziele erreichen will, muss auch die Nutzung der Bioenergie massiv voranbringen.

Die Bioenergie im Konzert der Erneuerbaren Energien
Anteil am deutschen Energieverbrauch 2007

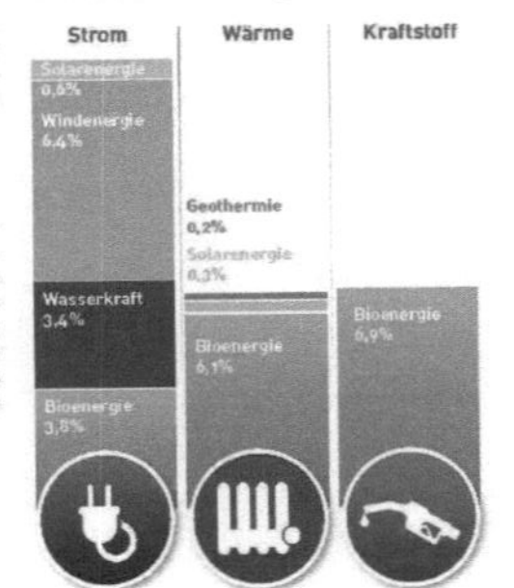

Biogas – effiziente Strom-, Wärme- und Kraftstofferzeugung

Biogas wird in Deutschland dezentral in landwirtschaftlichen Biogasanlagen erzeugt. Importe von Biomasse spielen dabei keine Rolle. Die Biogaserzeugung stärkt so die regionale Wertschöpfung, schließt Stoffkreisläufe und nutzt Synergien vor Ort. Biogas bietet der Landwirtschaft ein zusätzliches Standbein zur Diversifizierung ihrer wirtschaftlichen Tätigkeiten.

Blockheizkraftwerke (BHKWs) nutzen Biogas für die Strom- und Wärmeerzeugung. Diese gekoppelte Strom- und Wärmeerzeugung (KWK) ist besonders effizient. Die Entfernung zu den Verbrauchern überbrücken Strom-, Erdgas-, Mikrogas- oder auch Nahwärmenetze.
Dass besonders große Biogaspotenziale vor allem im dünn besiedelten ländlichen Raum erschlossen werden können, stellt keine Hürde für eine effiziente Biogasnutzung dar. Oft bringt eine gezielte Standortwahl die landwirtschaftlichen Erzeuger und die Wärmeabnehmer zusammen. Ab einer bestimmten Siedlungsdichte und Abnahmemenge lohnt sich auch die Errichtung kleiner, lokal begrenzter Nahwärme- und Mikrogasnetze.

Primärkraftstoffverbrauch in Deutschland 2007 (ohne Luft- und Bahnverkehr; in Millionen Tonnen)

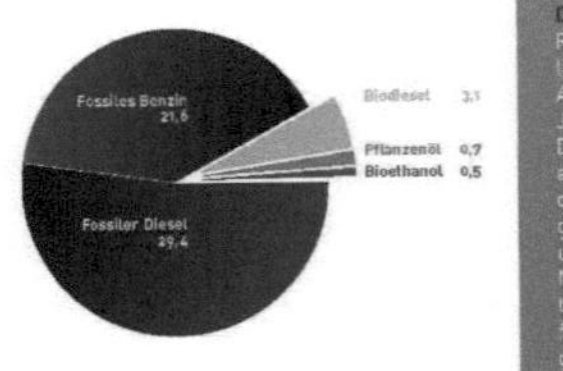

Quelle: UFOP/BAFA

Erfolgreich vor Ort mit Biogas

Biogasanlage mit Mikrogas- und Nahwärmenetz: Das Beispiel Steinfurt
Die Biogasanlage im münsterländischen Steinfurt-Hollich wird von 40 Landwirten aus dem Umkreis der Anlage beliefert. Täglich wird die Anlage mit rund 60 t Maissilage, Mist, Gülle und Ganzpflanzensilage „gefüttert". Die Landwirte nehmen die Gärreste zurück und setzen diese als wertvollen Dünger ein. Direkt an der Biogasanlage steht ein Blockheizkraftwerk (BHKW) bereit, das Strom- und Wärme erzeugt. Das Biogas kann aber auch über eine eigens dafür verlegte Biogasleitung in das 3,5 km entfernte Stadtgebiet geleitet werden. Dort nutzt ein weiteres BHKW das Biogas und beheizt ein Gebäude bzw. speist ein Nahwärmenetz.

Direkteinspeisung von aufbereitetem Biogas: Das Beispiel Straelen
Seit Dezember 2006 speist eine Biogasanlage der Stadtwerke Aachen (STAWAG) aufbereitetes Biogas direkt in das bestehende Erdgasnetz ein. Die STAWAG bereiten in Straelen am Niederrhein Biogas aus einer dortigen Biogasanlage auf Erdgasqualität auf und nutzen das eingespeiste Biogas dann im Stadtgebiet in ihren BHKWs. Sie bieten rund 5.200 Haushalten so eine kostengünstige Strom- und Wärmeversorgung.

Biogas als Kraftstoff: Das Beispiel Jameln/Wendland
Rund 70.000 Erdgasfahrzeuge in Deutschland (weltweit ca. 5,7 Mio.) sind potenzielle Abnehmer von Biogas als Biokraftstoff. Im Juni 2006 ging die erste Biogas-Tankstelle Deutschlands im wendländischen Jameln an den Start. In der Nähe einer bestehenden Tankstelle produziert eine Biogasanlage einer örtlichen Genossenschaft Strom und Wärme für das Strom- bzw. für ein Nahwärmenetz. Ein Teil wird als aufbereitetes Biogas an einer Biogas-Tankstelle für mit Erdgas betriebene Fahrzeuge angeboten. Es ist in Erdgasfahrzeugen voll kompatibel.

33

Gülle stinkt. Biogasanlagen nicht.

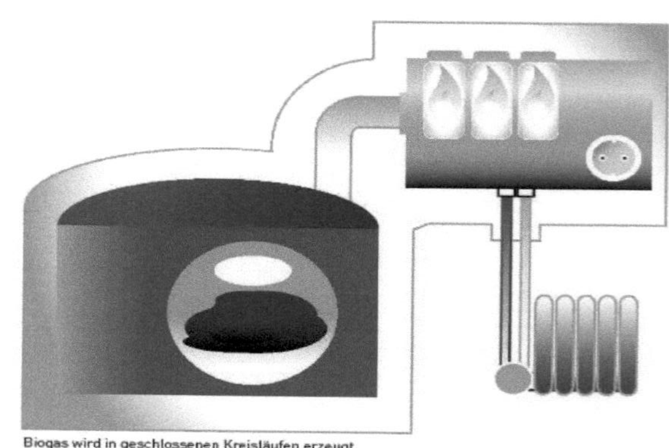

Biogas wird in geschlossenen Kreisläufen erzeugt.

Korrekt betriebene Biogasanlagen stinken nicht. Eine Geruchsbelästigung durch Biogasanlagen kann es nur dann geben, wenn die Biomasse vor oder nach dem Prozess nicht sachgerecht gelagert wird, wenn der biologische Prozess aus dem Gleichgewicht kommt, oder wenn schlecht vergorenes Material wieder auf den Acker ausgebracht wird.

Die Sorge vor Geruchsbelästigungen durch Biogasanlagen ist damit heute weitgehend unbegründet. Mehr noch: Gülle aus der landwirtschaftlichen Tierhaltung, die vor ihrer Ausbringung auf die Ackerflächen zunächst in einer Biogasanlage vergoren und energetisch genutzt wurde, verursacht wesentlich geringere Geruchsbelästigungen als unvergorene Gülle. Das in der Gülle enthaltene Methan wird in der Biogasanlage zur Strom- und Wärmeerzeugung genutzt. Deshalb kann dieses extrem klimaschädliche Gas bei der Ausbringung der Gärreste, d.h. von vergorener Gülle, nicht mehr in die Atmosphäre entweichen.

Darüber hinaus sind die Nährstoffe in vergorener Gülle für Pflanzen besser verfügbar. Durch die Rückführung des Gärrestes auf die Ackerflächen kann daher mit diesem wertvollen Dünger der Einsatz von synthetischen Düngemitteln reduziert werden. So schließt sich der regionale Nährstoffkreislauf über die Biogasanlage. Für benachbarte Wohngebäude ist eine Biogasanlage oft ein Zugewinn, da von ihr die Wärme zur Beheizung des Wohnhauses günstiger bezogen werden kann als über die eigene Erdgas- oder Ölheizung.

Eine Landwirtschaft, die man überhaupt nicht riecht, wird es aber wohl nie geben.

Biogas in Deutschland 2007

Anlagenzahl
3.711 Biogasanlagen

Neuinvestitionen der deutschen Biogasbranche
ca. 650 Mio. EURO

davon im Ausland
ca. 150 Mio. EURO

Beschäftigung
10.000 Arbeitsplätze

Installierte Gesamtleistung:
1.270 Megawatt

Stromproduktion:
8,9 Mrd. kWh

Anteil am gesamten Stromverbrauch:
1,5 %

Damit wird der Stromverbrauch von über 2,5 Mio. Haushalten abgedeckt. Das entspricht etwa der Stromproduktion eines durchschnittlichen Atomreaktors.

Deutschland ist Biogas-Europameister
Biogas-Primärenergie 2006 in Mrd. kWh
[mit Klär- und Deponiegas]

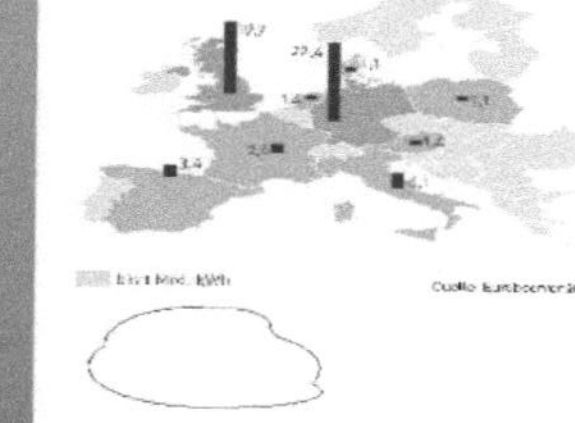

Holzenergie – Vom Lagerfeuer zur Pelletheizung

Mit dem urzeitlichen Lagerfeuer beginnt die Geschichte der Holzenergie. Heute stehen deutlich effizientere Technologien zur Verfügung, um mit Holz Wärme und Strom zu erzeugen. Knapp 6 Prozent des deutschen Wärmeverbrauchs wurden 2007 durch Holzenergie gedeckt. Angesichts steigender Preise für fossile Energieträger bietet sich unerschlossenes Potenzial von Wald- und Restholz für die Wärmeerzeugung an.
Holz dient traditionell vor allem als Wärmelieferant – für Raumwärme, Warmwasser oder Prozesswärme in der industriellen Nutzung. Ein- und Mehrfamilienhäuser lassen sich heute sauber und effizient mit Holzpellet-Heizungen beheizen. Die moderne und vollautomatische Technologie der Pelletöfen sorgt dafür, dass der Ausstoß von Feinstaub und CO2 deutlich unter den gesetzlich festgelegten Grenzwerten liegt. Problematisch sind falsch gehandhabte ältere Scheitholzöfen und Kamine. Deswegen ist der Austausch alter Holzöfen durch moderne Holzheizungen (Pelletheizungen, Hackschnitzel-Heizungen, Scheitholzvergaser) der optimale Weg, sowohl Feinstaubemissionen zu reduzieren und Holz effizienter zu nutzen.
Mit größeren Holzheizkraftwerken können durch Kraft-Wärme-Kopplung gleichzeitig Strom und Wärme für Siedlungen und Stadtteile erzeugt werden. Eine weitere Technologie ist die Gewinnung von besonders energiereichem Holzgas. Dieses entsteht beim Erhitzen von Holz unter Luftabschluss. Die Nutzung in Blockheizkraftwerken bleibt aber mit technischen und wirtschaftlichen Risiken verbunden.

Biokraftstoffproduktion in Deutschland 2007

	Produktions-anlagen-	Produktions-kapazität	Verbrauch in Deutschland	Tankstellennetz
Biodiesel	ca. 40 Raffinerien	4,8 Mio. t	3,1 Mio. t	ca. 1.900 für reinen Biodiesel (B100)
Pflanzenöl	ca. 600 dezentrale Ölmühlen		0,7 Mio. t	ca. 250
Bioethanol	5 Raffinerien	2007: 0,6 Mio. t	0,5 Mio. t	ca. 100 für reines Bioethanol (E85)

Quelle: UFOP/VDB

Biokraftstoffe – Klimaschützer aus deutschem Anbau

Zu Land, zu Wasser und in der Luft: Biokraftstoffe können für den Antrieb von Verbrennungsmotoren in Autos, Lkw, Schiffen oder Flugzeugen eingesetzt werden. Biokraftstoffe sind neben erneuerbarer Elektromobilität unverzichtbar für energieeffiziente Verkehrsstrukturen der Zukunft – denn auch der sparsamste Motor muss betankt werden. Aus Kosten- und Klimagründen sind mittelfristig weder der Einsatz von Wasserstoff noch ein Zurück zum Erdöl realistisch.

Im Jahr 2007 deckten Biokraftstoffe rund 7% des deutschen Kraftstoffverbrauchs ab. Mit einem Jahresverbrauch von 3,1 Mio. Tonnen machte Biodiesel 2007 den Großteil des deutschen Biokraftstoffmarktes aus, während 0,7 Mio. Tonnen reines Pflanzenöl und 0,5 Mio. Tonnen Bioethanol abgesetzt wurden. Biogas kann uneingeschränkt als Kraftstoff in Erdgasautos eingesetzt werden. Synthetische Biokraftstoffe (Biomass to Liquid, BtL), die so genannte „Zweite Generation", sind noch in der Forschungs- bzw. Pilotphase und werden bisher nicht frei am Markt angeboten. Je nach Herkunft, Anbau- und Produktionsverfahren bieten Biokraftstoffe unterschiedliche Potenziale.

Impressum

Herausgeber:

Agentur für Erneuerbare Energien e.V.

Reinhardtstr. 18
10117 Berlin
www.unendlich-viel-energie.de
Tel: 030-200535-3
Fax: 030-200535-51
info@unendlich-viel-energie.de

Die Agentur für Erneuerbare Energien wird getragen von den Unternehmen und Verbänden der Erneuerbaren Energien und unterstützt durch die Bundesministerien für Umwelt und für Landwirtschaft. Sie betreibt die bundesweite Informationskampagne „deutschland hat unendlich viel energie", die unter der Schirmherrschaft von Prof. Dr. Klaus Töpfer steht.
Aufgabe ist es, über die Chancen und Vorteile einer nachhaltigen Energieversorgung auf Basis Erneuerbarer Energien aufzuklären - vom Klimaschutz über eine sichere Energieversorgung bis zu Arbeitsplätzen, wirtschaftlicher Entwicklung und Innovationen. Die Agentur für Erneuerbare Energien arbeitet partei- und gesellschaftsübergreifend.

Aktuelle Informationsangebote im Internet:
www.unendlich-viel-energie.de
www.kommunal-erneuerbar.de
www.kombikraftwerk.de

Fotos

S.5	Stock Exchange sxc
S. 11	Stock Exchange sxc (9); Stock Expert (1)
S.13	dpa Picture-Alliance
S.15	Stock Exchange sxc
S.17	Stock Exchange sxc
S.21	Stock Exchange sxc
S.29	Stock Exchange sxc
S.30	Fachagentur Nachwachsende Rohstoffe (FNR; 2)
S. 31	WikiMedia (2) Stock Exchange sxc

Grafiken, Illustrationen, Gestaltung
BBGK Berliner Botschaft
Druck: DMP-Druck Berlin

6.2.1 Podstawowe dane dotyczące biopaliw

nachwachsende-rohstoffe.de

Biokraftstoffe
Basisdaten Deutschland

Stand: Januar 2008

Bundesministerium für Ernährung, Landwirtschaft und Verbraucherschutz

Ansprechpartner und Links

Fachagentur Nachwachsende Rohstoffe e. V. (FNR)
Bioenergieberatung
Hofplatz 1 • 18276 Gülzow
Tel.: 03843 / 6930-199 • Fax: 03843 / 6930-102
www.bio-energie.de • www.bio-kraftstoffe.info
www.btl-plattform.de • info@bio-energie.de

Arbeitsgemeinschaft Qualitätsmanagement Biodiesel e.V. (AGQM)
www.agqm-biodiesel.de • info@agqm-biodiesel.de

Beratung zu Biokraftstoffen in der Landwirtschaft
www.biokraftstoff-portal.de

Landwirtschaftliche Biokraftstoffe e.V. (LAB)
www.lab-biokraftstoffe.de • mail@lab-biokraftstoffe.de

Technologie- und Förderzentrum (TFZ)
www.tfz.bayern.de • poststelle@tfz.bayern.de

Union zur Förderung von Öl- und Proteinpflanzen (UFOP)
www.ufop.de • info@ufop.de

Verband der Deutschen Biokraftstoffindustrie e.V. (VDB)
www.biokraftstoffverband.de • info@biokraftstoffverband.de

Herausgeber:
Fachagentur Nachwachsende Rohstoffe e. V. (FNR)
Hofplatz 1 • 18276 Gülzow
www.fnr.de • info@fnr.de

Gestaltung, Herstellung:
nova-Institut GmbH, Hürth
www.nova-institut.de/nr

PFLANZENÖL

Eigenschaften verschiedener Pflanzenöle

Pflanzenöl	Dichte (15° C) [kg/dm³]	Heizwert MJ/kg	kin. Viskosität (20° C) [mm²/s]	Cetanzahl	Stockpunkt [°C]	Flammpunkt [°C]	Jodzahl
Rapsöl	0,92	37,6	72,3	40	0 bis -15	317	94 bis 113
Sonnenblumenöl	0,93	37,1	68,9	36	-16 bis -18	316	118 bis 144
Sojaöl	0,93	37,1	63,5	39	-8 bis -18	350	114 bis 138
Leinöl	0,93	37,0	51,0	52	-18 bis -27	-	169 bis 192
Olivenöl	0,92	37,8	83,8	37	-5 bis -9	-	76 bis 90
Baumwollsaatöl	0,93	36,8	89,4	41	-6 bis -14	320	90 bis 117
Jatrophaöl	0,91	40,7	71,0	51	2 bis -3	240	103
Kokosöl	0,87	35,3	21,7*	-	14 bis 25	-	7 bis 10
Palmöl	0,92	37,0	29,4*	42	27 bis 43	267	34 bis 61
Palmkernöl	-	35,5	21,5*	-	20 bis 24	-	14 bis 22

Quelle: FNR

*kinematische Viskosität bei 50° C

BIOETHANOL

Rohstofferträge zur Herstellung von Bioethanol

Rohstoffe	Ertrag (FM) [t/ha]	Kraftstoff-ertrag [l/ha]	erforderliche Biomasse pro Liter Kraftstoff [kg/l]
Körnermais	9,2	3.520	2,6
Weizen	7,2	2.760	2,6
Roggen	4,9	2.030	2,4
Triticale	5,6	2.230	2,5
Kartoffel	43,0	3.550	12,1
Zuckerrüben	58,0	6.240	9,3
Zuckerrohr	73,8	6.460	11,4

Quelle: Bioethanol in Deutschland, Hrsg. M. Schmitz/FNR FM = Frischmasse

Entwicklung Bioethanol Deutschland

	2004	2005	2006
Absatz in t	65.000	226.000	478.000
erf. Biomasse Getreide in t	212.550	739.000	1.563.000

Alkoholische Gärung:

$$C_6H_{12}O_6 \longrightarrow 2\,C_2H_5OH + 2\,CO_2$$

(Glucose) (Ethanol) (Kohlendioxid)

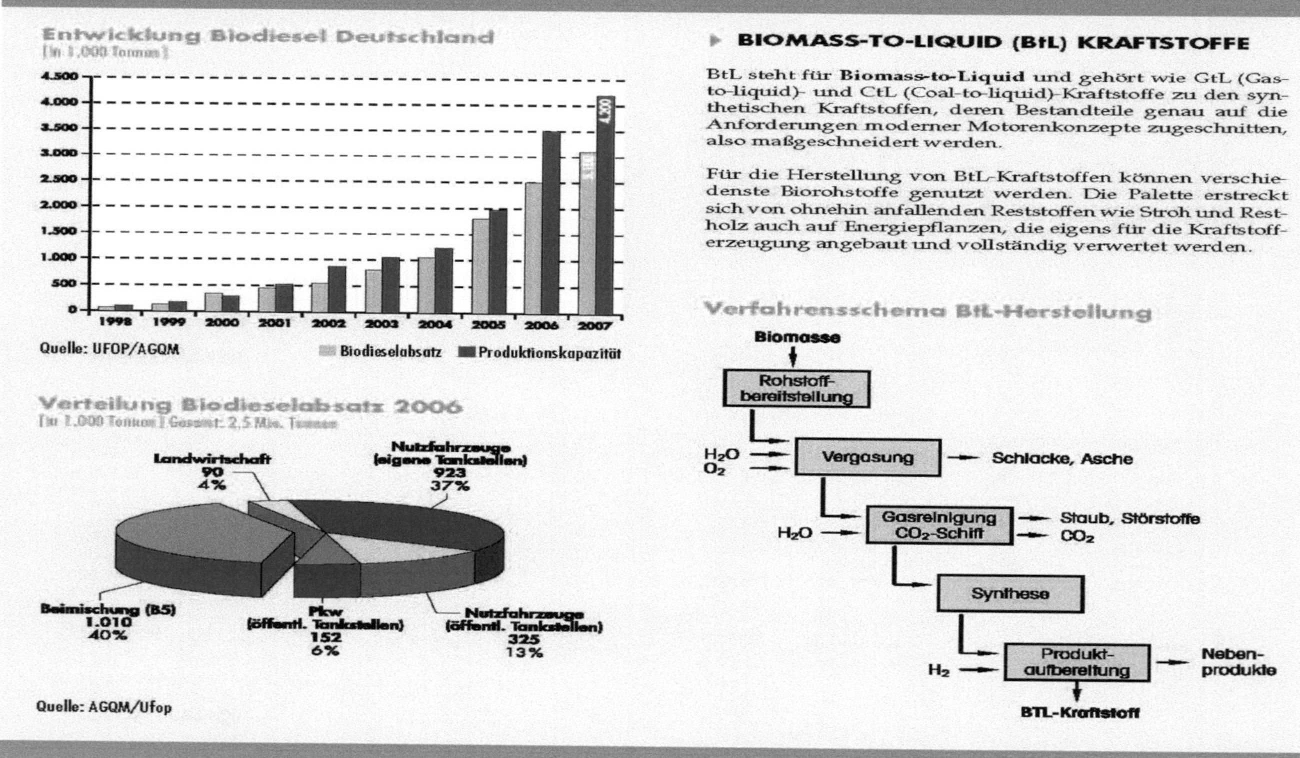

BIOMASS-TO-LIQUID (BtL) KRAFTSTOFFE

BtL steht für **Biomass-to-Liquid** und gehört wie GtL (Gas-to-liquid)- und CtL (Coal-to-liquid)-Kraftstoffe zu den synthetischen Kraftstoffen, deren Bestandteile genau auf die Anforderungen moderner Motorenkonzepte zugeschnitten, also maßgeschneidert werden.

Für die Herstellung von BtL-Kraftstoffen können verschiedenste Biorohstoffe genutzt werden. Die Palette erstreckt sich von ohnehin anfallenden Reststoffen wie Stroh und Restholz auch auf Energiepflanzen, die eigens für die Kraftstofferzeugung angebaut und vollständig verwertet werden.

BIOMETHAN

Für die Nutzung von Bio-Methan als Kraftstoff, ist seine Aufbereitung auf Erdgasqualität erforderlich. In Deutschland fahren etwa 55.000 Erdgasfahrzeuge. Die Anzahl der Erdgastankstellen in Deutschland wird von derzeit 750 auf 1.000 Tankstellen bis zum Jahr 2007 erweitert.

Rohstofferträge z. Herstellung von Biomethan

Rohstoff-ertrag [t/ha] FM	Biogas-ausbeute [m³/t]	Methan-gehalt [%]	Methanausbeute [m³/ha]	Methanausbeute [kg/ha]
ca. 45*	ca. 202*	54	4.910	3.535

Quelle: FNR/KTBL *auf Basis von Silomais; FM = Frischmasse
Dichte Biomethan: 0,72 [kg/m³]

Preisspanne für biogene Kraftstoffe [€/l]

	Preis
Biomethan*	0,80 – 0,90
Bioethanol (E85)	0,85 – 1,00
Biodiesel	0,80 – 1,05
Pflanzenöl (Rapsöl)	0,60 – 0,80

Preis: 0,60 0,70 0,80 0,90 1,00

Quelle: FNR 2007 *€/kg

KRAFTSTOFFVERGLEICH

Eigenschaften von Biokraftstoffen

	Dichte [kg/l]	Heizwert [MJ/kg]	Heizwert [MJ/l]	Viskosität bei 20°C [mm²/s]	Cetan-zahl	Oktan-zahl (ROZ)	Flamm-punkt [°C]	Kraftstoff-äquivalenz [l]
Dieselkraftstoff	0,83	43,1	35,87	5,0	50	-	80	1
Rapsöl	0,92	37,6	34,59	74,0	40	-	317	0,96
Biodiesel	0,88	37,1	32,65	7,5	56	-	120	0,91
Biomass-to-Liquid (BtL)[1]	0,76	43,9	33,45	4,0	> 70	-	88	0,97
Ottokraftstoff	0,74	43,9	32,48	0,6	-	92	< 21	1
Bioethanol	0,79	26,7	21,06	1,5	8	> 100	< 21	0,65
Etyl-Tertiär-Butyl-Ether (ETBE)	0,74	36,4	26,93	1,5	-	102	< 22	0,83
Biomethanol	0,79	19,7	15,56	-	3	> 110	-	0,48
Methyl-Tertiär-Butyl-Ether (MTBE)	0,74	35,0	25,90	0,7	-	102	- 28	0,80
Dimetylether (DME)	0,67[2]	28,4	19,03	-	60	-	-	0,59
Biomethan	0,72[5]	50,0	36,00[3]	-	-	130	-	1,4[4]
Wasserstoff GH2	0,016	120,0	1,92	-	-	< 88	-	2,8

1) Werte auf Grundlage von FT-Kraftstoffen, 2) bei 20° C, 3) [MJ/m³], 4) Biomethan in [kg], 5) [kg/m³]

Quelle: FNR

Einsparung CO_2-Emissionen [kg/l]

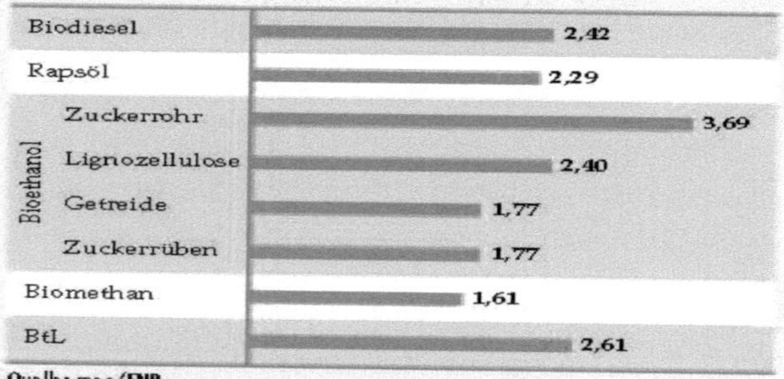

Biodiesel		2,42
Rapsöl		2,29
Bioethanol	Zuckerrohr	3,69
	Lignozellulose	2,40
	Getreide	1,77
	Zuckerrüben	1,77
Biomethan		1,61
BtL		2,61

Quelle: meo/FNR

Biokraftstoffe im Vergleich

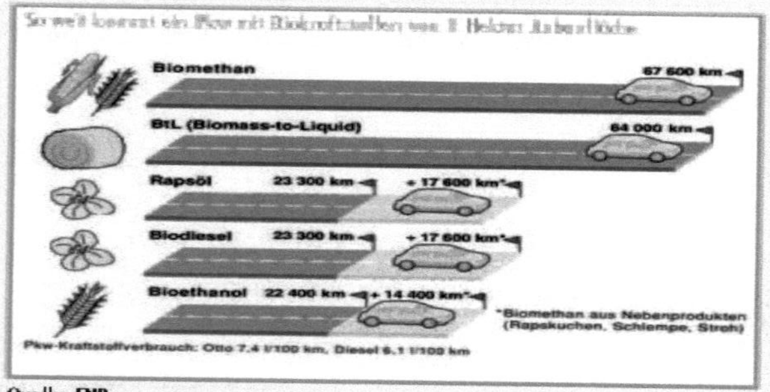

So weit kommt ein Pkw mit Biokraftstoffen von 1 Hektar Anbaufläche

Biomethan 67 600 km

BtL (Biomass-to-Liquid) 64 000 km

Rapsöl 23 300 km + 17 600 km*

Biodiesel 23 300 km + 17 600 km*

Bioethanol 22 400 km + 14 400 km*

*Biomethan aus Nebenprodukten (Rapskuchen, Schlempe, Stroh)

Pkw-Kraftstoffverbrauch: Otto 7,4 l/100 km, Diesel 6,1 l/100 km

Quelle: FNR

Politische Rahmenbedingungen für Biogene Kraftstoffe

In der Richtlinie 2003/30/EG des Europäischen Parlaments und des Rates vom 8. Mai 2003 zur Förderung der Verwendung von Biokraftstoffen oder anderen erneuerbaren Kraftstoffen im Verkehrssektor ist folgendes Ziel definiert:

- 5,75 % aller Otto- und Dieselkraftstoffe sollen bis zum 31. Dezember 2010 Biokraftstoffe sein*

Energiesteuergesetz (EnergieStG)

Jahr	Biodiesel (Energiesteuer in Cent/l)	Pflanzenöl
Aug. 2006	9	0
2007	9	2,15
2008	15	10
2009	21	18
2010	27	26
2011	33	33
2012	45	45

Der Einsatz von Biokraftstoffen in der Landwirtschaft ist steuerbefreit.

Als besonders förderwürdig eingestufte Biokraftstoffe sind:

- Ethanolkraftstoffe mit einem Ethanolanteil von 70–90 % steuerbegünstigt, z.B. E85 (hinsichtlich des Ethanolanteils)
- BtL und Ethanol aus Zellulose bis 2015 steuerbefreit

* bezogen auf den Energiegehalt (RÖE)

In Deutschland wurden im Jahr 2006 ca. 54 Mio. Tonnen Kraftstoff verbraucht. Neben Dieselkraftstoff mit 52 % und Ottokraftstoff mit 42 % stieg der Anteil biogener Kraftstoffe auf 6,3 %.

Primärkraftstoffverbrauch in Deutschland 2006

[in 1.000 Tonnen] Gesamtverbrauch: 54 Mio. t; Biokraftstoffanteil: 6,3 %

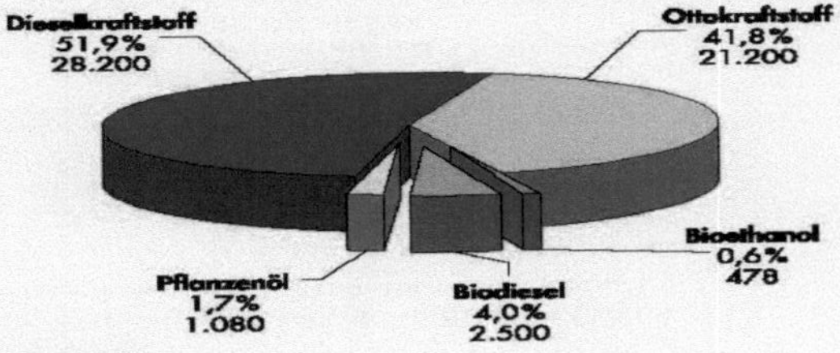

Dieselkraftstoff 51,9 % 28.200

Ottokraftstoff 41,8 % 21.200

Bioethanol 0,6 % 478

Pflanzenöl 1,7 % 1.080

Biodiesel 4,0 % 2.500

Quelle: BMU/FNR

Kraftstoffbedarf Deutschland bis 2025

[in Mio. Tonnen]

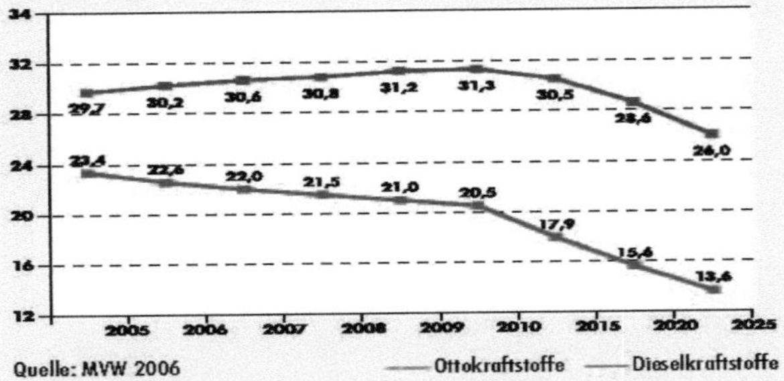

	2005	2006	2007	2008	2009	2010	2015	2020	2025
Dieselkraftstoffe	29,7	30,2	30,6	30,8	31,2	31,3	30,5	28,6	26,0
Ottokraftstoffe	23,4	22,6	22,0	21,5	21,0	20,5	17,9	15,6	13,6

Quelle: MVW 2006

Rohstoffe für Biokraftstoffe in Deutschland

	Pflanzenöl	Biodiesel	Biomethan	Bioethanol	DME	Wasserstoff	BtL
Raps	×	×	×		×	×	×
Sonnenblume	×	×	×		×	×	×
Getreide			×	×	×	×	×
Stroh				×	×	×	×
Mais			×	×	×	×	×
Kartoffeln			×	×	×	×	×
Zuckerrüben			×	×	×	×	×
Waldholz				×	×	×	×
sonst. Biomasse		×	×		×	×	×

DME = Dimetylether, BtL = Biomass-to-Liquid

Biokraftstofferträge pro Fläche in [ha]

Biokraftstoff	Rapsöl	Biodiesel (RME)	BtL	Bioethanol	Biomethan
Rohstoff	Rapssaat	Rapssaat	Energiepflanzen	Getreide	Silomais
Ertrag [t/ha × a]	3,4	3,4	15–20	6,6	45
Ölgehalt [%]	40–43	40–43	25–50[1)]	–	–
erforderl. Biomasse [kg/l]	2,3	2,2	3,7	2,6	13[2)]
Kraftstoffertrag [l/ha × a]	1.480	1.550	bis 4.030	2.560	3.540[3)]
Diesel-/Ottokraftstoffäquivalent [l/ha × a]	1.420	1.410	bis 3.910	1.660	4.950

[1)]Konversionsgrad [2)][kg/kg] [3)][kg/ha×a] 1 ha = 10.000 m^2

Quelle: meo/FNR

Biokraftstoffquotengesetz (BioKraftQuG) ab 2007

Jahr	Quote Dieselkraftstoff	Quote Ottokraftstoff	Gesamt-quote
2007	4,4 %	1,2 %	–
2008		2,0 %	–
2009		2,8 %	6,25 %
2010		3,6 %	6,75 %
2011			7,00 %
2012			7,25 %
2013			7,50 %
2014			7,75 %
2015	4,4 %	3,6 %	8,00 %

Für beigemischte und auf die Quote angerechnete Biokraftstoffe gibt es keine Steuerentlastung:

- Energiesteuer Dieselkraftstoff: 47,04 Cent/l
- Energiesteuer Ottokraftstoff: 65,45 Cent/l

Die Qualitäts-Norm für Dieselkraftstoff DIN EN 590 begrenzt die **Zumischung von Biodiesel**[1] **auf 5 %.**

Für Ottokraftstoffe ist laut DIN EN 228 die **Beimischung von bis zu 5 % Bioethanol**[2] **bzw. 15 % ETBE** erlaubt.

[1] Biodiesel/FAME nach DIN EN 14214
[2] unvergällt > 99 % (Bioethanol nach Entwurf DIN EN 15376)

Umrechnung von Energieeinheiten

	MJ	kcal	kWh	kg RÖE
1 MJ	1	238,80	0,28	0,024
1 kcal	0,00419	1	0,001163	0,0001
1 kWh	3,60	860	1	0,086
1 kg RÖE	41.87	10.000	11,63	1

Umrechnung von Einheiten

	m^3	l	barrel
1 m^3	1	1.000	6,3
1 l	0,001	1	0,0063
1 barrel	0,159	159	1

Vorzeichen für Energieeinheiten

Vorsatz	Vorsatzzeichen	Faktor	Zahlwort
Nano	n	10^{-9}	Millardstel
Micro	µ	10^{-6}	Millionstel
Milli	m	10^{-3}	Tausendstel
Centi	c	10^{-2}	Hundertstel
Dezi	d	10^{-1}	Zehntel
Deka	Da	10	Zehn
Hekto	h	10^{2}	Hundert
Kilo	k	10^{3}	Tausend
Mega	M	10^{6}	Million
Giga	G	10^{9}	Milliarde
Tera	T	10^{12}	Billion
Peta	P	10^{15}	Billiarde
Exa	E	10^{18}	Trillion

Printed by Books on Demand GmbH, Norderstedt / Germany